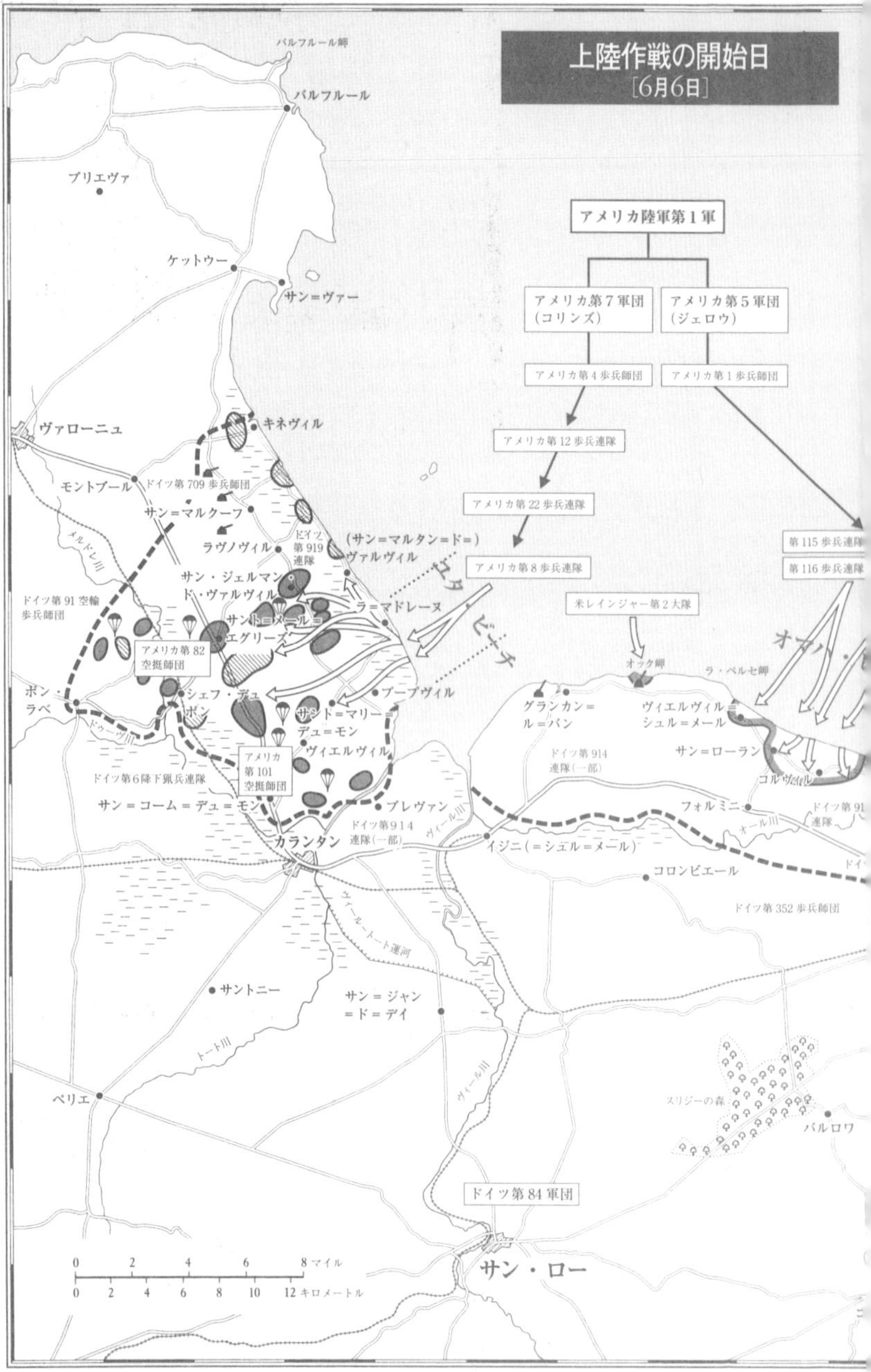

上陸作戦の開始日
[6月6日]
バルフルール岬
バルフルール
ブリエヴァ
ケットウー
サン＝ヴァー
ヴァローニュ
キネヴィル
モントブール
ドイツ第709歩兵師団
サン＝マルクーフ
メルドレ川
ラヴノヴィル
ドイツ第919連隊
(サン＝マルタン＝ド＝)ヴァルヴィル
サン・ジェルマン＝ド・ヴァルヴィル
ドイツ第91空輸歩兵師団
ラ＝マドレーヌ
サント＝メール＝エグリーズ
アメリカ第82空挺師団
ユタ・ビーチ
ポン・ラベ
シェフ・デュ・ポン
プープヴィル
サン＝マリー＝デュ＝モン
ドゥーヴ川
ヴィエルヴィル
ドイツ第6降下猟兵連隊
アメリカ第101空挺師団
サン＝コーム＝デュ＝モン
ブレヴァン
カランタン
ドイツ第914連隊(一部)
ヴィール川
イジニ(＝シュル＝メール)
コロンビエール
ドイツ第352歩兵師団
ヴィール＝トート運河
サントニー
サン＝ジャン＝ド＝デイ
トート川
ペリエ
スリジーの森
バルロワ
ドイツ第84軍団
サン・ロー
0 2 4 6 8 マイル
0 2 4 6 8 10 12 キロメートル
アメリカ陸軍第1軍
アメリカ第7軍団(コリンズ)
アメリカ第5軍団(ジェロウ)
アメリカ第4歩兵師団
アメリカ第1歩兵師団
アメリカ第12歩兵連隊
アメリカ第22歩兵連隊
アメリカ第8歩兵連隊
米レインジャー第2大隊
第115歩兵連隊
第116歩兵連隊
オック岬
ラ・ペルセ岬
グランカン＝ル＝バン
ヴィエルヴィル＝シュル＝メール
ドイツ第914連隊(一部)
サン＝ローラン
コルヴィル
フォルミニ
オール川

ノルマンディー上陸作戦1944 上

平賀秀明◆訳
アントニー・ビーヴァー

D-DAY The Battle for Normandy

白水社

1
Dデイを前にした連合国派遣軍の司令官たち。[前列左から]テッダー、アイゼンハワー、モントゴメリー。
[後列左から]ブラッドリー、ラムゼイ、リー＝マロリー、ベデル・スミス。

2
ドイツ第12SS装甲師団「ヒトラー・ユーゲント」を視察中のフォン・ルントシュテット元帥。
[左から]ルントシュテット、クルト・マイヤー、フリッツ・ヴィット、および第1SS装甲軍団の“ゼップ”・ディートリヒ。

3
「大西洋の壁」を視察するロンメル。

4
6月5日グリーナム・コモンを訪れ、離陸直前のアメリカ第101空挺師団のメンバーと対話するアイゼンハワー。後方は副官のひとり、ハリー・ブッチャー海軍中佐。

5
離陸直前に腕時計の時刻合わせをするイギリス第6空挺師団の降下誘導員。

6
6月6日、「ジュノー・ビーチ」に接近するカナダ海軍の上陸用舟艇。

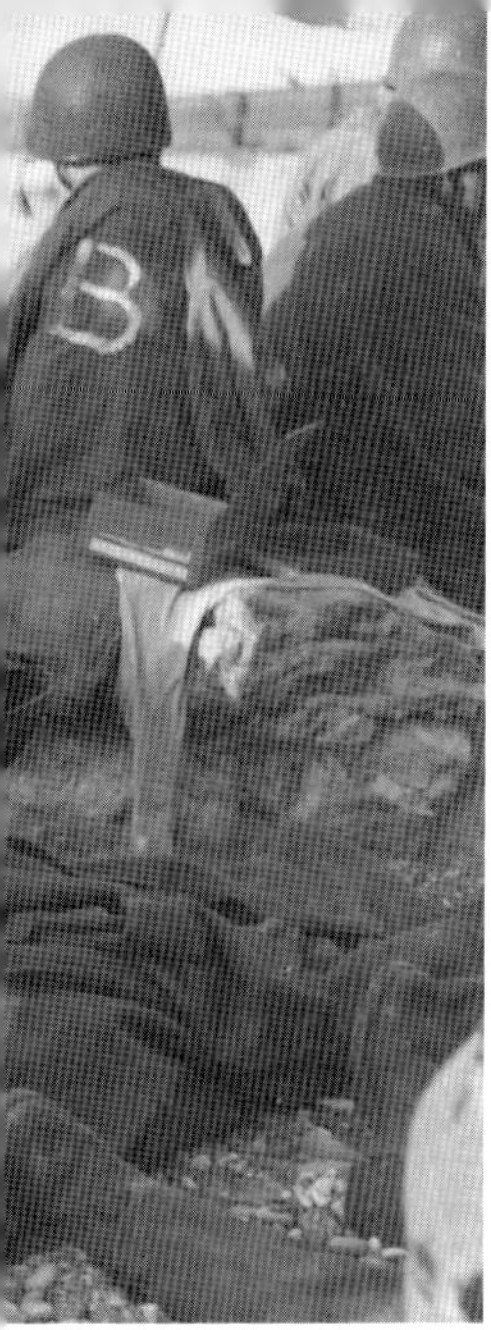

7
「オマハ・ビーチ」。手にした血漿で負傷兵を治療するアメリカ軍の衛生兵。

8
オック岬の崖下にいる負傷したレインジャー隊員と衛生兵。

9
「ユタ・ビーチ」から内陸にむけ移動中のアメリカ第4歩兵師団。

10
ベルニエル=シュル=メールに上陸したカナダ第3歩兵師団のロッド・ケラー少将とその幕僚たち。

11
カナダ軍の捕虜となったドイツ兵。写真は負傷者を「ジュノー・ビーチ」まで運んでいるところ。

12
カーン北方、ドゥーヴル＝ラ＝デリヴランドを通過するイギリス第2軍の〈シャーマン〉戦車。

13
6月9日の「ユタ・ビーチ」。

14
東部戦線からやってきたドイツ第101SS重戦車大隊のエース、ミヒャエル・ヴィットマンSS中尉[後方中央]と相棒のバルタザール・ヴォル砲手[両手を腰に当てている人物]。

15
仲間の兵士が仮眠をとるかたわらで、
狙撃銃の点検をするイギリス「イースト・ヨークシャー連隊」の軍曹。

16
6月27日シェルブール郊外。アメリカ兵と死んだドイツ兵。

17
6月26日、「エプソム作戦」開始時点におけるイギリス第15歩兵(スコティッシュ)師団
「ロイヤル・スコッツ・フィージリアーズ連隊」第6大隊。

18
〈パンター〉戦車の上で地雷探知器を操作する
ドイツ装甲擲弾兵部隊の工兵。

19
ヴァッフェンSS(武装親衛隊)の若い装甲擲弾兵。
〈モーゼル98〉ライフルと、肩撃ち式の対戦車ロケット砲〈パンツァーファウスト〉をそれぞれ手にしている。

20
“ボカージュ”地帯のアメリカ軍兵士。〈ライノー(犀)〉戦車が生垣を破壊して造った突破口を抜け、前進するところ。

21
“ボカージュ”で、105ミリ榴弾砲を操作するアメリカ軍砲兵。

22
偉大な戦争特派員アーニー・パイル。
アメリカ第90歩兵師団からもらった
〈コールマン〉ストーブを使って、
ノルマンディーで食事を温めているところ。

23
カーンの廃墟をいく第12SS装甲師団
「ヒトラー・ユーゲント」の装甲擲弾兵。

24
7月18日開始予定の
「グッドウッド作戦」にむけ、
待機するイギリス軍の
〈クロムウェル〉戦車。

25
7月19日、
「グッドウッド作戦」のさい、
カニ付近で交戦中の
「ウェルシュ近衛連隊」
第1大隊。

26
ドイツ兵との"コラボラシオン・オリゾンタル(水平的協力/同衾)"の結果、
7月14日、髪の毛を丸刈りされたうえに、シェルブールで市中引き回しにされるフランス人女性。

27
7月25日の爆撃の激しさを物語る「コブラ作戦」のひとこま。
ドイツ兵の死体が引っかかっているのは、〈III号突撃砲〉の75ミリ砲の砲身。

28
「ロンセ包囲戦」のあと、ロバート・キャパが撮影した一枚。
武装親衛隊の捕虜の身体検査をおこなうアメリカ第2機甲師団のMP(憲兵)、ポール・アンガー中尉。

ノルマンディー上陸作戦1944——上

わが旧友、マイルズに捧ぐ

ノルマンディー上陸作戦1944――上◆目次

用語解説◆6
凡例◆10
第1章 決断◆11
第2章 「ロレーヌ十字」を身に帯びて◆35
第3章 イギリス海峡に目を光らせる◆67
第4章 侵攻地域を封鎖せよ◆91
第5章 深夜の空挺作戦◆104
第6章 大艦隊が海をわたる◆142
第7章 「オマハ・ビーチ」◆168
第8章 「ユタ・ビーチ」と空挺部隊◆215
第9章 「ゴールド・ビーチ」と「ジュノー・ビーチ」◆234
第10章 「ソード・ビーチ」◆254

第11章 海岸堡をかためる◆284
第12章 カーン占領にしくじる◆318
第13章 ヴィレル＝ボカージュ◆347
第14章 コタンタン半島のアメリカ軍◆386
第15章 「エプソム作戦」◆415
第16章 〝ボカージュ〟の戦い◆447
第17章 カーンと「ゴルゴタの丘」◆485

用語解説

錯綜する攻防のなかで、テキストの字面によって、ドイツ軍と連合軍の師団表記を見分けるため、わたし（著者）はあえて表記に癖をつけた。たとえば、ドイツ陸軍の「第三五二歩兵師団」は'the 352nd Infanterie-Division'と記し、アメリカ陸軍の「第九〇歩兵師団」は'the 90th Infantry Division'と記すといった具合だ。この表記法はドイツ軍の場合、一種の英独ハイブリッド表記であり、本来のドイツ語表記なら、'352. Infanterie-Division'である〔当然ながら、本書は日本語で記されているので、「錯綜する攻防」を表記上見分ける工夫は、別途おこなった〕。

さらに「連隊」という表現にかんして忘れてならないのは、イギリス・カナダ両軍における「連隊」とは本書の場合、実質的に一個大隊を意味しているということだ。これに対して、アメリカ軍とドイツ軍の一個連隊には通常、三個大隊がふくまれており、規模としては一個旅団に相当する。

以下、関連用語について説明する。

［フランス］

BCRA 「情報行動中央局」。ド・ゴール将軍の秘密特殊作戦機関。〝パシー〟の変名で知られたアンドレ・ド・ワヴラン大佐が指揮していた。

〝ボカージュ〟 分厚い土手に植えられた背の高い生垣を使って、農地や牧草地をモザイク状に区割りした、

ノルマンディー地方などフランス北西部にひろがる独特の農村風景。しばしば土手のあいだには一段くぼんだ小径が走っている。

FFI　「フランス国内軍」。様々な対独レジスタンス組織をとりあえず一まとめにし、ロンドンにいるケーニグ将軍麾下の戦闘部隊と仮想した組織。そのメンバーは〝フィフィ〟と呼ばれた。

FTP　「義勇パルチザン」。対独レジスタンス組織のうち、共産党が指導する一派。

ORA　「陸軍抵抗組織」。レジスタンス主要各派のうち最も保守的なグループ。一九四二年十一月にドイツ軍が非武装地帯を再占領したことを受け、停戦協定にもとづき保持を許されたフランス自前の陸軍部隊を母体に誕生した。

［ドイツ］

〝ヒヴィ〟　ドイツ語の「ヒルフスフライヴィリヒ（自由意志による協力者）」の略称。収容所における飢餓に耐えきれず、非戦闘員としてドイツ軍のために働くことを申しでた（主にソ連赤軍の）捕虜のこと。ドイツ人の〝マスター〟に対して、熱烈な忠誠心をみせるものもごく少数ながらいた。連合軍によって捕えられたものは、スターリンのもとに送還された。一部は銃殺に処せられたが、大半のものは労働キャンプで死亡した。

〝イェーガー〟　「猟兵」。ドイツ陸軍における軽装備の歩兵もしくは騎兵。

〝キューベルワーゲン〟　フォルクスワーゲン社が製造する軍用車輛。ドイツ国防軍の軍用四駆。アメリカ軍の「ジープ」に比べ、車体がやや大きく、装甲も厚い。

〝ランツァー〟　「兵卒」。一般兵を指し、アメリカ軍の「GI」に相当するが、通常は戦闘経験の豊かな前線の歩兵を指すときに用いられる。

〝ルフトランデ〟　「空輪歩兵」。降下猟兵（空挺）部隊を支援するために、グライダーに乗って強襲着陸をおこなう特殊訓練をつんでいる専門師団。たとえば、「第九一空輪歩兵《ルフトランデ》師団」のように用いる。

「西方総軍」　パリ郊外のサン＝ジェルマン＝アン＝レイに置かれた、ゲルト・フォン・ルントシュテット元帥（その後、フォン・クルーゲ元帥）の司令部。

OKH　ドイツ陸軍総司令部。実質的には東部戦線を担当する司令部。

OKW　ドイツ国防軍最高司令部。東部戦線以外のすべての部隊、特にノルマンディーの戦いにおいて「西方総軍」に指示を出している司令部。

〝オスト＝バタリヨーン〟　「東方大隊」。〝オストトルッペン〟で構成された大隊。

〝オストトルッペン（複数形）〟　「東方部隊」。ドイツ軍によって捕虜にされた元赤軍兵士からなる。大半はウラソフ将軍のROA（ロシア解放軍）に所属し、ドイツの軍服を着て、ドイツ人の将校や下士官のもと、フランスで戦った。

〝パンツァーファウスト〟　「携帯式対戦車用無反動砲」。対戦車ロケット弾を肩にかついで発射する単純かつ効果的な武器。ドイツ軍歩兵のために、大量生産された。

ROA　「ロシア解放軍」。ロシア語の頭文字による略称は「POA」。アンドレイ・ウラソフ将軍が率いる元赤軍兵士からなる陸軍部隊。

［イギリス／アメリカ］

DUKW　ゼネラル・モーターズ（GM）社が製造するアメリカの水陸両用輸送車輛。

〝ジェドバラ〟　アメリカ人、イギリス人、フランス人の三人一組で構成されるチーム。将校ふたり、通信士ひとりからなり、ノルマンディーの戦いの前、および最中に、フランス国内にパラシュート降下した。任務はレジスタンス各派への訓練と助言の提供にあった。

LCT　戦車上陸用舟艇。
LST　戦車揚陸艦。
OSS　アメリカの「戦略事務局」。イギリスのSOEの相方。CIAの前身。
SOE　イギリスの「特殊作戦実行部」。ヨーロッパのドイツ占領地域において、様々な対独抵抗運動を助長するため、一九四〇年、チャーチル首相の肝いりで創設された。
〝ピープ〟　「ジープ」の軍俗語。
PIAT　性能面で本家に劣る、イギリス式のバズーカ砲。
SAS　イギリス陸軍の特殊部隊。ヨーロッパへの侵攻を目的に二個旅団として組織されたが、フランスやその他国籍の部隊を下部組織として持っていた。
SHAEF　「欧州連合国派遣軍最高司令部」。

＊アメリカ、イギリス、ドイツ三カ国の陸軍、およびヴァッフェンSS（武装親衛隊）の階級名にかんする一覧表は、以下のURLを参照。www.antonybeevor.com

凡例

一、出典は、各章末に「原注」として、該当頁と該当表現を記してまとめた。
二、原著者による注は、文中に＊1、＊2と番号を振り、各章末に「章末注」としてまとめて記した。
三、引用文における原著者の補足は［　］内に記した。
四、訳者による短い注は本文中の〔　〕内に記し、長い注は★1、★2と番号を振り、各章末に「訳者注」としてまとめた。
五、「人名索引」、「主要国の部隊名索引」、「主要参考文献」、「口絵写真説明と地図一覧」は下巻巻末にまとめた。

第1章 決断

「サウスウィック・ハウス」と呼ばれるその邸宅は十九世紀初め、イギリス国王ジョージ四世がいまだ父王の摂政をつとめていた時代に建てられたもので、建物の正面《ファサード》に列柱を配した、化粧しっくいの堂々たる外観を誇っていた。そこから南に五マイル下ると、イギリス海軍の一大拠点、ポーツマス軍港である。一九四四年六月初め、軍港内や沖合の泊地には、大小さまざまな艦艇がそこここに舫《もや》い、水面を埋め尽くさんばかりだった。灰色に塗装された軍艦だけでなく、輸送用の船舶や、数百隻にのぼる上陸用舟艇が、それぞれに係留され、今か今かとその時を待っていた。「Dデイ」と呼ばれた、ノルマンディー上陸作戦の開始日は六月五日月曜日とされており、すでに各種の装備や補給物資の積みこみ作業が始まっていた。

戦前のサウスウィック・ハウスは、瀟洒な風情を漂わせ、アガサ・クリスティーの小説に出てくるハウス・パーティが開かれても何等不思議のない場所だったが、それも一九四〇年、イギリス海軍に接収されるまでのこと。見事な庭園や屋敷森はことごとく破壊され、敷地内にはいまや無粋なかまぼこ兵舎や、各種テントがところ狭しと並び、それらを縫うように、石炭殻を敷き詰めた小径が走っていた。サウスウィック・ハウスは元々、イギリス海軍における欧州侵攻作戦の責任者、サー・バート

ラム・ラムゼイ提督によってその司令部として使われていた。そこへ今度は「SHAEF」――ノルマンディー作戦全体を統括する「欧州連合国派遣軍最高司令部」――までやってきて、同じ建物内に同居するようになった。いまやポーツマスを見下ろすポーツダウン・ヒルの稜線部には高射砲陣地が築かれ、この建物や軍港一帯をドイツ空軍の攻撃から守っていた。

幸いなことに、このところイングランド南部は熱波と日照りに見舞われ、気温はみるみる上昇し、五月二十九日にはついに華氏一〇〇度（およそ摂氏三八度）の大台に達するほどだった。だがしかし、SHAEF最高司令官をつとめるドワイト・D・アイゼンハワー将軍付きの気象チームは、ほどなく不安を覚えるようになった。チームを束ねるのは、スコットランド出身のジェームズ・スタッグ博士。背が高く、痩せこけて、脂肪の薄いその顔には、手入れの行き届いた口ひげがのっている。博士はイギリスでもトップクラスの気象学者で、民間人ではあるけれど、軍隊内で必要な権威を確保するため、イギリス空軍から大佐待遇（空軍以外では無効）を与えられていた。

アイゼンハワー将軍は四月以来、スタッグ博士とそのチームの技量をずっと試してきた。毎週月曜日にむこう三日間の天気予報を出させ、その的中率を週後半に確認するのだ。六月一日木曜日。翌日にはスコットランド北西沖、オークニー諸島の小湾にある軍港スカパ・フローから、戦艦を中心とする砲撃艦隊が出航するはずのこの日、各地の気象台は相次いで不穏な動きを伝えてきた。北大西洋上空で、強力な低気圧が形成されつつあると。この低気圧のせいで仮にイギリス海峡が荒れるような事態となると、上陸用舟艇は、浸水や沈没の憂き目を見るかもしれない。そんな小舟にぎっしり詰めこまれた兵士たちへの影響となると、あえて言うまでもなかった。低くたれこめる暗雲、そして視界不良は、別の意味でも要注意である。この上陸作戦の成否は、連合国側の空軍および海軍が、ドイツ側の沿岸砲台と防御陣地をしかるべく叩けるかどうかにかかっていたからだ。計画によると、上陸作戦

は第一波の兵員一三万人によって着手され、二日間で終了するはずだった。

　実際、スタッグ博士は苦慮していた。イギリス・アメリカ両軍の気象部門のあいだで、見解の一致が見られないのだ。専門家たちは全員、各地の気象台から同じ報告を受けているはずなのに、データの分析結果がそれぞれ異なるためだった。最高司令官にそんな内情を伝えるわけにもいかず、博士はアイゼンハワーの参謀長補ハロルド・R・ブル少将に「状況は複雑かつ困難であります」と告げざるを得なかった。

「なにをバカなことを言っているんだ、スタッグ」と少将は声を荒らげた。「明朝、最高司令部の会議に出席する前に、状況をしっかり整理しておけ。アイゼンハワー将軍は、あれで心配性なお方だから」と。スタッグは仕事場のあるかまぼこ兵舎に戻ると、天気図を子細に検討し、さらにもう一度、他の気象部門との協議に臨んだ。

　アイゼンハワー将軍の「Dデイ直前の不定愁訴」には、それ以外にもいくつか理由があった。階級の別なく、だれに対しても惜しみなくふりまく、その有名な笑顔とともに、将軍は外見上、余裕たっぷりにふるまってはいたけれど、彼は「キャメル」を毎日四箱も灰にしていた。たばこに火をつけると、将軍は燃えさしを灰皿にそのまま放置し、勢いよく立ちあがり、部屋中を歩きまわり、さらにもう一本、たばこに火をつけるのだった。コーヒーも絶え間なく口にしていた。だが、ささくれだった神経はいっこうに休まらない。

　侵攻作戦がいったん延期となると、多くのリスクをかかえこむことになる。総攻撃の第一波と第二波に参加する兵員の総数はじつに一七万五〇〇〇人である。悪天候のさなか、狭い艦内や上陸用舟艇内でじっと待たされれば、彼らの士気が一気に萎《しぼ》むおそれもあった。またイギリス海峡にむけて、本

土沿岸を南下してくる戦艦部隊や輸送艦についても、やり直しが許されるのはわずか一回きりである。作戦をいったん延期し、再度攻撃態勢に入るには、燃料補給が必須であった。しかも、これらの艦隊がドイツ側の偵察機に発見されるリスクは、時の経過とともに高まる一方だろう。

機密保持はつねに最大の懸念材料だった。イングランドの南部沿岸は、いまや延々とのびる野営地――通称「ソーセージ」――で大部分覆われており、侵攻作戦に参加する各部隊は、建前上、外部とはいっさい隔離されているはずだった。しかし、何人かの兵士は、パブで最後の一杯をやったり、恋人やかみさんに会うために、鉄条網をかいくぐっては、密かに野営地の外に出ていた。情報漏れのリスクはあらゆるレベルに存在し、しかもリスクは高かった。たとえば、アメリカ陸軍航空軍のさる将軍は、ロンドンのクラリッジ・ホテルで開かれたカクテル・パーティの席上、今回の大反抗作戦――「オーヴァーロード作戦」と命名された――の開始日をうっかり臭わすような発言をし、本国に召還されるという失態を演じている。侵攻する部隊への同行取材をおこなうため、ロンドンの新聞街フリート・ストリートから、記者のすがたが突如消えたことだって、人目を引かないとも限らない。

「Dデイ」が間近に迫っていることは、イギリス中の全員が知っていたし、ドイツ側も十分承知していた。ただ、部隊が実際どこに上陸するのか、そして正確な日時はいつなのかまでは、敵方に知られるわけにはいかない。各国外交使節の交信を対象とするイギリス政府の検閲活動は、四月十七日に開始され、またイギリス本土への出入国はすでに厳重な管理下におかれていた。幸いなことに、イギリスの治安機関は、国内にひそむドイツ側のスパイ全員の身柄を拘束していた。大半のものはイギリス側に「寝返り」、いまではかつての上司に対し、それぞれに虚偽報告をあげていた。この防諜体制は、「裏切り」を意味する熟語「ダブル・クロス」にちなみ、十字《クロス》をふたつ連ねた「XX《ダブル・クロス》委員会」と呼ばれる組織によって統括されていた。対独欺瞞作戦、いわゆる「プラン・フォーティテュード」

の根幹をなす活動であり、その目的は「情報ノイズ」を大量に発生させ、敵方に混乱を引き起こすことにあった。「プラン・フォーティテュード」は戦争の歴史のなかでも、最も野心的な欺瞞工作といえよう。その規模は、ソ連赤軍が東部戦線でこの夏、ドイツ側に仕掛けた大反攻作戦「バグラチオン作戦」にともなって展開された〝マスキロフカ（偽装）〟をも凌駕するものだった（白ロシアのドイツ国防軍の中核部隊に対して夏季攻勢をおこなうさい、スターリンは一大欺瞞作戦を展開し、あたかも赤軍が迂回して攻めてくるような印象を与えた）。

一方、イギリスの「プラン・フォーティテュード」は方面別のさまざまな活動で構成されていた。「フォーティテュード・ノース」は、ノルウェー駐留のドイツ軍師団を釘付けにするため、スコットランドを拠点とするイギリス陸軍の〝第四軍〟が、あたかもノルウェー侵攻作戦を準備中であるかのように見せかけていた。「フォーティテュード・サウス」はさらに手がこんでいた。ノルマンディーへの上陸をうかがわせるすべての動きは、じつはドイツの予備兵力をパ＝ド＝カレーから引き離すための一大陽動作戦であり、ノルマンディーだと思わせておいて、連合軍は七月後半、ブーローニュ＝シュル＝メールとソンム川河口域のあいだに上陸する腹なのだ、騙されるものか――とドイツ側に信じこませることをその目的にしていた。さらに、ドイツ側が最も恐れる野戦指揮官、ジョージ・パットン将軍を司令官とする架空のアメリカ〝第一軍集団〟まででっち上げていた。パットン率いるこの軍集団は、イングランド南東部に展開し、なんと隷下に一一個師団もかかえるという触れこみだった。目眩《めくら》ましの仕上げとして、実物大の模型飛行機や膨らませたゴム製戦車が用意され、それらは二五〇隻のニセ揚陸艦艇と妍《けん》を競っていた。イギリス陸軍〝第二空挺師団〟もやはり非実在の部隊だった。いかにももっともらしく本物の部隊と同時編成され、その後も欺瞞効果を高めるために、無線交信を常時おこなわせ、さらにその交信目的のためだけに、隷下の二個軍団の〝ニセ司令部〟まで

維持されていた。

「フォーティテュード・サウス」のもと、イギリス情報部の手先として働く二重スパイのうち、最も重要なひとりは「ガルボ」というコードネームで知られていた。彼はスペインはカタロニア地方出身の男で、本名をホアン・プジョルといった。二重スパイ「ガルボ」は、彼を担当するイギリス情報員と知恵を絞り、自分の指示で動いている、二七人にのぼる、完全に架空の〝情報提供者〟をでっちあげた。そして、ロンドン側で入念に準備した情報を〝部下たち〟の報告と偽って、ドイツ情報部のマドリード支局に続々とあげていったのだ。「Dデイ」直前の数カ月間には、およそ五〇〇本の無線メッセージが送られている。「XX委員会」謹製のこれらの断片情報をきちんと貼りあわせると、ひとつの絵柄が見えてくる。連合軍の主力が侵攻をおこなう真の上陸地点、それはパ＝ド＝カレーだぞ――というわけだ。

ドイツ軍がフランスの他地域に駐留する部隊をノルマンディーに回させないようにするため、これ以外にも補充的な欺瞞工作があれこれ仕掛けられた。たとえば、「プラン・アイアンサイド」は、第一波の上陸作戦の二週間後に、アメリカ本土、ならびにポルトガル西方のアゾレス諸島から、フランス西海岸に直接、第二波の上陸部隊が投入されるという印象を与えつづけた。フランス南西部、ボルドー付近に駐留するドイツ「第一一装甲師団」の動きを封じて、北方のノルマンディーへの移動を阻止するため、別の二重スパイも暗躍した。「ブロンクス」というコードネームをもつイギリス在住の女性で、彼女はポルトガルの首都リスボンの銀行、バンコ・エスピリト・サントにいるドイツ側担当者に「至急五〇ポンド送られたし／歯医者支払いのため」という暗号電報を送っている。これは「上陸は、六月十五日頃、ビスケー湾に」という意味だった。おかげでドイツ側は、連合軍がブルターニュ地方に上陸することを恐れたようだ。同地方の海岸近くにある四カ所の飛行場をただちに破壊せ

よという命令が、ドイツ空軍から出ているほどである。五月末におこなわれた「コパーヘッド作戦」という別の欺瞞工作では、モントゴメリー将軍にうりふたつの俳優が、ジブラルタル海峡と北アフリカのアルジェを〝現地視察〟し、地中海側からの大陸侵攻もありうることを匂わせた。

さらにロンドン北西およそ五〇マイルには、敵方の信号情報をもっぱら傍受・解読する極秘施設「ブレッチリー・パーク」が控えていた。同施設は五月二十二日から「オーヴァーロード作戦」のため、「ウルトラ」と呼ばれる新たな傍受監視システムを導入した。暗号解読の専門家たちは、すべての重要電文を受けとった瞬間に平文へと変換する態勢を整えていたのだ。「XX委員会」は「ウルトラ」のおかげで、配下の主要工作員――ホアン・プジョル、ドゥスコ・ポポフ（コードネームは「トライシクル」）、そしてロマン・ガルビー＝チェルニアフシキー――のあげた虚偽報告の反応をモニターして、「プラン・フォーティテュード」がどの程度有効に機能しているか検証できるようになった。四月二十二日に解読された電文には、実際には存在しないイギリス陸軍〝第四軍〟にかんする言及があった。司令部はエディンバラ近郊にあって、スターリングとダンディーにそれぞれ駐留する二個軍団を隷下に持っているという。また〝第四軍〟所属の〝ローランド師団〟が、ノルウェー攻撃にむけ準備中という話も、ドイツ側は信じていることが、別の電文によって確認された。

五月、ドイツ軍が連合軍の敵前上陸に備えて対抗演習を実施したことが、「ウルトラ」によって明らかとなった。演習は、ベルギー北西部の港町オスタンドとフランス北西部のブーローニュ＝シュル＝メールのあいだに、敵軍が上陸したという想定をもとにおこなわれていた。六月二日、「ブレッチリー・パーク」は、この見立てでほぼ間違いないとの感触を得て、ついに以下の報告をあげた。「最新の証拠は、連合軍の準備がすべて完了したと敵方が判断していることを示唆している。侵攻作戦はノルマンディーもしくはブルターニュで始まり、その後、主力部隊がパ＝ド＝カレーに上陸すると彼

らは考えている」。どうやらドイツ側は、虚実ないまぜの「プラン・フォーティテュード」情報を見事に丸飲みしたようだった。

六月二日金曜日の早朝、アイゼンハワー将軍は「サウスウィック・ハウス」の庭園内にある、カムフラージュ・ネットで覆われたトレーラーにしばし籠もっていた。本人が「私のサーカス巡業馬車」と呼んでいるトレーラーで、会議や部隊への視察がないとき、最高司令官は寝台に横たわり、たばこを吸いつつ、西部劇の小説を読むことで、なんとか緊張をほぐそうとしていた。

その金曜日の一〇〇〇時（午前十時）、スタッグ博士はサウスウィック・ハウスの書斎において、アイゼンハワー以下、集まったお歴々を前に、最新の気象評価をおこなった。同僚たち、特にSHAEF所属のやたら楽観的なアメリカ人気象官とのあいだには、依然見解の相違があったため、評価の内容は曖昧にならざるを得なかった。ただ、その日の夕刻にもう一度開かれる会議の場では、天候が週末にかけて荒れますと明言する必要があることも、博士は重々承知していた。今回の作戦を予定どおり、週明け月曜日に発動すべきか、それとも延期すべきか、一刻も早い判断が必要だったからだ。

同じ会議の席上、連合軍の航空部隊を統括するイギリス空軍のサー・トラフォード・リー＝マロリー大将も、自分の担当分野について説明した。空軍としては今回、「敵の離合集散の動きを阻止もしくは遅延させるため、眼下の町や村を貫くように走る、一本の爆撃ルートを確立するつもり」でいると。それでだが、とリー＝マロリーはあえて尋ねてみた。「その結果生じるだろう民間人の犠牲にかんし」私は自由裁量権をもらえるのだろうかと。アイゼンハワーは「作戦上の必要に鑑みて」と限定条件を付けたものの、リー＝マロリーに全権を与えた。空から警告ビラをまくことも決定された。

このあとフランスの民間人を襲うはずの運命以外にも、アイゼンハワーを悩ます問題は多々あった。有力な将軍・提督たちの政治的ライバル関係や、個人的な対抗意識のバランスに配慮しなければならないし、また同盟各国の内部において、最高司令官たるみずからの権威をいかに保つかにも腐心しなければならなかった。〝アイク〟の愛称で呼ばれるアイゼンハワーの人となりについては、イギリス陸軍のサー・アラン・ブルック参謀総長も、連合軍の地上軍を統括するイギリス「第二一軍集団」を率いるサー・バーナード・モントゴメリーも、ともに好感をいだいていた。ただ、軍人としてのアイゼンハワーには、二人ともあまり高い評価を与えていない。ブルックはその日記に書いている。「英米間の関係を可能なかぎり良好に保つという仕事において、アイクが十分な働きをしていることに疑問の余地はない。ただ、彼が戦略について何も知らないこと、戦争遂行の担い手たる最高司令官として適任でないことについても、同様に明らかである」と。〝モンティ〟こと、モントゴメリー将軍も戦後、いかにも彼らしい簡潔な表現で、アイゼンハワーを一刀両断にしている。「ナイス・チャップ、ノー・ソルジャー（いいヤツだが、兵士ではない）」と。

こうした評価は、明らかに不当である。アイゼンハワーはノルマンディー作戦におけるすべての重要局面において適切な判断を下したし、彼の外交的能力があったからこそ、ややもすれば空中分解しかねない連合軍が、なんとか一枚岩で動けたのだ。それだけでも、称賛に値する離れ業といってよい。ブルック元帥自身、「自国目線で物事を見ると、戦略的な大局観を失ってしまう」と認めているではないか。また、上官たる最高司令官に、敬意のかけらすら見せないモンティを相手に、泰然とふるまい、鷹揚に接するといった芸当は、何人たりと困難を覚えたはずだ（たとえ天下のパットン将軍でも、それは無理だったろう）。連合軍の将領が初めて一堂に会したとき、モントゴメリーはアイゼンハワーの面前で喫煙に難癖をつけ、さっそく神経を逆撫でにした。そうした行為を悪意と捉えるに

は、アイクは人物が大きすぎた。ただ、彼の周囲を固めるアメリカ軍関係者の多くは、あのイギリス野郎に、アイクはもっと毅然たる態度をとるべきだと感じていた。

モントゴメリー将軍は、軍事のプロとして高い能力をもち、また部隊の訓練にあたって第一級の仕事をこなしてきたが、〝際限なき自惚れ〟という欠点もかかえていた。そして、その自惚れなるものが、じつはある種の劣等感に由来することも、ほぼ間違いない。その年の二月、モントゴメリーは、世に有名なそのベレー帽にかんし、時の国王ジョージ六世陛下の個人秘書にこう語っている。「わが帽子には三個師団の価値があるのだ。部下たちは、遠方からこれを見て、『あそこにモンティがいるぞ！』と言われると、どんな敵にも立ち向かうのだよ」と。モンティの自尊心は、ほとんど滑稽なくらい強烈だった。このため、彼の評判なるものは、じつは彼を崇拝するイギリスのマスコミによって不当に嵩上げされたものなのだと考える人間がおり、それはアメリカ人に限らなかった。かの碩学、リデル・ハートは「モンティはたぶん、兵士のあいだより、民間人のあいだで遥かにもっと人気が高い」という感想をもらしている。

モントゴメリーは、演出のコツを非常に心得た軍人だった。そのため通常は麾下の部隊に信頼感を与えていたけれど、その熱狂的支持を常にかちとっていたわけではない。たとえば、その年の二月、モンティが子飼いの「ダーラム軽歩兵連隊」に、侵攻作戦の第一波はきみたちが担うと告げると、大きなうめき声があがった。彼らは地中海の戦いからようやく戻ったばかりで、それなのに帰省休暇すらほとんどもらえない状況にあった。陸軍にはいまだイギリス諸島から一歩も出たことのない師団があるのだから、今度はそいつらが任務を果たすべきだというのが正直な感想だった。「またもや血まみれダーラムかよ。いつだって血まみれダーラムなんだから」というわけだ。モントゴメリーが車で立ち去るときは、部隊の全員が路肩にずらりと並び、歓呼の声で見送るのが通例だったが、このとき

だけは将校も下士官兵もほとんど動かなかった。上級将校はこうした態度に激怒しつつ、同時に大きな戸惑いも覚えていた。

実戦経験に乏しい各師団を、歴戦の勇士によって補強したいというのがモントゴメリーの腹づもりだったが、このアイデアは、砂漠で鍛えられたベテラン兵士たちの大半から総好かんを食ってしまった。外地で四年になんなんとする戦闘を続けてきた彼らは、いまや他の連中の出番だ、特にこれまでいかなる戦域にも投入されてこなかった師団が、今度こそ義務を引き受けるべきだと考えていた。イギリス陸軍「第八軍」のもとで戦ったいくつかの連隊はこの六年間、一度も帰国できずにいた。さらに長い海外勤務を味わった連隊もひとつか、ふたつあった。彼らの怒りには、祖国にいる妻や恋人たちの影響が色濃くにじみ出ていた。

「ビッグ・レッド・ワン」の愛称で知られるアメリカ陸軍「第一歩兵師団」もまた、上陸作戦において、再度先鋒をたまわることになった。みなブツブツ文句を言ったけれど、彼らのもつ実戦経験はどうしても必要だったのだ。五月八日に出された分厚い評価報告書によると、侵攻作戦に割り当てられた米陸軍部隊のうち、「第一歩兵師団」を除くほとんどすべての部隊が「要求基準に合致せず」にランクされていた。この調査結果に危機感をいだいたアメリカ陸軍上層部はすぐさま対策を講じ、過去数週間にわたって強化訓練をほどこし、その努力はムダではなかった。劇的な練度の向上に、アイゼンハワーは勇気づけられる思いだったし、作戦開始日を五月初めから六月初めに延期して、本当に良かったと、胸をなで下ろしていた。

各司令官のあいだには、それ以外にも軋轢があった。SHAEFナンバー・ツーとして、アイゼンハワーを補佐するイギリス空軍のサー・アーサー・テッダー大将は、地上軍を統括するモントゴメ

リーを毛嫌いしていた。ところが、そのテッダーは、チャーチル首相からひどく嫌われていた。アメリカ「第一軍」を率いるオマー・ブラッドリー将軍は、そんなモントゴメリー率いるイギリス「第二一軍集団」の下で戦わなければならなかった。ブラッドリー将軍はミズーリ州の貧農の出で、「村夫子然とした風貌」や、そのあか抜けない官給品の眼鏡のせいで、およそ大将軍には見えなかったけれど、「実際的で、物事に動ぜず、余計な野心などさらさら無いようで、やや退屈ではあるものの、派手さやこれ見よがしなところが一切なく、声を荒らげるようなマネは断じてやらない」人間だった。ブラッドリーは、与えられた任務をこなすうえで何が必要かをよく弁《わきま》えた、奸智にたけた指揮官だった。モントゴメリーに対しても、表向きは敬意を払っていたが、このイギリス人に好意をいだかぬ点において、ブラッドリーも人後に落ちなかった。

ブラッドリー将軍は、アイゼンハワーとは非常に馬があったけれど、最高司令官がパットンというほら吹き男の言動を許している点については、いささか含むところがあった。パットンという、騎兵上がりの、南部出身の、エキセントリックな将軍に対し、ブラッドリーは強烈な不信感を抱いており、その感情を隠すことがほとんどできなかった。ジョージ・S・パットン将軍は、神を敬うことにおいて、誰にも負けなかったけれど、神をも恐れぬ冒瀆的な言葉をさかんに吐くことで、その名を挙げていた。麾下の部隊にむけた演説では、好んで挑発的な言辞を弄した。「さてそこでだ、諸君、このことを忘れないで欲しい」とパットンはかつて語ったことがある。「祖国のために自分の命を捧げて、戦争に勝ったトーヘンボクなど、これまでただの一人もいないのだ。いいか諸君、きみらは誰かほかの哀れなトーヘンボクに〝そいつの〟祖国のため命を投げださせ、そして戦争に勝つのだ」。もし仮に、決定的瞬間にアイゼンハワーの後押しがなければ、パットンがこのノルマンディー作戦に〝まぜて〟もらえる可能性は金輪際なかっただろう。というわけで、こんなわが道をいく将官ばかり

で構成された寄せ集めチームをひとつに束ねたのだから、最高司令官アイゼンハワーのなし遂げたことは、途方もない偉業というしかない。

「Dデイ直前の不定愁訴」をさらに深くする事態がまたもや発生した。今回のトラブルの元は、リー＝マロリー空軍総司令官だった。計画によると、上陸作戦の開始に先立ち、アメリカ陸軍の二個空挺師団がフランスのコタンタン半島にパラシュート降下することになっていた。半島の先端部に位置する軍港シェルブールを確保するための先駆けだったが、その兵士たちをはこぶ輸送機の総元締めであるリー＝マロリーが、突如としてひとつの確信に囚われたのだ。彼らはきっと一人残らず殺されてしまうにちがいないと。さすがに今回は「全員が腹を立てた」し、さしものアイゼンハワーも苛立ちを募らせた。この二個空挺師団は、敵前上陸を敢行するアメリカ陸軍部隊を西方から側面支援するという、作戦上不可欠の重責を担っていた。なのに、それを空輸する責任者がパラシュート降下そのものの中止をくり返し進言してきたのだから。もし仮にそのような懸念がおありなら、文書にまとめて提出してください、とアイゼンハワーは通告した。すると本当に文書が提出されたため、彼は慎重な検討を加え、さらに地上軍の総元締めであるモントゴメリーの全面支援を取りつけたのち、リー＝マロリーの中止提案をようやく却下した。

アイゼンハワー将軍は、なるほど心に不安をかかえ、また自分の肩にのしかかる恐るべき重責にも堪えていたが、賢明にもどこか達観した態度で事に臨んでいた。自分は最終判断を下すために選ばれてここにいるのである。ゆえにやるべき仕事をおこない、それがもたらすさまざまな結果は、すべて自分で引き受ければいい、それだけの話だと。自分が下すべき最大の決断、それは出処進退であろうとアイゼンハワーは十二分に理解していた。文字どおり幾千万の兵士の生命《いのち》が、彼の決断ひとつにかかっていた。最も親しい副官たちにも告げず、彼は作戦が失敗に終わったときに発表する短い声明文

を用意した。それは次のようなものだった。「シェルブール・アーブル間の一帯に対する強襲上陸作戦は、十分な足場を築くことに失敗し、私は麾下の部隊に撤収を命じた。この時期にこの場所を攻撃するという私の決断は、利用可能な最良の情報にもとづくものであった。陸海空の各将兵は、この任務に対して可能なかぎりの勇気と献身をもって当たってくれた。この試みに、もし何らかの問題もしくは欠点があったとすれば、ひとえに私ひとりの責任である」

アイゼンハワーもブラッドリーも、その事実をおおやけに認めることはできなかったけれど、上陸部隊がとりつく予定の五つのビーチのうち、最も困難をきわめる戦場は「オマハ」と命名された海岸部になるはずだった。「オマハ・ビーチ」の先鋒は、アメリカ陸軍「第一歩兵師団」と「第二九歩兵師団」がつとめることになっていた。目標に対しては、COPP（協同作戦海岸偵察強襲先導隊）所属のイギリス・チームがすでに入念な調査を済ませていた。一月後半、武装トロール船に曳航された小型潜水艇〈X－20〉が、ノルマンディーの海岸部に接近した。ブラッドリー将軍はイギリス側に事前要請をおこなっていた。イギリス・カナダ両軍が担当する三つの「ビーチ」――「ゴールド」、「ジュノー」、「ソード」――の点検を終えたあと、「オマハ・ビーチ」に対しても、その地盤が軟弱ではなく、戦車の重みに十分耐えられるかどうか、チェックしてきて欲しいと。スコット＝ボーデン工兵大尉と、SBS（特殊船艇隊《スペシャル・ボート・セクション》）のブルース・オグデン＝スミス軍曹は、目標まで泳いで上陸した。ふたりとも武装といえば、コマンドー・ナイフ一本と、〈コルト45〉自動拳銃一挺だけだった。それと長さ一八インチ（約四六センチメートル）の「アースオーガー」を携えていた。それで地面に穴をあけ、採取した土壌サンプルは負い革にとりつけた保管容器に収納するのだ。海面はその日、波ひとつ立たぬ穏やかさで、ドイツ軍の哨兵に見咎められずに作業をすすめるだけでも一苦労だった。

帰国の翌日、スコット＝ボーデン工兵大尉は、海軍のとある准将からロンドンに来るようにと呼び

出された。彼は昼食時間が終わった直後に、セント・ジェームズ広場にある「ノーフォーク・ハウス」に到着し、奥行きのあるダイニング・ルームへと通された。壁際に地図が掲げられていたが、どの地図もカーテンで隠されていた。入ると、そこには六人の提督と、五人の将軍がおり、ブラッドリー将軍のすがたもあった。ブラッドリーは「オマハ・ビーチ」の地盤の強度について、入念な事情聴取をおこなった。「閣下、差し出がましいようですが、発言をお許しください」。部屋を出る直前、スコット＝ボーデンは思い切って口を開いた。「あのビーチは実際、恐怖心を覚えるほどの難物でして、途方もない犠牲が出ることは間違いありません」と。すると、ブラッドリーは大尉の肩に手をおいて言った。「分かっているよ、坊主、分かっているんだ」。なぜそこが上陸地点に選ばれたのか。それはイギリス側が担当する左手（東側）の三つのビーチと、やはりアメリカ側が担当する右手（西側）の「ユタ・ビーチ」を除くと、上陸作戦が可能な場所は、そこしかなかったという、ただそれだけの理由からだった。

作戦にむけて各侵攻部隊が移動を開始すると、民間人がどっと押し寄せてきて、みな手をふって別れを惜しんでくれた。イギリス人のとある家庭に寄宿していた若いアメリカ人工兵は書いている。「ぼくらが旅立つとき、［彼らは］両親みたいに泣いていた。ぼくらの胸はいっぱいになった。まるでイギリス国民すべてが、これから何が起こるのか知っているみたいだった」

秘密の厳守など、当然ながら不可能だった。ある機甲連隊に所属するイギリス人兵士は書いている。「われわれがサウサンプトンを通過するとき、人々はわれわれを大歓迎してくれた。部隊の動きが止まるたびに、うるさいくらいにお茶とケーキを勧められた。縦隊に同行していた憲兵たちはギョッとしたことだろう。なにしろ彼らは、民間人と兵士の接触を極力阻止するよう厳命を受けてい

たのだから」

大半の部隊は軍用トラックで移動したけれど、一部のイギリス軍部隊は徒歩ですすんだ。ブーツの靴底に打ちつけた鋲釘のせいで、道路をすすむ一歩ごとに、カツカツと音が鳴り響いた。そのようすを前庭で見守る老人たちは、しばしば目に涙をうかべていた。すぐる大戦で、フランドルの塹壕にむかって突進した一世代前の兵士たちのことを、ふと思い出したのだろう。兵士たちが被るヘルメットの形状は同じだったけれど、戦闘服のデザインは変わっていた。兵士たちはもはやゲートルを巻いていなかった。かわりに上部がキャンバス地でできたオーバーシューズを履いていた。それはベルトや当て布、弾薬入れ、背嚢などの布製装備品と似合っていた。小銃と銃剣もやはり変わっていたのだが、ちょっと目に気づくほどの、大きな差異はなかった。

二十四時間の外出を許可すると言われたとき、兵士たちは「その日」が近いと感じた。戦闘意欲が旺盛とはいえない兵士にとって、それは姿をくらますか、あるいは酔いつぶれて脱落する最後のチャンスとなるはずだった。侵攻作戦が間近に迫った時期に、兵士たちが失踪するケースは数多く発生したけれど、完全に逃亡する例はごくごく稀だった。大半のものは結局帰隊した。出征する「仲間たちと一緒にいる」ためだった。現実主義的な部隊長は、貴重な部下を営倉送りでムダにしたくなかったので、本人が戦場に復帰するというのなら、あえて不問とした。

兵士はみな、将校たちが突如として、部下のことを気遣いだしたことに気づいていた。外部との交流のかなわぬ基地内とあって、映画鑑賞会が企画されたり、ビールの割り当て量が増えたり、拡声器からダンス・ミュージックが流れたりするようになった。補給担当の将校がいきなり太っ腹になるのは良くない兆候だぞ、と皮肉まじりに警告するものもいた。「シャーウッド・レインジャー・ヨーマンリー（義勇騎兵）連隊」に所属する二十四歳のキース・ダグラス大尉は詩人でもあった。彼はさき

の大戦で従軍経験のある、やはり詩人のエドマンド・ブランデンに手紙を書き送っている。「殺戮の予感に圧倒され、今はただそれが始まるのを待っています」と。自分はもうじき死ぬのだという強烈な想いを絶えず感じている人間は相当数にのぼっており、ダグラス大尉もその一人だった。彼は親しい友人に胸のうちをそっと打ち明けている。その手の予感が現実となるケースがいかに多いか、その実数は驚くほどである。おそらく人々は、そうした想いを抱いたせいで、みずからの運命をみずから招きよせてしまうのだろう。その最後の日曜日も、ダグラス大尉は軍務の一環として「チャーチ・パレード」に参加した。その後、彼は連隊付きの従軍司祭を訪れ、司祭はそのときのようすを記録している。彼は目前に迫りくる死をすでに感じとっており、病的なほど神経質だったという。また同僚の将校によると、ダグラス大尉は、これはすべて運命なのだと受け入れていたという。なぜなら、自分はあの砂漠の戦争で、運を使い果たしてしまったからと。

ほとんど全員がこんなナマ殺しの状況を呪い、いっそ最悪の事態が早く終わってほしいと念じていた。「みな緊張し、みな何でもないようなふりをしていた」とあるアメリカ人歩兵は語っている。「強がりだって、時には役に立つんだ」と。多くのものが恋人のことを思った。最悪の結果に終わったとき、きちんと年金がもらえるように、あわてて籍を入れるものもいた。あるアメリカ人兵士はため込んだ給料を宝石店へと送った。無事戻って来られたとき、イギリス人の婚約者が、ウェディング・リングを自由に選べるようにするためだった。それぞれの想いで、空気がぴんと張りつめるような、そんな時間が過ぎていく。この少し前、あるジャーナリストは次のような記事を書いている。「恋人を見送りにきた女たちは、列車が動きだすと、いつも決まったように、プラットフォームの端まで歩いていき、無理やり笑みをうかべながら、別れの手をふりつづけた」と。

緊張に押し潰されてしまうものも少数ながらいた。アメリカ「第一歩兵師団」の関係者は次のよ

うに記録している。「ある夜、兵士のひとりが弾薬帯二本と手榴弾を身につけて、小銃一挺を握ると、すがたを消した。彼がそうした準備をしているのを目撃したものは皆無だったが、その事実が知れると、捜索隊が組織された。一行は兵士を発見した。彼は投降を拒み、そして殺された。あの海岸で死にたくなかっただけなのか、それとも彼はスパイだったのか、われわれには分からない。彼がやったことには、語るべき言葉もない。必ず死ぬか、たぶん死ぬか、どちらかひとつしか選べないのだから」。その兵士はたぶん、「オマハ・ビーチ」で自分を待ち受ける事態を、ふと垣間見てしまったのだろう。

六月二日金曜日。その夜も、強襲上陸用の各種艦艇には、戦車や兵員が続々積みこまれていた。そんななか、スタッグ博士（空軍大佐待遇）は、盗聴のおそれのない地上通信線を使って、他の気象センターとまたぞろ協議をおこなっていた。博士は二一三〇時（午後九時三十分）開始予定の会議において、今度こそ単純明解な気象報告をおこなわなければならなかった。だが、合意はいまだ得られなかった。「報告如何でどのような悲劇が出来するのか、そうした危険性をはらんでいなければ、なんともバカげたドタバタ劇だったのだが。あと三十分もしないうちに、私はむこう五日間にかんする気象チームの〝総意〟をアイゼンハワー将軍に提出することになっていた。その五日間には、史上空前の大軍事作戦の開始日もふくまれていた。だが、議論に参加する専門家にかんするかぎり、むこう二十四時間の天候についてさえ、二人以上の賛同を得られるような統一見解はいまだ得られていないのが現状だった」

議論は結局、時間切れとなるまで延々続いた。スタッグ博士は本館の書斎へと慌てて駆けつけた。「オーヴァーロード作戦」の主要司令官全員に対して、気象報告をおこなうために。

「さて、スタッグ」とアイゼンハワー将軍は言った。「今回はどんな報告を聞かせてもらえるのかな」

博士はみずからの直感を抑えきれなかった。そして、アメリカ人の同僚、ブシー・パークが唱えるところの、より楽観的な予報には目をつぶることにした。「イギリス諸島からニューファウンドランド島にかけての全体状況はここ数日、変化を見せています。現時点で見るかぎり、悪天候に見舞われる可能性があります」と概況を述べたあと、細部の説明に入った。上級将校の何人かは、窓の外にちらりと目をやった。そこには見事な日没風景が広がり、彼らはちょっと戸惑ったような顔をした[*1]。

空挺部隊の降下時における天候をめぐって、二言三言たずねたあと、アイゼンハワーは、六月六日および七日の予想されうる状況について、さらに突っ込んだ質問をおこなった。SHAEFナンバー・ツーのテッダー空軍大将によると、そこで一瞬、重苦しい沈黙があったという。「その件ですが、閣下」とスタッグ博士は言った。「私にできるのはあくまで推測であって、閣下の気象顧問のようにはふるまえません」

スタッグ博士と、アメリカ陸軍の相方であるD・N・イェーツ大佐がその場を辞すると、アイゼンハワーの幕僚であるブル少将がすぐさま追ってきて、今後二十四時間、計画の変更など一切おこなうつもりはないからなと両名に通告した。寝室がわりのテントに戻った二人の気象専門家は、船団の第一陣がすでに泊地を出発したことを聞かされた。スタッグはその瞬間、その後「オーヴァーロード作戦」につながる侵攻作戦の骨格をつくった最初の計画主任、サー・フレデリック・モーガン中将のブラック・ジョークをふと思い出した。「幸運を祈るよ、スタッグ。きみの鬱《うつ》がせいぜい小さなままで終わるようにね。だが、このことは決して忘れてはいかんよ。きみがもし、予兆を読み違えたら、われわれはきみをその辺の街路灯から吊して、縛り首にしてやるからな」

翌六月三日土曜日の朝、これ以上ないほどの悪い知らせが届いた。アイルランドの西部ブラックソッド岬の気象台の最新報告によると、気圧計がみるみる低下し、風力は「6」だという。木の大枝が揺れ、海上では白く泡立った波頭が広がる――というわけだ。ただ、その天気図を見たあとでも、気象チームの英米各班は、いまだ異なるやり方で分析を続けており、スタッグは「ほとんど吐きそう」になったという。その夜、昨晩と同じ二一三〇時に、スタッグとイェーツはふたたび呼び出された。二人が入った書斎は、棚からすべての本が撤去され、将校用の椅子がぐるりとアーチ状に配置され、最前列には陸海空それぞれの総司令官とその幕僚、背後には下位の指揮官たちが腰かけていた。そのアーチ状の椅子に向きあうように、正面に三脚の椅子が据えられ、アイゼンハワーとその参謀長であるアメリカ陸軍のウォルター・ベデル・スミス少将、そしてSHAEFナンバー・ツーのテッダー空軍大将が坐っていた。

「紳士のみなさん、わが同僚と私が昨日述べた、むこう三、四日間の天候をめぐる懸念が確認されました」。スタッグ博士はそう口火を切ると、詳細な気象分析に入った。海上は荒れ、風力「6」の強い風が吹き、雲は低く垂れこめるという気の滅入るような見立てだった。「説明のあいだじゅう」とスタッグはのちに書いている。「アイゼンハワー将軍は身じろぎもせず、小首をやや傾げ、片腕であごを支えながら、私のほうをじろりと睨みつけた。部屋にいる全員が一瞬金縛りにあったように見えた」。それはそうだろう。つまりこいつは、作戦を一時延期しろと言っているわけだな、とアイゼンハワーは考えていたのだから。

その土曜日はアイゼンハワーにとって、まさに厄日だった。夜も更けたころ、副官のハリー・ブッチャー海軍中佐がやってきて、AP通信の〝フライング〟について伝えた。「アイゼンハワー将軍率いる連合軍が、いままさにフランスに上陸しつつあります」と報じたそうだ。AP通信は二十三分

後、この誤報を撤回したものの、すでにCBSとモスクワ放送が転電したあとだった。「将軍はなにやらブツブツ言っていた」とブッチャーはその日記に書いている。

上陸作戦の一時延期の知らせを聞いて、スタッグが自分のテントに戻ったのはちょうど日付が変わるころだった。木々のあいだから見上げると、「空はほぼ快晴で、あたりは静まりかえり、物音ひとつ聞こえなかった」。なんとも奇妙な気分である。だが、無理にでも睡眠をとろうとはしなかった。スタッグは未明の数時間をかけて、これまで交わされた議論のすべてを、その細部にいたるまで記録していった。その間、外のようすはずっと穏やかなままだった。確認作業は終わった。予報結果は、いま以上に良くはならなかった。

翌六月四日日曜日、〇四一五時（午前四時十五分）に再度会議が招集され、アイゼンハワー最高司令官は席上、作戦を暫定的に二十四時間延期するという昨晩の合意事項について、しかるべく実行されなければならないと改めて強調した。空からの最大限の支援がなければ、リスクは途方もなく大きくなる。輸送船団の引きあげも命じられた。無線で位置確認ができない上陸用舟艇をかき集め、彼らを港まで誘導するため、駆逐艦が全速力で現場に向かった。

くたくたに疲れ、仮眠をとるためテントに戻ったスタッグが、ふたたび仕事に戻ろうと、数時間後に目を醒ますと、空はいまだ晴れわたり、風もほとんどないように思われた。朝食をとりながらも、ほかの将校たちの顔がまともに見られなかった。でも、その日のうちに、西から天気が崩れていき、雲が増え、風も吹きはじめた。恥ずべきことではあるけれど、やはりどこかホッとした気分になったのは確かである。

その日曜日には、さまざまな問いかけがいつ果てるともなく提起された。まさか数万人の兵士をこのまま上陸用舟艇に閉じこめておくわけにも行かんだろう。外洋に展開した艦艇に帰投を命じたとし

て、いったいそのあとどうする気なんだ、燃料補給だって必要になるだろうし。天候がこのまま悪化したら、潮目だった変わってしまうかもしれない。各種条件が四十八時間以内に改善されなかった場合、「オーヴァーロード作戦」は事実上、二週間の延期を余儀なくされるだろう。そんな長期の機密保持など、どだい無理だし、そうした延期がもたらす士気の低下は、作戦全体に破滅的な影響を及ぼす恐れさえあって……。

原注

13頁「なにバカなことを言っているんだ、スタッグ」：J. M. Stagg, *Forecast for Overloard*, London, 1971, p.69.

13頁「Dデイ直前の不定愁訴」：Harry C. Butcher, *Three Years with Eisenhower*, London, 1946, p.479.

14頁「プラン・フォーティテュード」：TNA WO 219/5187.

16頁「ガルボ」：'Garbo', TNA KV 2/39-2/42 and 2/63-2/71.

16頁「プラン・アイアンサイド」：Ironside, TNA KV 2/2098.

16頁「ブロンクス」：'Bronx', TNA KV 2/2098.

16頁　四カ所の飛行場：destruction of airfields, Luftgau West France, TNA HW 1/2927.

17頁「ブレッチリー・パーク」の傍受監視システム：Bletchley watch system, TNA HW 8/86.

17頁「最新の証拠は」：TNA HW 40/6.

18頁「私のサーカス巡業馬車」：Carlo D'Este, *Eisenhower*, New York, 2002, p.518.

18頁「爆撃ルート」：'to establish a belt ...', TNA WO 205/12.

19頁「疑問の余地はない」：Field Marshal Lord Alanbrooke, *War Diaries 1939-1945*, London, 2001, p. 575.

19頁「ナイス・チャップ、ノー・ソルジャー（いいヤツだが、兵士ではない）」：Cornelius Ryan in-

terview, Ohio University Library Department of Archives and Special Collections.

19頁「自国目線で物事を見ると」：Alanbrooke, p.575.

20頁「わが帽子には三個師団の価値がある」：Duff Hart-Davis (ed.), *King's Counsellor*, London, 2006, p.196-7.

20頁「モンティはたぶん」：LHCMA Liddel Hart 11/1944/11.

20頁「またも血まみれダーラムかよ」：Harry Moses, *The Faithful Sixth*, Durham, 1995, p.270.［この一件をめぐる記述に当たっては、以下の諸氏のお世話になった。Miles d'Arcy-Irvine, Major Philip Windsor-Aubrey, Major C. Lawton, Harry Moses and Richard Atkinson］.

21頁「要求基準に合致せず」：NA II 407/427/24132.

22頁「村夫子然とした風貌」：Martin Blumenson, *The Battle of the Generals*, New York, 1993, p.35.

23頁「全員が腹を立て」：Major General Kenner, chief medical officer, SHAEF, OCMH-FPP.

24頁「シェルブール・アーブル間の一帯」：quoted in Butcher, p.525.

24頁「オマハ・ビーチ」の偵察：Major General L. Scott-Bowden, SWWEC T2236.

25頁「ぼくらが旅立つとき」：Robert A. Wilkins, 149th Combat Engineers, NWWIIM-EC.

25頁「われわれがサウサンプトンを通過するとき」：Arthur Reddish, *A Tank Soldier's Story*, privately published, undated, p.21.

27頁「殺戮の予感に圧倒され」：quoted in Stuart Hills, *By Tank into Normandy*, London, 2002, p.64.

27頁「みな緊張し」：LofC.

27頁「恋人を見送りにきた女たちは」：Mollie Panter-Downes, *London War Notes*, London, 1971, p.324.

28頁「ある夜」：Ernest A. Hilberg, 18th Infantry, 1st Division, NWWIIM-EC.

28頁「報告如何でどのような悲劇が」：Stagg, p.86.

29頁「その件ですが、閣下」：ibid., p.88.

29頁「幸運を祈るよ」：ibid., pp.91.

30頁「アイゼンハワー将軍率いる連合軍が」：Butcher, p.481.

31頁「空はほぼ快晴」：Stagg, p.99.

章末注

＊1 午後九時三十分開始の会議とはいえ、イギリスは独特のダブル・サマータイム（標準時より二時間早い夏時間）制度を採用しているため、外はまだ明るかった。

第2章 「ロレーヌ十字」を身に帯びて

一大侵攻作戦を前にして、その途方もない規模に身のすくむ思いを味わっているのは、ひとりアイゼンハワーに留まらなかった。この手の渡海作戦そのものに疑いの目を向けてきたチャーチルは、なるほどここにきて俄然、興奮の度を高め、やや及び腰ながらも根拠のない楽観論を口にしはじめていた。だが、イギリス陸軍のブルック参謀総長は「胃の内側になにやら虚《うつ》ろな感じ」を覚えると日記に書いている。「数時間後に、海峡越えの侵攻作戦が始まるなど、およそ信じがたいことである！ この作戦を思うと、ひどく落ち着かない気分になる。仮にすべてがうまく行っても、多くのものが期待するレベルには遠くおよばない結果に終わるだろう。人々はみな、この作戦のもつ困難さが分かっていない。最悪の場合、今次大戦における最も悲惨な事態にいたる可能性すらあるのだ」

「作戦の失敗にかんし、イギリス側の懸念ははるかに大きかった」とアメリカ軍のある主要幕僚は当時をふり返っている。彼らは長い戦争をやってきた。ダンケルクの撤退や、不運なディエップ急襲等々、さまざまな苦い記憶をひきずっていた。だから、そうした気分に陥ることも、別段驚きではないと。ただ、理由はともあれ、イギリス側が「Dデイ」以前に、大陸への大規模反攻を拒みつづけてきたことは、結果的に正しかったのだ。防備をがっちり固める相手に、力ずくの敵前上陸をおこなう

には、時間をかけて、戦力面の圧倒的優位を確保しておくことがどうしても必要なのである。アメリカ陸軍も、北アフリカやシチリア島、イタリア各地における数々のつらい教訓をへて、そのことを学んだはずである。

チャーチル首相はかつて、アメリカ人は常に正しい判断をくだすと言ったことがある。それ以外の選択肢をすべて試したあとにだが――と。このジョークには、たしかに一面の真理がふくまれていた。ただ、教師役をにんじるイギリス陸軍の将官と比べたとき、アメリカ側の学習曲線ははるかに急角度だという事実を等閑視しているきらいはあるけれど。アメリカ軍は、実業界出身の聡明な民間人（いまは志願して軍服を着ている）の提案を臆することなく採用したし、アメリカ人はなにより実験を恐れなかった。

傍受システム「ウルトラ」用のコンピューターから、パーシー・ホバート少将謹製のさまざまな特殊戦車――半分潜水して海をいく「DD戦車」や、対戦車地雷を爆破してすすむ「フレール戦車」――にいたるまで、イギリスは新兵器の開発分野で大いなる発明の才を発揮した。だが、上下関係をなにより重んじるイギリス陸軍の体質は依然保守的なままだった。ホバート少将の一連の新機軸を「ファニーズ（おかしなメカ）」呼ばわりしている点からも、そのことがうかがえる。そこには、何であれ新しいものにはおしなべて不審の目をむけ、慇懃無礼な態度で接するという、一種独特のイギリス人気質があらわれていた。何よりも紳士たることを金科玉条とする、そのある種異常な心的傾向（そのせいで、モントゴメリーはあれほど嫌われているのに）は、現実世界においてきわめて不利に働くし、その実例をいまも日々積みあげていた。アメリカ側の将校は、相方のイギリス人のことを「上品にも程がある」と見なしていた。無能な指揮官をいつまでも放置していることが、なかんずく理解を超えていた。あんなやつ、さっさと首を切ってしまえばいいのに、連中には戦《いくさ》に必要な果断さ

がおよそ欠如している、と断じるのも宜《むべ》なるかなである。

ただ、サー・ウィンストン・チャーチルのような特異例も中には存在した。紳士たることへのこだわりで彼の右に出るものなどいなかったが、積極果敢さが足りないと、チャーチルを批判することは不可能である。なにしろ総理閣下は、軍事作戦にかんし燃えるような関心を持たれていた。首相付きの軍事スタッフによれば、むしろ持ちすぎているくらいであった。アイデアが次々にわきだし、その多くは現実性に乏しいものであったが、メモという形で片端から下《くだ》しおかれるものだから、イギリスの官庁街ではそのたびに、うめき声があがり、ため息が漏れた。「Dデイ」という歴史的象徴性にみちたこの瞬間、総理閣下はことのほか軍事問題にご執心であった。軍事顧問をつとめる〈パグ〉・イズメイ将軍は、当然ながらそうした事態に対処せざるを得なかった。総理閣下のお望みは「今度のオーヴァーロード作戦で、ダンケルクの意趣返しをやってのけることだった。強襲部隊が海岸線の敵を一掃した暁には、歩兵が乗りこむ「民間の」小型船に便乗し、後続部隊とともに」現地入りしたいとの意向を示されていた。

戦いの渦中に身をおきたいと念じる総理閣下の強い願望はついに、侵攻作戦に参加する海軍部隊とともに、この私も出撃すると言いだすまでになった。大口径の艦砲によって、フランスの海岸一帯が叩かれるさまを、英巡洋艦「ベルファスト」艦橋からこの目で見てみたいとの思し召しだった。言えば、必ず反対されることは分かっていたので、チャーチルはブルック参謀総長にはそのことを告げず、この私は総理だけでなく国防大臣も兼務しているだと強弁して、ご無体な要求をなんとか押し通そうと試みた。幸いなことに、イギリス国王ジョージ六世陛下が六月二日、言葉巧みな御手紙を送ることで、この一件は落着した。「親愛なるウィンストンへ。卿がDデイに海に出ていかぬよう、余からも、ひとつ訴えたいと思う。どうか余の立場を考えてほしい。余は卿より年少であり、海軍軍人で

あり、国王として全イギリス軍の統率者でもある。実際に海に出ること以上に、余の為したいことは他にないが、祖国にとどまることに同意している。可能ならば、余がまさにみずから為し遂げたいと思うことを、卿が為すのは、公平であろうか？」

せっかくの壮挙を邪魔されて「持って行き場のない思い」をかかえたチャーチルは、移動司令部として使っている専用列車に飛び乗ると、今度はアイゼンハワーに接近した。ブルック元帥は日記に書いている「一方、ウィンストンは列車に乗って、ポーツマス地区の視察へと向かい、みずからをこの上なき厄介者とした」と。Dディ直前のこの時期、ひとつの朗報が飛びこんできた。アメリカ陸軍のマーク・クラーク中将率いる連合軍部隊が、いまやローマ入城を果たしつつあるというのだ。ところが、そんなことを喜んでいる暇が、チャーチルにはなくなってしまった。ある種理解を超えた、ときに斜め上をいくような難題が、目の前に突如出現し、その対応に集中せざるを得なくなったのだ。「救国の英雄」ジャンヌ・ダルクの象徴として世上有名な「ロレーヌ十字」（横棒二本を縦棒が串刺しにしたような形状の十字架）。それをみずからのシンボルに採用した「自由フランス」の指導者、かのシャルル・ド・ゴール将軍がその朝ついにロンドンに到着したのである。政治的に面倒な問題は、すでにその腹を満たすに十分なほどあった。そこにさらに、愛国心の誇示だけが目的の、ド・ゴールのわがまま勝手が加わったものだから、連合軍の内部には、衝突や軋轢が次々と派生していった。「Dディ直前の不定愁訴」はいや増すばかりである。

ド・ゴールをめぐる最大の問題は、ローズヴェルト米大統領がこの将軍を不信の目で見ていることだった。ド・ゴールという男は、へたをすると独裁者になりかねない人物である、とローズヴェルトは考えていた。ペタン元帥を首班とする「ヴィシー政権」のもと、アメリカの駐仏大使をつとめたレーヒー提督や、ワシントン在住のフランス人有力者たちも、こうした見方を裏書きした。のちに

「ヨーロッパ統合の父」と目されるようになるジャン・モネのような人たちである。

　フランス政治の鬱陶しさに辟易したローズヴェルトは、その年の二月、連合軍による戦後ドイツの分割占領をめぐって、従来の区割り案の変更を目指し、ドイツの北半分を、アメリカの管轄区にしようと働きかけたほどである。そうすれば陸づたいにフランスを通らずとも、ハンブルク港を経由することで、兵員・物資の直接輸送が可能になるからだ。この提案に対し、チャーチルは返事を書いている。「閣下のご提案は、フランス国内における警察活動への忌避感、およびフランス国内にアメリカ軍が長期にわたって駐留する可能性への危惧感から来ているものと、理解しております」

　ローズヴェルトは要するに、ド・ゴールが言うところの〝反乱政権〟をめぐる諸問題に、つき合わされたくなかったのである（ローズヴェルトほどではないものの、チャーチルも思いは同じだった）。ただ、ド・ゴールがこの時期に企図したのは、自分自身のたんなる足場固めではなかった。解放後のフランス情勢は、全般に混沌の度を深め、ヘタをするとそのまま内戦に突入する事態も考えられなくはなかった。そうした展開を回避するには、互いに競合しあう政治各派をひとつにまとめ上げることがどうしても必要なのである、とド・ゴールは腹をくくっていた。ただ、ド・ゴールという人間は自尊心がやたら強く、しかも妙に鬱屈していた。そのせいで彼は、自分に餌をくれるアメリカやイギリスの手を時にわざと咬んでみせ、そのねじれた喜びを満たすが如きふるまいに出ることがあった。彼を支援する人々はそのたびに、しばしば絶望的気分を味わった。ド・ゴールは森羅万象、そのすべてにおいて、フランス中心主義を貫いた。そこには、自分にとって不都合な事実は、どんなものであれ、最大級の侮蔑をもって接することがふくまれていた。特にフランスの栄光を貶める可能性のあるものには、その一切に、ニベもない態度をとった。もし仮に、ド・ゴール将軍がフランス陸軍史を執筆することになったら、きっとどうすれば「ワーテルローの戦い」に一言も触れずに済ませられるか

と、その持てる叡智をふりしぼったことだろう。

そんなド・ゴールではあったが、われわれはこの将軍となんとかやって行かざるを得ない、とチャーチルは覚悟を決めていた。そこで一九四四年の春先から、ローズヴェルトの頑なな心をなんとか解《ほぐ》そうと、最大限の努力をしてきた。当人と一度じかにお会いになって、話してみたらどうでしょう、とローズヴェルトに水を向けたこともある。「父のような態度で、温情をかけることも可能ですし、実際のところ、そうした態度は、あらゆる観点からみて、プラスに働くと私は考えます」とチャーチルは書いている。

当方としては、会見そのものに異存はない。ただ、それにはまず、ド・ゴール側から是非とも会いたいと言ってくることが前提条件だとローズヴェルトは主張した。こちらから彼を公式に招待すれば、それはそのままド・ゴールをフランスの指導者として、暗に国際認知することにつながるからだ。連合軍は別段、ド・ゴールを権力の座につけるため、フランスへと侵攻するわけではない。アメリカ合衆国大統領は、この一線にあくまでこだわった。ローズヴェルトは手紙にこう書いている。「フランス国民がみずからの政府を自由に選択する機会が得られないこの時期において、私はいかなるフランス政府も承認することはできない」と。だがしかし、当面、選挙をおこなうことは事実上不可能である。ということはつまり、解放された地域の民政統治は当面、AMGOT（占領地域連合軍政府）がおこなうことを意味した。

邪推すれば「アメリカがもらった」と読めなくもない略称をもつ、この連合軍主導の民政機構は、ド・ゴールにとっても、あるいは彼がアルジェで立ちあげた「CFLN（フランス国民解放委員会）」にとっても、おそるべき屈辱に感じられた。ド・ゴールがイギリスに飛んでくる前日の六月三日、CFLNは、今後われわれは「フランス共和国臨時政府」を名乗ることにすると宣言したほどである。

そして、ローズヴェルトはすぐさま、この発表は意図的な挑発であると受け止めた。なにしろ、ローズヴェルトはこの時点ですでにアイゼンハワー将軍に対し、在ロンドンの〝フランス政権〟とはいっさい接触をもつなという命令を出していたくらいだから。

ただ、ピエール・ケニーグ将軍とのルートだけは唯一例外とされた。ケニーグはド・ゴールによって、レジスタンス各派のいちおうの統合組織「ＦＦＩ（フランス国内軍）」の司令官に任命された人物なのにである。しかも、たとえ相手がケニーグであろうと、侵攻作戦の詳細について知らせることはまかりならぬと、念押しもされていた。なぜなら、ＦＦＩの司令官は、その政治的主人に対し、得られた情報を報告する義務を負っているからだと。こんな矛盾をはらんだ指示は、結果的に現場に「ひどい混乱」をもたらします、とアイゼンハワー将軍はワシントンに宛てた報告書の中で指摘している。「きたる作戦においては、フランスの海軍、空軍、空挺部隊も展開されますし、また多くのことが、フランスのレジスタンス組織に期待されているというのに、自分には最も基本的な背景知識すら与えられていないという事実を、ケニーグ将軍は、きわめて深刻に受け止めています」と。

この間、チャーチル首相はローズヴェルトに対し、ＣＦＬＮ側との「実務的調整」は認めるべきではないかと一貫して働きかけていた。連合軍は、特に今回の上陸作戦にさいしては、在仏のレジスタンス組織に一定の役割を果たしてもらう必要があるのだからと。チャーチルはまた、北アフリカで武器と装備を整えたフランス「第二機甲師団」のイギリス移送についても、アメリカ側を説得すべく口添えをおこなっていた（フィリップ・ルクレール将軍が率いるこの「自由フランス陸軍」の戦車部隊は、のちにパットン将軍麾下のアメリカ「第三軍」の一部として、ノルマンディー作戦に参加する）。ただ、そんな気配りもものかわ、ヨークシャーに到着した〝ルクレール師団〟が、イギリス側と最初におこなった公式行事のひとつは、なんと約五百年前にイギリス人によって火あぶりの刑に処せられ

たジャンヌ・ダルクの名誉をたたえる公式ミサだったのである。イギリス側の将校たちは、やれやれという顔つきで、そのお付き合いをさせられた。

フランス側への配慮はこれだけに留まらなかった。彼らの神経を逆なですることのないようにと、連合軍の兵士には注意事項をつらねた手引き書が配布されたほどである。それを見ると、たとえば、フランスが一九四〇年にドイツ軍に屈辱的敗北を喫したことについて、いっさい触れてはならぬと書かれている。人口に膾炙した「〝ゲイ・パリー（陽気なパリ）〟などといった言い回しも差し控えるように」と注意書きにはあった。「フランス人は享楽的で、浅はかで、道徳心のかけらもない、罪の意識の乏しい人たちと極めて広範に信じられているけれど、今日において、そうした見方は、まったく正しくないのである」と。ただ、お上《かみ》の側がいくら言って聞かせても、「フランスのマドモアゼル」をめぐる夢やら幻想やらで、頭がぱんぱんに膨れあがっている輩《やから》に対し、それほど大きな効果は期待できなかったのではあるが。

チャーチルの戦時内閣は、かの「自由フランス」の指導者をイギリスに招いて、Dデイにかんする情報提供を一応おこなっておくべきだと認識していた。それゆえ、イギリス総理から合衆国大統領宛てに書簡が送られた。「数々の欠点や愚かな言動」にもかかわらず、「ド・ゴールは最近、われわれと共に活動したいとの若干の兆候を見せておりますし、畢竟、フランス解放からこのフランス人を取り除くことは、非常に困難なのが現状であります」と。これに対し、アメリカ大統領は「保安上の懸念」から「オーヴァーロード作戦のうち、海岸部への上陸が叶うまで」は、ド・ゴールをイギリス本土に留めおく必要があると主張した。

自由フランスに対する保安上の懸念とは何か。ド・ゴールの組織の内部に、ヴィシー政権側のスパ

イが浸透していることか。なるほどそれは事実だが、そのことではない。じつはフランス側の暗号があまりにお粗末なことが、懸念の正体だったのである。イギリスの「SOE（特殊作戦実行部）」はフランス国内に一種の諜報訓練組織を送りこんでいた。ところがその前年、ドイツの秘密国家警察「ゲシュタポ」がレジスタンス組織内に大がかりな浸透を成功させ、以来、SOE内部ではこの件にかんし怒りの声が渦巻いていた。事態を憂慮したSOE暗号部門の責任者レオ・マークスは、さっそくロンドン中心部デューク・ストリートにあるド・ゴール派の事務所に足を運んだ。そしてフランス側の暗号担当者に対し、何でもいいから好きな文面をいまここで暗号化してみてほしいと頼みこんだ。暗号文ができあがると、マークスは「驚く彼らの鼻先で」実際にそれを解読してみせた。「この行為により、イギリス人がフランス人に愛されることはなかった」と公刊戦史には、事実のみが淡々とした筆致で記録されている。だがしかし、フランス人のプライドが許さなかったためか、自由フランスは依然、イギリス式もしくはアメリカ式の暗号システムに切り替えようとはしなかった。Dデイの直前、イギリスの対外諜報機関「SIS（秘密諜報局／通称MI6）」の長官「C」——アルファベット一文字で名乗るのが習慣で、この時期はサー・スチュアート・メンジズが務めていた——は、チャーチル首相に対して警告を発したほどである。フランス人に無線でメッセージを送ることを断じて許してはなりません。すべての連絡は、安全性を確保できる地上通信線に限定させるべきですと。

ド・ゴールとその随員をロンドンに連れてくるため、チャーチルは二機の〈ヨーク〉輸送機を北アフリカのアルジェに送った。ところが、ド・ゴールはイギリス行きを渋った。解放後の民政問題について、ローズヴェルトが自由フランスの統治を依然認めていないからだ、というのがその理由である。六月二日にチャーチルの名代としてアルジェ入りしたダフ・クーパーはおよそ一時間、ド・ゴール将軍と議論を交わし、意地の張り合いをやめるよう説得を試みた。もしイギリス行きを拒否すれ

ば、あなたはローズヴェルトの術中にまんまと嵌ってしまいますぞ、とダフ・クーパーは言った。この重大な時期にその身をイギリスに置き、軍事指導者としての役割をきちんと果たしておくべきではありませんかと。ダフ・クーパーはさらに、脅迫めいた警告もおこなった。まっとうな交渉相手にならない人物との烙印がいったん押されたら、わが国総理も、ついにはあなたへの関心を失うことでありましょうと。ド・ゴールは翌朝ようやく、イギリス行きに応じた。すでに二機の〈ヨーク〉は最初の給油地、フランス領モロッコの中心都市ラバトに向けて、いつでも飛びたてる態勢を整えていた。

ラバトから夜通し飛行をつづけたド・ゴールの乗機は、翌六月四日日曜日の〇六〇〇時（午前六時）ちょうどに、ロンドン西郊のノーソルト飛行場に着陸した。隠密行動のはずなのに、大勢の儀仗兵がずらりと整列し、一行がタラップを降りるさいには、イギリス空軍の軍楽隊がフランス国歌「ラ・マルセイエーズ」を演奏してみせた。これにはさしものダフ・クーパーも度肝を抜かれた。そして、いかにもチャーチル風といった挨拶状がド・ゴールに手渡された。「親愛なるド・ゴール将軍、こちら側の岸辺へようこそ！　きわめて偉大な軍事行動がいままさに始まらんとしております」と文面にはあった。そして、わが専用列車にご招待を申し上げますので、是非とも合流してくださいとあり、さらに「午後一時三十分までにお越しいただければ、喜んで〝デジュネ（昼食）〟を差しあげまするとともに、その後アイゼンハワー将軍の司令部にご一緒いたしましょう」と書かれていた。

その挨拶状にある、チャーチル首相の「前進司令部」とはいったい何だろう、とダフ・クーパーはいささか当惑ぎみだった。実際に行ってみると、その〝司令部〟はポーツマス軍港にほど近い小さな駅の側線にたたずんでいた。「まったくバカげた趣向だ」とダフ・クーパーは思った。チャーチルのかたわらに、スマッツ陸軍元帥がいるのを見て、ダフ・クーパーはさらに落ち込んだ。南アフリカ出身のこの老軍人は、骨の髄までフランス嫌いで有名だったからだ。さらにチャーチルはド・ゴールと

の対話の冒頭、そうそう、あなたにラジオで読んでもらう演説の予定原稿をお持ちしましたよと言った。チャーチルがフランスの民政問題について、いっさい触れなかったことが、状況をさらに悪化させた。それこそがド・ゴールの最大関心事だったのに。

　イギリスのアンソニー・イーデン外相がここで話題を「政治」問題に切り替えたため、ド・ゴールは怒りを爆発させた。このような扱いはつまり、ド・ゴールと彼の〝フランス共和国臨時政府〟を承認することについて、ローズヴェルトがいまだ拒否を続けていることを意味したからだ。しかも、フランスに上陸する連合軍兵士には、アメリカ国内で印刷された軍票が支給されるというではないか。ド・ゴールの怒りはいや増すばかりだった。そんな〝アン・フォス・モネ（偽札）〟に等しい通貨など、「わが共和国政府は断じて認めるわけには行かない！」とド・ゴールは言い放った。ここがまさに肝心な点なのだが、じつはアメリカ当局もイギリス当局も、軍票の支給がそんな大ごとになるとは、これっぽっちも考えていなかったようなのだ。そんなただの紙切れ――アメリカ兵でさえ「シガー・クーポン（たばこの配給券）」に喩えたくらい印刷が粗雑だった――など、それを〝通貨〟として保証する政府がなかったら、そもそも何の価値もない代物だったから。

　さしものチャーチルもここでついに堪忍袋の緒が切れた。イギリス単独でいったい何ができるとあなたはお考えかと反論した。「われわれはヨーロッパを解放するでしょうが、それはアメリカがわれわれと共にあるからです。ゆえに、このことを心にはっきり刻んでおいてほしい。大陸《ヨーロッパ》と海洋《オープン・シー》のどちらを取るか、判断が必要な場合はいつでも、われわれは海洋《オープン・シー》を選択します。あなたとローズヴェルトのどちらを取るか、判断が必要な場合は、私はつねにローズヴェルトを選択します」と。ド・ゴール将軍は、まあ、そうでしょうなと冷めた口調でチャーチルの言葉を受け入れた。激情も収まったことから、彼らは腰をおろし、ともに昼食をとった。チャーチルがグラスを掲げて、乾杯のことば

を述べた。「敗北を断じて受け入れないド・ゴールに対して」。ド・ゴールも返礼のためグラスを挙げた。「イギリスに、勝利に、ヨーロッパに」

そのあと、チャーチルはド・ゴールとともに「サウスウィック・ハウス」に赴いた。アイゼンハワーとその参謀長ベデル・スミス少将がそこで、このフランス人指導者に対して、「オーヴァーロード作戦」の概要を説明した。このときのアイゼンハワーは魅力全開で、天候にからむ右往左往で心中動揺しているなんてことはおくびにも出さなかった。ド・ゴールが帰りかけたとき、アイゼンハワーは自分が「Dデイ」にフランス国民に対して発表する声明文の写しをド・ゴール将軍に見せた。ローズヴェルト流の尊大な響きこそ和らげてはあったものの、その声明文は〝臨時政府〟の権威を、いかなる形でも認めていなかった。実際のところ、その声明文は「フランス人自身がみずからの代表たる政府を選ぶ」までは、連合軍司令部の命令に従われたしと、フランス国民に呼びかける内容だった。ド・ゴールにとってそれは、アングロ・サクソンによるフランス占領という最悪の恐怖を裏書きするような文面だった。だが、ド・ゴールは怒りをぐっと抑え、自分は「アイゼンハワー将軍のメッセージに若干の変更を提案したい」とだけ言った。アイゼンハワーは、もし変更を加える時間があるならば、それを検討するに吝《やぶさ》かでありませんと返事をした。

だが、ロンドンに戻ったド・ゴールは、自分が提案した修正箇所が時間内に承認されることは物理的に不可能だと聞かされた。修正には連合軍統合参謀本部の合意が必要になるからと。するとド・ゴールは、翌朝予定されている、BBCを通じてのフランス国民にむけた演説を、自分は拒否すると言いだした。アイゼンハワー最高司令官につづき、ドイツ軍に占領された各国の指導者がそれぞれ演説をおこなったあと、ド・ゴール将軍の演説が入るという段取りだったのだが。ド・ゴールはさらに、こう公言した。私はイギリス・アメリカ両軍に配属されているフランス人連絡将校に対し、両軍

の部隊に同行しないよう命じるつもりである。フランスの民政問題にかんし、なんらの合意も得られていないことがその理由であると。戦時内閣の会議中にこの知らせを聞かされたチャーチルは、怒りの形相を浮かべると、感情を一気に爆発させた。

その夜、イギリスのイーデン外相と、ド・ゴールの名代であるピエール・ヴィノは、行ったり来たりをくり返しながら、ふたりの怒れる国家指導者の関係修復に尽力した。ド・ゴールはヴィノに怒りをぶつけ、チャーチルを「やくざ」呼ばわりした。その足でチャーチルのもとに駆けつけたヴィノに対して、今度はイギリス首相が「戦闘のさなかに売国行為」に走った輩と、ド・ゴールを非難した。あんなやつ、さっさと飛行機でアルジェに送り返してやれ、「必要なら鎖でもかって」とチャーチルは言い放った。

そうした数々の人間ドラマはともかくとして、その夜、つまり六月四日日曜日における最も重要な出来事は「サウスウィック・ハウス」の書斎で起きていた。その日の午後、スタッグ博士と同僚たちは、大西洋の低気圧の動向をずっと監視していた。なるほど低気圧はたしかに接近しつつあるけれど、当初より速度が落ちていた。つまり、作戦を妨げるほどの悪天候の到来までに、十分な時間的余裕ができることが予想された。二一三〇時（午後九時三十分）、会議が始まり、スタッグが呼びだされた。その場のお歴々のなかで、楽観的な見方をするものはほとんどいなかった。現に、雨と風とが書斎の窓を激しく叩いていたのだから。沿岸に係留された、上陸作戦用の各種艦船にいまだ乗ったままで待機する数万の兵士たちが、みなどのような気分で夜を過ごしているのか、想像に難くなかった。

「紳士のみなさん」とスタッグ博士は始めた。「昨晩、私が予報をお伝えして以降、北大西洋では若

干の急激かつ予想外の動きが起きています」。月曜日の午後から、天候は一時的だが好転すると思われ、もちろん、作戦に理想的な天候に変わるわけではないのですが……というのが博士の説明の骨子だった。ほのかな展望が見えたことで、探りを入れるような質問がいくつか続いたあと、熱い議論が再開された。

「一点だけ、確認しておきたい」。作戦に参加する各国艦隊を統括するイギリス海軍のラムゼイ大将が口を挟んだ。「火曜日にこのままオーヴァーロード作戦を決行ということになれば、私は今後二十四時間以内に、麾下の全艦隊に対し、事前準備に入るよう伝えておかなければならない。だが、もし仮に再開を決めたあとで、ふたたび艦隊を呼びもどすような事態となれば、水曜日に改めて作戦を継続することは不可能になるだろう」

空軍部隊を統括するイギリス空軍のリー＝マロリー大将が再度懸念を表明した。麾下の爆撃機部隊が十分な視界を得られないというのがその理由だった。アイゼンハワーは、全地上軍を統括するイギリス陸軍のモントゴメリー将軍に顔をむけた。モントゴメリーは淡黄褐色のセーターに、コーデュロイのだぶだぶズボンという、いささか破格な軍服すがただった。

「火曜日の作戦決行を妨げるような理由が何かあるだろうか」とアイゼンハワーは訊いた。

「いいや」。モントゴメリーは、その鼻にかかったような声をことさら強調するような口調で応じた。「私が言いたいのは唯ひとこと、さあ、やるぞだ」

外の廊下では幕僚たちが、それぞれの上官のサインをいつでももらえるように、命令書の束をかかえて待っていた。続行もしくは中止の可能性を考えて、命令書は二セットずつ用意されていた。

六月五日月曜日の未明、新たな報告が届いた。そのデータにより、悪天候に切れ目ができること

が改めて確認された。おかげでスタッグ博士は翌朝の会議では、はるかに大きな自信とともに、ピリピリする聴衆に向きあうことができた。ホッと緊張がほどけ、「最高司令官とその同僚たちは、まるで人が変わったようになった」と博士はのちに書いている。アイゼンハワーの顔にも笑みが戻ってきた。さらなる細部について話し合いがもたれたけれど、誰もみな、こんなところでぐずぐずしている気分ではなく、書斎はたちまち空っぽになった。十数カ国から参加した五〇〇〇隻になんなんとする大艦隊をふたたび外洋へと送りだし、事前に設定されたそれぞれの侵攻ルートに復帰させるには、やるべき仕事が山ほどあった。まずは掃海艇の小艦隊が先発した。彼らは横並びで前進し、幅広いイギリス海峡の対岸まで、露払い役をつとめた。その木っ端のような脆い艇《ふね》に乗るクルーのことを、ラムゼイ提督はとりわけ思いやった。間違いなく甚大な人的損耗をこうむると予想されたからだ。

しかしいまや、決断は下されたのである。アイゼンハワー将軍はポーツマスの南観閲桟橋まで赴くと、大陸遠征にむかう最後の部隊をその場で見送った。「将軍は兵士たちと話をすることで、いつも生気を得ていた」と副官のハリー・ブッチャー海軍中佐はその日記に書いている。昼食の時間になったので、〝アイク〟一行はいったん、サウスウィック・ハウスの最高司令官専用トレーラーまで引きあげた。まずは「猟犬と狐《カード・ゲーム》」に興じ、さらにチェッカーをやりながら、時間をつぶした。ブッチャー副官の段取りよろしく、アイゼンハワーはその夜、記者たちを伴って、イングランド南部バークシャー州のグリーナム・コモンへと向かった。アメリカ陸軍「第一〇一空挺師団」を見送るためだった。彼らは二三〇〇時（午後十一時）、輸送機部隊の総元締め、リー＝マロリー空軍総司令官が大惨事に終わると予言したパラシュート降下任務に赴くため、同基地を出発することになっていた。

同じ陸軍の所属とはいえ、イングランド南部の、鉄条網に囲まれた野営地（通称「ソーセージ」）

に隔離されていた歩兵や砲兵、戦車兵や工兵たちと違って、空挺隊員だけは仮住まいから、そのまま車で飛行場まで運ばれて、あとは乗機の離陸に備え、待機に入っていた。アメリカ陸軍所属の二個空挺師団のうち、「第八二空挺師団」はノッティンガムの周辺で、また「第一〇一空挺師団」はロンドン西郊のホーム・カウンティーズ周辺で分散待機の状態にあり、隊員たちはこの五日間、ずっと格納庫で過ごしていた。ずらりと並ぶ簡易ベッドと、そのあいだを縦横にはしる通路とが、彼らのおもな生活空間だった。この待ち時間を利用して、空挺隊員たちは、装備を分解しては油をくれる作業を、飽きもせず、黙々とくり返していた。そうでないときは、銃剣磨きに精を出した。ロンドンでコマンドー・ナイフを買いこんできたものもいたし、敵ののどをかっ切るため、剃刀を用意するものもいた。無用の音を立てることなく、相手の息の根を止めるため、頸部《くび》と喉頭《のど》を一気に切断せよ、と彼らは教えられた。これまでの訓練は、たんに肉体を鍛えるものばかりではなかった。中には「ブタの血液と内臓を放り込んだ溝のなかで、匍匐前進をおこなわせ、タフな精神を涵養する」などというひどい目に遭わされたものもいた。

　作戦は結局、一時延期となった。さすがに気分が重くなる。待機中の気晴らしにと、将校たちは部下のため蓄音機《グラモフォン》を用意した。他人事でないような内容の歌もかかった。たとえば、〝ぼくは一人で行くよ……でも一人だって気にならない、だってきみも一人だと知っているから〟という「アイル・ウォーク・アローン」とか、〝古えの黒魔術がぼくを呪文にかける……恋という名の古き黒魔術〟という「ザット・オールド・ブラック・マジック」とか。どこからか、映写機までやってきて、ボブ・ホープ主演の映画などが上映されたりもした。ベルリン放送も楽しみのひとつだった。ラジオから聞こえてくる「枢軸サリー」*1の声には、多くの空挺隊員が耳を傾けた。「ホーム・スウィート・ホーム（うるわしのわが家）」などという、質《たち》の悪い宣伝番組もあったけれど、ベルリン放送はその一方で、

きわめて質の高い音楽番組も提供してくれたからだ。Dデイ直前のこの時期、枢軸サリーはくり返し、アメリカ兵に語りかけていた。ドイツ人はみんなして、あなたたちを待っているわよと。だが、大半の空挺隊員たちは、そんな話、たんなるジョークにすぎないと考えていた。

「レッド・クロス・ドーナツ・コーヒー・スタンド」も隊員たちの楽しみのひとつだった。文字どおり「アメリカ赤十字社」の若い女性がボランティアで運営している飲食施設だ。彼女たちにも煙草の配給があったけれど、大抵の場合、兵士にそっと回してくれた。空挺隊員にふるまわれる食事はきわめて豊富で、ステーキやポテトチップス、それにアイスクリームがたっぷり供された。そうかそうか、俺たちを太らせたうえで始末しようってわけだな――というブラック・ジョークが、当然ながら兵士たちのあいだを行き交った。ノッティンガム周辺の「第八二空挺師団」の面々は、おかげでフィッシュ&チップスが大好きになったし、さらに多くの地元民から、友情も分けてもらえた。彼らはまた、イギリス国民が自分たちによせる期待感にも、胸を締めつけられるような思いを味わった。空挺隊員を乗せて、トラックの車列が飛行場へと向かっていく。すると、多くのイギリス人が外に飛びだしてきて、手をふってくれた。多くのものが涙を流していた。

目前にせまる現実をうち払おうと、非常に多くのものが異常とも思えるギャンブル熱にうかされた。始めのうちは、どこか怪しげな印刷の軍票がやりとりされていたが、そのうち貯めていたドル紙幣やポンド紙幣までが投じられた。さいころ賭博とブラックジャックがもっぱらだった。二五〇〇ドル――当時の通貨価値からすると大変な金額だ――を稼いでしまった男は、その大半を失うまで、わざとプレイをやめなかった。こんな大金を勝ち逃げしたら、使い果たした運のせいで、きっと自分は戦死してしまうと考えたからだ。

空挺隊員たちは、万にひとつの危険も避けようと、自分用のメイン・パラシュートと予備のパラ

シュートの点検を徹底的におこなった。それでも戦死した場合に備えて、家族や恋人に宛てて、手紙も書いておいた。時には大切な写真を財布から抜きだし、ヘルメットの内側にそっと貼り付けるものものいた。各人の関連書類や私物は、ひとつにまとめられ、パック詰めにされ、そのまま当人の帰投を待つことになる。格納庫の隅では武運長久を祈って従軍牧師が礼拝をおこない、また従軍神父が懺悔に耳を傾けた。

だれもみな、つい物思いにふけりそうな空気が支配していた。そこにこれ以上ないくらい場違いのイベントが始まった。部下に一発、気合いを入れてやろうと、各指揮官たちがそれぞれに工夫をこらし、訓辞をおこなったのだ。「第五〇一パラシュート歩兵連隊」を率いる〈ジャンプ〉・ジョンソン大佐は、自分のジープで格納庫まで乗りつけると、ひらりと柔軟体操用の器具に飛び乗った。〈ジャンプ〉というニックネームは、大佐の奇妙な性癖に由来した。ジョンソン大佐は、空を飛ぶものならほとんどなんでも、一度はそこから身投げしたがるお方なのだ。パラシュートで降下するさいは、いつも決まって愛用の自動拳銃——握りのところに真珠が埋め込まれている——を携行した。すわ連隊長の訓辞とあって、二〇〇〇人の部下たちが周囲に集まった。「その場には何か特別な空気が満ち満ちていた。戦いにむけた興奮だった」とある空挺隊員は記している。景気づけのごく短い演説のあと、ジョンソン大佐はすばやく前屈みになり、片方のブーツから大降りのコマンドー・ナイフを抜きだすと、頭上で一ふり、ぐるりと回してみせた。「この俺さまが翌朝の夜明けを見るまでに」と大佐は大声で言った。「このナイフは、全ヨーロッパで最もみにくく、あさましく、不埒なナチ野郎の心臓に突き立てられているだろう！」。わあっと割れんばかりの喚声があがった。二〇〇〇人の部下たちは、それ連隊長につづけとばかりに、一斉に自分のナイフを掲げてみせた。

ジョンソン大佐の上官、マクスウェル・テイラー少将は麾下の「第一〇一空挺師団」の兵士たち

に、夜間戦闘の心得を説いた。暗闇ではきわめて混乱した状況に陥るおそれがある。敵か味方か、その識別が非常に難しくなるのだ。それゆえ辺りがまだ暗いうちは、使用する武器はナイフと手榴弾に限るように。銃器の使用は夜が明けてからだと。少将の部下だった兵士のひとりによると、「将軍はこうも言われた。ついうっかり捕虜をとると、任務遂行に支障をきたすおそれがある。ゆえに、それがいちばんと判断したら、捕虜は始末しろと」。

一方、「第八二空挺師団」の師団長、〈スリム・ジム〉・ギャビン准将の訓辞は、とりわけ考え抜かれた内容だった。「諸君、きみらがこの数日間に経験することは、たとえ百万ドルを積まれても決して交換しようとは思わない、しかし同時に、生涯でそう何度も味わいたいと思わないものになるだろう。きみらの大部分にとって、これは初めて体験する実戦である。忘れないでほしい。きみらは人を殺さなければならず、さもないと自分が殺されることになるのだ」。ギャビン准将は間違いなく強烈な印象を兵士たちに与えた。その場にいた兵士のひとりは、その物静かな口調を聞いたあと、「ああ、自分はこの将軍とともに、これから地獄に行くのだなと確信した」という。別の指揮官はショック戦術をあえて選んだ。部下たちをずらりと横並びに整列させたあと、その指揮官は言った。「自分の右を、次に左を見てみろ。ノルマンディーの最初の一週間が終わったあと、残っているのはおまえただ一人だ」

アメリカの空挺隊員の圧倒的多数がはじめから高いレベルの戦意を持っていたのか、その点にはいささか疑問の余地がある。ただ、将校にとって兵隊の質を維持する効果的なやり方は存在した。いちばん有効な方法は、こいつは空挺に向いていないと思われる兵士を見つけるたびに、そのものを脅しつけ、パラシュート降下による侵攻作戦から弾《はじ》きだす作業を一定期間続けることである。

いよいよ戦闘を翌日に控え、空挺隊員たちは〝儀式〟に臨んだ。まずは頭髪をきれいに剃りあげる。本来は頭部の傷を衛生兵が治療しやすくするための措置だったが、何人かの男たちはまるでモヒカン族のように、髪の毛を一筋剃り残すヘア・スタイルを採用した。この坊主あたまのせいで、ドイツ人はアメリカの空挺隊員について、事実と異なる話を信じるようになった。あいつらは全員、凶悪犯ばかりが入っている全米各地の重刑務所から集められた、選りすぐりの〝ワル〟ばかり、すなわち「スラム育ちの最下層の連中のなかでもいちばんの札付きだ《ユーベルステ・ウンターメンシェンツゥム・アメリカニシェル・スルムス》」というわけである。ハリウッドのギャング映画の影響が如実にうかがえる俗説にすぎないが、OKW（ドイツ国防軍最高司令部）の宣伝部隊がその後しきりに煽ったことで、この噂は一気に広がった。空挺隊員たちは次に、顔面を黒く塗っていった。大抵はストーブの煤が用いられたけれど、中には光沢剤でつやを出したり、白ペンキで筋を入れるなど、それぞれに独自の工夫をこらし、だれの顔が「いちばん怖く見えるか」競い合った。

ジャンプスーツの左肩には所属師団をしめす紋章、右肩には星条旗が付けられていた。ある兵士は赤十字のお姐さんから分けてもらった紙巻きたばこ――二箱の「ペルメル」――をブーツのあいだに一箱ずつ滑りこませておいた。降下地点がたまたま湿地だったため、隠し場所の選択を誤ったその兵士は、仲間に比べ、たばこ二箱分の失望を余計に味わうことになった。ブーツの組み紐や、各種のストラップのたぐいは、可能な限りきつく結ばれた。まるでそうした紐たちが、間近に迫った戦いでわが身を守ってくれる、ある種の鎧であるかのように。空挺隊員たちはまた、荷が重くなることには目をつぶり、あえて予備の弾薬帯を身体に巻きつけた。弾倉が空になった銃器を手に、敵と対峙することは最大の恐怖だったから。弾薬帯を胸元で斜めに交差させたその姿は、かつて越境ゲリラ攻撃でアメリカ陸軍をさんざんに悩ませたメキシコの国民的英雄パンチョ・ヴィラを彷彿とさせた。水筒はどれも縁までいっぱいに満たされた。雑嚢には予備の靴下と下着が詰めこまれた。迷彩ネット付きヘル

メットの後頭部には、応急処置用の医療キットが一式固定されていた。中には細菌感染をふせぐためのサルファ剤八錠と、モルヒネ用の皮下注射器が二本――「痛みに一本、二本で永眠」――が入っていた。

どの空挺隊員も、そのポケットと雑嚢はぱんぱんに膨れあがっていた。中身は三〇口径のライフル弾一五〇発だけではなかった。たとえば、携行口糧のうち「Dレーション」に入ってくるチョコ・バーは必須アイテムだった。このチョコ・バーは、噛んだときの感触が半分固まったコンクリートに似ていた。あるいはイギリス製のギャモン手榴弾もあった。木綿の靴下状のものに一ポンドのC2爆薬を入れたもので、ちょっとした即席爆弾といってよい。装甲車輌にも十分有効な打撃を与えられる兵器だった（空挺隊員たちは、手投げ弾ならぬ「手投げ砲弾」と呼んでいた）が、別の意味でも人気があった。燃焼性の高いこの爆薬をごく微量用いると、塹壕の底にいるときなど、煙を出すことなく、一カップのコーヒーや「Kレーション」を温めることができるのだ。

各人の認識票は無用な音を立てぬように、テープでしっかり固定された。戦場で絶対欠かせない貴重品の数々も、やはり携行していた。たばことライター、洗顔・ひげ剃りセット、汚れた水の浄化剤、二十四枚のトイレット・ペーパー、そしてフランス語の基礎会話集は、脱出キット（シルクに印刷された地図、弓ノコの刃、コンパス、そして現金）とともに、布製かばん《ミュゼット》に入れられ、首から吊りさげられていた。軍支給の備品類があまりに豪勢だったため、アメリカの貧しい田舎町からやってきた若い兵士たちは、驚きの目をしていた。家では大抵、そのへんのもので何とかし、壊れれば自分で修理するような生活をしていたから。

それら細々した物品の最上位に君臨するのが、塹壕を掘るための道具、そして兵士それぞれが使用する武器だった。大抵のものは、ライフル銃の銃床を折り畳めるよう改造した、いわゆるカービン

銃を手にしており、それらはいくつかに分解され、「バイオリン・ケース」と呼ばれる専用バッグに入れて、胸を横切るようにストラップで固定されていた。トンプソン短機関銃で武装しているものもいた。バズーカ砲はふたつに分割されて運ばれた。それらは数発の対戦車榴弾とともに、「レッグ・バッグ」に詰めこまれ、降下中は各人の脚からぶら下げられた。レッグ・バッグだけでも、重量は八〇ポンド（約三六キログラム）もあった。

空挺隊員にもやはり、自分の死を予見してしまう兵士をめぐる迷信があった。ある兵士はこうふり返る。ジョニーという名前の「亜麻色の髪の若造がいたんだが、そいつはぼんやり立って、虚空を見つめていた。俺は近づいていき、そいつに声をかけた。『どうしたんだい、ジョニー』。するとやつは言った。『ぼくはたぶん、たどり着けないと思う』と。『そんなことはねえよ、おまえさんは大丈夫だ』。なんかぼうっとしているんで、俺はちょっと身体を揺さぶってやった。で、やっこさんは結局、ノルマンディーで真っ先に戦死した兵士の一人になっちまった」

少人数の記者とカメラマンを引きつれて、軍用キャデラックでグリーナム・コモンに到着したアイゼンハワー最高司令官は、マクスウェル・テイラー少将率いる「第一〇一空挺師団」の兵士たちとさっそく雑談をかわした。彼らはこのあとすぐ、輸送機に搭乗することになっていた。あの兵士たちは、ほとんど全員、戦死することになるでしょうというリー゠マロリー大将の不吉な予言が、おそらくは脳裏をよぎったはずである。にもかかわらず、アイゼンハワーは「空挺隊員たちと気の置けない、親しみのこもったやりとり」を交わし、これには副官も舌を巻いた。テキサス州出身のある兵士は最高司令官に対して、この戦争が終わったら、投げ縄でウシを捕まえる仕事をやってみませんかと提案したくらいである。そのあと、アイゼンハワーは空挺師団側の将校に、そうだ、カンザス州出身

の兵士はいないかと尋ねた。私と同郷のカンザス州アビリーン出身者が見つかるといいのだがと。オイラーという兵士が呼ばれてきた。

「きみ、名前はなんていうんだ」とアイゼンハワーは訊いた。

オイラーは将軍の前でガチガチになっていた。そこで友人たちが、おい、オイラーと彼の名前を呼んでやり、記憶を取り戻してやった。

するとアイゼンハワーは、今度は兵士の出身地を尋ねた。

「カンザス州ウェリントンであります」とオイラーは答えた。

「ああ、ウィチタの南にある町だな」

最高司令官のご下問はつづく。どんな学校へ行った、軍隊生活はどうだ、イギリスで女ともだちはできたか……。オイラーは緊張がほぐれていき、自分たちがどんな訓練を受けたかを伝えた。所属する小隊の男たちは全員、準備万端整っているかとの質問に対しても、しっかりと答えていた。

「いいか、オイラー。ドイツ人どもはわれわれを五年間、痛い目に遭わせてきたが、ついにそのお礼をしてやる時がきたのだ」

アイゼンハワーはそこで、きみは怖いかと尋ねた。するとオイラーは、じつは怖いですと認めた。

「そうとも、怖くないやつは大バカ野郎だ。ただ、コツがある。つねに動きつづけるんだ。もし足を止めたら、うっかり考えはじめたら、その瞬間に隙ができる。集中力を失うぞ。そうなれば、やられる。だから肝心なのは、いちばんのキモは、つねに動きつづけることだ！」

ただ、この瞬間の空挺隊員たちにとって、その動くことがいちばんの問題ではあった。あまりに大量の装備を身につけていたため、滑走路にずらりと並んで待機する輸送機まで、彼らはよたよたと歩

いていくしかなかった。

C―47〈スカイトレイン〉輸送機――イギリス人は同機を〈ダコタ〉と呼んだ――の地上整備員が忙しくたち働いている。侵攻作戦に参加するすべての航空機は、直前になって、胴体と主翼を黒と白のストライプに塗りなおされた。機体を下から見上げる連合軍の艦船に、それが友軍機であることが一目で分かるようにするための措置だった。一部の空挺隊員はその機体を見て、ギョッとした。「俺らは、おいおい大丈夫かと驚いてしまった。主翼と、さらには胴体までが、幅の広い縞模様に塗られていたからだ。これじゃ、地上のハンターに撃ってくれといわんばかりじゃないか。俺らは格好の標的《シッティング・ダック》になっちまったぞ」

そこまで警戒するには、それなりの理由《わけ》があった。特に空挺部隊にかんしては、「友軍の砲撃」がもたらすリスクは、決して杞憂ではないのだ。例えば、一九四三年七月のシチリア島侵攻のさい、アメリカ海軍の高角砲によって、アメリカ軍の輸送機二機と、それに曳航されたグライダー数機が被弾するという事故が起きている。砲撃を必死に回避しようとして、輸送機のパイロットはグライダーを引っ張るケーブルを切り離してしまい、海面に不時着した彼らを結果的に見殺しにした。この惨事で十数人の命が失われた。そうしたこともあって、アメリカ陸軍の二個空挺師団は今回、コタンタン半島への降下にあたっては大きく西に迂回するルートを取った。フランスの海岸部をめざす連合軍艦隊の上空をいっさい通過しないようにとの配慮からで、最終アプローチにおいては、チャネル諸島の上空を通ることになった。

C―47輸送機――空挺隊員たちは「グーニー・バード（のろま鳥）」と呼んでいた――の多くには、どれも愛称がつけられ、また機首の側面にはさまざまな絵が描かれていた。たとえば、ある〝ノーズ・アート〟は、トレイを捧げもった悪魔の図柄で、トレイの上には水着すがたの若い女の子が坐っ

ていた。絵の下には文字が書かれ、「天国だって待ってるさ」と読めた。輸送機の愛称は「ミス・キャリッジ（運び屋さん）」だったので、戦意昂揚には余り役に立たなかったかもしれない。

どうみても重量オーバーの空挺隊員たちは、タラップを上がっていくさいにも、他人の助けが必要だった（甲冑をきた中世の騎士が、愛馬に跨るときみたいだった）。このため、各機に全員が搭乗を終えるまでに、四十分を要した。いったん定位置についたあとも、誰かが「緊張でションベン」に行くたびに、多くの者がバタバタと手を貸さなければならなかった。「兵員輸送飛行隊」のパイロットたちは、機体そのものの重量オーバーにしだいに不安を募らせていった。どの機にも「スティック（総搭載量）」というものがあるのだ。一六ないし一八人をもって満員とされている。なのに偉いさんたちは、それをさらに重くしようとしているようだった。総重量を考えると、パイロットたちは不安でいっぱいになった。

輸送機に乗りこむさいは、軍曹一名が一番手をつとめる。彼がまず機体の前方に陣取り、隊員たちがそのあとに続き、最後に小隊長が乗りこんで終わりだ。降下のさいは、小隊長が真っ先に飛びだし、軍曹がしんがりとなる。この軍曹が当然ながら、〝押し屋〟をつとめる。この手順に従えば、全員が輸送機をしかるべく離れ、だれかが機内で立ちすくんでいるなんて事態はあり得なくなる。「ある空挺隊員が軍曹に質問した。ジャンプを拒んだやつは射殺してよいという命令書を軍曹がお持ちだという話がありますが、それは本当でありますかと。『ああ、その命令書なら、持ってるぞ』と軍曹がひどく穏やかな口調で言ったため、みな、二の句が継げなかった」

第八二空挺師団「第五〇五パラシュート歩兵連隊」では、搭乗作業のさい由々しき事態が起きてしまった。機内でギャモン手榴弾が爆発したのだ。兵士数名が死亡し、機体は炎上した。生き残った兵士は後続の部隊にそのまま割りふられた。その夜の離陸作業は、いかなる事態が出来しようと、遅延

はいっさい許されなかった。

各機のエンジンが「鈍いうなり声」をあげるなか、どれも例外なく過重量のC－47は、グリーナム・コモンの滑走路を動きはじめ、それぞれの離陸にむけた、永遠とも思える手順を粛々とこなしていった。その場にはアイゼンハワー将軍のすがたもあった。明らかに目に涙をうかべつつ、将軍は出撃する「第一〇一空挺師団」の強者《つわもの》たちを、敬礼をもって見送った。


ド・ゴールとのごたごたに終始した夜だったが、チャーチルは同時に、東方の強力な同盟国についても考えをめぐらせていた。ノルマンディー上陸作戦に呼応する形で、東部戦線でも夏季攻勢をやってほしい、とチャーチルは一貫してスターリンに働きかけていた。四月十四日付けの公電で、チャーチルはこう書いている。「当方の計算上の必要もあるので、どの程度の規模の努力をなされるのか、お教えくださいい」

スターリンはすでに一九四三年の時点で、西方の同盟国による北ヨーロッパ侵攻にあまり期待をいだかなくなっていた（なにしろ、彼らときたら、一九四二年以来延々と、やりますやりますと口約束を重ねてきたからだ）。一方、チャーチルはつねに、地中海方面における、間接的もしくは周辺的な作戦に重点を置いていた。フランスにおける流血の事態（チャーチルの世代の若者を多数戦死させた）はこれ以上回避したいというのが本音だった。そのため、チャーチルは北フランスへの侵攻を遅らせてきた。西部戦線における作戦開始の遅延は、本来そうした思惑によるものだったが、この遅延は結果的にプラスに働いた。それ以前の段階では、イギリス・アメリカ両軍とも、物資の面でも、兵員の質の面でも、このような大作戦をおこなう準備が整っておらず、それが失敗すれば、破滅的な事態に至ったはずだからである。ただ、どれほど言い訳を連ねようと、あるいはそれなりにもっと

もらしい理由が存在しようと、スターリンを宥《なだ》めることはできなかった。スターリンは絶えず、途切れることなく、諸君も行動すべきだ、と西方の同盟国に注意喚起を続けた。「忘れてはならない」と一九四三年六月二十四日付けのチャーチル宛て公電で、スターリンは書いている。「西ヨーロッパとロシアの占領地域において幾百万の人命を救い、ソヴィエト軍の途方もない犠牲を減らしうる可能性は、すべてこの一事にかかっていることを。わが犠牲に比べれば、英米軍の損失は軽微なものと考えられる」。今次大戦において死亡した赤軍兵士の数は、この時点ですでに七〇〇万人を超えていた。

一九四三年十一月のテヘラン会談のさい、ローズヴェルトは密かにスターリンと接触し、われわれは北フランスの海岸部に上陸作戦を敢行するとともに、「アンヴィル作戦」により、南フランスの海岸部にも侵攻をおこなう意向である、とスターリンに伝えた。チャーチルは狼狽した。アメリカ側が対ヨーロッパ反攻作戦を夢想するようになって以来、チャーチルとイギリス陸軍のブルック参謀総長は、これに一貫して抵抗してきたからだ。だが、この「アンヴィル作戦」（その後、「ドラグーン作戦」と改称）のせいで、イタリアの連合軍部隊は結局、ずるずると予備兵力と物資を奪われていくことになり、その結果、イタリアからその勢いをかって、バルカン半島北部とオーストリアに兵をすすめるというチャーチルの構想は、夢と消えるのである。チャーチルは、ソ連赤軍の怒濤の進撃が、将来この地域におよぼす結果を予見していた。そして、中部ヨーロッパがソ連の占領下に置かれることを、彼はひどく恐れていた。一方、ローズヴェルトは独自の戦後構想を思い描いていた。スターリンと敵対するのではなく、すばらしい未来像の提示によって、スターリンを魅了し、それによってより恒久的な平和を達成することは十分に可能である、とローズヴェルトは考えていた。そして、そのような平和な戦後世界の礎となるのが、ローズヴェルトが今後創設するつもりの新たな国際組織、すなわち「連合国家機関《ユナイテッド・ネーションズ・オーガニゼーション》」だった。どうもチャーチルなる人物は、その反動的（帝国主義的、

地政学的）衝動に突き動かされて行動するケースがあまりに多いようだ、と合衆国大統領は感じていた。さらにローズヴェルトはこうも思っていた。ナチ・ドイツがアメリカの支援によって打倒された暁には、ヨーロッパの問題はヨーロッパ人自身によって処理されるべきであると。

イギリス海峡越えの侵攻作戦は、来春までに必ず実施される――。かつてないほど明確な約束を取りつけたため、スターリンはテヘラン会談の期間中、ご満悦であった。だがその後、侵攻作戦を統括する最高司令官がいまだ決まらないという話を耳にして、スターリンのなかでふたたび、深い疑念が頭をもたげてきた。アメリカ陸軍のアイゼンハワー将軍が最高司令官に任命されたと聞いても、いったん生まれた疑念は容易に晴れなかった。一九四四年二月二十二日、ロンドン駐在のグーセフ・ソ連大使から公電が入った。「別の複数の消息筋、おもに英米の特派員から聞いた話によると、テヘランで決められた第二戦線が開かれる日付は、おそらく三月から、四月もしくは五月へと変更される可能性があるとのこと」。ローズヴェルトがようやく開始日を文書で知らせてきたとき、ソ連のヴィシンスキー外相はモスクワ駐在アメリカ代理大使を呼びつけて、こう質問したほどである。「Dデイ」というが、「D」はなんの略か教えてもらおうと。よもや延期《ディレイ》の「D」ではあるまいなという皮肉であろうか。

紆余曲折はあったものの、偉大な作戦はついに現実のものとなった。開始日の前日、チャーチルはスターリンに宛てて公電を送り、西方の同盟国はこれまで、ソ連人民に対して血の債務を負っているという気持ちをつねに抱いておりましたが、いまやようやくにして、その償還がなされようとしておりますと伝えた。「アイゼンハワー司令部で二日間を過ごし、たったいま戻ったばかりです。兵士たちが旅立つさまを見守って……非常に残念なことに、アイゼンハワー将軍は一晩の作戦延期を余儀なくされましたが、天気予報はきわめて有利な変化をよく捉えており、今夜、われわれは出撃します」

原注

35頁 「虚ろな感じ」：Field Marshal Lord Alanbrooke, *War Diaries 1939-1945*, London, 2001, pp.553-54(5 June).

35頁 「イギリス側の懸念ははるかに大きかった」：Colonel C. H. Bonesteel III, G-3 Plans, 12th Army Group, OCMH-FPP.

37頁 「ダンケルクの意趣返し」：TNA HW 1/12309.

37頁 「親愛なるウィンストンへ」：CAC CHAR 20/136/004.

38頁 「持って行き場のない思い」：Butcher quoting Commander Thompson, Harry C. Butcher, *Three Years with Eisenhower*, London, 1946, p.480.

38頁 「一方、ウィンストンは」：Alanbrooke, p.553.

39頁 「閣下のご提案は」：Prime Minister to President, 23 February, in answer to telegram No.457, TNA PREM 3/472.

39頁 〝反乱政権〟：quoted in Jean Lacouture, *De Gaulle*, New York, 1990, p.511.

39頁 ド・ゴールと「ワーテルローの戦い」：Robert and Isabelle Tombs, *That Sweet Enemy*, London 2006, p.569.

40頁 「父のような態度で」：Prime Minister to President, 20 April, TNA PREM 3/472.

40頁 「この時期において」：13 May, TNA PREM 3/472.

40頁 アイゼンハワーとCFLN：PDDE, P.1592.

41頁 「ひどい混乱」：SCAF 24, 11 May, TNA PREM 3/345/1.

41頁 「実務的調整」：Prime Minister to President, 12 May, TNA PREM 3/472.

42頁 ジャンヌ・ダルクのミサ：14 May, SHD-DAT 11 P 218.

42頁 「といった言い回しも差し控えるように」：quoted in Max Hastings, *Overlord*, London, 1984, p.69.

42頁 「数々の欠点や愚かな言動」：Prime Minister

to President, 26 May, TNA PREM 3/472.

42頁「保安上の懸念」：13 May, TNA PREM 3/472.

43頁「この行為により」：M.R.D. Foot, *SOE in France*, London, 1966, p.241.

43頁「C」：'C' to Prime Minister, TNA PREM 3/345/1.

44頁 ダフ・クーパーはさらに：Duff Cooper diary, 2 June, John Julius Norwick (ed.), *The Duff Cooper Diaries*, London, 2005, p.306.

44頁「親愛なるド・ゴール将軍」：TNA PREM 3/345/1.

45頁「断じて認めるわけには行かない！」：Charles de Gaulle, *Mémoires de Guerre*, Vol. II, Paris, 1959, pp.223-4.

45〜46頁「われわれはヨーロッパを解放する」および「敗北を断じて受け入れないド・ゴールに対し」：quoted in Lacouture, pp. 522.

46頁「若干の変更を提案したい」：Bedell Smith to Churchill, 5, June, TNA PREM 3/339/6.

47頁「紳士のみなさん」：J.M. Stagg, *Forecast for Overlord*, London, 1971,p.113.

49頁「いつも生気を得ていた」：Butcher, p.482.

50頁 のどをかっ切るための剃刀：Pfc Carl Cartledge, 501st Parachute Infantry Regiment, 101th Airborne, WW II VS.

50頁「匍匐前進」：William True, NWWIIM-EC.

51頁 二五〇〇ドルを稼いだ男：Arthur B. 'Dutch' Schultz, C Company 505th Parachute Infantry Regiment, 82nd Airborne Division, NWWIIM-EC.

52頁「その場には何か特別な空気」：Parker A. Alford, 26th Field Artillery, 9th Infantry Division, 501st Parachute Infantry Regiment, NWWIIM-EC.

53頁「将軍はこうも言われた」：Don Malarkey, E Company of the 506th Parachute Infantry Regiment, 101st Airborne Division, NWWIIM-EC.

53頁「諸君、きみらがこの数日間に経験することは」：Edward C. Boccafogli, 508th Parachute Infantry Regiment, 82nd Airborne Division, NWWIIM-EC.

53頁「自分の右を、次に左を見てみろ」：Major General S .H. Matheson, Regimental Adjutant

of the 506th Parachute Infantry Regiment, 101st Airborne Division, NWWIIM-EC.

54頁　「スラム育ちの最下層の連中のなかでもいち《ユーベルステ・ウンターメンシエンツウム・アメリカニ》ばんの札付き《シエル・スルムス》」：BA-MA RW 2/v.44, quoted in Peter Lieb, *Konventioneller Krieg oder Weltanschauungskrieg?*, Munich, 2007, p.132.

55頁　「痛みに一本、二本で永眠」：Pfc Carl Cartledge, 501st Parachute Infantry Regiment, 101st Airborne, WWII VS.

56頁　「そいつはぼんやり立って、虚空を見つめていた」：Edward C. Boccafogli, 508th Parachute Infantry Regiment, 82nd Airborne Division, NWWIIM-EC.

56頁　「空挺隊員との気の置けない、親しみのこもったやりとり」：Butcher, p.485.

57頁　「きみ、名前はなんていうんだ」：Sherman Oyler, 502nd Parachute Infantry Regiment, 101st Airborne Division, NWWIIM-EC.

58頁　「俺らは、おいおい大丈夫かと」：Edward J. Jeziorski, 507th Parachute Infantry Regiment, NWWIIM-EC.

59頁　「ある空挺隊員が軍曹に質問した」：Tomaso William Porcella, 3rd Battalion, 508th Parachute Infantry Regiment, 82nd Airborne Division, NWWIIM-EC.

60頁　「お教えください」：Prime Minister to Stalin, 14 April, TNA PREM 3/472.

61頁　「忘れてはならない」：Stalin to Prime Minister, TNA PREM 3/333/5.

62頁　「別の複数の消息筋」：Gusev diary, AVPRF 59a/7/p13/6, pp.357-8.

62頁　ヴィシンスキー外相：AVPRF 06/6/p2/d22, p.147.

62頁　「たったいま戻ったばかりです」：Prime Minister to Stalin, 5 June, TNA PREM 3/346.

章末注

＊1　「枢軸サリー」というのは、アメリカ軍がミルドレッド・ジラーズ（一九〇〇～一九八八年）につけたあだ名である。メイン州ポートランド出身のミルドレッドはアメリカでは女優として成功せず、一九三五年にドイツに活動の場を移し、ベルリン放送のアナウンサーになった。彼女の番組は、音楽だけでなく、連合軍側の士気を落とすことを目的とし

たナチのプロパガンダも流した。一九四九年、彼女は国家反逆罪で裁判にかけられ、十二年間を獄中で過ごした。

第3章 イギリス海峡に目を光らせる

ドイツ国防軍が西部戦線で、連合軍の侵攻にそなえ海岸一帯の防備を固めているころ、ヒトラーはいまだ南ドイツにいて、ベルヒテスガーデンの町を見下ろすアルプス山系の別荘「ベルクホーフ」に逗留しつづけていた。連合軍の艦船が兵員や物資の積みこみ作業をおこなっていた六月三日土曜日には、空気のうすいこの高原地帯でひとつの結婚式まで催されていた。新婦はヒトラーの愛人エヴァ・ブラウンの妹グレートル。新郎はヴァッフェンSS（武装親衛隊）に所属し、ヒムラーの名代として総統大本営詰めの重責をになうヘルマン・フェーゲラインSS中将だった。招待客はだれもみな、いちばんの衣装や、軍服の礼装に身をつつんでいた。ヒトラーは軍服以外の写真を撮られることを極端に嫌ったが、厳かな儀式の場とあって、このときばかりは来賓たちと同様、白いネクタイに燕尾服というでたちだった。ヒトラーは新婦の父親役を引き受け、来賓にあふれんばかりのシャンパンがふるまわれても異議を唱えず、人々が親衛隊の楽団の演奏で踊ることにも目をつぶった。みなが深夜までお祝い気分に浸れるようにと、総統閣下は早々にパーティを切りあげた。側近のマルティン・ボルマンは、シュナップスでしこたま酔っぱらい、人の手を借りて、ようやく自分の山荘まで送られていった。

ヒトラーはこのとき内なる確信に満ちていた。連合軍の侵攻作戦は、わたしが築かせた「大西洋の壁」によって必ずや粉砕される！　そう信じていたので、むしろ敵がやってくることをヒトラーは願った。一方、第三帝国の宣伝相ヨーゼフ・ゲッベルスは、連合軍がイギリス海峡を越えてくることはあるまいと仄めかしていた。ゲッベルスが当時、しきりに口にした煽り文句は「彼らはやってくるという。では、一体どうして未だにやってこないのだ？」だった。

ヒトラーはひとり悦に入っていた。この侵攻作戦を頓挫させれば、この戦争における英米問題はもはや解決を見るであろうと。そうなれば、全軍をスターリン相手の東部戦線に集中できると。その結果、フランス駐留のドイツ軍部隊が多大の犠牲を強いられることなど、彼はいっさい頓着しなかった。ヒトラーが人命の損失にほとんど関心がないことは、すでに彼の行動が示していた。たとえ、犠牲となるのがわが藩屏《はんぺい》たる第一SS装甲師団「ライプシュタンダルテ・アドルフ・ヒトラー（LSSAH師団）」であろうと、何ほどのことやあらんだ。とはいうものの、その前年のクリスマスには「LSSAH師団」にむけ、特別の慰問箱を贈ってやったりもしている。箱の中身はチョコレートとシュナップス。健康に悪いので、煙草だけは入れないようにと厳命しておいた。この思わぬ物資流用のため、ヒムラーはその不足分を、親衛隊の備蓄分で賄わなければならなかった。

いわゆる「大西洋の壁」は、北はノルウェーから、南はスペイン国境まで延々と続いているとされていた。まあ、物理的現実というよりは、国内向け宣伝戦の勝利という色彩が強かった。そして今回もまた、ヒトラーは自分自身の政権が仕かけた自己欺瞞の犠牲になったのだ。一九四〇年代にフランスが鉄壁と豪語していた「マジノ線」に何やら似ていたけれど、ヒトラーはそんな類似性など断固認めようとはしなかったし、実際に沿岸防衛をになう者たちの不平不満にも、いっこうに耳を傾けようとしなかった。前線の指揮官たちは、掩蔽壕や砲台を築くためのコンクリート不足に悩んでいた。ヒ

トラーがUボート用の大規模シェルター建設に、より高い優先順位を与えたためである。ドイツ海軍はいわゆる「大西洋の戦い」にすでに負けていたのだが、現在開発中の新世代の潜水艦なら、連合軍の艦船などたちまち撃破できるはずだ、とヒトラーはいまだに信じていた。

フランスとベネルクス三国を担当する「西方総軍」の司令官はこのとき、ドイツ陸軍のゲルト・フォン・ルントシュテット元帥がつとめていたが、老元帥はこの「大西洋の壁」について「安手のはったり」と見なしていた。多くの上級将校と同様、元帥はフリードリヒ大王の金言「すべてを守らんとするものは、何ものも守れず」を決して忘れなかった。わが国防軍はイタリア――元帥のいう「不愉快きわまるあの長靴の国」――を放棄して、アルプス山脈を横断する線を防衛ラインとすべきであるというのが持論だった。彼はまた、あれほど多くの兵員をノルウェーに置いておくことにどうしても合点が行かなかった。ノルウェーの戦略的重要性を言いたてるのは「海軍の連中だけだ」と思っていた*1。

ヒトラーが固執する「要塞都市」なる概念には、ほとんどすべての上級将校が陰で酷評していた。ヒトラーに言わせると、イギリス海峡に面したダンケルク、パ＝ド＝カレー、ブーローニュ＝シュル＝メール、ル・アーヴル、シェルブール、そして大西洋に面したブレスト、ラ・ロシェル、ボルドーといった港湾都市はすべて、最後の一兵まで戦って死守すべき〝フェストゥング（城塞）〟だそうだが。ヒトラーはまた、沖合のチャンネル諸島に駐屯するドイツ軍師団を、大陸側の増強部隊に転用する案にも、あっさり門前払いを食らわせていた。イギリス人なら、どんな些細な一片だろうと、苦労して手に入れた土地を必ずや取り戻したいと考えるはずだ、とヒトラーは思いこんでいた。

そうとも、とヒトラーは内なる自分に相づちを打った。東部戦線でも西部戦線でも、敵どもを押しもどし、かつわが将軍たちに撤退の口実を与えない最良の方法、それこそが拠点都市を「死守」せよ

という総統命令なのだ。だが現実には、それらの拠点防衛に多数の兵員——北フランスの場合は総勢一二万人——を充てたため、その守備部隊はその後ドイツの本土防衛にまったく役立てることができなかったのだが。しかもヒトラーの総方針は、ドイツの参謀たちが伝統的になにより重視してきた用兵上の根幹、すなわち部隊運用の「柔軟性」に真っ向から背く概念だった。老ルントシュテットは前線に赴き、その目で現場を見た。沿岸砲台は、火砲本体もコンクリート製の砲座も、すべて海側に向いており、これでは陸側からの攻撃に脆弱性をさらすことになる。元帥はすぐさまその点を指摘したが、こうした見方は「好意的には受け止められなかった」という。

ただ、武装親衛隊の狂信者だけでなく、多くの経験豊かな将校たちも、迫りくる英米との戦いについて、それなりの自信をもち、期待する空気があったことも事実である。「われわれはかつてディエップ急襲を見事撃退したことで、いかなる侵攻作戦も食い止められると考えていた」とフリッツ・バイエルライン中将はのちに、アメリカの尋問官に対して語っている。地上戦で敵と雌雄を決したいという思いは、ドイツ陸軍、武装親衛隊の別なく、広範に存在した。だが、「戦争の様相は劇的に変わってしまった」とある少尉は、ノルマンディー上陸作戦のほんの五日前、そんな感想を残している。「後方の予備軍がいちばんなんて、そんな映画のようなことは、もはやないのだ。なるほど私たちはずっと待機させられ、敵が一日も早くやってくることを願ってはいた。でも、私は心配もしていた。結局、地上軍はやって来ないのではないか。もしかすると、空からの攻撃によって、私たちを始末しようとするのではないか」と。Dデイの翌日、この少尉は連合軍の爆撃機によってその命を落とすことになる。

もちろんいちばん肝心な点は、もし仮に連合軍が攻めてくるとして、では、一体どこを攻めてくるのかという根本問題である。ドイツ側の緊急対処計画を見ると、ノルウェーやデンマーク、果てはス

ペイン、ポルトガルなんていう可能性まで検討されている。OKW（ドイツ国防軍最高司令部）の参謀たちは用心のため、フランスの地中海沿岸やビスケー湾、特にブルターニュ地方のボルドー周辺という可能性を捨て切れなかった。ただ、連合軍の飛行場はもっぱらイングランド南部と東部に集中していた。だとすれば、支援部隊がそこから飛んでこられる範囲が最も可能性の高い地域といえた。つまりそれは、イギリス海峡に面した一帯、すなわちオランダ沿岸からずっと下って、フランスはコタンタン半島の先端にあるシェルブールまでのあいだ——ということになる。

イギリス海峡に面したその一帯で防衛態勢の改善に取り組む仕事は、「B軍集団」司令官、エルヴィン・ロンメル元帥に託されていた。ロンメルはかつて、ヒトラーの熱烈な信奉者だったが、連合軍が航空優勢（制空権）を握ったあとの北アフリカを経験したため、どこかその熱は冷めていた。彼は戦車部隊を縦横無尽に駆使して大戦果をあげ、一時は国民的英雄にまで上りつめた。だが、戦闘意欲の萎えた将軍たちを〝曝涼《むしぼし》〟せんとして、ヒトラーがしきりに浴びせる催眠術のような督戦演説を聞かされても、いまのロンメルは皮肉のひとつもこぼすまでに様変わりしていた。それでも、ロンメル元帥はいまだ精力的に動いており、みずからに託された任務に手を抜くようなマネは断じておこなわなかった。

いちばんの注目点はやはりパ＝ド＝カレーであろう。ここを上陸地点に選べば、連合軍は最短距離でイギリス海峡を横断できるし、地上軍への近接航空支援も継続的に期待できる。しかも直線距離にすると、ドイツ国境まで三〇〇キロメートル足らずしかない。パ＝ド＝カレーに見事上陸できれば、そこに楔を打つことで、その東西に展開するドイツ軍部隊を分断することも可能になる。しかも、間もなく運用が始まる新兵器、〈V1〉飛行爆弾の発射施設を一気に潰すことだって不可能ではない。そうした諸々の理由から、「大西洋の壁」のなかでも、最も分厚い防御陣地は、ダンケルクとソンム

川河口域のあいだに集中していた。そこはドイツ「第一五軍」の守備範囲だった。

次に可能性が高いのはその西方、ノルマンディー地方の海岸地帯である。ヒトラーは、あるいはこちらが本命かもしれないと疑いだしてはいたけれど、ほら見ろ、私の睨んだとおりだとあとで確実に主張できるように、両方の海岸部を候補に挙げていた。ただ奇妙なことに、ドイツ海軍はノルマンディー上陸はたぶんないだろうと見ていた。ここの海岸に上陸できるのは、大潮の時期に限られるとなぜか信じていたのだ。ちなみにこちら側、すなわちセーヌ川河口域からブルターニュ地方にかけての一帯は、ドイツ「第七軍」の担当地域とされていた。

ロンメル元帥は「ラ・ロシュ＝ギュイヨン城」に「B軍集団」司令部を置くことを決めた。そこはセーヌ川が大きく湾曲する地点にあたり、元帥の率いる二個軍はこの川を挟むかたちで展開していた。古城の背後には、白亜層の断崖がそびえ、そのうえの高台にはノルマン人の砦跡《とりであと》があった。城から見下ろすと、幾何学模様が美しい世に名高いハーブ園があり、その先にはセーヌ川が滔々と流れている。中世の城壁に、ルネサンス期の門がでんと構えるそこは、まさに名門貴族の居城にふさわしい場所に思われた。

ロンメルの了解を得て、現城主であるラ・ロシュフーコー公爵とその一族は、広大な屋敷の上階にあるそれぞれの部屋にいまも留まりつづけていた。ロンメル自身は、ゴブラン織りの見事なタペストリーを備えた大きな客間をもっぱら拠点とし、そこから離れた大広間にはめったに足を運ばなかった。その大きな客間で、彼は懸命に仕事をこなした。窓からは、いまだ花は咲いていないけれど、バラ園が見えた。ロンメルが現在使っている机は「ナントの勅令」が廃止された一六八五年にまで遡る、文字どおりの骨董品《アンティーク》である。完璧ではないものの、ユグノー（カルヴァン派プロテスタント）たちの信仰上・政治上の自由をそれなりに保障していたこの勅令が、当時の国王ルイ十四世によって廃

止されると、かれらユグノーは国外脱出を余儀なくされ、東方のプロイセンに新天地を求めた。ドイツ国防軍の多くの将校は、そうしたユグノーをその祖先としていた。

日中、この城でロンメルのすがたを見ることはきわめて稀である。彼は通常、午前五時には起床し、参謀長のハンス・シュパイデル中将と朝食をとったあと、すぐさま〈ホルヒ〉軍用車に乗りこみ、一人か二人の将校を連れただけで、部隊の視察に出かけたからだ。幕僚たちとの会議は、ロンメルが戻った夜間におこなわれた。その後、親しい面々と倹《つま》しい夕食をとった。シュパイデル参謀長や、ロンメルの友人で海軍関係の助言もおこなうフリードリヒ・ルーゲ提督とテーブルを囲むことが多かった。食事が済むと、彼らは連れだって屋外に出、二本のヒマラヤスギの大木の下を散策しながら、議論をつづけた。彼らには内密に話しあうべき事柄が多々あったのである。

フランス防衛には全軍一丸となって当たるべきであり、フランスに駐留する空軍や海軍の部隊も、統一司令部のもとに集約したい――という要望を、ロンメルは本国に送っていた。だが、この案はヒトラーに却下され、ロンメルは怒り心頭だった。空軍のゲーリング、海軍のデーニッツの強い働きかけもあって、ヒトラーは本能的に、いまの現状を維持することが望ましいと判断した。ライバル関係にあるそれぞれの軍組織を互いに競わせることで、その上位に君臨する自分がすべてをコントロールできると考えたからだ。シュパイデル中将は現状を総括した。西部戦線には現在、地上戦闘員と信号要員がおよそ一〇〇万人いますが、じつにその三分の一以上がかの〝ゲーリング帝国〟建設の一環として、空軍の支配下に置かれています。しかも、かの第三帝国空軍元帥は、陸軍側に高射砲部隊を融通することを拒否しており、それが状況をさらに悪化させております。そんなことをすれば、余《よ》の航空機を連合軍の空爆から守れんではないかとの理由からですと。

ドイツ空軍は現在、まったく役に立っておりませんとロンメルはヒトラーに訴えたが、総統閣下

はそうした不満に直接答えることはせず、ロンメルをなんとか言いくるめようとした。まあ、見ていろ、いまに一〇〇〇機の新型ジェット戦闘機と、夥しい数のロケット兵器が、イギリスを屈服させてしまうからと。そんな空証文など、到底信じる気にはなれなかった。ロンメルはまた、部隊の運用法にかんしても、自分の手が縛られていることを十分認識していた。「スターリングラードの戦い」以降、ヒトラーは機動力を駆使した、柔軟かつ自由闊達な防御戦術を決して許さず、わずか一インチの土地でも、すべて死守せよの一点張りだったのだ。

シュパイデル参謀長（じつは国防軍内部の抵抗運動にかかわっていた）は、こんな場面を記憶している。ロンメルがあるとき、ヒトラー自身の書いた『わが闘争』の一節を苦々しげに引用したことがあったそうだ。ワイマール共和国時代にかんする部分で「ある国の政府が、その国家を破滅の道へと導くとき、反乱行為はすべてのものにとって、権利であるだけでなく、義務でもある」と。ただロンメルは、暗殺という手段の有効性を信じていなかった。そこがシュパイデルや、あるいはベルリンで暗躍する陸軍大佐クラウス・シェンク・フォン・シュタウフェンベルク伯爵周辺の面々と、決定的に違う点だった。

一方、「西方総軍」司令官の老ルントシュテットは、内輪ではヒトラーのことを「あの放浪乞食《ボヘミアン》の伍長」呼ばわりしていたが、反逆など、毛ほども考えたことがなかった。だれかがナチの連中を片づけてくれるなら、別にあえてその邪魔はしないが、みずからすすんで手を下す気は、さらさらなかった。そのため逆に、心理的葛藤はいや増すばかりだった。多分これまでに、ヒトラーから途方もない額の報賞を受けとっていたので、それによって生じる結果は甘受するしかないと感じていたのだろう。それでも、ヒトラーを狙った反乱行為が頓挫したとき、老元帥を見舞った落胆は、シュパイデルにはうかがい知れないほど深かったのだが。

ゲルト・フォン・ルントシュテット元帥は、軍にとっても国民にとっても、国家元首に近い〝象徴〟と認識されており、その高い地位は、第一次世界大戦後のフォン・ヒンデンブルク元帥に匹敵するほどであった。イギリス側はこの「最後のプロイセン人」を、ドイツ軍上層部に居すわる反動的な輩と一線を画する、清廉潔白な人物と見なしており、ナチの高官たちがかかえる言語道断な偏見の多くを、じつは老元帥も同じく共有しているという事実をつい見逃しがちである。親衛隊の〝アインザッツグルッペン（特殊行動部隊）〟が東部戦線でユダヤ人の大量虐殺をやったとき、ルントシュテットはただの一度も反対の声をあげなかったし、フランス国内でロシア人を強制労働につかせるメリットについても、支持する発言をおこなっている。「もし言うことを聞かなければ、撃ってしまえばいいだけの話だ」と。

戦争を遂行していくなかで、ヒトラーがおこなった数々の蛮行にも、始めこそ愕然としたものの、やがて斜に構えた態度を取り、口先の揶揄だけで済ませるようになった。戦車部隊の運用理論をめぐって、足元で論争が起きたときも、老元帥はほとんど関心を示さず、超然とした態度を取りつづけた。敵の上陸侵攻に対し、いかに対処すべきか、その方法論をめぐって激論を展開した一方の当事者は、ロンメル元帥だった。上陸せんとする敵軍を波打ち際で叩くべし、という前方防衛論が、ロンメルの主張だった。もう一方の当事者は、装甲兵総監のハインツ・グデーリアン上級大将と、男爵でもあるレオ・ガイヤ・フォン・シュヴェッペンブルク装甲兵大将だった。フリードリヒ大王によく似た風貌をもつガイヤ大将は、かつてロンドンで大使館付武官をしていたことがあり、同時代の多くのドイツ人将校よりも教養豊かだった。ただ、その知性を鼻にかけるがごとき言動が災いして、特に総統大本営や親衛隊の内部に、何人かの政敵をつくってしまったのだが（親衛隊は、現政権に対するガイヤの忠誠心そのものに疑いを持っていたほどである）。ガイヤは当時、「西方総軍」隷下の戦車部隊を

束ねる「西方装甲集団」司令官で、グデーリアンとともに、敵をいったん上陸させたうえで、海へと一気に叩きおとす戦法をよしとした。ゆえに、パリ北郊の森林地帯にすべての戦車部隊を集結させるべきだというのが彼らの主張だった。

一九四〇年に戦車部隊の大胆な運用で勇名を馳せたロンメルだったが、彼はその後、北アフリカでの実体験から、考えを大きく深化させていた。そして、連合軍が北西ヨーロッパに完全なる制空権を確立したいま、ロンメルは確信していた。装甲師団をいったん後方に下げ、しかるのちに一気に反撃に出るなどという戦法は、結局、戦場への迅速な展開を果たせず、決定的戦果をあげることなく終わるだろうと。だが、ヒトラーの執拗な口出しと、ドイツ軍の摩訶不思議な指揮構造から当然予想されたとおり、最後はどっちつかずの折衷案が採択され、この論争は決着した。ガイヤもロンメルも、全装甲師団に対する指揮権を確立できなかった。ヒトラーが両者に与えたのは、戦車部隊の展開にあたっては、総統閣下の「事前承認」を必要とするという縛りだけだった。

連合軍はノルマンディーに上陸する公算が大きい――。徐々にそう確信を深めたロンメルは、この一帯を守備する部隊を頻繁に訪れるようになった。連合軍が「オマハ・ビーチ」と名づけた、湾曲する海岸線を見て、ロンメルは思った。連中がイタリアで上陸作戦をおこなったサレルノに似ていると。勝負は最初の二日間でついてしまうだろうと確信したロンメルは、防衛態勢の強化に疲れを知らない奮闘を見せた。たとえば、一九四〇年に鹵獲したフランス軍の戦車砲が、コンクリート製の掩壕に据えられ、海岸砲台と化した。北アフリカの激戦地、リビア北東部の港湾都市にちなんで、それらは「トブルク」と呼ばるようになった。ドイツ軍の降下猟兵（空挺）将校にも助言を求めた。そして、敵が強襲着陸する可能性が最も高いと思われる場所には、フランス人労働者とイタリア人捕虜を使って、グライダーの侵入をふせぐ障害物を設置した。大きな柱でできたこの森には「ロンメルのア

スパラガス」というあだ名が付いた。
司令官みずからが熱心に現地視察を続けることは、「B軍集団」の多くの指揮官にとって、やや痛し痒しの面があった。防備を固めることにすべての時間が割かれてしまい、訓練にあてる時間がほとんど取れないのだ。指揮官たちはまた、演習に用いる銃弾や砲弾の不足にも悩んでいた。多くのドイツ軍部隊はその後、火器の命中率の低さに悩むが、このときの訓練不足がたたったのかもしれない。ロンメルはさらに、地雷原の数を劇的に増やせと発破をかけた。のちにドイツ人捕虜の事情聴取をおこなったあるイギリス人将校は報告している。海岸地帯の〝ダミー地雷原〟は、結果的に本物の地雷がどこに埋めてあるのか連合軍を混乱させたが、じつはその多くは、要求基準の厳しい「B軍集団」司令官に好印象を与える目的でつくられたものだったと。つまり、たとえロンメル元帥であろうと、まさか本物の地雷が埋まっているかどうかまでは、さすがにチェックし切れまいと、現場の指揮官たちは踏んだのである。

ルントシュテット元帥の率いる「西方総軍」のもとには、理論上、ドイツ国防軍一五〇万の将兵が集中しているはずであった。だが、陸軍元帥のルントシュテットにはドイツ空海軍に対する指揮権はなかった。陸軍部隊の兵員は合わせて八五万人にすぎず、しかも兵の質には、恐ろしいほどのバラつきがあった。歩兵師団は全部で三六個あったが、その半分以上は、移動手段も自走砲も持たない文字どおりの〝歩兵〟だった。ゆえに、この手の部隊は沿岸部の拠点防衛にもっぱら当てられた。一部の歩兵師団にはいわゆる〝耳・腹大隊〟もふくまれていた。戦闘により聴覚を失った兵士や、腹部に傷を負った兵士で構成された部隊である（いざというとき、どうやって命令を伝達するのかと、いささか首を傾げざるを得ない）。

では、それ以外の歩兵師団はどうだったかといえば、年齢が比較的高い（あるいは極端に低い）兵士で構成された師団が多かったと言えよう。当時、「第三四八歩兵師団」の伍長だった作家ハインリッヒ・ベルは「灰色の軍服を着た、こんな子供の顔を見ると、ひどく悲しい気分になる」と書いている。兵の質に目を転じると、こちらも褒められたものではない。最も優秀な徴募兵は、ヴァッフェンSS（武装親衛隊）や空軍の降下猟兵（空挺）師団、もしくは陸軍の装甲部隊へと送られてしまうのが常だった。精鋭の「装甲教導師団」を率いるバイエルライン中将は言っている。「良質の補充兵は歩兵師団に送られなかった。結果、われわれはあたら優秀な装甲部隊を、必要以上の長期間、最前線に置かざるを得なくなった」と。

西部戦線の兵隊を見ると、アルザス＝ロレーヌ地方やルクセンブルク出身の徴募兵が多かった。いわゆる〝フォルクスドイッチェ（「民族上のドイツ人」をさすナチ用語）〟も相当数ふくまれていた。彼らはバルト海と黒海に挟まれた中部ヨーロッパの出身で、民族区分では「ドイツ系」とされたもの の、ドイツ語を話したり、理解したりできるものはほとんどいなかった。ポーランド人もまた、強制徴募にかかり、兵士となっていた。

ドイツ「第七軍」に所属する兵員のおよそ五分の一は、生まれながらのポーランド人か、もしくは〝オストトルッペン（東方兵）〟――ソ連赤軍の元捕虜から、ドイツ軍に再編入された東欧出身の兵隊――だった。その多くは、飢餓や病気によりこのままドイツ軍の捕虜収容所で命を落とすくらいならと、敢えて志願したものたちである。まずは東部戦線に投入されたが、はかばかしい結果を得られなかったため、ナチ政権は彼らを戦線から徐々に引きぬき、アンドレイ・ウラソフ中将率いる「ROA」（ロシア解放軍／キリル文字の表記では「POA」）へと組み入れた。その後、大半のものはフランスへと送られ、独自の大隊として戦闘に参加したが、スラブ系の〝劣等民族〟部隊に対するドイツ

人の態度は、西部戦線でもほとんど変わらなかった。ソ連領内の占領地の場合と同様、〝東方兵〟はパルチザン掃討作戦にしばしば投入された。彼らには独自の存在感があり、また略奪行為にはしる傾向が強いため、その点も考慮に入れた起用だった。「もし万が一、ソ連軍がフランスに攻めこむような事態になれば、一体どんなことが起きるのかと、人々の不安感を高める」目的も兼ねていた。こうした起用には、ルントシュテット元帥も同意していた。

ただその結果、ドイツ人の将校や下士官は、いざ戦闘が始まった場合、部下に背中から撃たれるかもしれないという不安をかかえ込むことになった。また部隊を脱走して、フランスのレジスタン・グループに加わる東方兵もいた。チャンスと見るや、たちまち連合軍側に投降する東方兵も多かった。だがしかし、彼らは二度の寝返りをくり返したわけで、それゆえ戦後、スターリンの報復から逃れることはできなかった。いずれにしろ、「米英に死を！」のスローガンのもと、スターリンと共闘する西方の敵に対し憎悪をかき立て、あわせて士気昂揚をはからんとしたドイツ側の試みは結局、失敗に終わった。上陸してきた連合軍部隊とそれなりの戦いを演じた東方兵部隊は「フーバー東方兵大隊」など、二、三の例外を数えるだけである。

フランスの民間人の目に、かれら東方兵部隊はどのように映ったのか。たとえば、激戦が展開されたコタンタン半島の町モントブールの住民はある日、まるで白昼夢のような場面に遭遇した。一頭の灰色馬が先頭をゆく。馬にはひとりの将校が跨り、そのあとからグルジア人で構成されたドイツ軍の大隊が、町の目抜き通りを行進していくのだ。男たちは聞いたこともないような、奇妙な歌をみんなで合唱していた。「一九四〇年以来、われわれの耳には『ハイディ・ハイディ・ホー！』という掛け声が染みついてしまったけれど、その歌はそれとはひどく異なるものだった」

フランス人は「民族上のドイツ人」のことを、時に「略奪ドイツ人」と呼んで嫌悪した。その一方

で、徴募兵としてドイツ軍に取られたポーランド人には、非常な同情心を寄せた。ノルマンディーの町バイユーに暮らす女性は、ドイツ軍に所属するポーランド兵からこんな話を聞かされた。じつはワルシャワから秘密指令が出ていて、連合軍に可及的速やかに投降せよと言われている。そうすれば、アンデルス将軍率いるポーランド軍に送られ、イギリス人とともに連合軍の一員として戦えるからねと。ポーランド兵はまた、ナチの親衛隊が設置した〝絶滅収容所〟のうわさもフランス人に伝えた。ただ、そうした施設の実在がつねに信じられたわけではなく、特に細部に脚色（たとえば、ユダヤ人の死体は処理され、糖分だけが抽出されているなどといった話）が加わった場合、信憑性はたちまち低下した。さらにポーランド兵は、ソ連軍の進駐後、自国を見舞うだろう運命についても語った。

「きみたちはきっと解放されるだろう」とポーランド兵はフランス人に言った。「でも、ぼくらは今後何年も何年も、占領されつづけるんだ」

人員も装備も満足にもらえない歩兵師団と比べると、親衛隊と陸軍がかかえる装甲師団、装甲擲弾兵師団は、まったく別次元の部隊といえよう。中でも、北アフリカでロンメル元帥の指揮のもと戦ったベテラン将校のひとり、フリッツ・バイエルライン中将が師団長をつとめる「装甲教導師団」はまさに別格だった。なにしろ同師団は、そもそもが装甲兵の教官役をつとめるような幕僚たちを中核に生まれた精鋭中の精鋭なのだ。栄えある「装甲教導師団」を託すにあたり、装甲兵総監ハインツ・グデーリアン上級大将は、新師団長にこう申しわたした。「この師団を任されたからには、貴官は連合軍を海に叩き落とさなければならない。貴官が死守すべきは海岸部、いや、海岸ではないな、死守すべきは海そのものである」と。

ノルマンディーで戦ったドイツ陸軍の装甲師団のうち、「第二装甲師団」は万全の準備を整えて戦《いく》

さに臨んだ。師団長は、男爵でもあるハインリヒ・フォン・リュトヴィッツ中将。片めがねをかけ、ずんぐりした体軀のこの男爵は、ロンメルからも信頼されており、必要があれば、連合軍側と自由に交渉をおこなってよいと認められていたほどである。ノルマンディーの海岸に最も近い場所に位置するのは「第二一装甲師団」である。イギリス軍はやがて、ノルマンディーの中心都市、カルヴァドス県の県都カーンの前面で、この師団と相まみえることになる。ただ、同師団が保有する戦車は、より新型の〈パンター〉や〈ティーガー〉ではなく〈Ⅳ号戦車〉であり、また兵員の六分の一は「民族上のドイツ人」が占めていた。師団長のエドガー・フォイヒティンガー少将によると、あの連中は「命令をほとんど理解できず、またそれを指揮する下士官や将校も、連中の言うことがほとんど理解できなかった」という。フォイヒティンガーは筋金入りのナチ党員で、一九三六年のベルリン・オリンピックにおいては、大会の運営面で一役かった経験もある。いささか女ぐせが悪く、同僚たちはあまりいい顔をしなかった。侵攻作戦が開始された六月六日の夜も、彼はパリで愛人と過ごしていた。

イギリス軍はノルマンディーの海岸部のうち、東（海からみて左）側を担当した。特にいちばん東側の海岸に取りつき、そのまま内陸部へとすすみ、側面からカーンに攻撃をしかけようとした部隊の担当戦区には、武装親衛隊の装甲師団がひしめいていた。その集中度は、独ソ両軍が真正面から激突した「クルスクの戦い」以来、最大ともいえる水準だった。まずは、第一SS装甲師団「ライプシュタンダルテ・アドルフ・ヒトラー（LSSAH師団）」と、第一二SS装甲師団「ヒトラー・ユーゲント」がいた。特に「ヒトラー・ユーゲント」は最も若く、最も狂信的な兵士たちで構成されていた。さらにその後詰めとして、第九SS装甲師団「ホーエンシュタウフェン」と第一〇SS装甲師団「フルンツベルク」がやがて東部戦線から移送されてくるのだ。イギリスの機甲部隊はまた、〈ティーガー〉戦車を擁する二個大隊と遭遇し、壊滅的な打撃をこうむることになる［後述］。一方、アメリ

カ軍は西（海からみて右）側の海岸部を担当したが、その行く手を阻むのは、第一七SS装甲擲弾兵師団「ゲッツ・フォン・ベルリヒンゲン」と第二SS装甲師団「ダス・ライヒ」だけだった。前者はノルマンディーに展開する武装親衛隊の全部隊の中でも、最も訓練不足の最弱師団だったし、とかく悪評のつきまとう「ダス・ライヒ」のほうは、その後の野蛮行為により、その評判を一気に落とすことになる。ただ、こちらの装甲師団の力量に難があろうと、アメリカ側の戦区には数多くのドイツ歩兵師団がひしめいており、アメリカ軍はその対処を迫られる。特にオイゲン・マインドル降下兵大将に率いられた、ドイツ空軍「第二降下猟兵（空挺）軍団」は、最も手強い相手であることがやがて判明する。

ノルマンディー地方全体を統括するドイツ「第八四軍団」を率いるのは、エーリヒ・マルクス砲兵大将である。マルクス大将は知性豊かな指揮官で、人々から尊敬を集めていた。痩せてはいたが、身体はいたって強健。第一次世界大戦で片目を失い、鼻から片頬にかけて深い傷があり、眼鏡をかけていた。今次大戦においても、すでに片脚を失っていた。「あの方はスパルタ人のようで、質実剛健を旨とし、じつに昔気質のプロイセン軍人でした」と大将を崇拝するある将校は書いている。

なるほどマルクス大将は「質実剛健を旨」とした。ただ、彼はきわめて例外的な人物でもあった。ルントシュテット元帥のもと、「西方総軍」参謀長をつとめるギュンター・ブルーメントリット大将の言葉を借りれば、一九四〇年の敗北以来、フランスは常に変わらず「征服者の楽園」だったという。任地としてのフランスは、ソ連赤軍を相手にする東の最前線のまさに対極に位置していた。実際、東部戦線で勤務する未婚の将校たちは、運よく休暇をもらえると、ひどく禁欲的で、かつまた激しい空襲にも見舞われるベルリンではなくて、パリ行きの許可を得ようとあれこれ試みたものであ

る。シャンゼリゼ大通りにならぶカフェの、路上に並んだ椅子に腰かけ、「マクシム」でディナーを楽しみ、そのあとナイトクラブやキャバレーにくり出すほうが、休暇の醍醐味を存分に味わえたからだ。

どうやらフランスの民間人は、密かに連合軍を支援しているらしいという噂も、大して気にならなかった。「敵どもはきっと十分な情報を得ていることでしょう。ここではスパイ活動はきわめて容易ですから」と休暇でパリに出かけた「第九装甲師団」所属のある技術将校は書いている。「案内標識はどこにでもありますし、兵隊と女性との関係はがいして緊密です。私はここパリで、すばらしい日々を過ごしました。パリは実際、自分の目で見て、体験する必要があります。私はその機会を得られたことを嬉しく思っています。ここパリでは、あらゆるものが手に入るのです」

東部戦線から移ってきた部隊、特に武装親衛隊に所属する各師団は、フランス駐留の兵隊たちを見て、こいつらは贅沢に慣れ、すっかり腑抜けになってしまったと感じた。「連中はいい暮らしをし、さまざまな物品を自宅に送ること以外、何もしていない」とある将軍は感想を述べている。「フランスは危険な国だ。そのワイン、その女たち、そして快適な気候」と。チャンネル諸島に駐屯するドイツ「第三一九歩兵師団」の兵士などは、イギリス系の現地人と交雑し、その結果、すっかり土着化してしまったとさえ言われた。「イギリス国王のドイツ人近衛兵」などというあだ名まで賜った。もっとも、一般兵士はほどなく、ここの駐屯部隊を「カナダ師団」と呼ぶようになるのだが。同師団を島から動かすことをヒトラーが拒否したため、あの連中はいずれ、カナダの捕虜収容所に送られてしまうだろうという皮肉な見立てである。

フランス駐留のドイツ軍兵士は、たしかに安穏な生活を送っていた。なるほど占領軍ではあるけれど、彼らの指揮官たちがその部下に、民間人には節度ある態度で接するようにと命じたことが大き

かった。ノルマンディー地方において、農民たちが何より望んだのは、暮らしと仕事がつつがなく回ることだった。だが一九四四年の春に、武装親衛隊の部隊や東方兵部隊が到着しだすと、この辺りの治安も一気に悪化した。酒がらみの暴力ざた、夜間に通りで起きる発砲事件、レイプ事件、そして頻繁に発生する強盗や略奪行為はほどなく、ほぼ常態と化していった。

パリと同様、地方でも、ドイツ軍の多くの将兵が、若いフランス人女性と関係をもつようになった。お相手のいない軍人を対象に、静かで小さな地方都市のバイユーでも、軍の慰安所が用意された。「ドイツ国防軍の家」には軍直営の映画館、歯科診療所、その他各種施設とともに、売春宿も併設された。フランス、なかでも豊かなノルマンディーの農村地帯に宿営するドイツ軍兵士には、それ以外にも役得があった。休暇で帰省するさい、彼らは肉や乳製品のいっぱい詰まった木箱をかかえていった。故郷の家族への何よりの土産だった。なにしろ彼らの家族は、細る一方の配給食料に頼って、生きていかなければならないのだから。一九四四年の春、鉄道を標的とする連合軍の攻撃が激しさを増すにつれ、ノルマンディーの農民は、生産物の出荷に苦労を覚えるようになった。おかげでドイツ軍の下士官だけでなく、〝ランツァー〟と呼ばれる一般兵士でも、配給でもらった煙草を、バターやチーズに交換できるようになり、彼らはそれらをせっせとドイツに送った。唯一の悩みといえば、航空攻撃によって交通網が寸断された結果、軍用郵便が届きづらくなったことぐらいだろうか。

Dデイの前日、ある上級下士官は防空壕のなかで中隊長と一晩過ごした。そのさい、二人はもし敵が上陸してきたら、祖国の人々はどのような反応を示すだろうかと議論した。もっともこの時、くだんの下士官の頭を占めていたのは、じつは別の問題だった。「いまここにバターが四キログラム程あるのです」と彼は妻のラウラに手紙を書いている。「そして、機会があったら、おまえの元へ是非とも送ってやりたいと考えているのです」と。彼の願いはおそらく叶わなかったはずである。なぜなら

その数日後、祖国に命を捧げてしまったからだ。くだんの中隊長は未亡人に宛て、標準の定型文書に則り、お悔やみの手紙を書いた。ご主人は「総統、国民、および偉大なるドイツ帝国のために《フュー・フューラー・フォルクス・ウント・ダス・グロスドイチェ・ライヒ》」戦死されましたと。

沿岸地帯の防衛任務についていた「第七一六歩兵師団」所属のあるドイツ人兵士は、知りあいのフランス人店主から質問された。で、実際のところ、上陸部隊が本当にやって来たら、あんたらはどうするんだいと。「ぼくは貽貝《イガイ》みたいに口をとじて、岩にへばりついていますよ」とその兵士は答えた。それでも、多くのドイツ兵は、自分に課せられた愛国的義務を自覚していた。「もしちょっとの間、手紙が書けなくても、あるいは戦闘に出ていたとしても、あまり心配なさらないでください」と「第二装甲師団」のある上級下士官は家族への手紙に書いている。「本物の砲弾が飛び交うようになっても、できるだけ頻繁に手紙を書きますから。わが祖国への大きな一撃、敵はそれを長いあいだ夢見てきたのですが、それがいま、やってくる可能性を排除することはできません。われわれは皆、しっかりしなければならないのだと、覚悟を決めておいてください」

上陸地点をめぐっては、六月の最初の数日間、さまざまな相矛盾する予想が飛び交った。ただ、ロンメルの海軍顧問ルーゲ提督は、このさき天候は悪化するので、敵の攻撃は当面心配しなくてもよいだろうと請け合った。ドイツの気象専門家は連合軍と違って、西大西洋に観測所を持っておらず、ドイツの天気予報はそうした情報を抜きにおこなわれていた。六月十日以前、海峡の気象条件は、上陸作戦の実施にふさわしいものにはならないだろうというのがドイツ側の見立てだった。そこでロンメルはこの機会を利用して、いったん祖国にもどり、妻の誕生日を祝うとともに、ベルヒテスガーデンにヒトラー総統を訪ね、さらに二個装甲師団を西方に回してもらえるよう頼みこんでみようと決意し

た。病気のため、麾下のアフリカ軍団を一時留守にしたとき、モントゴメリーが「エルアラメインの戦い」を仕掛けてきたのは、まだほんの十九カ月前のことである。そのことを忘れるはずのないロンメルが、いままた司令部を空けるという決断をしたのだから、彼はこの天気予報に絶大なる信頼を置いていたと思われる。ドイツ「第七軍」司令官フリードリヒ・ドルマン上級大将もまた、この天気予報を信じた口だった。彼は六月六日、レンヌに各師団長を集めて、机上演習をおこなうことを決定した。

だが、今度こそ何かよからぬことが起きると、虫の知らせを感じるものもいた（春先の警報騒ぎは、結局のところ〝枯れ尾花〟で終わったのだが）。六月四日、ナチ政権の外相リッベントロップの子息、ルドルフ・フォン・リッベントロップSS中尉が戦傷を負った。第一二SS装甲師団「ヒトラー・ユーゲント」の無線演習から戻ってくる途中、乗っていた車が連合軍の戦闘機に機銃掃射されたのである。翌日、見舞いのため、ドイツ大使館の関係者がやってきた。帰りがけに、ある外交官がふと、こんな言葉をもらした。最新報告によると、侵攻作戦は本日開始の予定だそうですよと。

「どうやら、ガセネタだったようだね」とリッベントロップSS中尉は言った。

「いいえ、六月五日はまだ終わっておりません」とその見舞客は答えた。

フランス北西部ブルターニュ地方では、レジスタンスの動きが活発化しており、ドイツ側もこの動きには不審の目を向けていた。たとえば、ブレスト軍港の北東にあるドイツ「第三五三歩兵師団」司令部に思わぬお土産が降ってきた一件などがそうである。連合軍がこの地方のレジスタンス組織に向け、武器を空中投下したところ、そのひとつが師団司令部をあわや直撃しそうになったのだ。「伝令や個々の兵士を狙った攻撃」も頻発していた。同師団を率いるマールマン大将も、自動火器による待ち伏せ攻撃を受けた。一行のなかで、命拾いをしたのはマールマン大将ただ一人だった。側近は全

員殺されたし、師団長専用の軍用車はその後、二四発の弾痕付きで発見された。六月五日には「第九四二擲弾兵連隊」の連隊長コルデス大佐が殺されている。六月初めに身柄を拘束されたレジスタンス・メンバーに対し、ドイツ側は野蛮としか言いようのない苛酷な尋問をおこない、期待どおりの結果を得た。その男は「侵攻作戦が数日後に開始されると明言した」そうだ。

悪天候にもかかわらず、コタンタン半島の町モントブールの大通りでは、空砲を用いた演習が予定どおり実施されていたけれど、ドイツ海軍はその夜、哨戒艇をイギリス海峡に出すほどの必要性をまったく感じていなかった。おかげで連合軍が送りだした掃海艇の小艦隊は横一線のまま、ノルマンディーの海岸まで、まったく見つかることなく、作業を終了することができた。

その夜、BBCの伝言番組のなかで、レジスタンスへの暗号メッセージと思われる文面が流れ、ドイツ側の疑念を呼んだ。「西方総軍」司令部は二一一五時（午後九時十五分）、この情報を一般警報扱いで伝達したが、「第二種警戒態勢」を敷いたのはパ＝ド＝カレーの「第一五軍」だけだった。「B軍集団」司令部が置かれた「ラ・ロシュ＝ギュイヨン城」では、留守を預かるシュパイデル中将とルーゲ提督が、来客とともにディナーを楽しんでいた。客のなかには作家のエルンスト・ユンガーもいた。熱烈な愛国主義で知られたユンガーだったが、いまやドイツ国内における抵抗運動のメンバーになっていた。パーティは深夜まで続いた。そして、シュパイデルがそろそろ寝室に引き揚げようかと考えた六月六日〇一〇〇時（午前一時）、急を告げる第一報が飛びこんできた。パラシュートを背負った兵隊が、空から降ってくるというのだ。

原注

68頁　「彼らはやってくるという」：Generalleutnant Fritz Bayerlein, Panzer Lehr Division, ETHINT 66.

68頁　「LSSAH師団」向けのクリスマスの慰問箱：Traudl Junge, *Until the Final Hour*, London, 2002, p.79.

69頁　「安手のはったり」：General der Infanterie Blumentritt, debriefing 6 August 1945, NA II 407/427/24231.

70頁　「好意的には受け止められなかった」：Shulman interview with Generalfeldmarschall Gerd von Rundstedt, October 1945, Milton Shulman, *Defeat in the West*, London, 1986, p.107.

70頁　〝ディエップ急襲を見事撃退〟：Generalleutnant Fritz Bayerlein, Panzer Lehr Division, ETHINT 66.

70頁　「戦争の様相は」：Leutnant Kurt Flume diary, 1 June 1944, BfZ-SS.

74頁　「ある国の政府が」：Hans Speidel, *We Defended Normandy*, London, 1951, p.88.

75頁　「もし言うことを聞かなければ」：IfZ, NOKW-546, quoted in Peter Lieb, *Konventioneller Krieg oder Weltanschauungskrieg?*, Munich, 2007, p.121.

76頁　パリ北郊の森林地帯：Generaloberst Heinz Guderian, ETHINT 38.

76頁　連合軍の制空権とロンメル：General der Infanterie Blumentritt, debriefing 6 August 1945, NA II 407/427/24231.

76頁　可能性の高い着陸地点：General der Infanterie Blumentritt, debriefing 6 August 1945, NA II 407/427/24231.

77頁　〝ダミー地雷原〟：Lieutenant Cyril Rand, 2nd Battalion Royal Ulster Rifles, MdC TE 499.

77頁　〝耳・腹大隊〟：Lieb, p.106.

78頁　「ひどく悲しい」：Heinrich Böll, *Briefe aus dem Krieg 1939-1945*, Vol. II, Cologne, 2001, p.918.

78頁　「良質の補充兵は」：Generalleutnant Fritz Bayerlein, Panzer Lehr Division, ETHINT 66.

79頁　「一体どんなことが起きるのか」：BA-MA RH 19 iv/129, 28.12.1943, quoted in Lieb, p.123.

79頁　「米英に死を―」：IfZ, MA-1024, quoted in

Lieb, p.120.

79頁「ひどく異なるもの」：Fernand Louvoy, MdC TE 38.

80頁「きみたちはきっと解放されるだろう」：Madame Richer, Bayeux, MdC TE 223.

80頁「この師団を任されたからには」：Generalleutnant Fritz Bayerlein, Panzer Lehr Division, ETHINT 66.

81頁「命令をほとんど理解できず」：Generalleutnant Edgar Feuchtinger, FMS B-441.

82頁「あの方はスパルタ人のようで」：Oberstleutnant Keil, FMS C-018.

82頁「征服者の楽園」：interview with General der Infanterie Blumentritt, February 1946, Shulman, p.60.

83頁「敵どもはきっと」：Truppeningenieur, Stab/Pz.Pi.Btl.86, 9.Pz.Div., BfZ-SS.

83頁「連中はいい暮らしをし」：Generalleutnant Fritz Bayerlein, Panzer Lehr Division, ETHINT 66.

83頁「イギリス国王のドイツ人近衛兵」：Shulman interview with Generalfeldmarschall Gerd von Rundstedt, October 1945, Shulman, p.110.

83頁「カナダ師団」：Speidel, p.98.

84頁　バイユーのドイツ国防軍施設：Franz Gockel, MdC TE 500.

84頁「いまここにバターが」：undated letter from Hauptfeldwebel Helmut Lichtenfels, Folder Newbold, Stefan, DDEL.

85頁「ぼくは貽貝《イガイ》みたいに」：André Heintz diary, MdC TE 32(1-4).

85頁「あまり心配なさらないでください」：Unteroffizier Leopold L., 5.Kp./Pz.Rgt.3, 2.Pz.Div., BfZ-SS.

85頁　天候をめぐるあれこれ：Admiral Friedrich Ruge, Admiral bei der Heeresgruppe B, FMS A-982; and Oberstleutnant Keil, FMS C-018.

86頁「どうやら、ガセネタだったようだね」：Hubert Meyer, *The 12th SS*, Vol.1, Mechanicsburg, Pa., 2005, p.87.

86頁「伝令や個々の兵士」：Generalleutnant Mahlmann, 353rd Infantry-Division, FMS A-983; and Oberst Cordes, Alfred Weißkopf, AdM 2 J 695.

87頁「明言した」: Oberstleutnant Fritz Ziegelmann, 352nd Infantry Division, FMS B-021.

87頁「第二種警戒態勢」: Generalleutnant Bodo Zimmermann, OB West, FMS B-308; and Admiral Friedrich Ruge, FMS B-282.

章末注

＊1 ロンメル元帥もまた、イタリアを放棄し、フランス南部と西海岸から兵員を後退させ、イギリス海峡側の補強をおこないたいと考えていたが、やはり総統大本営に却下されてしまった。

(章末注1に対する原注)

ロンメル元帥もまた、イタリアを放棄し: Generalleutnant Speidel, Chief of Staff Army Group B, FMS B-718-720

フランスの「レジスタンス（対独抵抗運動）」は、戦争の最も暗い時期にそれぞれ独立独歩の運動として出発し、その後個々に発展したため、分裂し統制のとれないものにならざるを得なかった。恐ろしくかけ離れた政治理念を掲げる数多くのグループをひとつに束ねる作業は、困難と危険がともなった。多くの勇敢な男たち（最も有名なのはジャン・ムーラン）が、他組織との共闘を試みて殺されたり、あるいは命を危険にさらしたりした。一九四四年二月、ある種の統一組織「CNR（全国抵抗評議会）」が結成され、ジョルジュ・ビドーがその議長に選出された。ビドーはのちにド・ゴールによってフランス外相に任命されるほどの人物で、共産党員も非共産党員もやがて、彼なら受け入れ可能であると見るようになった。

一九四四年時点のフランス政治は、大ざっぱに要約すると、三つの主要勢力に分裂していた。敵対勢力が貼ったレッテルに従って呼べば、その三つとは「ペタン主義者」、「共産主義者」、および「ド・ゴール主義者」である（もちろん、各勢力は自分たちのことをそのようには認識していない）。大半のレジスタンス組織はド・ゴール将軍と共闘していたけれど、彼らは必ずしも〝ド・ゴール主義者〟ではなかった。たとえば、「ORA（陸軍抵抗組織）」はなるほど現在、ド・ゴール将軍の指示で動い

ていた。だが、ルヴェール将軍など旧将校団を中心とするその指導部は、ド・ゴールに対する疑念を決して捨てることはなかった。元をたどれば、ORAとは仏独停戦協定を結んだヴィシー政権の軍隊――ドイツ軍が一九四二年十一月に非占領地域まで拡大進駐したあと、解散を余儀なくされた――の残骸のなかから生まれた組織である。それゆえ共産主義者は、ORAのことを、レジスタンス運動への浸透を画策する〝売国奴ペタン主義者〟と大同小異の輩《やから》と見なしていた。もっとも当の共産主義者は、つねに裏であれこれ動き、古典的ともいえる「アントリスム（潜入工作）」をもっぱらとしており、〝浸透〟という面においてはどの勢力よりも抜きんでていた。彼らはさまざまな手段を駆使して、主要レジスタンス組織の指導部に、自分たちの意見の代弁者（しばしば別の仮面をかぶり、別の大義を掲げた）を確保していった。そのうえで、当該組織を丸ごと内側から乗っ取り、しかも表面上の政治的体裁はそのまま維持させるという辣腕ぶりを見せた。

ナチ・ドイツとソ連邦が不可侵条約を結んでいた時期、フランス共産党はなんとも弁明しづらい立場に置かれていた。だが、ドイツがソ連侵攻に踏み切ってくれたおかげで、過激で、決然たる性格をもった青年男女は、熱烈な志願兵として、晴れてドイツ軍と戦えるようになった。ソ連赤軍とパルチザンが払った途方もない犠牲を見るならば、彼らの旺盛な戦闘意欲が分かるし、それらは戦前のスターリン主義とはほとんど何の関係もなかった（ただ、フランス共産党の武装部門「FTP（義勇パルチザン）」の一部には、ヴィシー政権とドイツ占領軍を相手にした戦いは、単にフランス解放のためだけではない。これは同時に、政治的蜂起でもあるべきだと信じるものもいた）。スターリン主義による教化どころか、モスクワから具体的指示すらまったく下りてこないため、彼らは状況が読めていなかったが、じつは戦線の背後、つまりフランス国内で革命の火の手があがることこそまさに、クレムリンが最も望んでいない展開だったのである。ドイツが最終的に敗北するまで、スターリンはア

メリカの全面的支援——武器貸与法にもとづくトラック、糧食、鋼鉄の提供——を必要としていたのだ。しかもソ連が最も恐れたのは、西方の同盟国がドイツと単独講和を模索するような展開だった。従って、スターリンはイギリス・アメリカ両国に対し、格好の口実を与えるような、現地共産勢力による騒動など、金輪際望んでいなかったのである。

だが、レジスタンス運動内の共産勢力は、そんな事情など予想だにしなかったし、そうした認識の違いはモスクワとの意志疎通の難しさだけが原因とも言い切れない面があった。なにしろ当時のモスクワでは、中央委員会の国際部門——コミンテルンにかわって誕生——でさえ、上部組織からほとんど指示をもらえない状態だったのだ。じつはスターリンはすでに、フランスという国家そのものに、完全に愛想を尽かしていたのである。それはおそらく、フランスが彼のあらゆる期待や思惑に反して、早くも一九四〇年、ドイツ側にあっさり降伏してしまい、それがどうにも許せなかったためである。おかげでソ連邦は突如として、ドイツ国防軍にその脆弱な腹をさらすことになったのだから。

ロンドンの「ＳＯＥ（特別作戦実行部）」は現在も活動中の一三七の小グループと無線連絡を維持しており、そのデータを元に、一九四四年の春、レジスタンス運動の参加者は三五万人に近づきつつあると推計していた。このうち一〇万人は、利用可能な武器を保有していたが、戦闘を二日以上継続できるほど弾薬を持っているものは一万人にすぎなかった。それゆえ、「オーヴァーロード作戦」に対するレジスタンスの貢献として期待しうるのは、ゲリラ的な戦闘行為ではないと判断された。レジスタンスには情報収集と破壊活動の面で活躍してもらうこととし、特にノルマンディー地方をフランスの他地域から隔離・封鎖する方向での、さまざまな活動に特化させることにした。

鉄道員からなる対独抵抗組織「レジスタンス・フェル」は情報収集と破壊活動の両面で抜きんでた

働きをした。ドイツ軍の各師団の戦闘力は、その部隊の移動に使われた車輌の数でおおむね推計できた。たとえば、第一二SS装甲師団「ヒトラー・ユーゲント」は、定員いっぱいの充実度を実現しつつあるように思われた。なぜなら、〝シュミノ（鉄道員）〟と通称される同組織の面々から、彼らの移動には八四輌の貨車が必要だったという報告が上がってきたからだ。破壊活動にかんする計画は「プラン・ヴェル（緑計画）」と呼ばれ、〝シュミノ〟たちは、他のレジスタンス組織と協力しながら、そうした車輌をトンネル内で脱線させるべく手を打った。事故がトンネル内で発生すると、車輌を運びだすことがそれだけ困難になるからだ。大型クレーンは、破壊活動においても、空爆においても、最大の優先順位を与えられた標的だった。機関車は操車場で残骸となり、線路はたびたび吹き飛ばされた。

フランス中東部のブルゴーニュ地方、ならびにドイツ国境に接するフランス東部一帯では、鉄道輸送があちこちで妨害を受けた。連合軍の上陸直前、ブルゴーニュの中心都市、ディジョン周辺で寸断された線路の数はじつに三七本を数えた。フランスの鉄道員はドイツ軍から手ひどい報復を受けた。数百人が処刑され、さらに三〇〇〇人がドイツの収容所送りとなった。機関士はまた、連合軍の戦闘爆撃機からも、絶えず狙われる危険にさらされていた。イギリス空軍の〈タイフーン〉戦闘爆撃機のパイロットは、空対地ロケットや機銃掃射で列車を襲撃し、爆発した機関車から蒸気が吹きあがると、歓声をあげたものである。そんな派手な活躍とはいえないけれど、フランスの〝シュミノ〟たちもドイツの軍用車輌を遅らせる点では名人級だった。しばしば何食わぬ顔で、間違った路線へと送りだしてやるのだ。さすがに堪りかねて、ドイツ側は自国の鉄道員を二五〇〇人も導入したけれど、それで破壊活動がやむわけではない。

そもそもの目的は、ドイツ軍の兵員や補給物資の鉄道輸送を阻害することにあったのだが、この作

戦は、やむをえず道路輸送に切り替えさせるという副次効果を生んだ。道路を使って戦車を運ぶと、どうしても距離を稼ぐことができないのだ。さらにアメリカ陸軍「第八航空軍」が石油施設や精油所に爆撃をおこなった結果、ドイツ国防軍は深刻な燃料不足に見舞われた。ドイツ軍はタイヤ用のゴムにも不足していた。そして、これもまた、レジスタンス組織の格好の標的となった。補給車輛がとおる道すじに、鋲やガラスをまいておくだけで、きわめて効率よく、相手の動きを封じられるのだ。こちらの作戦は「プラン・トルテュ（亀計画）」と呼ばれていた。

「プラン・ヴィオレ（紫計画）」というのもあった。こちらは鉄道系ではなく、「PTT（郵便電信電話局）」系のレジスタンス組織がもっぱら担当し、ドイツ軍が使用する地下ケーブルを切断すべく、集中的な破壊活動が展開された。彼らは知らなかったけれど、この作戦もまた、思いがけない副次効果を生んだ。有線による連絡を封じられたドイツ軍は無線交信を強いられ、その内容が「ウルトラ」によって解読されることになったのだ。また「プラン・ブル（青計画）」というのもあった。こちらはもっぱら、高圧送電線をその対象として実施された。

一方、連合軍が上陸を予定しているフランス北西部のふたつの県、すなわちカルヴァドス県とマンシュ県では、上記のような妨害工作ではなく、少人数による軍事行動がレジスタンス運動の中心だった。最も活躍したのは、ポントードメールの「シュルクフ」と呼ばれるグループだった。ノルマンディー地方の町バイユーやその周辺部におよそ二〇〇人のメンバーがおり、また海岸沿いの小さな港町にくらす若干名の漁師たちも「シュルクフ」の仲間だった。内陸部にもそうしたグループがいて、うまい隠し場所のあるところでは、いざという時に備えて、武器が秘匿されていた。やはり北西部のオルヌ県は、潜伏場所にうってつけの森林地帯があるため、レジスタンス組織が一声かけると、一八〇〇人もの男女（うち三分の一は武器を所有）を招集することができた。

カルヴァドス県の実動グループは、規模こそ小さいが、それなりに連合軍の助けになった。彼らはロンドンにむけ、切れ目なく現地情報を送ってきたからだ。各地に駐屯するドイツ軍師団の名称は、ドイツ軍兵士のシャツに記された数字によって、洗濯屋経由で、しっかり把握されていた。イギリス軍はグライダーを使った空挺作戦で、オルヌ川にかかる橋の確保を目指し、ベヌーヴィル橋を見事手中に収めたけれど、そのさい極めて有用だった詳細な現地情報の多くは、彼らレジスタンス・メンバーによってもたらされたものだった。沿岸の防御陣地の構築は陸軍の工兵ではなく、もっぱらドイツの「トート機関」が担当していたが、そこで働く二人の男が、土木作業のかたわら、図面や地図の写しを作成したという話もある（そのうちの一人、ムッシュー・ブリュネはその後捕らえられ、死刑を宣告された）。海岸部の地雷原は、本物も偽物《ダミー》も、その場所がすべて特定されていた。沿岸の大砲が実際のところどの辺りまで届くのか、射程の推計も試みられた。ドイツ軍が火砲を設置したのは、労働者が現場を離れたあとだったため、この作業には困難が伴った。ただ、実弾演習のさい、漁船に対して立入禁止水域が通告されるため、これを元におおよその距離を割りだすことができた。

現地のレジスタンス各派の活動はもっぱら、ロンドンにいる「自由フランス」のケニーグ将軍とその幕僚たちによって調整されていた。一方、SHAEF（欧州連合国派遣軍最高司令部）はさらに進んで、特殊部隊をフランス国内にパラシュート降下させ、より突っ込んだ協同作戦を実施する計画を立てた。すでに現地入りしている「SOE（特別作戦実行部）」チームには、主に内陸部の鉄道関連の標的を狙わせることとし、もっと海岸に近い一帯に、別途イギリス陸軍の「SAS（特殊空挺部隊）」から二四二〇人を降下させ、事に当たらせようという構想だった。ブラッドリー将軍率いるアメリカ「第一軍」司令部は、この「SAS」について当初、疑いの目を向けていた。ブラッドリーか

らすれば、自分たちは「脚がすっくと伸びた」〝まっとうな〟軍人であるという自負があり、そこからすると、あの連中は要するに、「破壊活動の高度訓練を受けたパラシュート屋」にすぎないというわけだ。関連報告書にはこう書かれている。今回の「作戦の目的は、SAS関係者を目標地域の間近に投下することで、彼らが各地で敵を殺し、さらにガソリン・タンクに水を入れたり、タイヤの空気を抜いたり、その他縦横に動き回れるよう支援することにある」と。アメリカ側が「SAS」を見直し、その有効性をしかるべく評価するのは、もっとあとのことである（ブルターニュ地方での活躍が特にものを言った）。

ブルターニュ地方を担当したのは、「SAS旅団」の中でも、フランス人で構成された「第四SAS」――自由フランス陸軍「第二パラシュート猟兵連隊」――という特殊部隊で、彼らは一九四〇年以来、自国領内で初めて戦ったフランス人部隊となった。SASに所属する他の連隊と同様、彼らもパラシュート降下兵をしめすイギリス式のベレー帽を被っていたけれど、そこにはしっかり「ロレーヌ十字」の記章が付けられていた。「第四SAS」の先遣隊はDデイ前日、六月五日の夜、ロンドン西方のフェアフォードを離陸し、〈ハリファックス〉爆撃機に乗って、フランス本土へと出発した。彼らがブルターニュで確保した〝マキザール〟――〝マキ（抵抗運動）〟をやる人、すなわちレジスタンス兵士――は、七月末までに三万人を超えた。

これ以外のグループも、一九四三年三月以来、パラシュート降下訓練を受けていた。フランスの重要地域にいるレジスタンス組織を支援するとともに、しかるべき訓練を施すため、空から潜入することが目的だった。なかでも重要なのは、三人一組の「ジェドバラ」と呼ばれるチームで、通常はイギリス人もしくはアメリカ人将校一名、フランス人将校一名、および無線士で構成されていた。ケニーグ将軍の幕僚から説明を受けたあと、計八三のチームが軍服着用のまま潜入降下に臨んだ。とはい

え、多くチームは、しかるべき成果をあげるには、いささか到着が遅すぎたのだが。

ドイツ軍の補給システムは危機に瀕している——。そのことは、ロンメル元帥にも分かっていた。レジスタンスによる破壊活動だけでなく、連合軍の航空攻撃がなにより問題だった。「われわれは北アフリカと同様、侵攻軍との戦いにおいて、補給をめぐって同じ経験に耐えることになろう」とロンメルは五月十五日、「装甲教導師団」を率いるバイエルライン中将に語っている。「当時、補給線が破壊されたことで、地中海のこちら側に何も持ってこられなくなった。あれと同じように、今度はライン川のこちら側に、何も持ってこられなくなるのだ」

ただ今回、連合軍側がその封鎖を目論んだ境界線は、ライン川ではなかった。SHAEFが目指したのは、鉄道の往来を全面的にストップさせ、東のセーヌ川と南のロワール川にかかる橋をすべて落とし、フランスの他地域から、ノルマンディー地方とブルターニュ地方を丸ごと封鎖することだったのである。いわゆる「トランスポーテーション作戦」である。ただ、この作戦はイギリス側の及び腰と、連合軍各司令官の対抗意識がアダとなり、その遂行には、著しい困難がつきまとうのだが。

計画の主たる立案者は、SHAEFナンバー・ツー、イギリス空軍のテッダー大将だった。テッダーは一九四四年二月、イギリス空軍「爆撃機軍団」のハリス中将と、アメリカ陸軍「第八航空軍」のスパーツ将軍（この時点では暫定的陸軍中将）に対し、申し入れをおこなった。二人の将軍は当時、ドイツ本土を標的とする戦略爆撃任務にあたっていたが、その虎の子の重爆撃機を「オーヴァーロード作戦」にふりむける準備をして欲しいと要請したのである。わが重爆撃機の威力により、ドイツ本国はいまや膝を屈しつつあるとハリスは心の底から信じていた。それゆえ、この指示にはいたく反発した。ハリスの望みは、今後も引きつづき、ドイツの各都市を瓦礫の山に変えることだったたか

ら。そこで、ハリスはまず、イギリス空軍参謀総長、サー・チャールズ・ポータル大将に手紙を書いた。そして、「われらが侵攻を阻まんとする敵の物理的実力を削ぐ」任務とはいえ、そこには「最低限の逸脱」があってしかるべきではないかとの問いかけを発した。

ハリスが最もかちんと来たのは、何を爆撃対象とすべきかという根本問題にかんし、他人に口出しされたことだった。航空作戦は天候に左右され、天候というものは常に変化するものであり、ゆえに、現場の責任者であるこのハリス様こそが「完全なる決定権」を握る必要があるのだというわけだ。ハリスは結局、フランス国内の標的に対しては、手持ちの爆撃機編隊のうち、〈ハリファックス〉と〈スターリング〉を運用する飛行中隊のみを提供すると応じた。この両爆撃機は、いずれも航続距離が短いため、ドイツ深部の攻撃には端から不向きなのだ。アメリカ陸軍航空軍のスパーツ中将も、標的の変更にはまったく乗り気でなかった。スパーツもまた、引きつづきドイツの製油施設と戦闘機工場を叩きたいと願っていたからだ。二人の異議申し立ては、三月二十五日のある主要会議において、アイゼンハワー最高司令官により却下されたけれど、二人の爆撃屋はそのあとも、なんとか自分流を貫こうとした。

スパーツ中将は別の観点からも反論をおこなった。そのような爆撃をおこなえば、多数のフランス市民に犠牲がでるかもしれないと、その危険性を指摘したのだ。この点については、じつはチャーチル首相も憂慮していた。ローズヴェルト大統領に書簡を送り、もっぱらドイツ軍を「主要目標とすべき」であると論じ、あわせて懸念を表明したほどである。「すべての空爆は、オーヴァーロード作戦のDデイ直前におこなわれるため、それによる大量死は、フランスの民間人に、好ましからざる効果を及ぼすでしょう。その影響は、その後にやってくる合衆国および大英帝国の解放者に対する、フランス人の国民感情に、多大の反感を容易に植えつけかねません。結果的に、憎悪の気分を後にひきず

る可能性すらあります」と。ローズヴェルトは五月十一日、チャーチルの言い分に対し、強い拒否で応じた。「民間人の生命が付随的損失を受けることがどれほど遺憾であろうとも、かくも遠方にある私から、責任ある現場指揮官の軍事行動に対し、なんらかの制約を加えるような用意は、この私にはありません。指揮官たちの熟慮に対する規制行為は、オーヴァーロード作戦の成功に悪影響を及ぼすか、あるいはわれらが連合軍侵攻部隊に、さらなる損失をもたらすおそれがあるからです[*1]」

とはいえ、現場指揮官といっても、いろいろあるのだった。SHAEFナンバー・ツーのテッダー空軍大将は、ハリス中将とは元からソリが合わなかったが、いまや〈ボマー〉・ハリスから、やいのやいのと異論反論の爆弾を降らされていた（まさに〝ボマー（爆撃屋）〟のあだ名に恥じない振る舞いであった）。ハリスはまた、イギリス航空省――戦後「国防省」に統合――ともやりあっていたし、「オーヴァーロード作戦」において全航空部隊を統括するリー＝マロリー将軍を蛇蝎《だかつ》のごとく嫌い、さらには直属の上官であるポータル大将との関係も悪化させていた。「イギリス空軍は内部がバラバラだった。空軍関係の調整には信じられないほど手を焼いた」とあるアメリカ人の高級参謀はのちに語っている。イギリスの爆撃機部隊を現場で指揮するハリス中将と、戦争そのものを指揮するチャーチル首相の板挟みにあって、ポータル空軍参謀総長はアイゼンハワーに泣きついてきた。「爆撃機部隊は、あなたが掌握しなければなりません。さもなければ、私は辞任せざるを得ません」と。SHAEF最高司令官は寸刻もムダにしなかった。それでしたら、この問題は大統領閣下に上げるしかありませんねと脅しつけたのである。結果、チャーチルもハリスも、譲歩を余儀なくされた（もっとも、ポータル大将によると、チャーチルがこの航空作戦に難色を示したのは、民間人の犠牲云々《うんぬん》よりも、そもそも空爆によって戦場を封鎖すること自体、不可能だと見ていたからだという）。

みずからの主張が通らなかったからと言って、フランスをめぐるチャーチルの懸念がそれで収まっ

たわけではない。そこでチャーチルは、民間人の犠牲にかんし、一万人という許容範囲を設定し、これを上回った時点で空爆作戦を中止させることにしようと決めた。そしてテッダー大将に、どうだ、もう一万人に達したかと尋ねつづけたのだった。チャーチルはまた、SHAEFに対してこんな提案もおこなっている。空爆の目標設定に当たっては、フランス側と事前に協議すべきであると。「まさか、トンデモない!」という仰天したような反応が返ってきて、この件は沙汰止みとなった。

フランス民間人の被害は、実際のところ甚大であった。爆撃機の搭乗員の犠牲も、同様にひどかった。しかも、爆撃にある種のパターンがあれば、ドイツ側に上陸地点を察知されるおそれがあるため、上陸作戦とはいっさい無関係の、はるか遠方の標的も叩いてみせる必要があった。ただ、ハリス中将の持論というか言い分――鉄道や橋梁といった〝戦術〟目標に重爆撃機を投入することは、非効率極まりない――という主張は、まったくの誤りであることが実証された。ロンメル元帥のいだいた懸念は、連合軍の侵攻作戦がいまだ本格化する以前から、すでに現実のものとなりつつあった。

各レジスタンス組織に対する最初の準備指令は、六月一日、BBCのフランス語放送を通じておこなわれた。アナウンサーは強い口調で「それぞれに向け、個々別々のメッセージ」を読み上げていった。その中には、通常の暗号めいた物言いを捨て、「戦いの瞬間が近づいている」と、これ以上ないくらい明瞭なメッセージを送った場合もあった。それに比べると、作戦中止を伝えるメッセージは、たとえば「子供たちは庭で退屈している」のように、いささか謎めいたものだった。六月最初の数日間、フランス全土の各レジスタンス・メンバーは、放送をひとことも聞きもらすまいと、無線機の周りに集まっていた。〝アプヴェーア(ドイツ軍情報局)〟と〝ジッヒャーハイツディーンスト(親衛隊保安部)〟の面々も、やはり同じようにじっと耳を傾けていた。そんな事情などつゆ知らぬ一般のリ

スナーも、これは一体何だ、と胸をときめかしつつ、そうした放送を聴いていた。たとえば、フランス北西部の町リジウーに暮らすある知識人は、自分の無線機のことを「フランスの命運を左右する、奇異な言葉を発する、無礼で小さなスフィンクス」と形容している。

ついに六月五日の夕刻、全フランスのレジスタンス組織にむけて、それぞれ別個のメッセージが発信された。いずれも、行動に移れという呼びかけだった。上陸地点を特定されるリスクは冒せないので、連合軍側は、一斉蜂起がどうしても必要だと見なしていた。その夜、ノルマンディー地方にいるレジスタンス・メンバーは「サイコロはテーブルの上にある」というアナウンサーの言葉に反応した。それは電信線と地下ケーブルの切断作業にただちに取りかかれという指令だった。メッセージはさらに続いた。「スエズは暑い」。それは「すべての輸送機関に攻撃を加えよ」という暗号だった。

原注

93頁「SOE（特別作戦実行部）」は：William Machenzie, *The Secret History of SOE*, London, 2000, p.602.

94〜95頁「プラン・ヴェル（緑計画）」その他：SHD-DAT 13 P 33.

95頁　オルヌ県のレジスタンス：ADdC9W4/2 Resistance information gathering, André Heintz diary, MdC TE 32(1-4).

97頁「破壊活動の高度訓練を受けた」：First US Army headquarters, 10 March, NA II 407/427/243 68/595.

97頁「SAS」と「ジェドバラ」：M.R.D. Foot, *SOE in France*, London, 1966, pp.400-407.

98頁「同じ経験に耐える」：Generalleutnant Fritz Bayerlein, Panzer Lehr Division, ETHINT 66.

98頁　ハリスとスパーツ：Tami Davis Biddle, 'Bombing by the Square Yard: Sir Arthur Harris at War, 1942-45', *International History Review*, XXI, 3, September 1999, pp.569-852.

99頁「最低限の逸脱」：letter of 24 March from Air Marshal Arthur Harris to Air Chief Marshal Sir Charles Portal, Chief of Air Staff, HP, Folder H83.

99頁「主要目標とすべき」：TNA PREM 3/4727.

100頁「どれほど遺憾であろうとも」：TNA PREM 3/4727.

100頁「イギリス空軍は内部がバラバラ」：Colonel C. H. Bonesteel III, G-3 Plans, 12th Army Group, OCMH-FPP.

100頁「爆撃機部隊は、あなたが掌握しなければなりません」：Wing Commander Scarman, Tedder's aide, OCMH-FPP.

100頁　空爆作戦の有効性を信じないチャーチル：Marshal of the RAF Viscount Portal, OCMH-EPP.

101頁「まさか、トンデモない！」：Air Chief Marshal Sir James Robb, Chief of Staff (Air) to Eisenhower, OCMH-FPP.

102頁「無礼で小さなスフィンクス」：anonymous, MdC TE 83.

102頁　ノルマンディーのレジスタンス組織に向けたメッセージ：SHD-DAT 13 P 33.

章末注

＊1　上陸作戦の開始前における一九四四年のフランス民間人の犠牲者数は、死者が一万五〇〇〇人、負傷者が一万九〇〇〇人だった。

（章末注1に対する原注）

死者一万五〇〇〇人、負傷者一万九〇〇〇人：AN AJ 41/56.

第5章 深夜の空挺作戦

日付が六月六日に変わる直前、イングランド南部と中部の飛行場周辺では、次から次へと離陸する数百機の飛行機がたてるエンジン音が、空気を震わせていた。人々は寝間着のまま庭に出て、流れる雲を背景に、いつ果てるとも知れぬように通過する〝空の無敵艦隊〟のシルエットを追った。「ついに始まるんだ」。それが全員の脳裏に浮かんだ言葉だった。数多《あまた》の機影を見ていると、胸の奥から抑えきれない想いが湧きあがってくる。そのなかには四年前、ドイツ軍の攻撃を受けて、フランスのダンケルクから撤退を余儀なくされた苦い記憶もふくまれていた。中にはそのまま家に戻り、ベッドのかたわらで跪《ひざまず》き、出征する兵士たちの無事を祈るものもいた。

その夜、一二〇〇余りの飛行機に分乗して空へと飛びたったのは、三個師団の空挺部隊だった。イギリス陸軍「第六空挺師団」はオルヌ川の東方に降りて、あとから上陸してくるモントゴメリー率いる地上軍の左側面を守るはずだった。アメリカ陸軍の「第一〇一空挺師団」と「第八二空挺師団」は、アメリカ側が上陸を敢行する二つのビーチの西側（海からみて右手）にあるコタンタン半島にパラシュート降下し、さまざまな重要拠点、特に「ユタ・ビーチ」の内陸部に広がる湿地帯を貫いてはしる幹線道路を確保することになっていた。

真っ先に離陸したのはイギリス陸軍「オクスフォードシャー・アンド・バッキンガムシャー軽歩兵連隊」――略称「オックス&バックス」――の第二大隊D中隊だった。彼らは、本隊に先行して降下地点に誘導のためのマーキングをほどこす先遣隊よりも、更に先んじて飛行場を飛び立っていった。ジョン・ハワード少佐率いるD中隊の面々は〈ハリファックス〉爆撃機が牽引する六機の〈ホルサ〉グライダーに分乗していた。将校も兵士も、全員がカムフラージュ・ネットをかけた丸い空挺用ヘルメットをかぶり、顔を黒くぬり、小銃や〈ステン〉短機関銃、〈ブレン〉軽機関銃で武装していた。〈ハリファックス〉の編隊は、イギリス海峡を横切ってすすむ侵攻艦隊の東方上空を抜けると、海辺のリゾート地、カブールを目指した。この町の辺りにドイツ軍の防衛態勢の穴があるのだ。グライダーが高度五〇〇〇フィートに達したところで、曳航索が切り離された。海峡を横断するとき、ほとんどの時間、大声で歌っていた兵士たちに対し、ハワード少佐はやめるようにと指示を出した。それ以降、風切り音を除くと、周囲から、あらゆる物音が消えた。パイロットが機体を傾けると、いまにも壊れそうな華奢なグライダーは針路を西に転じた。急激に高度が下がっていく。各グライダーは高度一〇〇〇フィートでアプローチのための水平飛行に入った。

D中隊の目標である二つの橋がみるみる近づいてくる。ひとつはオルヌ川に架かる橋、もうひとつはカーン運河に架かる橋だ。彼らはドイツ軍が橋に仕掛けた爆薬を点火できないように、二つの橋をすばやく確保する必要があった。ハワード少佐は一番機のドアの対面に身を置いていたため、眼下を並行に走る二本の水流のきらめきをその目で確認できた。少佐の乗った〈ホルサ〉が地面をかすめるようにして飛んでいく。兵士たちは着陸に備えて身体をかたくした。二人のパイロットは扱いの難しいグライダーを驚くほど巧みに操っていた。地面にあたり、一瞬跳ねたあと、グライダーは草地を滑走し、機首を鉄条網に突っ込むかたちで停止した。激突の衝撃で、二人のパイロットは気を失ったけ

れど、彼らは橋のすぐわき、機関銃陣地から五〇フィート（約一五メートル）以内に乗機を見事着陸させた。

合板製の〈ホルサ〉は日ごろ、「霊柩車《ホーサ》」と不名誉なあだ名で呼ばれていたけれど、このときも数機が着陸の衝撃で壊れてしまい、兵士たちはドアといわず、機体側面の破れ目からも走りでた。一刻もムダにはできない。一番機の男たちは、カーン運河の西岸にあるトーチカのすき間にすばやく手榴弾を放りこんだ。小隊の残りの者も漫然と待ってはいなかった。デン・ブラザリッジ中尉率いる小隊は、すでに突撃態勢に入っており、橋を越えていった。クロスカントリーで鍛えたおかげで、あいつらはいま、最高のコンディションにあるはずだとハワード少佐は確信していた。だが、小隊が運河の対岸に到達すると、ドイツ軍の守備隊が一斉に発砲し、全員がバタバタと倒れた。ブラザリッジ中尉も頸部を貫通した銃弾によって致命傷を負い、ほどなく絶命した。

サンディー・スミス中尉率いる別の小隊も現場に到着したけれど、中尉は着陸のさい重傷を負っていた。両軍の銃撃戦は激しかったが、さいわい短時間で終わり、カーン運河に架かる橋はイギリス軍によって確保された。数百ヤード離れたオルヌ川の橋を目指した部隊から連絡が入らないため、ハワード少佐はしばらく気を揉んだが、やがて「確保」の知らせが届いた。敵方から一発の反撃も受けずに、橋を押さえることができましたと。小隊長のデニス・フォックス中尉はひどくうれしそうな顔で後続の小隊を出迎えた。後続部隊はハアハアと荒い息をついていた。乗っていたグライダーが目標から半マイル（約八〇〇メートル）も離れた地点に着陸してしまったのだ。状況はどうなんだと尋ねると、フォックス中尉は答えた。「まあ、これまでのところ〝演習〟は滞りなく進行しております。ただ、性格の悪い、例の評価将校どのがどこにもいらっしゃらないようなのですが」

ハワード少佐はすぐさま円陣防御を敷くとともに、「フォックス小隊」に対して、近くのベヌー

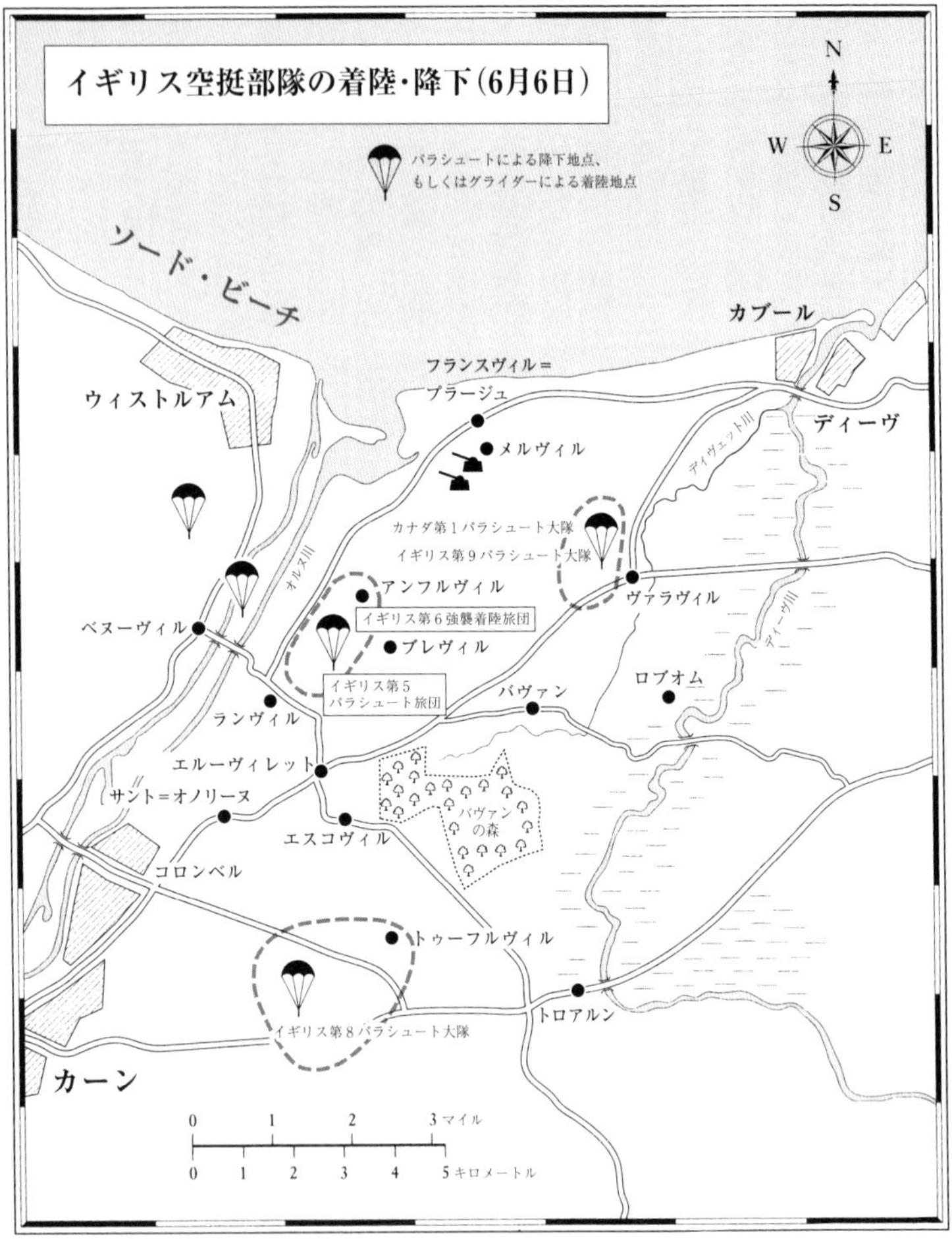

イギリス空挺部隊の着陸・降下（6月6日）
パラシュートによる降下地点、
もしくはグライダーによる着陸地点
N
W
E
S
ソード・ビーチ
カブール
フランスヴィル＝
プラージュ
ウィストルアム
メルヴィル
ディーヴ
ディヴェット川
カナダ第1パラシュート大隊
イギリス第9パラシュート大隊
オルヌ川
アンフルヴィル
ヴァラヴィル
イギリス第6強襲着陸旅団
ベヌーヴィル
プレヴィル
ディーヴ川
イギリス第5
パラシュート旅団
バヴァン
ロブオム
ランヴィル
エルーヴィレット
サント＝オノリーヌ
バヴァン
の森
エスコヴィル
コロンベル
トゥーフルヴィル
トロアルン
イギリス第8パラシュート大隊
カーン
0 1 2 3マイル
0 1 2 3 4 5キロメートル

ヴィル村まで威力斥候に行くよう命じた。ただちに作戦成功のメッセージが送られた。いささか奇妙な文字列だが、目標の橋を二つとも確保できたことを示す暗号は「ハム・アンド・ジャム」だった。どこで遺漏が生じてもおかしくない、それほどトリッキーな強襲作戦だった。それが百パーセント計画どおり実施されたのである。ハワード少佐はほとんど信じられない思いだった。〇一三〇時（午前一時三十分）、二つの橋をまもる各小隊は、気味の悪い音がベヌーヴィルの向こう側から聞こえてくるのに気がついた。紛《まご》うことなき装甲車輌のキャタピラー音だった。

その頃には、あっちでもこっちでも敵兵が空から降ってくるため、ノルマンディー沿岸のドイツ軍の各指揮所では、将校たちが野戦電話にかじりついていた。みな必死になって連隊本部に報告をあげようとしたが、電話がつながらないこともままあった。レジスタンス組織がケーブルを切断したためで、その場合は、無線に頼るしかなかった。相手の混乱をいっそう高めるため、イギリス空軍は〈ハドソン〉、〈ハリファックス〉、〈スターリング〉の各爆撃機、計四〇機を投入して、「タイタニック作戦」を実施した。ダミー降下兵をパラシュート投下したり、アルミ箔片を空にまいて敵レーダーを攪乱したりした。それに呼応して、フランス国内に潜入していたSASチームが、上陸地点からはるか離れた場所で、あたかも空挺隊員のような動きをやって見せた。前線の背後で騒乱状態をつくりだし、ダミー降下兵にある種の実質を与えるのが、SASの役割だった。ダミー降下兵は、コタンタン半島の付け根に対しておよそ二〇〇体、ディーヴ川の東方に五〇体、カーン南西に五〇体、それぞれ投下された。実体は、雑なつくりの案山子《かかし》みたいなもので、内部に仕掛けられた機械装置により、接地すると爆発し、火事を起こすようにできていた。ドイツ軍はこれを爆発する人形《エクスプロジープフッペン》と呼んだ。〇一三〇時（午前一時三十分）直後、ドイツ軍の軍司令部や軍団司令部では、テレタイプがかたかた

と報告を打ちだし始めた。「爆発する人形」でしたと。これを受けて、大半の司令官は、この一連の騒ぎはすべて大規模な陽動作戦の一環であると見なした。やはり上陸部隊の主力はパ＝ド＝カレーを目指していると彼らは判断した。ドイツ「第七軍」参謀長マックス・ペムゼル少将だけは、この時点ですでに、こちらが主力だと見抜いていた。だが、「ラ・ロシュ＝ギュイヨン城」の留守を預かる「B軍集団」参謀長、シュパイデル中将はペムゼルの言を信じようとはしなかった。

オルヌ川河口域の東方に駐屯するドイツ「第七一一歩兵師団」を率いるヨーゼフ・ライヒェルト中将は、深夜まで将校クラブで歓談にふけっていた。中将やその同僚たちが、さて、そろそろ寝るとするかというとき、飛行機のエンジン音が頭上で聞えた。「ずいぶんと低いところを飛んでるな。あれじゃ、屋根に接触するかもしれんぞ、とわれわれは思った」と中将はのちに記している。彼らは外に出て、空を見上げた。「満月の夜だった。相当な悪天候で、暗雲が低くたれ込めていたけれど、師団司令部の真上、雲の切れ目に数機、低空で旋回する機影がはっきりと見えた」と。ライヒェルト中将が拳銃を取りに屋内に戻ったとき、「パラシュート降下兵だ！」と怒鳴る声が聞こえた。彼らは司令部の周囲に、バラバラと降ってきたが、主要な防御陣地で睨みをきかせる、四連装の二〇ミリ対空機関砲が火をふいた。

作戦将校が慌ただしく全師団にむけ警報態勢を呼びかけるなか、ライヒェルト中将はルーアンにいる上級の「第八一軍団」司令部に電話をかけた。その頃には、すでに砲撃はおさまり、どこか落ち着かない空気のなか、奇妙な静けさが戻っていた。連合軍がこの地に侵攻してくるという話はずっと聞かされてきたが、ライヒェルトは眉つばものだと思っていた。だが、この一件でさすがに考えを改めた。この攻撃がたとえ陽動だったとしても、敵の侵攻作戦自体はいまや一斉に動きつつあるのだと。そこへ身柄を拘束されたイギリス空挺隊員二名が連れてこられた。いずれも、こちらの質問には回答

を拒否したが、彼らが持っていた地図があまりに正確だったため、ライヒェルトは衝撃を受けた。そこにはほとんどすべての火砲の位置が記されていた。どうやらフランスのレジスタンス組織は、ドイツ側の想像以上に、活発に動いていたようだ。イギリス人捕虜のすべてが、この二人ほど幸運だったわけではない。たとえば、「ライヒェルト師団」の担当地域では、ある曹長が拘束した八人のイギリス兵全員を処刑するという事件も起きている。おそらく、ヒトラーの悪名高き〝軍事命令《コマンドベフェール》〟――急襲にさいしては、捕らえた特殊部隊員はすべて射殺せよ――に従ったのだろう。

　そのころ、フランス北部の町エヴルーの南方では、第一二SS装甲師団「ヒトラー・ユーゲント」の師団長、フリッツ・ヴィットSS少将が、薪の火を見つめながら、幕僚たちと深夜の酒を楽しんでいた。そこへダミー降下兵が落ちてきたという第一報が入った。春先にも似たようなことがあったので、またも空騒ぎかとヴィットは相手にしなかった。だが、全員がベッドに入ってほどなく、いっそう派手な警報が鳴り響き、ヴィットたちはたたき起こされた。上級の指示をあおごうと、「第一SS装甲軍団」司令部に電話をかけたものの、何も聞こえなかった。そこで独自の判断で、麾下の「ヒトラー・ユーゲント」に対し、警戒態勢に入れという暗号、「ブリューヒェル」を発した。だがしかし、総統大本営からなかなか部隊移動の許可が下りないため、ヴィットの部下の大半は、装甲車輛のなかで、何時間も待機を強いられた。そこでヴィットは、総統の事前同意がなくても動かせる歩兵部隊、「第二五SS装甲擲弾兵連隊」をカーンに向かわせることにした。また手持ちの偵察大隊の一部を、六輪装甲車と、サイドカー付きのBMWオートバイに乗せて、前方へと送りだした。

　その夜、イギリスの空挺部隊が実施したさまざまな作戦のうち、目標の橋の確保に成功した「ハワード中隊」――「オックス＆バックス」第二大隊D中隊――の働きは、じつはほとんど唯一、す

べてが計画どおりに進んだ希有の例だったのである。ただ、同中隊も所属する「第三パラシュート旅団」を率いるジェームズ・ヒル准将は、すでにそうした事態がありうることを、部下の将校たちにあらかじめ警告済みであった。「紳士諸君、きみたちが受けたすばらしい訓練と命令にもかかわらず、状況が混乱するようなことがあっても、決して怯《ひる》んではならない。戦場とは、間違いなく、混乱するものなのだ」

かれら降下兵の総元締め、イギリス「第六空挺師団」の師団長、リチャード・〈ウィンディ〉・ゲール少将は相当に手堅い計画を立てて、事に臨んだ。上陸部隊の東側（海からみて左側）の安全を確保するため、カーン運河とオルヌ川の橋だけでは満足せず、さらに東方五マイルの、オルヌ川とディーヴ川に挟まれた一帯も、併せて占領し防備を固める必要がある、とゲール少将は考えたのだ。その東方の五つの橋を破壊してしまえば、ドイツ軍が殺到しようにも、ディーヴ川とその周辺の湿地帯が盾となり、装甲部隊による反撃が困難になるという目算だった。これが叶えば、兵力を南方（内陸方面）に集中し、予想されうるドイツ「第二一装甲師団」の反撃に対処できる。ただ、そのためには対戦車砲が是非とも必要で、それらの装備は二時間後に飛んでくる最初のグライダーで供給されるはずだった。

「第六空挺師団」が対処しなければならないドイツ軍のもうひとつの主要目標は、オルヌ川河口部の保養地、ウィストルアムのちょうど対岸に位置する「メルヴィル砲台」だった。イギリス空軍は、航空偵察を実施して、この沿岸砲台の準備状況をずっとモニターしてきた。そこに据えられた大口径の火砲たちは、海にうかぶ艦隊や上陸用舟艇だけでなく、地上軍が取りつく海岸部のうち、イギリス側担当地域の最東端に位置する「ソード・ビーチ」まで、甚大な被害を及ぼすおそれがあるとされた。大量のコンクリートを用いた構造物なので、爆撃機による破壊はほぼ不可能に思われた。そこ

で、精鋭の「パラシュート連隊」の出番である。同連隊の「第九パラシュート大隊」を率いるテレンス・オトウェイ中佐に対し命令が下った。メルヴィル砲台を制圧し、そこの火砲群を破壊せよと。メルヴィル砲台の周囲は、鉄条網と地雷原と機関銃陣地に囲まれているため、それは恐怖をおぼえるような任務だった。そこで、まずは「第九パラシュート大隊」が降下にはいる直前、相手側の防御力を弱めるため、〈ランカスター〉爆撃機による空爆が実施され、さらに強襲部隊を乗せた四機の〈ホルサ〉グライダーが鉄条網の内側、砲台のうえに強行着陸をおこなうというのが、作戦の主たる手順だった。

オトウェイ中佐の部下たちは、イングランドに造られた実物大の敵陣地を使って、何度もくり返し攻撃訓練を重ねてきた。だが、旅団長のヒル准将が警告したとおり、実際の戦場はやはり混乱の巷《ちまた》と化し、「第九大隊」は広範囲にバラまかれてしまった。対空砲の激しさに、乗っていた輸送機が回避動作を強いられたこともあるし、また部隊主力の誘導にあたる先発隊の持っていった〈ユーレカ〉進路目標信号発信器が、着地のさいに壊れてしまったことも痛かった。結局、多くの空挺隊員がディーヴ川の氾濫原に降りるハメになった。隊員のひとりは湿地にはまり、懸命の救助努力にもかかわらず、泥まみれで溺死した。空挺隊員はみな、暗闇でも仲間を見つけられるように、カモ笛を携行していたが、大隊全体が広く分散するかたちで降下したため、笛を吹けども、なかなか伝わらないうらみがあった。このとき降下した六〇〇名のうち、集合地点までたどり着けた者は一六〇名を切っていた。

「第九大隊」のうち、第二陣は一六マイルも南方のサン＝ペールに降りてしまい、大隊長のオトウェイ中佐と合流できなかった。夜があまりに静かだったため、さすがにここではないだろうと全員が思った。将校が付近の民家を起こして、ここは一体どこなのですかと尋ねてみた。途轍《とてつ》もなく離れた

場所であることが判明し、愕然としたその将校は、部下に対して、それぞれ小グループに分かれて、本隊に合流すべく各個に努力せよと命じた。そして、多くの空挺隊員はそうした努力の途中で拘束されてしまった。「第九大隊」所属の空挺隊員のうち計一九二名は、ノルマンディーの戦いが終わったあとも依然、行方不明のままだった。

オトウェイ中佐としても、いつまでも漫然と待っているわけには行かない。イギリス海軍の軽巡洋艦「アリシューザ」がその六インチ砲で艦砲射撃を開始する〇六〇〇時（午前六時）までに任務を終了し、作戦成功のメッセージを送らなければならないからだ。しかも降下中に装備のかなりの部分を失っており、これがまた状況をさらに悪化させた。地雷探知機はひとつもなく、鉄条網に開口部をつくる〈バンガロール〉爆薬筒が数本あるぐらいだった。それでもオトウェイ中佐は、兵員が四分の一に減ったこの〝大隊〟を率いて、攻撃を敢行することを決意した。するとプロボクサーあがりの大隊長付き従兵が、携帯用の酒瓶を取りだした。「中佐どの、今のうちにこのブランデーをやっといたほうがいいですかね」とその従兵は訊いた。

状況はたしかに思わしくなかった。砲台の弱体化をはかった〈ランカスター〉爆撃機は、標的を外していた。砲台のうえに強行着陸するはずの〈ホルサ〉グライダーも目標までたどり着けなかった。事ここに至っては、当初計画を完全に放棄せざるを得ない。そこでまず地雷原に印をつけることにした。若い将校一名と軍曹一名が匍匐前進しながら作業を済ませると、全大隊をあげて一斉攻撃にかかった。一六〇名のうちじつに七五名が数分で犠牲となったが、砲台の制圧には見事成功した。ただ、そこにあったのは予想したような一五〇ミリの大型沿岸砲ではなく、七五ミリ砲にすぎなかった。携行するプラスチック爆薬でそれらの砲尾を吹きとばすと、「第九大隊」は途中、負傷者を回収しつつ、できるだけ遠くへと逃れた。沖の軽巡洋艦「アリシューザ」が攻撃地点につく前に、射程外

に出なければならないからだ。

「第九大隊」以外にも、その夜はイギリス「第六空挺師団」に所属する七個パラシュート大隊が、オルヌ川とディーヴ川に挟まれた一帯に降下することになっていた。ベヌーヴィルとランヴィルをつなぐ、カーン運河とオルヌ川に架かる橋はすでに「ハワード中隊」によって、確保されたため、次なる任務は、ディーヴ川に架かる橋すべてを爆破し、左側面を固めることにあった。爆破そのものは、イギリス陸軍「ロイヤル工兵軍団」の「第三パラシュート大隊」が担当し、同じ東側面に降下した各パラシュート大隊が、工兵たちの支援にあたった。すべての橋を落としたあと、「第八大隊」はその地域の南東にある「バヴァンの森」の内部やその周辺に陣を敷いた。

その夜、パラシュート降下したイギリス陸軍の空挺大隊は、どこも大量の装備を失った。〈ブレン〉軽機関銃や〈PIAT〉対戦車砲は、着陸の衝撃で損傷を受けた。空挺隊員の足首に装着されたジャンプバッグのほとんどは、予備弾薬のせいでひどく重かったため、革ひも製の留め具が破断したり、バッグそのものが軟弱な泥のなかに埋まったりした。一部の兵士は、ディーヴ川周辺に広がる湿地帯の排水溝にはまって、そのまま溺死した。「第三パラシュート旅団」を率いるジェームズ・ヒル准将は、カブールからそう遠くない河口部の、ドイツ側が故意に氾濫させた一帯に降下した。水深そのものは腰のあたりまでだったが、准将はちょっとした悲劇に見舞われた。ズボンの内側にびっしり詰めておいたティーバックがすべて台無しになったのだ。准将はその後すぐに、はるかに強烈な打撃をこうむった。イギリス軍が投下した爆弾が、すぐ近くで炸裂し、これを避けようと横跳びした准将は、別の将校の上に落下した。結局、左の臀部を負傷した。小径の真ん中に、吹き飛んだ片脚が転がっているのが見えた。一瞬、恐怖に駆られたけれど、それは准将の片脚ではなかった。横跳びで馬乗りされたピーターズ中尉のもので、中尉は死んでいた。

「ヒル旅団」にこれほどの被害が出たのは、パラシュート降下の精度不足に原因があった。雲が低く垂れこめて、位置確認が難しく、しかも対空砲を避けようと死にものぐるいだったせいか、中には降下地点を間違えたパイロットもいた。氾濫によって川幅が広がったため、ディーヴ川をオルヌ川と誤認し、目指す地点の対岸に空挺隊員を下ろしてしまったのだ。カナダ「第一パラシュート大隊」は本来、オトウェイ中佐のイギリス「第九パラシュート大隊」と同じ降下地点を目指していた。だが、同様の原因から、広範な地域にバラまかれてしまった。多くの兵士がディーヴ川周辺の氾濫原に降下し、第二陣などはオルヌ川の西側に降りる始末で、結局、破壊すべき橋のあるヴァラヴィルまでたどり着けたものはごく僅かだった。それでも、カナダ大隊の一個中隊の一部は、メルヴィル砲台から撤収する「第九大隊」の支援にあたり、また別の分遣隊は、遭遇したフランス人女性に夜どおし案内されて、ロブオムの橋を確保するとともに、爆破チームが到着するまで、その橋を守りつづけた。

　基地を出発する直前、部下たちはみな「他人の言葉に左右されやすい心理状態」にあった、とあるカナダ軍将校は記している。部隊付きの従軍神父のせいで、状況がさらに悪化した可能性もある。空挺隊員にそれぞれコンドームが支給されたと聞いて、すっかり仰天したこの神父は、離陸直前の儀式のさい、大声で説教を始めたのだ。ポケットの中にある「唾棄すべき罪の手段」のせいで、諸君は必ずしも死にうち勝てないかもしれないと。儀式が終わったあと、地面に散乱する、うち捨てられた包みの数は、人目をひくほど多かった。だが、いったん実戦に入ると、カナダの空挺隊員たちは、特にヴァラヴィル村をめざした激戦のあいだなどは、毫《ごう》も勇気に欠けるところがなかった。彼らはまた、指揮官たるヒル准将を信頼しており、尊敬の念（そうした気持ちを、カナダ人がイギリス人の上級将校に見せることはめったにない）すら抱いていた。

「ハワード中隊」が確保した二つの橋のすぐ東方には、すでにイギリス「第五パラシュート旅団」

が降下を終えていた。ただ、ハワード少佐の部下がベヌーヴィル方面から接近してくる、ガタガタときしむようなキャタピラー音を耳にしたとき、同旅団の各大隊はいまだ戦闘準備が整っていなかった。いま使える対戦車兵器は〈PIAT〉しかなく、しかも砲弾は二発だけだった。ソーントン軍曹がこの重装備をかかえて、音のする方角へと駆けだした。至近距離で撃たないと、ほとんど役に立たない兵器だと分かっていたので、軍曹は路肩に潜み、敵をじっと待ちうけた。幸いなことに、やってきたのは戦車ではなく、ハーフトラックだった。一発目でそいつを吹き飛ばすと、後続の車輌は慌てて逃げていった。軍曹は部下とともに、残骸のなかから生存者を数名回収した。その中にはドイツ軍の部隊長、シュミット少佐もふくまれていた。少佐は、橋が本当に敵の手に落ちたかどうか確認するため、ランヴィル方面から様子を見にやってきたのだ。

ほどなくして、パイン＝コフィン中佐率いる「第七大隊」が到着し、ハワード少佐の少人数からなる守備隊は、ようやく肩の荷を下ろすことができた。文字どおり解釈するなら「パイン材の棺おけ」という印象的な名前のせいか、この中佐は、英国人作家イーヴリン・ウォーの小説にも登場してくる。守備隊は増強され、橋頭堡はかなり広がり、イギリス軍はカーン運河の西岸一帯（その中にはベヌーヴィル村の大半もふくまれる）をいっそう広範に確保することができた。そのころ、「第一二大隊」はオルヌ川のわきにある低い稜線部に防御陣地を築いていた。また、「第一三大隊」がドイツ軍の反撃に備えてランヴィルまで進出する一方、同大隊所属の一個中隊は、やってくるグライダーのため、着陸地点の整地にはげんだ。

〇三〇〇時（午前三時）を回ったころ、ゲール少将以下、「第六空挺師団」の司令部一行がランヴィル橋の付近に降りたった。長身でがっしりした体軀、沈着冷静、軍人らしい口ひげを立てたゲール少将のすがたは、この侵攻作戦が計画どおり順調に進んでいる証《あか》拠《し》であり、師団長は、第一波をつ

とめた将兵たちから大歓迎を受けた。一九四〇年の不名誉なフランス撤退以来、この地に復帰した最初のイギリス人将官になれたことに密かな喜びを感じた、と少将自身も認めている。

防衛態勢の強化にむけ、ジープや対戦車砲を積みこんだグライダーが続々と到着した。BBCの記者、チェスター・ウィルモットも、この第二波に同行して戦場入りした。「着陸は演習と寸分違《たが》わず進行し、それは非常に印象的な光景でした」とウィルモット記者は報じたが、多分に楽観的な見方だった。なにしろグライダーの大半は〝不時着〟としか言いいようのない状態で着陸したのだから。

そのころベヌーヴィルの橋には、予想外の危機が迫っていた。二〇ミリ高角砲を装備した砲艦の小艦隊が、カーン方面から運河を下ってきたのだ。だが、先頭をすすむ砲艦にむけ、ふたたび〈PIAT〉弾が一発ぶちこまれると、慌てた後続艦は、全速力で海へと逃げていった。そこには、イギリス艦隊がずらりと大砲を並べて待ちかまえているとも知らずに。

新たに到着した各部隊は、寸刻もムダにせず、さっそく塹壕掘りに取りかかった。地面に爆薬を埋めて爆破することで、作業は大幅にスピードアップされた。塹壕がひとつ、またひとつと準備されていくさまは、まるで敵から迫撃砲攻撃を受けているように見えた。だがそのうち、本物の迫撃砲弾が周囲に降りはじめた。ドイツ「第二一装甲師団」所属の装甲擲弾兵がついに反撃を開始したのである。

最も重要な橋は、カーン＝ポン＝レヴェク街道沿いの小さな町トロアルンを越えてすぐのところに架かっていた。パラシュート降下のさい、空挺隊員は広範囲に散ってしまったため、橋はいまだ無傷だったが、任務を託されたローズヴィール少佐は少しも騒がず、若干の兵士と、橋を落とすに足るだけの爆発物をかき集めると、ジープ一台と徴用した荷車（そういえば、病院の雑役夫がなにやら激しく抗議していたが）を駆って、まずはドイツ側のバリケード二カ所を強行突破した。荷車を曳きつ

つ、人と物資を満載にしたそのジープは、ローズヴィール少佐がみずからハンドルを握っていた。少佐がトロアルンの大通りに勢いよく乗り入れると、右といわず左といわず、周囲の建物からドイツ兵が銃弾を浴びせてきた。それに対し、車上の空挺隊員が撃ち返すという場面がしばし続いたあと、一行はなんとか目標の橋まで無事たどり着くことができた。無事でなかったのはただひとつ、最後尾をまもる〈ブレン〉軽機関銃一挺のみだった。さっそく爆薬をセットし、くだんの橋はその五分後、橋脚のあいだ、中央の径間部分が、ディーヴ川へと見事に落下した。一行はここでジープを乗り捨てた。ローズヴィール少佐は少人数の部下を引きつれて、なんとか氾濫原を徒歩で横切ると、ディーヴ川の対岸に戻ってきた。一行が本隊に合流できたのは、その日も午後になってからだった。少なくとも東側面の安全は、かくして確保されたのである。いまや脅威は南方にあった。

アメリカ側の二つのパラシュート部隊、すなわち「第八二空挺師団」と「第一〇一空挺師団」は、イギリス側の相方《あいかた》とほぼ同時刻に、それぞれの基地を飛び立っていった。兵員輸送に当たるパイロットは「ぞっとするほど重量オーバーの」輸送機、C−47〈スカイトレイン〉をまるで地面から引き剥がすように離陸させるとき、呪いのことばや祈りのことばを叫んだ。光沢のないオリーブ色に塗られた輸送機たちは、徐々にV字編隊を形成しつつ、イギリス海峡上空にむけた所定のコースに乗った。米駆逐艦「クインシー」に配属された、ある航空管制士官は書いている。「上空の雲海は依然相当に濃かったが、月がのぼるころには、雲はひどく明るく照らされていた……第一陣の〈スカイトレイン〉がすがたを見せた。その機影はまるで、音もなく滑空するコウモリの一団に見えた」

もっとも当の輸送機に乗っていると、音もなく滑空するコウモリとは、およそ思えなかったが。一機あたり一六ないし一八人からなる第一陣の空挺隊員は、各人の限界を試すようなエンジンの咆吼と

震動に、ただただ耐えていた。襲いくる吐き気に備えて、膝にヘルメットを抱えているものもいたけれど、大半のものは床に直接、胃の中身をぶちまけており、その嘔吐物のせいで、輸送機の床は肝心なとき、ひどく滑りやすくなってしまった。カトリックの兵士はロザリオを指でまさぐり、小声で祈禱文をとなえていた。隊員たちの雰囲気が、イギリスの演習時と様変わりしていることに、パイロットたちは気づいていた。連中ときたら、ふだんは「横紙破りも辞さない性格」なのに、このときばかりは「ひどく神妙な」顔つきをしていた、とあるパイロットは記している。輸送機の乗員だって、任務に対し、心穏やかではなかった。パイロットの中には、敵の高射砲で風防が砕けても大丈夫なように、操縦桿を握るさいゴーグルを装着し、鋼鉄製のヘルメットをかぶっているものもいた。

レーダービーコンを携えて、すでに先発した空挺隊員もいた。第一陣の主力をつとめる兵士たちは、その先発組が羨ましかった。連中は日付が六月六日に変わったころ、ドイツ軍がいまだ状況を把握できずにいる時刻に、パラシュートで降下し、今ごろは地上に着いているはずだから。主力部隊の隊員は、無理にでも寝ておこうとしたけれど、多少なりと微睡むことのできたものは、ごく僅かだった。そんななか、「第一〇一空挺師団」を率いる長身の師団長、マクスウェル・テイラー少将だけはヘルメットを脱ぎ、枕を数個かかえて、床に横たわっていた。少将は高まる興奮とともに、今か今かとその時を待っていた。なにしろ今度のやつは記念すべき五〇回目のパラシュート降下である。ついに、あのウイング記章が手に入るのだと思うと、期待はいや増すばかりだった。

第一陣は、チャンネル諸島の上空まで来た。ジャージー島とガーンジー島に置かれた、ドイツ軍の高射砲陣地が、輸送機にむけ砲撃を開始した。ふたつの島はいずれも、その名を冠した世界的に有名な優良乳牛種発祥の地だったため、ある空挺隊員が思わずこぼした。「牧歌的な名前の二島」から、こんな手荒い歓迎を受けるなんて、皮肉な話だなと。イギリス海軍の魚雷艇〈ＭＴＢ６７９〉が信号

を送ってきたので、輸送機編隊はそれに従い、東に針路を変え、コタンタン半島の所定の降下地点を目指した。フランスの海岸線が視界に入ってきた。パイロットがすぐさま、後方の兵士たちに警告を発した。あと十分弱で、ジャンプの瞬間がやって来るぞと。そのころ、テイラー少将の乗機では問題が起きていた。機内では、部下たちが必死になって師団長を起こし、なんとかハーネスを装着させようと懸命に努力していた。いいか、諸君、いちばんに飛びだすのはこの私だからな——と将軍閣下はかねてより主張しており、そのためのバタバタだった。

機体が海岸線を越えたとき、一行は気象官が予想だにしなかった濃霧の層《フォッグ・バンク》へと突っ込んだ。たまま外が見える位置にすわっていた隊員たちは、分厚く広がる白い霧に、一気に警戒心を高めた。右主翼の、ブルーの翼端灯すら見えないのだ。いきなりの視界ゼロに、パイロットたちはみな、味方どうして衝突するのではないかと、怯えきっていた。編隊のいちばん外側を飛んでいる輸送機たちは、すっと距離を置いた。

霧を抜けて、機体が露わになると、コタンタン半島の高射砲陣地が砲撃が開始し、混乱はいっそう激しくなった。いいか、それは厳禁だからなとあれほど言われたのに、パイロットたちは本能的にエンジンを最大出力《フル・スロットル》に上げ、それぞれ回避動作をやってしまった。

一行は高度一〇〇〇フィート（約三〇〇メートル）少々のところを飛んでいた。このため、ドイツ側は高射砲だけでなく、機関銃で狙うことさえできた。パイロットが機体を右へ左へとふるので、中にいる空挺隊員たちは揉みくちゃにされた。被弾すると、「トタン屋根に大粒のひょうが降ってきたみたい」な音がした。実戦を初めて経験した者にとって、〝どこかの誰かが本気で自分を殺そうとしている〟という現実は、やはりショックだった。破片が当たって、ひとりの隊員が臀部を負傷した。兵すると衛生兵が言った。患部にしっかり包帯をあてたいので、その場で立っていてくれるかなと。兵隊どもは、断じてひとりも機内に残すな、というテイラー少将の命令は、まさに文字どおり実行され

た。高射砲によって重傷を負った十余名を除くと、例外扱いにされたものは、たった二名にすぎなかった。ひとりはどうした加減か、機内にいるうちに、緊急用パラシュートが突如開いてしまった兵士。もうひとりは心臓発作に襲われたある少佐だった。

米駆逐艦「クインシー」の上部構造のいちばん高いところに陣取った航空管制チームは、ハラハラしながら事態の推移を見守っていた。「赤い曳光弾の軌跡のなかで、しばしば黄色の火球《ボール》が広がっていく。その黄色いボールは、ゆっくりと落下をはじめ、すぐに炎の尾を引きだすんだ。やがて黒く、ぼんやりとした陸塊に衝突すると、光が、あたり一面に広がって、低い雲を明るく染める。黄色いボールは、時に空中で爆発し、燃えるガソリンが何本も筋を引いて、地上へと降りそそぐ。こうした光景を見るたびに、われわれ航空管制・観測員は、みな同じ反応を示す。ハッと一瞬、息がとまり、そして『ああ、かわいそうになあ』と小声でつぶやくのだ」

降下地点にあと四分というところで、ドア脇の赤いランプが灯った。「立って、フックをかけろ」とディスパッチャーが大声で指示を出す。とりわけ重い装備を持たされたものは、仲間が両脇から支えてやらないと、立つことさえできなかった。機体に沿って前後に走る係留索《ケーブル》にみなが自動曳索をとめると、装備を確認せよ、番号を唱えよと指示があり、次いで「ドアに向かえ」と命令がとぶ。だが、輸送機はいまだ回避動作を続けている。被弾すると機体は動揺し、男たちは投げだされ、嘔吐物の縞《しま》ができた床で滑ることになる。見ていると、対空砲弾や曳光弾が「巨大な炎の弧《アーチ》を描いて」周囲の空に上がってくるし、開いたドアからは、風が唸《うな》りをあげて入ってくる。男たちは、ドア脇のランプを見つめ、いいから早くグリーンに変われと祈った。そうすれば、金属製の棺おけに詰め込まれたようなこんな気分から、とりあえず逃げだせるから。「もう行こうぜ!」と多くのものが我慢できずに叫んだ。うっかりコタンタン半島を横断してしまい、東側の海に落とされるのが何より怖かった。

安全なパラシュート降下を保証するため、輸送機はスピードを時速九〇ないし一一〇マイル（約一五〇ないし一七五キロメートル）に落とさなければならなかった。だが、大半の輸送機はそうしなかった。「俺たちの飛行機は、減速なんて絶対しなかった」とある空挺隊員は当時《とも》をふりかえる。「うちのパイロットはずっとエンジン全開だったぜ」と。グリーンのランプが灯るや否や、男たちはドアにむけ、足を引きずるように、ぎこちなく進んでいった。胸で慌てて十字を切ったあと、飛び出していくものも何人かいた。砲弾や銃弾が、周囲を頻繁に飛び交っているため、自分の身体がそうした弾道に貫かれるかもしれないとか、厳重な防備を固めた敵陣地の真上に降りるかもしれないとか、苦もなく想像できた。どの隊員も、ドアに着いたところで、自分のレッグ・パックを抱きあげた。飛びだした瞬間、その袋は、長い紐で彼らの足元にぶらさがるはずだった。だが、なにしろ重量が八〇ポンド（約三六キログラム）以上もあるため、降下の途中で多くのものは外れ、暗闇に消えた。飛びだす瞬間に、身体が凍りついてしまった兵士も、あるいはいたかもしれない。ただ、「押し屋」役の軍曹が、おそらくはその背中に、蹴りを入れたものと思われる。なぜなら、降下を拒んだ兵士がいたことを立証する報告書が、ほとんど存在しないからだ。見知らぬ土地に落ちていく一瞬、そうだ、こういうときは「ビル・リー！」と叫ぶんだった、と改めて思い出すものもいた。アメリカ空挺部隊の生みの親、リー将軍を称えて、それにあやかろうという一種の呪文だった。

大半のものは、パラシュートが開いた瞬間、訓練時よりはるかに強い力で、ぐいっと引っ張られた。輸送機が決められた以上のスピードで飛んでいたせいだった。降下したところがドイツ軍陣地に近かった者には、数多くの弾が集中し、頭上に開くパラシュートは、曳光弾でズタズタにされた。ある大隊は、大隊長、副大隊長、そして中隊長一名がたちまち命を落とした。なにしろ彼らは、ドイツ空軍「第六降下猟兵（空挺）連隊」を指揮する男爵、フォン・デア・ハイテ少佐の先遣部隊の真上に

降りていったのだから。またある将校は、それとは別のドイツ軍陣地に降りていき、そのまま捕虜となった。ドイツ「第九一空輸歩兵師団」の上等兵が、故郷に宛てた手紙に書いている。「合衆国のパラシュート部隊は、私たちの陣地のどまんなかに降りてきました。まったくなんて夜でしょう！」

銃弾や砲弾の軌跡のなかを降下するとき、人は本能的に脚をたたんで、まるで胎児のような姿勢をとる。だが、そんな姿勢など、まったく役に立たないこともある。たとえば、ある男は空中で文字どおり爆発してしまった。たぶん携行する〈ガモン〉手榴弾に曳光弾が命中したのだろう。パイロットが高度五〇〇フィートという超低空を飛んだため、パラシュートを開く余裕が全くなかったというケースもいくつかある。多くのものが脚や足首を骨折した。背骨を折って、全身がマヒしたものも数人いた。ある空挺隊員の場合、自分はなんとか着地できたものの、後続機を飛びだした仲間は、高度が足りなかった。一八人全員が、パラシュートが開かぬまま落ちてきた。その様子をまざまざと見てしまった彼は、震えが止まらなくなった。肉体が地面に激突するときの音を、その兵士は「トラックの荷台から落ちたスイカ」に喩《たと》えている。やはり低すぎる高度から、小さな橋を目がけて降りていった一団もある。のちに彼らは、長い一列縦隊のまま、発見された。全員がハーネス装着のまま死んでいた。

ドイツ軍部隊はメルデレ川の周辺だけでなく、海岸から内陸部まで、びっしり埋め尽くすように配置されていた。そのため、多くの空挺隊員が結果的に、海へと降りるハメになった。水を吸ったパラシュートが覆い被さってきて、そのまま溺死するものも多かった。また仲間になんとか助けられたり、手漕ぎボートで駆けつけたフランス人家族に救われたという例もある。海に落ちたあと、なんとか上半身を水面に出せた者たちも、その大半は何度もくり返し水中に潜らなければならなかった。身体の自由を回復するため、白兵戦用のトレンチ・ナイフ（諸刃の短剣）を何度も振るって、パラ

シュートを切り離す必要があったのだ。彼らはアメリカ式のハーネスを呪い、素早い着脱の可能なイギリス式のクイック・リリース型システムを羨《うらや》んだ。パラシュートが高い木に引っかかり、難儀したものもいた。まごまごしていると狙い撃ちにされるため、必死になって手を伸ばし、ハーネスを切ろうとしたけれど、もがいているところを射殺されたものも少なくない。生き残った空挺隊員のあいだには、数多くの残酷物語が広がった。たとえば、ドイツ兵のやつら、下から銃剣でアメリカ兵を突きまくったんだとか、火焔放射器で焼き殺しやがったんだ――といった類の話である。切断されて両腕両脚がない、ゾッとするような死体について語るものも、何人かいた。

降下していく先が、高い生垣に囲まれた小さな牧草地だった場合、そこに牛がいれば、ひとまずは安心だ。地雷が埋まっていない証拠だから。それでも、ドイツ兵が駆けつけてきて、自分たちを「銃剣で一突き」するかもしれないという不安は拭えなかったが。敵の前線の背後に、暗闇のなか、そこがどこかも分からぬままに降りていくことぐらい、あてどなく、かつ恐ろしい経験はない。なにか気配を感じて、慌てて小銃を組み立てたところ、好奇心旺盛な牛が、こちらの様子を見に来ただけだったという話もある。生垣に沿って匍匐前進をしているとき、ふと人の声が聞こえてきて、凍りついてしまった男たちもいる。出発前の訓辞で、ナチ野郎など、このナイフの錆《さび》にしてやると、大いなる決意表明をおこなった〈ジャンプ〉・ジョンソン大佐は、たしかに近接戦闘用の実戦的な武器は忘れなかったが、思わぬかたちで、部下に危うく撃たれそうになった。敵味方の識別に使う「クソったれのクリケット」を、大佐がどこかになくしてしまったせいだった。クリケットとは、安物雑貨店で普通に売られている、カチカチと音をたてる子供用玩具のことで、「第八二空挺師団」の面々はこれが大嫌いだった。彼らはむしろ合い言葉に頼った。「フラッシュ」と一声かけ、「サンダー」という返事がかえってくれば、それは味方だという証拠である。この二語が特に選ばれたのは、いずれの英単語

も、ドイツ人には正確に発音できない、と考えられたためだった。

敵地において、自分以外のアメリカ人に遭遇する安堵感たるや、それはもう絶大である。遭えば、たちまち少人数のグループができた。相手の空挺隊員が負傷しているときは、ひとまずモルヒネ注射で痛みを抑え、あとで衛生兵に分かるように、男の小銃を地面に突き立てた。銃剣が下になるようにし、銃床の床尾にはヘルメットを被せておいた。とりわけ血に飢えた空挺隊員は「ドイツ兵狩り」へと出発した。曳光弾によって敵の機関銃陣地のありかが分かると、手榴弾を手に、そっと忍び寄っていくのだ。大部分の空挺隊員は、言われたとおり、辺りが明るくなるまでは、ナイフと手榴弾しか使わなかった。小銃をうっかり撃ってしまったものもいたけれど、あとで見てみると、銃口からコンドームがだらりとぶら下がっていたという。「銃身に水が入らぬよう、飛びおりる寸前に嵌めておいたのさ」と彼は説明した。「で、そのことをすっかり忘れていたんだ」

「ドイツ兵狩り」の連中は、声の調子で敵かどうかを識別した。むこうから隊列を組んで、道路をやってくるドイツ兵の声が聞こえると、すばやく小声で役割分担を決め、生垣越しに手榴弾を放り投げてやるのだ。ドイツ兵かどうかは、その強烈な煙草の臭いで区別がついたと力説するものもいる。革製の装備の、きしむような音で、ドイツ兵かどうか見分けがついたと言うものもいる。

パラシュートを背負った兵隊が、空から降ってくる——という報告が、コタンタン半島のあちこちから入ってきたため、おそらくドイツ側は混乱し、右往左往したと思われる。しかも連合軍の兵士は嘘ではなく、確かにあっちでもこっちでも降っていたのだ。パイロットの中には、霧のため完全に方向感覚を失い、またその後の回避動作もあって、輸送機いっぱいの隊員を、目標地点から二〇マイルも離れたシェルブール付近で落としてしまったものさえいた。その一行を指揮する大尉は仕方なく、現在地を確認するため、付近の農場に訊きにいった。そこのフランス人一家は、アメリカ人を助けて

やろうと、電話帳からコタンタン半島の地図（ずいぶん簡単なものだった）を引きちぎって、渡してくれた。将校の中には、まあ、本来の意図とは違うけれど、ここまで兵隊がバラけると、ある意味、思わぬ効果を発揮するかもしれないぞと考えるものもいた。「ドイツ側はきっと、われわれが、そこら辺からウジャウジャわき出したと思ったはずだ」と。ただ、混乱しているという点では、アメリカ側もいい勝負だった。道に迷った一団が、水筒の中身を補充しようと、井戸に近づいたとき、年老いた農夫が家からすがたを見せた。一行のひとりが、さっそくヘタなフランス語で質問した。「どこ、ある、アラモン」。すると農夫は肩をすくめ、北を指さし、次いで南を指さし、さらに東を指さし、最後に西を指さした。

最もうまく行った待ち伏せ攻撃は、ピカヴィル近郊の、ドイツ「第九一空輸歩兵師団」司令部から、それほど遠くない場所で実施された。ちょうどレンヌの机上演習から戻る途中の師団長、ヴィルヘルム・ファライ中将の乗った軍用車に、第八二空挺師団「第五〇八パラシュート歩兵連隊」の面々が、銃弾を浴びせたのだ。ファライ中将は車から投げだされ、傷を負った。それでも這いながら、自分の拳銃に手を伸ばそうとしたところを、アメリカのとある陸軍中尉に射殺された。

計画では、「第八二空挺師団」は、コタンタン半島を流れるメルデレ川の両岸に降下することになっていた。目標は、サント＝メール＝エグリーズという町で、ここを抑えれば、半島先端の港湾都市、シェルブールに向かう道路も、鉄道も、連合軍の支配下に置くことができる。同師団はまた、メルデル川に架かる複数の橋も確保する予定だった。そうすれば、強襲上陸を果たしたアメリカ陸軍の各部隊が、短期間のうちに半島を西進・北上し、シェルブールまで一気に攻めあがれるからだ。一方、「第一〇一空挺師団」は、「第八二空挺師団」に比べると、より「ユタ・ビーチ」に近い地点に降

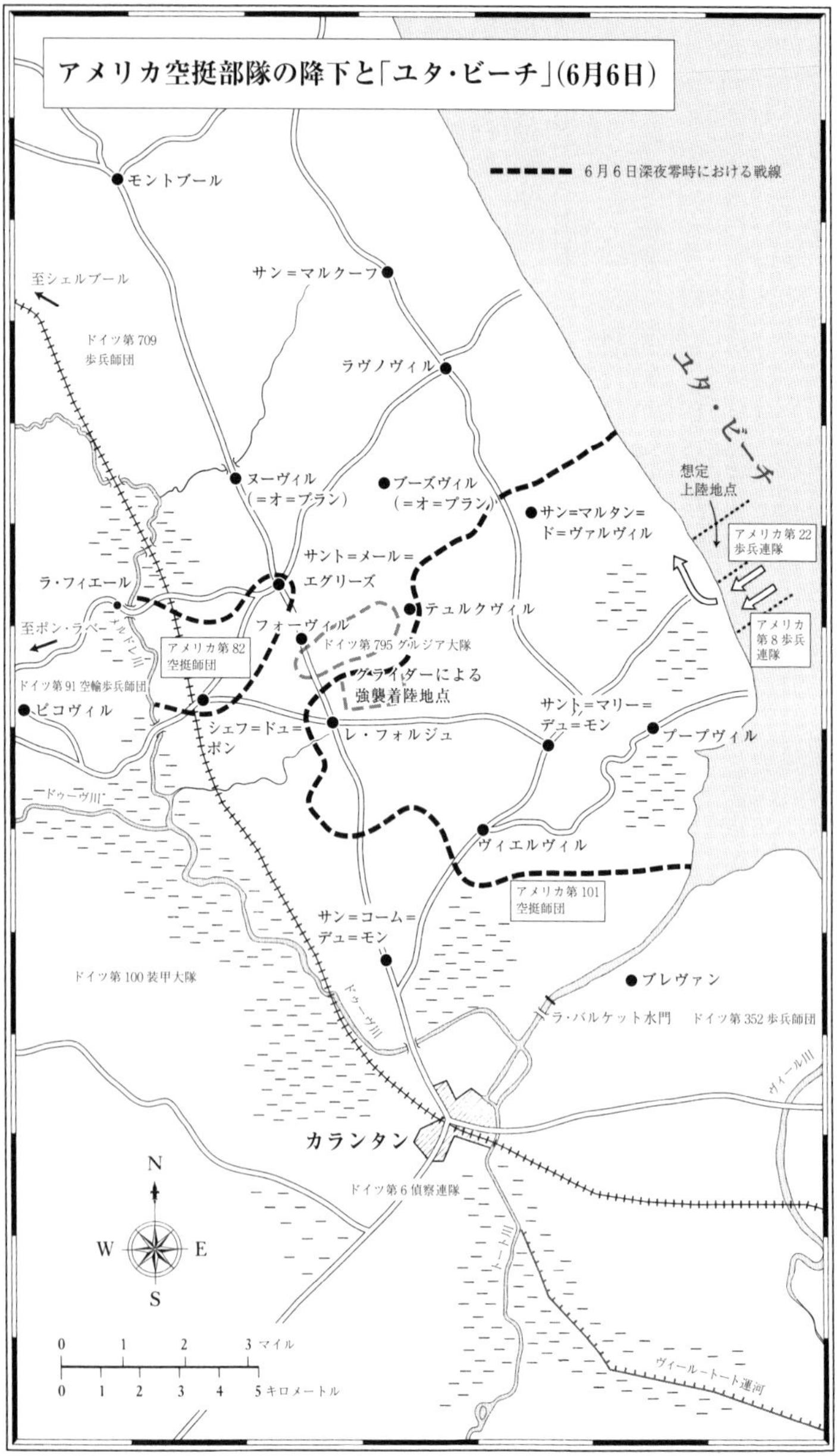
アメリカ空挺部隊の降下と「ユタ・ビーチ」(6月6日)
6月6日深夜零時における戦線
モントブール
至シェルブール
サン＝マルクーフ
ドイツ第709
歩兵師団
ラヴノヴィル
ユタ・ビーチ
想定
上陸地点
ヌーヴィル
(＝オ＝プラン)
ブーズヴィル
(＝オ＝プラン)
サン＝マルタン＝
ド＝ヴァルヴィル
アメリカ第22
歩兵連隊
サント＝メール＝
エグリーズ
ラ・フィエール
テュルクヴィル
至ポン・ラベ
フォーヴィル
ドイツ第795グルジア大隊
アメリカ
第8歩兵
連隊
アメリカ第82
空挺師団
グライダーによる
強襲着陸地点
ドイツ第91空輪歩兵師団
ピコヴィル
サント＝マリー＝
デュ＝モン
シェフ＝ドュ＝
ポン
レ・フォルジュ
プープヴィル
ドゥーヴ川
ヴィエルヴィル
アメリカ第101
空挺師団
サン＝コーム＝
デュ＝モン
ドイツ第100装甲大隊
ブレヴァン
ドゥーヴ川
ラ・バルケット水門
ドイツ第352歩兵師団
ヴィール川
カランタン
ドイツ第6偵察連隊
N
W
E
S
0 1 2 3 マイル
0 1 2 3 4 5 キロメートル
トート川
ヴィール＝トート運河

下した。「ユタ・ビーチ」は、アメリカ軍が担当する二つの上陸海岸のうち、より西側（海からみて右側）に位置するビーチだ。こちらの空挺師団は、まずは内陸部の湿地帯を貫いて走る幹線道路をいちばんに抑える手はずになっていた。同師団もまた、ドゥーヴ川に架かる複数の橋を確保するとともに、半島の付け根にある主要都市カランタンと海のあいだにある水門も支配下に置くことが求められていた。

「第八二空挺師団」に所属する数個小隊は、計画どおり、サント＝メール＝エグリーズ、もしくはその周辺部に降下することができた。ただ、ある空挺隊員はパラシュートが教会の塔に引っかかるという不運に見舞われた。教会の鐘が、耳を聾するように鳴り響くなか、その隊員はなすすべもなくぶら下がり、死んだふりをしつづけた。なんと広場に面した教会脇の建物でその夜火事が発生したのだ。非常時を知らせる鐘の音に、住民たちは列をつくり、バケツ・リレーで消火に励んでいた。空から見下ろすと、町は混乱をきわめていた。この町に陣取る対空砲部隊は、オーストリア人将校の指揮のもと、あらゆる方角にむけて発砲し、次々に降りてくる空挺隊員に対処した。多くのアメリカ兵が、地面に着く前に穴だらけにされた。木にひっかかったものも、ほとんど望みはなかった。中には炎上中の建物にまっすぐ落ちていったものもいた。それでも、町の郊外に降りたった面々は、急ごしらえの小グループをつくり、大変な決意のもと、弾よけにできる場所を見つけては、次々とその物陰をたどりつつ、町の中心部へと進んでいった。一時間で、彼らはドイツ軍を撤退させた。かくして、サント＝メール＝エグリーズは、フランスで真っ先に解放された町となった。

おかげで、あちこちに散らばった多くの分遣隊が、この町を再結集点にすることができた。とはいえ、「第一〇一空挺師団」に所属する隊員二名が、近くの畑から失敬してきたはだか馬に跨って道路をやってきたときは、さしもの「第八二空挺師団」の猛者たちも、いささか仰天したという。また、

敵から奪い取った、後輪がキャタピラー式のオートバイで駆けつけるものもいた。郊外地区に降りながら、それでも参集しなかった隊員はごく僅かだった。彼らはおそらく動けるような状態ではなかったのだろう。町の方角が分からないため、パラシュートにくるまって仮眠をとり、側溝で夜明けを待ったものも何人かいた。ただ、圧倒的多数の空挺隊員は、戦いたくて、戦いたくて、夜明けをじっと待っているような気分ではなかった。パラシュート降下を終えたあとも、神経が高ぶったままで、激しい感情に突き動かされるようなハイな状態だったのだ。「第八二空挺師団」のある隊員は、事前に与えられた指示が嫌になるくらい、頭のなかで聞こえていたという。「可及的速やかに所定の降下地点へ向かえ。途中で捕虜を捕るな。行き足を遅くするから」

兵士たちの戦いぶりは、連合軍側もドイツ側も、情け容赦のないものだった。実際、その夜の西部戦線では、おそらくこの大戦の全期間をつうじても、最も陰惨な戦いが展開されたと思われる。たとえば、自分の所属する重火器中隊にむけて降りてきたアメリカの一個小隊を、あるドイツ兵はたったひとりで全滅させたという。彼はのちにこう言って、このときの戦果を正当化している。「連中は別に、俺たちにキャンディーを配るためやってきたわけじゃないだろう。目的は俺たちを殺すこと、戦うことだろう?」と。ドイツ兵はあらかじめ上官からこんな話を聞かされていた。アメリカの空挺隊員は、選りすぐりの「犯罪者」集団だと。そうして植えつけられた恐怖心が、戦場では、暴力へと転化した。ただ、木に引っかかった空挺隊員の腕や脚が、ドイツ兵によって切断されたという恐ろしい噂については、その裏付けをとることが困難である。

信憑性はともかくとして、その噂を聞いたアメリカの空挺隊員が復讐を誓ったことは間違いない。捕虜にしたドイツ兵を、アメリカ兵が射殺したケースもいくつかある。あるユダヤ系の軍曹と伍長が、拘束されていたドイツ軍将校一名と下士官一名を、農家の庭から連れていったという話もある。

その場に居合わせたものたちは、自動火器の発射音を聞いている。そのユダヤ系の軍曹が戻ってきたとき、「だれも一言も口をきかなかった」という。これとは別の話だが、「捕虜の連行を、そいつ一人には任せられない」ようなさるユダヤ系の空挺隊員がいたという話も伝えられている。「第一〇一空挺師団」のある兵士はこんな話をしている。「陰部を切断され、それを口に突っ込まれた」空挺隊員の死体が二体、転がっているのに遭遇した。それを見た瞬間、大尉は部隊の全員に命令した。「わざわざ捕虜なんか取るんじゃないぞ。あのクソ野郎どもは、撃ち殺してやれ！」

人を殺すという行為を、どうやら楽しんでいるらしい兵士も、少数ながらいた。ある空挺隊員はパラシュート降下の翌朝、所属中隊のとあるメンバーと遭遇した。そのとき、くだんの男は、陸軍支給の黄色い手袋ではなく、赤い手袋を装着していた。「赤い手袋なんてどこで手に入れたんだいと私は尋ねた。すると、その男はジャンプ・パンツに手を突っ込み、人の耳を数珠つなぎにしたものを取りだすと、私に見せた。そいつは一晩中、耳狩りをやっていて、かき集めたすべての耳を、古くなったブーツの結《ゆ》い紐で串刺しにしていたんだ」。暴力をともなう略奪行為も何件か発生した。「第一〇一空挺師団」付き憲兵小隊の指揮官が偶然目にしたあるドイツ軍将校の死体は、指が一本だけ欠けていたという。結婚指輪を盗るために、誰かがその一本だけ切断していったのだ。第八二空挺師団「第五〇八パラシュート歩兵連隊」のある軍曹も、ゾッとするような体験を語っている。彼が所属した小隊の仲間たちは、殺したドイツ兵数人を、その後「銃剣訓練の的《まと》」にしたそうだ。

捕虜への不当な殺害が、危うく回避されたケースもいくつかある。およそ〇二三〇時（午前二時三十分）ごろ、中尉ひとり、従軍牧師ひとりをふくむ「第一〇一空挺師団」の隊員数名が農家の庭で、フランス人の住民と話をしていた。すると驚いたことに、そこへ「第八二空挺師団」所属の十人余りの兵士がいきなり現れた。彼らはドイツ軍の従兵の一団を追い立てていたが、いずれも年端のい

かぬ子供に見えた。かれら少年兵は恐怖に怯え、そこの庭で命乞いをした。いずれ全員を射殺するつもりでいた一人の軍曹が、強い口調でこう言った。何人か見つくろって、木にくくりつけて、ドイツ兵が火焔放射器でやったように、「ローマ花火」に変えてやろうじゃないかと。

軍曹が〈トンプソン〉短機関銃の遊底《ボルト》を引いたため、少年たちは中尉と従軍牧師に駆け寄ると、必死の形相で二人の脚にしがみついた。この二人と、その場に居合わせたフランス人家族がその軍曹に大声で言った。頼むから、この子たちを撃たないでやってくれと。最後にようやく説得に応じ、その軍曹は発砲をとりやめた。ドイツの少年たちは、カギのかかる農家の屋根裏部屋に収容されることになった。ただ、その軍曹が復讐行為を止めたわけではない。「おい、どこかほかのところでドイツ兵を見つけて、殺してやろうぜ！」と大声で部下を促すと、彼らは去っていった。たったいま目にした一連の出来事に「第一〇一空挺師団」の面々は衝撃を受けた。「連中はサルになってしまった」とある上級下士官はのちにそう語っている。

いったんはバラけた各グループが、夜のあいだに参集したおかげで、将校たちはそれぞれに指揮権を確立し、目標にむけ兵力を集中させることができた。原隊を発見できなかった兵士は、所属する師団に関係なく、手近の大隊にとりあえず草鞋《わらじ》を脱いだ。「第一〇一空挺師団」の師団長、マクスウェル・テイラー少将の周囲にも総勢三〇人が固まっていたが、その三〇人の内訳を見ると、大佐だけで四人もおり、それ以外にも将校が若干名いるという陣容だった。テイラー少将は、つい軽口を叩きたくなり、チャーチル首相が「英国の戦い」のあとにおこなった、世上有名な演説の一節をもじってみせた。「戦争の記録をつうじて、かくも少ない兵士が、かくも多数のものに率いられた例は皆無であります」。一方、第一〇一空挺師団「第五〇二パラシュート歩兵連隊」を率いるジョージ・ヴァン

ホーン・モーズリー・ジュニア大佐は、着地のさい片脚を骨折してしまった。モーズリー大佐は、本来は機関銃を載せるための荷台に横たわり、空挺隊員の別のグループに運ばれていったという。

その一方には着地のさい足首を捻挫したにもかかわらず、ただ包帯だけを巻き、あとは歯を食いしばって、片脚を引きずりながら戦いつづけた兵士や将校もいた。まったく歩けないものは、捕虜の監視役として、あとに残された。いずれにしろ、圧倒的多数の空挺隊員が勇敢な男たちであったことに、疑問の余地はない。まあ、「第五〇八パラシュート歩兵連隊」所属大隊のさる大隊長が、側溝のなかで夜どおし隠れていたという事例もあるにはあったが、空挺隊員が虚脱状態に陥ったケースは、この一件を除くと、ほとんど見かけない。

戦場において精神に変調をきたす事例はむしろ、ドイツ軍のほうが多かったように思われる。たとえば、ライナー・ハルトメッツという兵士はこんな見聞を残している。弾薬を補充するため、中隊本部に戻ってきたところ、精神的ショックで動けなっている男をふたり見かけたという。「どちらも話すことさえできなかった。ただブルブル震えているだけ。煙草を吸いたいようだが、唇まで煙草を持っていくことができなかった」と。さらに中隊長——東部戦線ではまさに獅子奮迅の働きをしたベテラン大尉なのだが——は、たこつぼ壕のなかで酔っぱらって寝ていたという。前方の陣地から伝令が着くたびに、この大尉は手にした拳銃をふって、「退却するものは全員処刑だぞ」とぶつぶつ言っていたという。

アメリカ側の寄せ集め空挺部隊のうち、およそ七五名からなる一団が、サント＝マリー＝デュ＝モン村の確保に出発した。指揮する将校は、村にドイツ兵がどれぐらいいるか見当もつかなかった。ただ、これまでに受けてきた訓練は十二分に役立った。まず援護射撃のため、機関銃手を両翼に配置し

たあと、少人数のグループが飛び石を踏むように、互いに相前後しながら、村へと接近した。最後はバズーカ・チームの出番で、彼らは村の大通りを駆けていき、教会のドアに対戦車砲弾を見舞った。相手側の指揮官が間に合わせの白旗をふったあと、煙と土ぼこりの向こう側から、およそ十人ほどのドイツ兵が、両手を挙げてすがたを見せた。一時間もかけずに、任務は終了した。それまで村を守っていたドイツ兵の大半は、すでにコタンタン半島の付け根の港町カランタンに向かう道路へと逃げ去ったあとだった。

サント＝マリー＝デュ＝モンに向かった別働隊以外のアメリカ兵は「ユタ・ビーチ」の背後、内陸部の湿地帯を抜ける幹線道路の確保に出発した。空挺隊員の小グループは途中、ドイツ兵の一団と遭遇した。彼らは三頭の馬に曳かせた荷車で、弾薬をはこぶ途中だった。ドイツ兵はおよそ一五名ほどで、さっそく力ずくで降伏させた。そのあとは、ドイツ兵を先頭に押し立てて、前進を続けた。彼らには、ドイツ語を話せるアメリカ兵を通じて、事前に申しわたしておいた。ドイツ軍が攻めてきても、いいか、おまえら、絶対に動くなよと。実際ほどなくして、ドイツ側の機関銃一挺が一行を攻撃してきた。空挺隊員は側溝に飛びこんで身を隠した。一人のドイツ兵がこの機に乗じて逃走をはかったが、たちまち撃たれてしまった。「われわれはその男を荷車に放りあげた」と空挺隊員のひとりは記録している。「男はその日の午前中に死んだ。それ以降、捕虜たちは、文句も言わずに立ちつづけた」と。こんなやり方は無論、捕虜の待遇に関するジュネーヴ条約への明確な違反行為である。

そのほか、アメリカ空挺隊員の任務には、イギリス側と協同して、重装備や増援部隊を運んでくる〈ワーコ〉グライダーのため、敵軍を一掃し、着陸地点を確保する仕事もふくまれていた。しかし、サント＝メール＝エグリーズ近郊のグライダー着陸は、それほど円滑には行かなかった。「しばらく行

軍して」とこの協同任務に参加したある空挺隊員は書いている。「われわれは問題の草地に到着したが、そこにはドイツ兵の小グループがいて、一帯を守っていた。短時間の銃撃戦のあと、彼らはすばやく逃走した。そこはただの大きな更地で、周囲に森と若干の農家があるだけだった。そこでわれわれは、分隊ごとに守備位置を割りふり、外辺部の防備を固めた。あとは待つ以外、やることはなかった」

予定の時刻が来たので、着陸地点を知らせるランプを灯した。「飛行機の接近を告げるエンジン音が遠くに聞こえたかと思うと、たちまち元の静寂が戻ってきた。次いで、ヒューッと風切り音がいくつも聞こえ、さらに枝や幹を引き裂いていく、バリバリという音が響いたかと思うと、大きな衝突音が、そして断続的な悲鳴が聞こえてきた」。グライダーは次から次へと、ごく短期間に飛来し、やってくる方角はまちまちだった。多くのグライダーが草地を行きすぎ、更地の周囲の森に突っ込んだり、付近の農家の建物や石壁に激突したりした。グライダーにはジープや対戦車砲、その他パラシュートをつけて落とすには重すぎる武器・装備が積まれていた。そうした積荷は、勝手に動かぬように、いずれも合板製の床にがっちり固定されていた。その一方で、パイロットや増援部隊の兵士を守ってくれるのは、ごくわずかな粗布《キャンバス》と、木質の軽い構造材だけだった。

四方八方からの強行着陸で、更地は一瞬、全くの混乱状態に陥った。着地の衝撃で、固定されていた各種装備は機体前方へと吹きとび、しばしばパイロットを押し潰した。そうした死体と、積荷の入った梱包とが、草地一帯に散乱した。増援部隊の一部の兵士は、〝壊れ物〟が入った木箱の、尖った破片によって身体を串刺しにされた。「われわれは直ちに負傷者を助けようとした」と着陸地点の準備をおこなった空挺隊員のひとりは書いている。「だが、まず第一に、だれを助け、だれを後回しにすべきか、その選別が必要なことが分かった。とりあえず臨時救護所が設営された。だが、われわ

れは、死者のなかでいまだ生きている者たちを選り分けるという、ゾッとするような作業から始めなければならなかった。グライダーの胴体に張った粗布から、下半身を突きだしている男のすがたが目に入った。すぐに引き抜こうと試みたものの、ピクリとも動かない。そこで残骸の内部を見てみると、男の上半身はすでにジープの下で潰れていた」

より大振りの、イギリス軍のグライダーには「第三二〇グライダー野戦砲兵大隊」の火砲が積まれていた。こちらはアメリカ軍の〈ワーコ〉グライダー以上に危険だった。なにしろ着地のさいの衝撃が限界を超えると、前輪部分全体が床を突き破って機内に飛びこみ、多数の負傷者を出すのだ。かくも深刻な不時着と衝突事故が発生したのは、現場が混乱していたことに加え、同時刻に多すぎるグライダーが一気に殺到したことが原因だった。近くのドイツ軍陣地から狙われて、撃墜されたグライダーも何機かあった。ドイツ「第九一空輪歩兵師団」に所属する前述の上等兵も書いている。「兵員を乗せたグライダーは、まるでカラスの群みたいにやってきた。しかも戦争はまだ始まったばかりなのだ」と。戦死者のなかには「第一〇一空挺師団」の副師団長補、プラット准将もふくまれていた。彼もまた、機体前方に吹きとんだジープの犠牲者だった。准将の乗っていたグライダーが、一本の木に激突し、突如動きを止めたため、積荷が一気に解放されたのだ。とはいえ、わずか二十分のあいだに、十分な数の兵士が地上に降りたったことも事実である。おかげで、この新来の兵士たちは、仲間の手当てを自力でおこなうことができた。衛生兵が必死に走りまわり、モルヒネやサルファ剤、手持ちの包帯を総動員して立ち働いていた。

グライダーのうち数機は、着陸地点を完全に外していた。あるグライダーは、地雷原に降りて、爆発した。湿地帯に降りたグライダーもあったが、こちらは少なくとも、着陸の衝撃だけは若干緩和された。ただ、機体側面の板を蹴破って脱出するさい、パイロットは注意が必要だった。ずっしりと重

い防弾チョッキを脱がずにいると、場所によっては水深が相当に深かったから。

ドイツ軍陣地の射程内に降りた場合、かれらグライダー歩兵は、きわめて無防備な状態に置かれた。「着陸の瞬間に攻撃を受けた。敵弾があわや機体に当たるかと思ったほどだ」とあるパイロットは書いている。「ドイツ軍陣地の場所はすぐさま確認できた。のちにそこは、徴用された十人あまりのポーランド兵と、それを指揮するドイツ人一名が詰める掩蔽壕だと判明した。だが、うちのをふくめ、数機のグライダーからバラバラと降りたったグライダー歩兵が、その掩蔽壕にむけて、挨拶がわりのライフル斉射をおこなうと、ドイツ側の抵抗は突如止《や》んでしまった。掩蔽壕は静寂につつまれ、ついで一発の銃声が聞こえた。さらに叫び声、そして笑い声。そのあとポーランド人たちが両手を高々と挙げて、壕から出てきた。彼らにはアメリカ人と戦うつもりはなかった。そこで、ドイツ野郎の軍曹に一発見舞って、それでおしまいだった」

フランス民間人の反応も、すべて予想通りとは行かなかったようだ。なるほど空挺隊員のため、オムレツやクレープを作ってくれたり、地元特産のブランデー「カルヴァドス」を勧めてくれる民間人は多かった。だが、この降下作戦は単発的なものにすぎないと考え、いずれ戻ってくるドイツ軍兵士にあとで復讐されることを恐れる住民もいた。ただ、そうした恐怖心も、農家のかみさんたちの熱狂だけは抑えられなかった。彼女たちはパラシュートに向け、まるで先を争うように殺到したのだ。パラシュートの素材がシルクだったから。ノルマンディー地方の農民は、そもそも自分が生まれた村からそれほど遠くまで出かけることとなく、日々を過ごしていた。感情をあまり表に出さない人たちでもあった。こんな前代未聞の〝不法侵入〟に、そうした人たちがまず戸惑いの感情を覚えたのはある意味、無理からぬところがあった。「第一〇一空挺師団」の隊員はこんな話を残している。彼らが足をとめ、そこにいるフランス人に話しかけようとしたところ、三人いるフランス人のひとりが、隊員の

黒く塗った顔を指さして、連れの二人にこう言ったという。「ほら見ろよ、あれがアメリカのニグロだ」

その夜はあちこちで、激しくかつ狂暴な小競り合いが展開された。だが、本物の戦闘はいまだ始まってもいなかった。夜明けが近づいていた。ドイツ軍はほどなく、本格的な反撃に出てくるはずである。いちばんの懸念は、連合軍の主力による大規模上陸作戦が万一失敗に終わった場合である。もし仮に、先陣をつとめるアメリカ陸軍「第四歩兵師団」が、彼らの取りつく「ユタ・ビーチ」の確保を見事成功させ、そのまま幹線道路を猛進し、前夜に攻撃をおこなったこちら側と合流できなければ、空挺隊員の運もそこまでなのだ。

「第一〇一空挺師団」の将兵がグリーナム・コモンから離陸していくのを見送ったあと、アイゼンハワー将軍は〇一一五時（午前一時十五分）、ニッケルメッキを施した専用トレーラーへと戻ってきた。将軍はそこで煙草をふかしながら、無言で坐っていた。副官のハリー・ブッチャー海軍中佐は当時知らなかったが、最高司令官はこの時すでに、「オーヴァーロード作戦」が失敗に終わったときに備えて、すべての責任は私にあるとの声明文を書き終えていた。

数時間後、航空作戦を統括するイギリス空軍のリー＝マロリー大将が電話をかけてきて、中間報告を伝えた。コタンタン半島への空挺作戦は破滅的結果に終わるだろうと警告を発しつづけた当人である。電話を受けたブッチャー副官はすぐさま、アイゼンハワー将軍の元に駆けつけた。最高司令官はどうにも寝れず、ベッドに横になって西部劇の小説を読みながら、相変わらず煙草をふかしていた。アメリカ側の空挺部隊を運んだ輸送機八五〇機のうち、やられたのはわずか二一機だったそうです。イギリス側の被害はそれよりも軽微で、およそ四〇〇機のうち、行方不明になったのはたったの

八機だったそうです、とブッチャーは言った。リー＝マロリー大将はすでに〝謝罪文〟の起草に取りかかっていた。すなおに頭を下げながら、だがなんとか体面を失うことなく済ませるような、しかるべき文言を探して、彼はあれこれ工夫した。「私の懸念が、根拠のないものだったと語れること以上にありがたいことはありません……閣下の選択の叡智に、おめでとうと言わせていただきたい」。だがしかし、SHAEF（欧州連合国派遣軍最高司令部）につどう英米の将領たちは誰もみな、腹の底では承知していた。門出《かどで》の空挺作戦など、たんなる第一段階でしかないと。すべては上陸作戦の成否と、それに対するドイツ軍の反応にかかっているのだ。

原注

104頁 「ついに始まるんだ」：David Howarth, *Down of D-Day*, London, 1959, P.13.

106頁 「まあ、これまでのところ」：Garry Johnson and Christopher Dunphie, *Brightly Shone the Dawn*, London, 1980, p.36.

108頁 「ハム・アンド・ジャム」：Private Tappenden, NWWIM-EC.

109頁 ヨーゼフ・ライヒェルト中将：Generalleutnant Joseph Reichert, 711th Infanterie-Division, FMS B-403.

110頁 空挺隊員の処刑：Peter Lieb, *Konventioneller Krieg oder Weltanschauungskrieg?*, Munich, 2007, p.173.

111頁 「紳士諸君」：Terry Copp, *Fields of Fire*, Toronto, 2003, p.42.

112頁 サン＝ペールに：Neville Smith, 9th Battalion Parachute Regiment, MdC TE 134.

113頁 行方不明の一九二人の空挺隊員：Howarth, p.61.

113頁 「ブランデーをやっといたほうが」：ibid., p.56.

114頁 ヒル准将の説明：*Independent on Sunday*, 6 June 2004.

115頁 「唾棄すべき罪の手段」：Mark Zuehlke, *Juno*

Beach, Vancouver, 2005, p.129.

117頁「着陸は演習と寸分違わず」：NA II 407/427/24170.

118頁「ぞっとするほど重量オーバーの」：Legrand Johnson, 101th Airborne Division, NWWIIM-EC

118頁「月がのぼるころには」：Lieutenant John R. Blackburn, Sky Control, USS *Quincy*, NWWIIM-EC.

119頁「横紙破りも辞さない性格」：Roger L. Airgood, C-47 pilot, NWWIIM-EC.

119頁「牧歌的な名前の島」：Richard H. Denison, 437th Troop Carrer Group, NWWIIM-EC.

120頁 回避動作をやってしまった：NA II 407/427/24137.

121頁「しばしば黄色の火球《ボール》が広がっていく」：Lieutenant John R. Blackburn, Sky Control, USS *Quincy*, NWWIIM-EC.

122頁「俺たちの飛行機は」：Major Leland A. Baker, 502nd Parachute Infantry Regiment, 101st Airborne Division, NWWIIM-EC.

123頁「合衆国のパラシュート部隊は」：Obergefreiter Hans S., 9.Kp./Gren.Rgt.1058, 91. (LL.) Inf. Div., BfZ-SS.

123頁「荷台から落ちたスイカ」：Sherman Oyler, 502nd Parachute Infantry Regiment, 101st Airborne Division, NWWIIM-EC.

124頁「クソったれのクリケット」：Parker A. Alford, attached to 501st Parachute Infantry Regiment, 101st Airborne, NWWIIM-EC.

125頁「飛びおりる寸前に歛めて」：John Fitzgerald, 502nd Parachute Infantry Regiment, NWWIIM-EC.

126頁 コタンタン半島の地図：Captain R. H. Brown, 506th Parachute Infantry Regiment, 101st Airborne, NA II 407/427/24242.

126頁「ドイツ側はきっと」：Fred C. Patheiger, 502nd Parachute Infantry Regiment, 101st Airborne Division, NWWIIM-EC.

124頁「どんじ、ある、アラモン」：Chris Courneotes Kanaras, 507th Parachute Infantry Regiment, 82nd Airborne Division, NWWIIM-EC.

126頁 ファライ中将の死：Frank McKee, 82nd Airborne Division, NWWIIM-EC.

129頁「降下地点へ向かえ」：Chris Courneotes Kanaras, 507th Parachute Infantry Regiment, 82nd Airborne Division, NWWIIM-EC.

129頁「キャンディーを配るため」：Rainer Hartmetz, NWWIIM-EC.

130頁「だれも一言も口をきかなかった」：Ken Cordry, 502nd Parachute Infantry Regiment, 101st Airborne, NWWIIM-EC.

130頁「捕虜の連行を」：Don Malarkey, E Company, 506th Parachute Infantry Regiment, 101st Airborne Division, NWWIIM-EC.

130頁「陰部を切断され」：William Oatman, 506th Parachute Infantry Regiment, NWWIIM-EC.

130頁「赤い手袋なんて」：William M. Sawyer, 508th Parachute Infantry Regiment, NWWIIM-EC.

130頁 ドイツ軍将校の指輪：Lieutenant Eugen Brierre, 501st Parachute Infantry Regiment, 101st Airborne Division, NWWIIM-EC.

130頁「銃剣訓練の的」に：Briand North Beaudin, Medical Officer, 508th Parachute Infantry Regiment, 82nd Airborne Division, NWWIIM-EC.

131頁「どこかほかのところで」「連中はサルになってしまった」：Sherman Oyler, 502nd Parachute Infantry Regiment, 101st Airborned Division, NWWIIM-EC.

131頁「戦争の記録をつうじて」：Parker A. Alford, attached to 501st Parachute Infantry Regiment, NWWIIM-EC.

132頁「どちらも話すことさえ」：Rainer Hartmetz, NWWIIM-EC.

133頁「その男を荷車に放りあげた」：Don Malarkey, E Company, 506th Parachute Infantry Regiment, 101st Airborne Division, NWWIIM-EC.

133〜134頁「しばらく行軍して」「飛行機の接近を告げ」「直ちに負傷者を助けようとした」：John Fitzgerald, 502th Parachute Infantry Regiment, NWWIIM-EC.

135頁「兵員を乗せたグライダーは」：Obergefreiter Hans S., 9.Kp/Gren.Rgt.1058, 91. (LL.) Inf.Div., BfZ-SS.

136頁「着陸の瞬間に攻撃を受けた」：Charles E. Skidmore Jr, 439th Troop Carrier Squadron, NWWIIM-EC.

137頁「ほら見ろよ」：Pfc Carl Cartledge, 501th Parachute Infantry Regiment, 101th Airborne, WWII VS.

138頁「私の懸念が」：Leigh-Mallory, letter 7 June, quoted Carlo D'Este, *Eisenhower*, New York, 2002, p.530.

第6章
大艦隊が海をわたる

水上戦闘艦や各種の上陸用艦艇、輸送船団からなる巨大な一団が、大陸に向け出撃していく。六月五日の夜に、サウサンプトンの沖合いに目をやれば、水平線のかなたまでびっしりと、船影で埋まっているのが見えたはずだ。人類がこれまで海に送りだした、この最大級の遠征部隊を目の当たりにしたとき、果たしてドイツ人は何を思うだろう——と多くのものが考えた。上陸作戦に直接投入された艦船だけでじつに五〇〇〇隻近くを数え、これにさらに六隻の戦艦、四隻のモニター艦（大口径の主砲を備えた喫水の浅い沿岸航行用軍艦）、二三隻の巡洋艦、一〇四隻の駆逐艦、一五二隻の各種護衛艦艇が併走し、しかも海峡の露払い役として、すでに二七七隻の掃海艇が先発していた。大半はイギリス・アメリカ・カナダ三カ国の海軍艦艇だったが、フランス、ポーランド、オランダ、ノルウェーの軍艦も混じっていた。

イギリス「第一特殊作戦旅団」を率いる第十五代ラヴァト卿が乗りこんでいる揚陸艦も、この〝アルマダ（無敵艦隊）〟の一部だった。ラヴァト卿は、スコットランドの名門連隊「キャメロン・ハイランダーズ」のビル・ミリンを個人バグパイプ奏者として帯同していた。ミリンは、チュニックにキルトという、伝統的な〝戦闘服〟すがたで艦首に立つと、旅の無聊を慰めんと、まずは

「島々への道《ザ・ロード・トゥ・ジ・アイルズ》」を演奏しはじめた。楽の音は海をわたり、僚艦のクルーたちは歓声をあげた。この夜、音楽による士気高揚を思いついたのは、ひとりラヴァト卿だけではなかった。二隻のハント級駆逐艦は、拡声装置のボリュームを最大にあげ、子供のころから慣れ親しんだ「さあ、狩りに行こう」を響かせた。するとさっそく「自由フランス海軍」の駆逐艦たちが「ラ・マルセイエーズ」で応えるといったぐあいだ。フランスの水兵たちは飛び跳ね、甲板を駆けまわり、四年もの長き海外暮らしのすえ、ついに祖国に戻れるのだという喜びで、みな思いきり手を振っていた。

「ピカデリー・サーカス」というコード名で呼ばれる、ワイト島南方の指定海域に、それぞれの小艦隊が、あらゆる方角から集結してきた。西海岸沿いをずっと下ってきたイギリス海軍の戦艦「ラミリーズ」に座乗するミドルトン提督は、次のように記している。ランズエンド岬を回ると、「海をゆく艦《ふね》の密度は濃くなる一方だった」と。「強い風と荒れた海」のなか、戦艦「ラミリーズ」は、より速力の遅い輸送船団のあいだを縫うようにすすんだ。「特に夜間なので、それはわくわくするような痛快事であった」と提督は書いている。ただ、みるみる接近してくる戦艦を見せられる側、すなわち小船《こぶね》の乗員からすると、おそらくは不安を覚えずにはいられないような経験だったろう。

フランスの海岸部を目指す、一三万余の兵士たちの気分は、その夜、荒れ狂う海のように千々に乱れていた。のちに陸軍元帥まで出世するブラモール卿（当時は一介の中尉だった）は、次のように書いている。「これほどの壮挙に参加できたという興奮と、自分は期待に添えないのではないか、期待される働きをせずに終わるのではないかという不安がない交ぜになっていた」と。ただ、失敗への不安はむしろ、若い庶民出の少尉クラスにおいて、特に強かったように思われる。ひとりの古参兵がブラモール卿のところへやってきて、声かけをしてくれた。「サー、ご心配めさるな。卿のめんどうは、われわれが見ますから」と。だが、ブラモール卿は知っていた。「彼ら古参兵の多くは、実際のとこ

ろ、すでに十分すぎるほど戦争を味わってきたのだ」と。卿がいま所属するイギリス陸軍「第六〇ライフルズ連隊」は、砂漠戦をずっと戦ってきた部隊である。その積もりに積もった疲労の重さは、だれの目にも明らかだった。イギリス・カナダ両軍に所属する兵士たちはみな、心に不安をかかえていた。彼らが二年前に参加した「ディエップ急襲」の時みたいに、今度もまた壊滅的大失態に終わるのではないか、そんな恐怖が消えないのだ。おれは今度、無事に祖国に戻れるのだろうか――と多くのものが考えていた。出発の直前、生まれた土地を「思い出すよすがとして」浜辺の石を拾ったものも何人かいた。

あらゆるレベルの、ほとんどすべての人間が、自分たちはこれから歴史に残る一大イベントに参加するのだと、強く意識していた。「オマハ・ビーチ」を目指すアメリカ「第五軍団」司令部の戦争日誌にも、こんな一節がある。「現代ヨーロッパ史における偉大な軍事指導者がみな、われもまた一度は挑戦してみたいと密かに願っていること、すなわちイギリス海峡越えの侵攻作戦が、いままさに始まらんとしていた」

誰もがみな、最も知りたいのは、果たしてドイツ軍は、現在進行形のこの事態をすでに把握し、手ぐすねを引いて待っているのどうかということだった。「オーヴァーロード作戦」全体のうち、海峡越えの部分、すなわち「ネプチューン作戦」の立案者たちは、侵攻艦隊をみまう恐れのある敵の脅威――潜水艦、機雷、Eボート（高速魚雷艇）、レーダー、ドイツ空軍――について、何カ月も検討を重ね、それに対する予防措置を可能なかぎり講じてきた。

まずはイギリス空軍の戦闘爆撃機〈モスキート〉の飛行中隊を派遣し、フランス沿岸で夜どおし哨戒任務に当たらせた。フランスにせまる連合軍艦隊を目撃した可能性のあるドイツ機があれば、一

機も撃ちもらすことなく、すべて叩き落とす構えだった。無線妨害装置を備えた航空機も空中にあって、ドイツの夜間戦闘機が使用する周波数にジャミングをかけていた。さらにイギリス海峡の上空には、イギリス空軍とアメリカ陸軍航空軍が展開し、対岸の敵レーダーを対象に、大規模妨害作戦を実施していた。またこの数週間、空対地ロケットを備えたイギリス空軍の〈タイフーン〉戦闘爆撃機が、オランダからフランス北西部のブルターニュ地方にいたる、イギリス海峡に面したすべての地域に派遣され、ドイツ軍のレーダー施設に対してロケット弾を次々見舞っていた。

「オーヴァーロード作戦」と連動するかたちで、欺瞞作戦もいくつか展開された。「タクサブル作戦」では、イギリス空軍「第六一七飛行中隊」の〈ランカスター〉爆撃機がいわゆる「ウインドウ」（米軍のいう「チャフ」）を空中にまいていた。アルミ製の妨害片で、レーダー・スクリーン上には、ル・アーヴル北東のアンティフェール岬の海岸部に、あたかも上陸船団が接近しつつあるように映った。これを側面支援する形で、イギリス海軍も別の欺瞞作戦を展開した。内火艇や魚雷艇を使って、レーダー波を反射する気球を曳航させ、こちらはレーダー上に、大規模艦隊が移動しているように映った。さらに「グリマー作戦」では〈スターリング〉爆撃機を使って、ノルマンディーとは反対側のブーローニュ＝シュル＝メールに、ウインドウ撒布をおこない、併せてアンティフェール岬の周辺には機雷投下もおこなわれた。

イギリス海軍のラムゼイ提督にとって、最大の懸念材料のひとつは、ブルターニュの基地を出撃したドイツ海軍のUボートが、連合軍側に大規模攻撃を仕かけてくることだった。そこで海軍は対潜部隊を組織した。イギリス海軍の指揮のもと、南東進入路の防備を担当したのは、イギリス空軍「第一九沿岸防備群」だった。同群はある種の雑居部隊である。B－24〈リベレーター〉重爆撃機と〈サンダーランド〉飛行艇を運用する各飛行中隊の面々を国籍別に見てみると、チェコスロバキアが一

個中隊、ポーランドが一個中隊、ニュージーランドが一個中隊、オーストラリアが二個中隊、カナダが三個中隊といった陣容だった。所属自体はイギリス空軍といっても、たとえば「第二二四飛行中隊」の場合、隊員の国籍は、一三七名のイギリス人を筆頭に、カナダ人が四四名、オーストラリア／ニュージーランド人が三三名、アメリカ人が二名、さらにスイス人、チリ人、南アフリカ人、ブラジル人が各一名とじつに多彩だった。

隊員たちは昼夜を分かたず、長時間勤務をこなし、イギリス海峡の西部をボックス状に常時哨戒し、アイルランド南部から対岸のブレスト半島にいたる海域に目を光らせつづけた。レーダーが潜水艦の浮上を捉えると、彼らはすぐさま機体を急降下させた。まずは急速潜航を遅らせるため、前部砲手が潜水艦の司令塔を叩いて、可能なかぎり敵兵を殺傷し、さらに照準手が爆雷を投下するという手順で臨んだ。このいわゆる「コーク作戦」において、「第一九沿岸防備群」の所属機は、ドイツ軍の潜水艦四〇隻に攻撃を加えている。「第二二四飛行中隊」所属の〈リベレーター〉の一機――パイロットは二十一歳のカナダ人中尉、ケン・ムーア――などは、六月七日夜の、わずか二十二分のあいだに、Uボート二隻を沈めるという快挙をなし遂げ、海軍史にその名を刻んだ。おかげでUボートは、イギリス海峡に一隻たりと進入できず、カール・デーニッツ提督をはじめとするドイツ海軍のお歴々は、面目丸つぶれとなった。連合軍側の別の航空部隊は、ドイツの駆逐艦をもっぱら叩き、侵攻艦隊と交戦する機会をまったく与えなかった。ドイツ海軍のなかで、なんとかやられずに済んだのは、高速をほこるEボートと、その後登場した小型潜水艇のみだった。

イギリス側の揚陸艦隊では、兵士たちが時間つぶしに、あれこれ苦労していた。なんとか寝ようとするもの、フランス語のちょっとした言い回しを仕入れようと基礎会話集にあたるもの、そして聖書

を読むものなど、その方法は種々さまざまだ。宗教に心の平安を求めて、あちこちで開かれる即席の礼拝式には、多くのものが顔をだした。もっとも、特設兵員揚陸艦「プリンセス・イングリッド」では、神はそれほどの平安を与えてくれなかったようだが。Dデイ前日の午後、同艦の掌帆長が「乗員各員は礼拝に参加するように」と言ってまわった。同乗するイギリス陸軍「第五〇歩兵師団」の兵員については「出欠は完全に自由意志」とされたものの、同師団の前方観測員によると、実態は次のようなものだった。「最上層のボート甲板でおこなわれた礼拝式には、艦に乗っている陸軍兵士も残らず出席したようだ。艦首部分にならぶテーブルの背後には陸軍の従軍牧師が立っており、テーブルクロスの上には銀の十字架が置かれていた。式の始まりを待っていると、かなり強めの風が吹きだした。すると、一瞬の突風を受け、テーブルクロスがまくれあがり、転がり落ちた十字架が、まっぷたつに折れてしまった。集まった会衆のあいだに衝撃が走った。なんという凶兆であろう！　私は『神への畏怖』というものが本当に存在することを初めて知った。そこにいる男たちは全員、これ以上ないくらいショックを受けていた」

一方、アメリカ側の揚陸艦隊では、サイコロ賭博やポーカーが始まり、ド・ゴールが断じて受け入れがたいと主張した、例のアメリカわたりの軍票が、もっぱら掛け金としてやりとりされていた。米攻撃輸送艦「サミュエル・チェース」の艦内では、戦場カメラマンのロバート・キャパや、ドン・ホワイトヘッドら戦争特派員までが、そうしたギャンブルにうち興じ、熱に浮かされたようになっていた。「だれもが恐怖心でいっぱいなのに、それを悟られまいと、ふだんと変わらぬ顔つきをしていた」とある兵士は語っている。「虚勢だって、それなりに役に立つのだ」

異常に盛りあがっているギャンブル組とは対照的に、ほとんど口をきかないものも数多くいた。「ぎっしり詰め込まれ、ぎゅうぎゅうに混んでいても、各人の思いはひどく内向きだった」とアメリ

カ「第一歩兵師団」のガードナー・ボッフォード中尉は記している。「いったん上陸したあと、あいつは首尾よく働けるだろう、あいつはダメかもしれないな」と品定めをするものもいた。「心は故郷や家族にむかっていた」とある兵士は語っている。「そして、ぼくの戦死公報を、家族のみんなはどんな思いで受けとるのだろうかと。GI保険には、限度額いっぱいまで入っておいたじゃないか、とみずからを慰めた。ぼくの死の埋め合わせとして、父と母は、少なくとも一万ドルは受け取れるはずだった」

「オマハ・ビーチ」をめざすアメリカ第二九師団「第一一六歩兵連隊」の面々は、連隊長チャールズ・D・キャナム大佐がおこなった訓辞が頭にこびりついて、いまだに離れなかった。要するに、三人に二人は決して故郷に帰れないという身も蓋もない内容だったから。語尾を長く延ばす南部なまりのキャナム大佐は、一種の警告によって、この訓辞をしめくくった。「いま腹んなァかに、なァんかあるやつはァ、ここで全部吐きだしておけ」。英歩兵揚陸艦「エンパイア・ブロードソード」でもその頃、イギリス陸軍の上級将校が、同じくらい気の滅入るような言葉を口にしていた。その将校は、次のような言葉で、訓辞を終えたのだ。「上陸のさい生き残れなくても、心配することはないぞ。増援部隊はたんまりいるからな。そいつらが諸君の屍《しかばね》を乗り越えて、前進していくはずだ」

米攻撃輸送艦「ベイフィールド」では、ある若い士官がそのとき感じた気持ちを日記に記していた。「はかりしれない深淵が、間近に迫っている」「われわれが世界最大級の軍事的な罠に嵌《はま》るのか、それとも敵が完全に油断しているところへ飛び込むのか、それは誰にも分からない」と。また、こんな感想を残した兵士もいた。ドイツ人に対して、自分は憎しみをほとんど感じないけれど、きっとそれは、味方に最初の犠牲者が出たときに、一気に高まるものなのだろうと、みんなが感じていた——と。

米駆逐艦「シュブリック」の艦長は乗員に対して、きちんと髭をそり、シャワーを浴び、清潔な衣服を身につけるようにと指示した。そうしておけば、万一負傷したときも、感染症にやられるリスクがそれだけ軽減されるからなと。「ユタ・ビーチ」をめざすアメリカ「第四歩兵師団」の兵士たちも、やはり剃刀《かみそり》をふるっていた。ただ彼らが剃ったのは、髪の毛だったけれど。頭髪を、V字型に剃り残すものがいた。空挺隊員をまねて、モヒカン刈りにするものは、それ以上に多かった。ただ、一連の予防措置をひとつひとつ講じていくと、いったん盛りあがった戦闘意欲は、すっかり元のレベルに戻ってしまったが。とその時、各艦の艦長が艦内放送をつうじて、〝上陸作戦を敢行する将兵にむけたアイゼンハワー最高司令官のメッセージ〟を読み上げた。兵士たちの気分はふたたび昂揚した。「連合軍遠征部隊の兵士、水兵、航空兵の諸君。諸君はいままさに、われわれが何カ月ものあいだ奮闘努力してきた大いなる聖戦《グレート・クルセード》にむけて旅立とうとしている。世界の目が諸君にむけられている。自由を愛する全世界の人々の希望と祈りが、諸君と足並みをそろえて進んでいく。他の戦線でたたかう、われらが勇敢なる同盟国とその兄弟たる軍隊とともに、諸君はこれからドイツの戦争遂行能力を破壊し、ヨーロッパの抑圧された人々に対するナチ政権の圧政の息の根をとめ、自由世界に暮らすわれわれに安全をもたらすために、出撃するのである」。勇気をかき立てられるような言葉の数々に「思わず鳥肌が立った」と多くのものが認めている。午前零時になる直前、アメリカ海軍のすべての艦艇では「総員戦闘配置《ジェネラル・コーターズ》」の号令が、そしてイギリス海軍のすべての艦艇では「総員戦闘配置《アクション・ステーションズ》」の号令が、それぞれ響きわたっていた。

イギリスの百カ所を超える飛行場では、イギリス空軍とアメリカ陸軍航空軍の爆撃機パイロットが、それぞれに目をさまし、朝食を済ませ、早朝のブリーフィングに向かった。何か大きなことが始

まりそうだと大半のものがうすうす気づいていたけれど、それが何なのか、確信をもって言えるものはいなかった。それゆえ、ブリーフィング担当士官が演壇にのぼり、「劇的な発表をおこなった」とき、セットフォードのアメリカ「第三八八爆撃群」のパイロットたちは、みな度肝を抜かれた。「その士官は、作戦地図にかけてある白い布を剝ぎとると、こう言ったのだ。『諸君、連合軍は本日、大陸にむけ侵攻を開始する』と。その瞬間、大騒ぎになった。ブリーフィング・ルームは歓声と口笛とわめき声でいっぱいになった」。同士官はさらに続けた。「第八航空軍に所属するもので、飛べるものはすべて」本日午前、この基地を離陸することになると。各爆撃群は空中で編隊を組んだあと、空を何マイルも覆い尽くしながら、ノルマンディー海岸のそれぞれの目標にむかうことになる。しっかり編隊を組み、無用な発砲を慎むことが死活的に重要である。「一機でも、逆方向に飛べば、攻撃部隊の流れを乱すことになる。ゆえに、いったんイギリスの海岸線を離れたら、そのような機はすべて撃墜されるものと思え」

一方、イギリス側のブリーフィング風景は、はるかに抑制されたものだった。作戦全体の途方もない規模に、全員が畏怖の念に打たれたためかもしれない。「それまでの下準備を考えると、目眩《めまい》を覚えるほどだった」とニュージーランド人で、戦闘爆撃機〈タイフーン〉の四個飛行中隊をあずかる連隊長、デスモンド・スコットは書いている。「陸軍がおこなう空中強襲、参加する海軍艦艇の数と多様さ、作戦に係わる師団の数、そして、われわれ航空部隊の果たす役割の桁違いの重要性。その規模と要求される攻撃の精度を考えたとき、これまでの苦労など取るに足らないように感じられた。ブリーフィングが終わったとき、言葉をかわすもの、笑い声をあげるものはいなかった。ぐずぐず居残るものなど一人もなくて、教会から戻るときのように、みな粛々と隊列を組んで、会場をあとにした。だれもが皆、しごく真剣な顔つきをしていた。日前に迫る任務の重さが、これまでの経験を押し

つぶし、骨の髄まで凍えさせたのだ」

イギリス空軍はその夜、持てる力を最大限発揮すべく努力した。欺瞞工作やパラシュート降下兵の空輸を担当した輸送機だけでなく、一〇〇〇機の爆撃機が、海岸部の十カ所の砲台に対し、五〇〇〇トンを超える爆弾を夜陰にまぎれて投下すべく、離陸していった。〈スピットファイアー〉飛行中隊は、アメリカのP－38〈ライトニング〉戦闘飛行隊ととともに、爆撃機の護衛任務にあたった。侵攻空域にドイツ軍機をいっさい寄せ付けないことが、かれら戦闘機部隊の任務だった。より航続距離の長いアメリカの〈マスタング〉戦闘機は、フランスの内陸部まで飛んでいき、パリに近い飛行場から上がってこようとするドイツの戦闘機を叩くことになっていた。一方、二種類の戦闘爆撃機、すなわちアメリカのP－47〈サンダーボルト〉とイギリスの〈タイフーン〉は、フランス内陸部の道路に目を光らせ、海岸部への増強をはからんとするドイツ軍部隊の車列に対し、機銃掃射を浴びせる手はずになっていた。

Dデイ当日の航空攻撃も、多国籍の集団によって実施された。これに参加した飛行中隊を見ると、ニュージーランドが五個、オーストラリアが七個、カナダが二八個、ローデシアが一個、フランスが六個、ポーランドが一四個、チェコスロバキアが三個、ベルギーが二個、オランダが二個、ノルウェーが二個と多士済々だった。これら各国の航空部隊はまた、いわゆる「アンチ・ダイヴァー」任務、すなわちフランス北部にある〈V1〉飛行爆弾の発射施設を対象とする空爆作戦にも投入された。

連合軍の空軍上層部はこれまで一貫して、視界の不良をめぐってしきりと懸念を表明してきたが、それは決して杞憂ではなかった。この日の雲底高度はおよそ四〇〇〇フィート。連合軍による爆撃は通常、高度一万フィート以上で実施されるのだ。アメリカの重爆撃機が夜明けにおこなった任務に

は、ふたつの目的があった。ひとつは指定された目標の破壊、そしてもうひとつは「後から上陸してくる地上軍に対して、身をかくす場所を提供する」ため、爆弾によって海岸部にクレーターを穿つことだった。

〇一〇〇時（午前一時）を回ったところで、上陸作戦に参加する兵士には朝食がふるまわれた。アメリカ海軍はそのさい、常軌を逸する大盤ぶるまいをおこなった。攻撃輸送艦「サミュエル・チェース」では「ありったけのステーキ、ポーク、チキン、アイスクリーム、キャンディー」が供されたし、他の艦艇でも「ソーセージ、豆料理、コーヒー、ドーナツ」が食べ放題だった。一方、イギリス海軍では普段とほとんど変わらぬコーンビーフのサンドイッチと、ごく少量のラム酒が「まるでネルソン提督時代のような」ひどく大ぶりの陶器の水がめから、各員に配られただけだった、とイギリス陸軍「グリーン・ハワーズ連隊」のある少佐は書いている。多くの水兵が、海岸にむかう陸軍の兵士に対し、自分の割り当て分から自発的に食べ物や煙草を差しだした。そうした心遣いのおかげで、たとえば「カナディアン・スコティッシュ連隊」を輸送する英特設兵員揚陸艦「プリンス・ヘンリー」では、兵士たちが固ゆでたまご二個とチーズ・サンドイッチ一個を、余計に味わうことができた。一方、イギリス海軍のお歴々を世話する士官室のスタッフは、こんな時でも、決められた手順から外れる必要性をまったく感じていなかった。当時、司令部がおかれた英艦隊補給艦「ラーグズ」にはイギリス人ジャーナリスト、ルドヴィック・ケネディが乗っていたが、そのときの艦内の空気は「まるでポーツマス軍港の桟橋にでも碇泊しているみたい」だった、と驚いている。「真っ白なテーブルクロスが敷かれ、やってきた給仕担当の下士官がこう言ったのだ。『サー、今朝はポリッジとシリアルのどちらになさいますか？』と」

上陸作戦の第一波として参加する兵士たちは、朝食後すぐに、各種装備の準備に取りかかった。アメリカ兵たちは、陸軍支給の戦闘服に呪いのことばをあびせた。その服には、ひどい臭いのする化学物質——毒ガスを中和する作用があるとされていた——が染みこませてあったのだ。GIたちはその戦闘服を「スカンク・スーツ」と呼んでいた。だが、最大の問題は彼らが携行する装備と弾薬の重さだった。よーし、前に出ろと言われたときの空挺隊員とほとんど同じくらい、機敏な動作が難しかったのだ。そうした過重な装備が、海岸をめざす第一波の兵士にとって、多くの場合、命取りになったことが、のちに明らかとなる。上陸部隊の兵士をみまう苛酷な運命を慮《おもんぱか》って、後にのこる水兵たちはジョークを放ち、暗い気分を紛らわせてやった。海水が中に入らぬよう銃口にかぶせてあるコンドームについても、お約束のように、下品なやりとりが交わされた。アメリカ海軍のある士官は書いている。陸軍の兵士たちは「手にしたパッケージを神経質そうに持ちかえながら、まるでそれが末期の一服であるかのように、煙草のけむりを吐いていた」と。

上陸を敢行する各ビーチにむけて、イギリス海峡の危険物をさらう任務を見事完遂して、掃海艇の前衛部隊が帰投していく。「幸運を祈る」という信号を受けとった駆逐艦たちは、掃海艇のわきをすり抜けると、艦砲射撃をおこなうべく、それぞれの指定位置まで粛々と前進した。ラムゼイ提督をあれほど心配させた、華奢な造りの掃海艇が、ただの一隻も欠けることなく、任務を終了できたことは、奇蹟のように思われた。ハント級駆逐艦「エグリントン」に乗りこんでいたあるイギリス人士官は書いている。「われわれはさらに深部まで、海岸に忍び寄っていったが、そのプロセスが比較的平穏に進行したことに驚かされた」と。駆逐艦部隊のさらに前方には、二隻の小型潜航艇「X－20」と「X－23」が控えていた。彼らはイギリス側が担当するビーチのため、位置標識の役割を果たすこと

になっていた。しかも決行日が当初の六月五日から六日に延期されたため、ゾッとするほど狭苦しい艇内で、彼らはさらに長時間、潜りつづけるハメになったのだ。

英特設兵員揚陸艦「プリンス・ボードゥアン」——改造前はイギリス海峡を往来するベルギー船籍の汽船だった——には、アメリカ陸軍のレインジャー部隊が乗っていた。フランスの海岸が近づいてくると、艦橋に陣取る将校が、部下の狙撃兵を左舷と右舷にそれぞれ配置し、浮遊機雷に目を光らせるよう命じた。〇四〇〇時（午前四時）前後に、艦長が艦内放送で「総員に告ぐ《アテンション・オン・デック》！　イギリス人乗員は、各自の担当強襲艇に出頭せよ」と告げた。それを聞いていたアメリカ人将校は思った。なんか、アメリカ海軍の「総員に告ぐ《ナウ・ヒア・ディス》！」より、イギリス式のほうが格好いいなと。


当然ながら、これほどの大艦隊がいつまでも発見されないわけがない。現に〇二一五時（午前二時十五分）、ノルマンディー沿岸に展開するドイツ「第三五二歩兵師団」司令部には、シェルブールの海軍司令部から目撃の第一報が届いている。グランカン北方七マイルに複数の敵艦を発見と。ただ、空挺部隊がその夜、各地で引き起こした騒動のせいで、ドイツ側の海側への警戒心は若干逸れてしまったうらみがある。接地の瞬間に爆発するダミー降下兵のせいで、くだんの「第三五二歩兵師団」も、まるまる一個連隊をこの〝枯れ尾花〟対策に割かれてしまったくらいだ。オック岬に詰めるドイツ軍守備隊が、二九隻からなる敵艦艇の存在を伝えてきたのは、ようやく〇五二〇時（午前五時二十分）になってからだ。うち四隻は大型で、たぶん巡洋艦だろうという報告だった。

この時、ドイツ側に目撃されたのは連合軍の任務部隊のうち、「オマハ・ビーチ」の沖合いに展開する砲撃艦隊で、実際には米戦艦「テキサス」*1、同「ネヴァダ」、英モニター艦「エレバス」ほか、巡洋艦四隻、駆逐艦一二隻などで構成されていた。なお、四隻の巡洋艦のうち二隻、すなわち「モンカ

ルム」と「ジョルジュ・レイグ」は自由フランス海軍の所属で、旗艦「モンカルム」にはジョジャール提督が座乗し、これまで誰も見たことがないような、超弩級のトリコロールの戦闘旗を翻していた。まことにフランス式をつらぬく巡洋艦で、イギリスの影響はわずかに二つ——双眼鏡で海岸をうかがうさい、士官たちが着込んでいるダッフルコートと、湯気のたつココアを嗜《たしな》むさいに用いるマグカップ——だけであった。フランス海軍の関係者にとって、まあ、この点についてはフランス空軍の関係者についても同様だが、わが祖国に砲爆撃を加えるという行為は、やはり内心の葛藤を生むものである。それでも任務は任務だ。彼らは与えられた仕事をこなすうえで、いささかも怯むことはなかった。[*2]

一方、イギリス・カナダ両軍が強襲上陸を担当する三つの海岸——「ソード・ビーチ」、「ジュノー・ビーチ」、「ゴールド・ビーチ」——の沖合いに陣取る、砲撃艦隊の主力のつとめるのは、英戦艦「ラミリーズ」、同「ウォースパイト」、英モニター艦「ロバーツ」、および巡洋艦一二隻などで構成されていた。その中には、ポーランド海軍の巡洋艦「ドラゴン」[*3]や、近接支援を担当する駆逐艦三七隻もふくまれていた。それらの艦砲が一斉に火をふいたとき、「水平線全体がひとつの巨大な炎のかたまりに見えた」。海岸からそのようすを見ていた、ドイツ「第七一一歩兵師団」のライヒェルト中将はそう記している。

この日、アメリカ側の「西方任務部隊」は駆逐艦一隻（米海軍の「コリー」）を機雷で失った。イギリス側の「東方任務部隊」も似たような損失をこうむったが、こちらはドイツ軍のEボート（高速魚雷艇）によるものだった。〇五三七時（午前五時三十七分）、東方任務部隊のより小型の艦艇が、それぞれの射撃位置に移動している最中、ノルウェーの駆逐艦「スヴェンナー」が艦中央部に魚雷をくらったのである。これを叩きこんだのはル・アーヴルから出撃したEボートの小艦隊だった。ル・

アーヴルの砲台から侵攻艦隊の東側面を守るため、連合軍側の航空機が張った煙幕を逆に利用するかたちで、その小艦隊はたくみに接近してきた。「スヴェンナー」はまっぷたつに折れ、艦首と艦尾が海面からＶ字型に突きだしていたが、たちまち沈没した。それ以外にも五発の魚雷があわやというところで、傍らを通過していった。この五本は、司令部がおかれた英艦隊補給艦「ラーグズ」とポーランド海軍の駆逐艦「スラザク」を狙ったものだったが、両艦ともタイミングよく見事な回避動作をきめ、事なきを得た。海に投げだされた乗員を救出するため、二隻の軍艦が急行した。英駆逐艦「スウィフト」だけでも六七名を引き揚げたが、三三名が爆発によって命を落とした。その「スウィフト」もまたこの十八日後、機雷に触れ、やはりこの海域で沈没している。

一方、兵員の揚陸任務に直接あたる各種の艦艇は、それぞれ沖合いの所定の位置へと移動した。イギリス陸軍を「ゴールド・ビーチ」まではこぶＬＳＴ（戦車揚陸艦）を指揮していた、アメリカ海軍のある大尉は、レーダー・スクリーンをチェックするため、ちょっと下に降りていった。「スクリーンは文字どおり、針の先のような小さな輝点で、全面満たされていた」とこの大尉は記している。「われわれの現在位置の周囲、三六〇度がすべて、艦船でいっぱいだった」。戻ってきた大尉が艦内放送で総員にむけ、しかるべき訓辞をおこなおうとしたところ、このＬＳＴに乗っているイギリス陸軍の大佐が大尉の肩にそっと手を置いた。「いいかね、私の部下の大半は、砂漠戦の最悪の部分をその目で見てきたし、非常に多くのものが、フランスにも行き、ダンケルクの撤退も実体験している。だから、きみにひとつ助言してやろう。肩の力をぬき、きびきび動き、芝居じみた考えや、感情の高ぶりに決して捕らわれるな、とな」。その若いアメリカ人は、老兵の教えに従い、「簡潔かつ的確な言葉をもって、出陣の手向《たむ》けとした」

〇四三〇時（午前四時三十分）、英特設兵員揚陸艦「プリンス・ボードゥアン」では「レインジャー、舟艇に乗り込め！」の号令が響きわたった。かれら精鋭の兵士たちは、粛々とその指示に従った。ただ、それ以外の揚陸艦では、上陸用舟艇への移動にさいし、かなりの混乱も見られた。海が怖くて、艦内でつい救命胴衣を膨らませ、ハッチを通れなくなってしまった兵士もいた。上甲板にずらりと整列した部下を一瞥した、アメリカ「第一歩兵師団」のある将校は、兵士のなかに一名、頭部がむきだしの不心得者がいるのを発見し、「さっさとそのクソ・ヘルメットを被らんか、きさま！」と怒鳴りつけた。その兵士は昨晩、カードでなぜかバカ勝ちしてしまい、鋼鉄製ヘルメットの三分の一がその戦果で埋まっていたのだ。だが、選択の余地はない。「まったく何んてこったい」と言うと、彼はヘルメットをバケツみたいに振って、中身を甲板にぶちまけ、コインがあたり一面に散らばった。ヘルメットというやつは、便利なポケット替わりにも使えた。多くの兵士が応急セット《フィールド・ドレッシング》をテープ留めしていたし、煙草一箱をセロファンでくるんで、ヘルメットの内側に入れているものもいた。

無線機や火焔放射器のような重装備を持たされた兵士は、体重が一〇〇ポンド（約四五キログラム）も加算されるため、ネットを伝って上陸用舟艇まで下りるだけでも一苦労だった。それでなくても、〝ネット下《くだ》り〟は危険な作業である。小ぶりの舟艇は、波に煽《あお》られ、上下をくり返し、時おり揚陸艦の側面に当たったりもするから。飛び移るタイミングを外し、手すりと船体側面のあいだに挟まれ、足首や脚の骨を折るものも何人かいた。懸吊装置《ダビッド》で下ろしてもらうほうが当然ながら楽だった。とはいえ、英歩兵揚陸艦「エンパイア・ジャヴェリン」から艇《ふね》ごと下ろされた、アメリカ「第二九歩兵師団」の本部大隊の面々は、戦いの初っぱなから、散々な目に遭わされたが。なんと懸吊装置が引っかかり、艦首のすぐ下で、三十分ほど放置されたのだ。「その半時間のあいだに」とダラス少佐は記録している。「艇に乗りこんだ一行の内臓たちが、イギリス人が一七七六年の独立戦争以来、

ずっと欲していたような好餌を与えてしまったのである」と。なんとかしろよと、いくら抗議の声をあげても、母艦にはいっさい伝わらず、さらし者の状態が続いた。「われわれは呪いの言葉を吐き、泣いたり笑ったりしたけれど、状況はいっこうに改善されない。ようやく岸に向かって進みだしたとき、われわれは皆、全身これ汚物まみれだった」

一方、アメリカ陸軍の「レインジャー部隊」は、装備の重さに悩まされることだけはなかった。「オマハ・ビーチ」の西側（海からみて右手）にそびえる断崖をよじ登り、オック岬を確保するのがその任務だったから。大半のものは〈トンプソン〉短機関銃と四五口径の自動拳銃、そしてヘルメットに仕込んだ四分の一ポンドのTNT爆薬くらいしか、携行していなかった。いざ上陸というとき、彼らを運んできた揚陸艇の艇長が、艦内放送で気合いを入れてくれた。「よい狩りを、獲物を期待しているぞ、森林監視員《レインジャー》！」と。

アメリカ「第四歩兵師団」とともに「ユタ・ビーチ」を目指したある工兵は、強襲艇に乗り込んだ時のことを、人生で「最も孤独を感じた瞬間」と手紙に書いている。「艇が海面を打つときの、バシャッという音は、全員の心をかき乱しました。エンジン音とともに前進が始まります。巨大な母艦は数秒のうちに、漆黒の世界にうかぶ暗《くら》い塊と化し、そして完全にすがたを消しました」と。

海岸をめざす上陸用舟艇の最初の小艦隊が、まずはとりあえず陣を組んだ。とその時、途方もない爆発音が響き、レインジャー部隊の将校ふたりがビクッとした。音の正体を探ろうと、周囲を見回すふたりの将校に、舟艇を操るイギリス海軍の下士官がしたり顔で教えてくれた。「サー、ほら、あれですよ」と。米戦艦「テキサス」がノルマンディーの海岸にむけ砲撃を開始したのだ。戦艦や巡洋艦が、レインジャーのあたま越しに、大型の砲弾をぶっぱなした。それが頭上を通過するたびに、上陸用舟艇の全員が衝撃波を感じた。オック岬を目指すレインジャーたちの東側（海からみて左手）、ア

メリカ陸軍が担当する「ユタ・ビーチ」と「オマハ・ビーチ」の海岸部にも、西方任務部隊の各艦が、大口径の主砲を使って、艦砲射撃をおこなっていた。各砲塔が順次、砲弾を放っていくイギリス式と違って、アメリカ海軍の戦艦――「テキサス」、「アーカンソー」、「ネヴァダ」――は、その一四インチ主砲を片舷斉射するのだった。実際に見ていると、それはまるで戦艦が一瞬、爆発したような印象を与えた。かなり離れているはずなのに、空気を伝わってくる震動も体感された。イギリス人ジャーナリスト、ルドヴィック・ケネディは記している。「巨砲が火をふくと、だれかが胸の周囲に両腕を巻きつけて、胴体をギュッと絞ったみたいな感じになる」と。巨大な砲弾が通過すると、そのあとに真空状態が生じる。「なんとも奇妙な光景だった」とアメリカ「第一歩兵師団」の二等軍曹は書いている。「砲弾が通過したあと、海面が持ちあがり、ふたたび落下するのだ」

もっとも大半の兵士には、そんな余裕はなかった。多くのものは平底の艇《ふね》に乗せられ、五フィートの波のなかを、上下左右に揺さぶられており、みな船酔いでグロッキーになっていた。ある一等兵は書いている。「ほかの上陸用舟艇が波間に沈み、ふたたび谷底からすがたを見せるのが目に入った」。周囲をぐるりと見回すと、「空も海も艇《ふね》も、みな灰青色をしていた」と。

波しぶきに、ずぶ濡れになりながら、兵士たちは、イギリス人もアメリカ人も、あの「最後の晩餐のような、心よりの朝食」をうからうか食べてしまったわが身を呪った。多くのものが、サンドイッチに挟んであった「コンビーフの塊を吐きだし始めた」。げろ袋はたちまち一杯になって用を足さず、一部のものはヘルメットの中にいったん収めて、波がやってくるたびに、舟艇の側面から嘔吐物を海に投じた。イギリス「第五〇歩兵師団」に配属された英海軍の前方観測員は、陸軍の上級将校がしだいに怒りを募らせていくさまをごく間近で観察しながら、ちょっと愉快な気分になった。部下の兵士が風上にいるため、ジープにどっかと坐るその将校には、船酔いの結果が及んでしまうのだった。た

だ、船酔いについては、面白がっていれば、それで済む問題ではない。海岸に着くころ、男たちは体力も気力もすっかり奪われてしまったのだから。

　もっとも、吐き気の原因が恐怖心となると、ある意味仕方のないことではある。たとえば、〝水上走行〟する新型戦車に乗せられた兵士なんぞは、そう主張するだけの資格が十二分にあった。アメリカ陸軍の〈シャーマン〉戦車を母体に、特殊改造を施し、防水機能をそなえた新型戦車〈DDシャーマン〉――DDとは「二重駆動系《デュープレックス・ドライヴ》」のかしら文字から来ている――がそれである。戦車なのに、これにはスクリューと、使用前に膨らませるキャンバス製の幕とが装備されていた。歩兵部隊の第一陣とほぼ同時に、戦車までが上陸してくるのだから、ドイツ側はさぞや度肝を抜かれるだろう。しかも海上にいるあいだは、ほとんど姿が見えず、それが陸に上がるや否や、掩蔽壕やトーチカに砲撃を加え、歩兵たちの援護にあたるのだ。ただ難をいえば、このDD戦車はそもそも、こんな荒れた海で運用するようには設計されていなかった。なるほどこの戦車の乗員はイギリス本土にいるころ、潜水艦用に開発されたデーヴィス式脱出装置（初期のアクアラング）を使って専門訓練も受けていた。だが、「こんなはずれ戦車のはずれ水兵をやらされる」ことに、当然ながら恐怖心を覚える兵士もいた。なにしろDD戦車で水面よりも上にいられるのは、エンジンデッキ（砲塔後方の車体上面）にいる戦車長だけであり、残りの乗員はみな戦車の内部にずっと留まらなければならなかった。操縦手には、潜望鏡ごしに見える緑がかった暗闇以外、視界はいっさい与えられなかった。

　当初計画によると、〈DDシャーマン〉はドイツ軍の沿岸砲の射程外、つまり海岸から八〇〇〇ヤード離れた地点で、戦車揚陸艦から出撃するはずだったが、海が非常に荒れていたため、もっと海岸に近い場所から投入することに変更された。イギリス「第一三／第一八軽騎兵連隊」のジュリアス・ニーヴ少佐にも、この命令変更は伝達された。「五〇〇〇ヤードで発進せよ！」と。なるほど命

令は確かに五〇〇〇ヤードだった。だが、「シャーウッド・レインジャーズ・ヨーマンリー（義勇騎兵）連隊」は、命令よりさらに海岸に近づいたところで、ようやく戦車を発進させることにした。結局、DD戦車の二個大隊が出撃することとなり、うち五輌が浸水・沈没した。大半の乗員はなんとか脱出し、その後救助されたけれど、溺死者も数名だが出てしまった。やはり〝水上走行〟に挑んだ、アメリカ側の戦車大隊は、さらに大きな困難に見舞われた。アメリカ軍の担当するより西方の海域は、流れがいっそう急だったことも理由のひとつではある。ただ、一部の大隊が受けとった命令が、海岸に極めて遠い場所から発進するよう指示されていたことが、被害を大きくした主な原因であると思われる。

空が白々と明けてくると、沿岸一帯を守るドイツ軍部隊もさすがに、沖を埋めつくす大艦隊に気づくようになった。ドイツ「第三五二歩兵師団」の司令部には、野戦電話経由で、興奮ぎみの報告が入りはじめた。〇五三七時（午前五時三十七分）には、「第七二六擲弾兵連隊」からの、こんな知らせが届いている。「アーネル［連合軍側のコード名でいう「ゴールド・ビーチ」］の沖合いに、途方もない数の上陸用舟艇がいます。へさきを海岸にむけ、いましも上陸を敢行しようとしています。敵の艦隊が、片舷斉射により、海岸部への艦砲射撃を開始しました」と。師団長はわずか数分後には、上級の「第八四軍団」に電話を入れ、軍団長のマルクス大将に具申した。「新たな状況に鑑み」て、「爆発する人形」の調査にむかったマイヤー中佐率いる三個大隊を、すぐさま呼び戻すべきですと。マルクス大将はこれに同意した。〇五五二時（午前五時五十二分）には、今度は「第三五二歩兵師団」付きの砲兵連隊から報告が入った。「六〇隻ないし八〇隻の上陸用舟艇が、コルヴィル［同「オマハ・ビーチ」］付近に接近中です。洋上の艦隊は、わが火砲の射程外にあります」と。

上陸用舟艇の兵士たちにも、海岸の様子がはっきりと見て取れるようになった。このころには、艦砲射撃の最終段階が始まり、ロケット艦も攻撃に参加した。ロケット艦とは、特殊な改造をほどこした戦車揚陸艦で、その広い甲板に一〇〇〇基の発射ラックが溶接されていた。各ラックには導火線付きの、全長三フィートのロケット弾がセットされ、さらに下甲板には、予備の一〇〇〇基が控えていた。一斉に発射されると、ロケット弾はゾッとするような金切り声をあげた。当時「ゴールド・ビーチ」に接近中だった、イギリス「ハンプシャーズ歩兵連隊」のある兵士は、雨あられの砲弾とロケット弾を見ながら、すぐ隣にいる戦友に大声で話しかけた。「朝食にあれが付いていたら、きっと壮観だろうな」。ロケット艦の一隻を指揮していたイギリス海軍のある士官は、秘密命令書の封を切ると、あまりの事に一瞬凍りついてしまった。彼に与えられたディーヴ川河口域の標的は、海岸沿いの瀟洒なリゾート地、カブールだったのである。フランス文化をこよなく愛し、筋金入りのプルースト・ファンであったその海軍士官は、数奇なめぐりあわせに言葉もなかった。なんということだ！　カブールといえば、マルセル・プルーストの傑作『失われた時を求めて』の第二篇「花咲く乙女たちのかげに」の舞台である、架空の街「バルベック」のモデルとなったところではないか！

ロケット斉射はなるほど壮観で、いままさに突撃にはいる兵士たちの士気を大いに高めてくれた。ただ、上陸用舟艇に乗って「オマハ・ビーチ」へと接近する男たちは、それらロケット弾が「ことごとく標的を外す」さまを見ることはなかった。じつはロケット弾はすべて手前に落ち、海の藻屑と消えたのである。

上陸部隊の第一陣が、五つの「ビーチ」に対して突撃を敢行したちょうどそのころ、最高司令官アイゼンハワー将軍は、続々と入ってくる朗報をあれこれ検討していた。航空部隊を束ねるリー＝マロ

リー大将は、空挺作戦の損耗は、現在のところ、予想をはるかに下回るレベルに留まっていると言ってきた。海上作戦を統括するラムゼイ司令部の幕僚たちは、海軍側が担当する作戦の進捗状況に、ホッと胸をなで下ろしていた。自分たちの幸運がほとんど信じられないほどで、特に、掃海艇部隊がまったくの無傷で戦域を離脱したことは、奇蹟のように思われた。アイゼンハワーはすぐさま、ワシントンのアメリカ陸軍参謀総長、ジョージ・C・マーシャル大将に短い報告をおこなった。さらに自分自身の幕僚と、公式声明の準備に取りかかった。だが、大陸反攻作戦の発表では、ドイツ側に先を越されてしまった。しかもドイツ側は、上陸地点はパ゠ド゠カレーだと言っているではないか。SHAEF（欧州連合国派遣軍最高司令部）にとって、これはうれしい驚きだった。「プラン・フォーティチュード」や、イギリス海峡の東方で展開した数々の欺瞞作戦が、どうやら効果をあげていると思われたからだ。

思えば、ローズヴェルト大統領が北アフリカはチュニスの飛行場で、軍用車に乗るアイゼンハワーのほうをふり向き、「よーし、アイク、きみがオーヴァーロード作戦を指揮するのだ」と言った日から、六カ月が経とうとしていた。だがしかし、ロンメル元帥が「いちばん長い日」と呼んだ一九四四年六月六日は、いまだ始まったばかりである。アイゼンハワーの元にはほどなく、大いなる焦燥を覚えるような報告書が到着した。大親友のジェロウ将軍からのものだった。ジェロウが指揮するアメリカ陸軍「第五軍団」は現在、ノルマンディーの沿岸で、なんとか敵前上陸を果たそうと奮戦中だった。その場所のコード名は「オマハ・ビーチ」といった。

原注

142頁「ネプチューン作戦」におけるイギリス海軍の動き：TNA ADM 1/16259.

143頁「ザ・ロード・トゥ・ジ・アイルズ」：Piper Bill Millin, SWWEC T654/666.

143頁「さあ、狩りに行こう」：A. D. E. Curtis, R Forces, SWWEC 2000.384.

143頁「ラ・マルセイエーズ」：Dr Ian Campbell, RAMC, 2nd Field Dressing Station, SWWEC 2000.477.

143頁「密度は濃くなる一方」：Admial G. B. Middleton, HMS *Ramillies*, letter 12 June, IWM 01/2/1.

143頁「ない交ぜになっていた」：Edwin Bramall, 'D-Day Plus One', in *More Tales from the Travellers*, Oxford, 2005, p.147.

144頁「ディエップ急襲」の記憶：Rev. P. Symes, 4th County of London Yeomanry, SWWEC T563.

144頁「思い出すよすがとして」：Arthur Reddish, *A Tank Soldier's Story*, privately published, undated, p.21.

144頁「われもまた一度は挑戦してみたい」：V Corps, NA II 407/427/24235.

145頁「タクサブル作戦」などの欺瞞作戦：TNA ADM 179/410.

147頁「出欠は完全に自由意志」：Ronald Seaborne, Royal Navy Forward Observer, 50th Division, NWWIIM-EC.

147頁「サミュエル・チェース」艦内でのギャンブル：Oscar Rich, 5th Filed Artillery Battalion, 1st Infantry Division, NWWIIM-EC.

147頁「だれもが恐怖心でいっぱい」：LofC.

147頁「ぎっしり詰め込まれ」：Gardner Botsford, *A Life of Privilege, Mostly*, New York, 2003, p.21.

148頁「いったん上陸したあと」「心は故郷や家族に」：Everett P. Schultheis, 467th Anti-aircraft Artillery, NWWIIM-EC.

148頁「いま腹んなヵかに」：Harold Baumgarten, *Eyewitness on Omaha Beach*, Jacksonville, Fla., 1994, p.7.

148頁「生き残れなくても」：K. G. Oakley, RN Beach Commando, Sword Beach, IWM 96/22/1.

148頁「はかりしれない深淵」：Cyrus C. Aydlett, USS *Bayfield*, NWWIIM-EC.

149頁　米駆逐艦「シュブリック」：Edward T. Duffy, US Navy, NWWIIM-EC.

150頁「劇的な発表」：William F. Rellstab Jr, 388th Bomber Group, 562nd Squadron, NWWIIM-EC.

150頁「それまでの下準備」：Desmond Scott, *Typhoon Pilot*, Lodon, 1982, p.99.

151頁　Dデイの航空攻撃：RAF-MoD.

152頁「後から上陸してくる地上軍」：Weldon J. Allen, Pilot, 387th Bomb Group, diary, NWWIIM-EC.

152頁「ありったけのステーキ」：Theodore G. Aufort, 16th Infantry Regiment, 1st Infantry Division, NWWIIM-EC.

152頁「ソーセージ、豆料理」：Sergeant Harry C. Bare, 116th Infantry, 29th Infantry Division, NWWIIM-EC.

152頁「まるでネルソン提督時代のような」：Major George Young, Green Howards, SWWEC T2452.

152頁「まるでポーツマス軍港の桟橋にでも」：Ludovic Kennedy, SWWEC T320.

153頁「スカンク・スーツ」：Vincent Schlotterbeck, NWWIIM-EC.

153頁「神経質そうに持ちかえながら」：Cyrus C. Aydlett, USS *Bayfield*, NWWIIM-EC.

153頁「われわれはさらに深部まで」：Lieutenant J. G. Pelly, IWM 91/15/1.

154頁「総員に告ぐ《アテンション・オン・デッキ》ー」：John Raaen, 5th Ranger Battalion, NWWIIM-EC.

154頁　目撃の第1報：Seekommandant Normandie, Auszug aus dem Fernsprechmeldebuch der 352. I. D., Küstenverteidigungsabschnitt Bayeux, FMS B-388.

155頁　ダッフルコートと：Jean-Louis Salmon, MdC TE 213.

155頁「水平線全体が」：Generalleutnant Joseph Reichert, 711st Infanterie-Division, FMS B-403.

156頁　煙幕：Admiral G. B. Middleton, HMS *Ramillies*, letter 12 June, IWM 01/2/1.

156頁「スクリーンは文字どおり」：Anthony Drexel Duke, NWWIIM-EC.

157頁「さっさとそのクソ・ヘルメットを被らんか」：Kenneth Romanski, 16th Infantry Regiment, 1st

Infantry Division, NWWIIM-EC.
157頁　「その半時間のあいだに」：Major Dallas, 1st Battalion, 116th Infantry, 29th Infantry Division, NA II 407/427/24034.
158頁　「よい狩りを、獲物を期待しているぞ」：Lieutenant Francis W. Dawson, 5th Ranger Battalion, NWWIIM-EC.
158頁　「最も孤独を感じた瞬間」：Alfred F. Birra, 237th Engineers with 4th Infantry Division, Folder Birra, Alfred F., DDEL.
158頁　「サー、ほら、あれですよ」：John Raaen, 5th Ranger Battalion, NWWIIM-EC.
159頁　「巨砲が火をふくと」：Ludovic Kennedy, SWWEC T320.
159頁　「奇妙な光景だった」：Robert L. Rogart, Staff Sergeant, 1st Division, NWWIIM-EC.
159頁　「ほかの上陸用舟艇」：Vernon Scannell, *Argument of Kings*, London, 1987, p.145.
159頁　「コンビーフの塊を吐きだし」：Kenneth Romanski, 16th Infantry Regiment, 1st Infantry Division, NWWIIM-EC.
159頁　ジープにどっかと坐る上級将校：Ronald Seaborne, Royal Navy Forward Observer, 50th Division, NWWIIM-EC.
160頁　「こんなはずれ戦車」：Stanley Christopherson diary.
160頁　「五〇〇〇ヤードで発進せよ-!」：Major Julius Neave, 13th/18th Hussars, diary, SWWEC T501.
161頁　「アーネルの沖合いに」：352nd Infanterie-Division, 6 June log, Bayeux Sector, FMS B-388.
162頁　「朝食に」：David Howarth, *Dawn of D-Day*, London, 1959, p.185.
162頁　カブールに対するロケット弾攻撃：conversation M. R. D. Foot.
162頁　「ことごとく標的を外す」：Combat Team, 16th Infantry, NA II 407/427/5927.
163頁　「よーし、アイク」：PDDE 1588-9.

章末注

＊1　同砲撃艦隊のうち、英巡洋艦「ベローナ」は、ドイツ軍の空からの攻撃から艦隊をまもる防空任務に就いていたが、この日は一発の砲弾も発射することなく終わった。

＊2　一方、仏駆逐艦「ラ・コンバタン」は、自由フランス陸軍のコマンドー部隊の分遣隊を支援すべく、オルヌ川河口部の保養地ウィストルアムに対する艦砲射撃をおこなった。「ネプチューン作戦」に参加したそれ以外のフランス軍艦艇には「アヴァンテュール」、「デクヴェルト」、「エスカルムシュ」、「スルプリズ」といった船団護衛のためのフリゲート艦や、対潜任務を担当した「アコニット」、「ルノンキュル」「モズリ」、「デスティエンヌ・ドルヴ」といったコルベット艦がふくまれている。また戦艦「クールベ」など年代物のフランス軍艦も、「マルベリ」―連合軍がノルマンディー沖につくった組立式人工港のコード名―を建造する素材に利用された。

＊3　ポーランド海軍は、巡洋艦「ドラゴン」に加え、駆逐艦「クラコヴィアク」、同「スラザク」を上陸支援作戦に参加させ、また駆逐艦「ブリスカウィカ」、同「ピヨルン」も援護射撃にあたった。

第7章「オマハ・ビーチ」

ノルマンディーの五つの上陸海岸のうち、アメリカ陸軍「第一歩兵師団」と「第二九歩兵師団」が取りつく「オマハ・ビーチ」は、長い海岸線がゆるやかなカーブを描いてつづく場所である。海側から近づいていくと、右手に険しい断崖がすっくと聳えており、浜辺《ビーチ》と呼べるような地形はそこで突如として終わる。その断崖をめぐって、さらに西方（海からみて右手）に四マイル行くと、オック岬という突起部がある。この見上げるような断崖に最初に挑むのは、同じくアメリカ陸軍に所属する「レインジャー部隊」一個大隊である。彼らは、崖上のドイツ軍の砲台を制圧しなければならない。

そして、問題は「オマハ・ビーチ」である。海から上がると、まずは幅の狭い、ゆるい傾斜の砂利浜がある。そこを駆けあがっていくと、護岸にいたる。護岸の先は、水をふくんだ軟弱な草地で、そこをさらに進むと、雑草に覆われた砂地の急斜面にぶつかる。こちらの低い崖は高さ三〇から四五メートルほどで、それが海岸線とほぼ同じ長さだけ、東西に続いている。崖上の台地には〝海に沿って《シュル＝メール》〟三つの村が並んでいる。むかって左から順番に、コルヴィル＝シュル＝メール、サン＝ローラン＝シュル＝メール、ヴィエルヴィル＝シュル＝メールである。この一帯には五本の川が流れており、それによって穿たれた急角度の谷道を登っていけば、うえの台地までたどりつける。徒歩なら

ともかく、「ビーチ」から車輌で内陸部を目指そうとするなら、これらの谷道を通るしかない。だが、谷の出口はどこもみな、ドイツ軍の防御陣地と砲台によって厳重に守られていた。密かに事前調査をおこなったイギリス陸軍のスコット＝ボーデン工兵大尉が、ブラッドリー将軍に対し、「オマハ」は恐怖心を覚えるほどの難物ですと警告したのは、そういう意味である。

「オマハ・ビーチ」に取りつく二個師団を隷下にもつアメリカ「第五軍団」を率いるのは、レナード・ジェロウ将軍だ。ジェロウは今回の上陸作戦ついて、干潮時に、夜陰に紛れるかたちでおこないたいと要望していた。なにしろ目標の砂利浜には、ロンメルが上陸部隊を阻止すべく、地雷付きの木の杭や、鉄柱を組んだ障害物、「ベルギーの門」として知られる矩形の構造物などを使って、盤石とも思える侵攻阻止システムを構築していたからだ（しかも満潮時には、障害物はすべて水面下に隠れてしまう）。ジェロウは力説した。陸軍の戦闘工兵と海軍の戦闘爆破班がそうした障害物を除去し、しかるべき上陸ルートを確保するには、干潮というタイミングが必須なのだと。だが、ジェロウの主張は、その幕僚たちの多くや、揚陸艦隊のジョン・L・ホール提督からも支持された。だが、「第五軍団」の上級にあたる最高司令部、「第一軍集団」司令部、アメリカ「第一軍」司令部の各トップ、つまりアイゼンハワー将軍も、モントゴメリー将軍も、ブラッドリー将軍も、従来方針のままという態度を崩さなかった。「オマハ・ビーチ」への攻撃は、夜が明けて三十分後の〇六三〇時（午前六時三十分）に開始し、海軍と空軍による大規模な砲爆撃のあと、強襲上陸をもっておこなうべしと。侵攻作戦全体に目をくばる上級司令官たちは、それこそが、戦術的奇襲を実現し、敵側を圧倒しうる確実かつ手堅い手順なのだと確信していた。それに、五つある上陸海岸のうち、ひとつだけ数時間先行させることにはどうしてもリスクが伴い、こうした単独の要望が叶えられることは、いずれにしろあり得なかったのだ。

ジェロウの当初計画では「オマハ・ビーチ」を攻める二個師団――左手の「第一歩兵師団」と右手の「第二九歩兵師団」――は、いずれも彼の指揮下で戦うはずだった。だが、一段上級のアメリカ「第一軍」司令官であるブラッドリーは、「ビッグ・レッド・ワン」の愛称で知られる精鋭部隊「第一歩兵師団」と、その師団長クラレンス・R・ヒュブナー少将のほうを、はるかに高く買っていた。地中海でこれと似た上陸作戦をすでに経験済みの同師団は、戦闘における巧みさで、右に出るものがなかった。そこでブラッドリーは現場の指揮をこのヒュブナーに託すことにした。彼が師団長をつとめる「第一歩兵師団」だけでなく、「第二九歩兵師団」所属の「第一一六RCT（連隊戦闘団／歩兵連隊を基幹に、若干の戦車・砲兵・工兵・補給部隊を加えて編成した部隊）」もあわせて、ヒュブナーに任せたのである。

〈ジー〉の愛称で知られるジェロウ将軍は、大部隊を率いての実戦経験がこれまでになく、その彼が軍団長に選ばれたのは、アイゼンハワー最高司令官と個人的に親しかったせいだ、とブラッドリーは感じていた。ただ、このときのジェロウにとって最大の懸念は、もし仮に、空爆や艦砲射撃が十分に機能しなかったら、一体どうするのかという問題だった。大丈夫さ、「地球の表面で組織された最大の火力」がきみを支援するのだから、とアイゼンハワーは請け合ってくれたが、ジェロウは依然、確信を持てずにいた。そして実際、ジェロウの予感は的中してしまうのである。侵攻作戦の前、軍事アナリストのリデル・ハートは「予期せぬ事態のもつ重要性について、わが方の計画は、十分に検討されているとは言い難い」と憂慮の念を示していたが、ジェロウの思いも同じだった。

〇五二〇時（午前五時二十分）、第一師団「第一一六歩兵連隊」と、第二九師団「第一一六歩兵連隊」を乗せた第一波の上陸用舟艇が、母艦を離れた。彼らはいわゆる「Hアワー」（作戦開始時間／午前六時三十分）に目標のビーチに上陸すべく、荒れた海のなかを、一時間余りかけて延々と進んでいっ

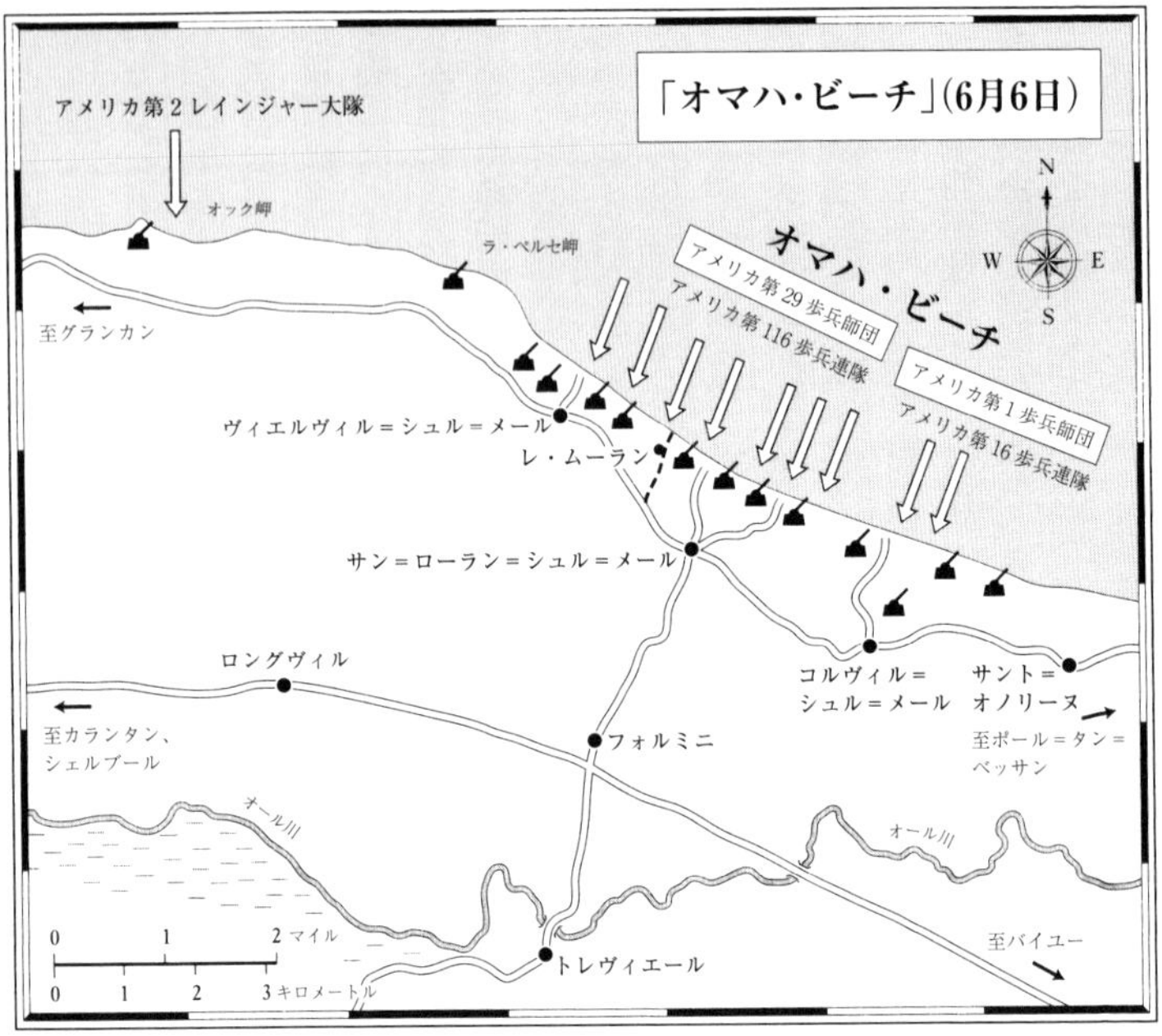
「オマハ・ビーチ」(6月6日)
アメリカ第2レインジャー大隊
オック岬
ラ・ペルセ岬
オマハ・ビーチ
アメリカ第29歩兵師団
アメリカ第116歩兵連隊
アメリカ第1歩兵師団
アメリカ第16歩兵連隊
N
W
E
S
至グランカン
ヴィエルヴィル＝シュル＝メール
レ・ムーラン
サン＝ローラン＝シュル＝メール
ロングヴィル
コルヴィル＝
シュル＝メール
サント＝
オノリーヌ
至カランタン、
シェルブール
フォルミニ
至ポール＝タン＝
ベッサン
オール川
オール川
至バイユー
トレヴィエール
0 1 2 マイル
0 1 2 3 キロメートル

た。より大型の艦艇は、ドイツ軍の沿岸砲の射程外、少なくとも一〇マイル沖合いに投錨した。長時間におよぶ、船体を揺さぶる渡海中に、一〇隻余りの上陸用舟艇が浸水・転覆した。歩兵部隊に遅れること十五分、第一師団の援護を担当する「第七四一戦車大隊」所属の二個中隊が、海岸線から五〇〇〇ヤードの距離で、〝水上航行〟用に改造された〈DDシャーマン〉戦車を発進させた。

スコット＝ボーデン工兵大尉は、その一月にブラッドリー将軍に約束したように、オグデン＝スミス軍曹ともども、強襲部隊の水先案内人として現場に復帰していた。スコット＝ボーデンのパイロット艇には、計三名のクルーが乗っていた。アメリカ海軍の大尉と先任下士官、および四連装対空機関砲を担当するメキシコ系アメリカ人の水兵である。その海軍大尉が突如、不穏な顔つきをした。LCT（戦車揚陸艦）がみな、距離五〇〇〇ヤードで停止し、搭載する戦車の投入を始めたからである。スコット＝ボーデンは恐怖に駆られた。「海が荒れ過ぎている！」と彼は言った。「もっと海岸に迫るべきだ！」。かくも遠方から〈DDシャーマン〉を発進させた「第七四一戦車大隊」の判断を、スコット＝ボーデンはのちに「完全に常軌を逸していた」と評することになる。

このとき出撃した〈DDシャーマン〉三二輌のうち、じつに二七輌が浸水・沈没した。〝水上走行〟のあと、そのままビーチまで到達できた戦車はわずかに二輌。残りの三輌はなんと、LCTのランプ（開閉扉）がうまく開かず、そのままLCTごと海岸に乗り上げ、事なきを得たケースだった。戦車乗員のうち、合わせて三三名が溺死し、残りのものはその後救助された。一方、同時に海岸を目指した「第七四三戦車大隊」の兵士はこう語っている。われわれが生きて岸辺までたどり付けたのは、アメリカ陸海軍の将校たちが、とっさの判断で頭を切りかえ、残りの戦車すべてを、LCTによって海岸まで送り届けようと決意してくれたおかげだったと。水陸両用戦車という新機軸の考案者、イギリス陸軍のパーシー・ホバート少将はこの十日後、リデル・ハートに対して「アメリカはその有用性を

活かせなかった」と語っている。ただ、「オマハ・ビーチ」のような限られたスペースしかない場所の、歩兵に対する支援手段として、果たしてDD戦車というアイデアがどれほど有効だったかについては、いまもって議論が分かれている。

未だかなりの上陸用舟艇が海上にあったけれど、スコット＝ボーデン艇の面々はすでに、背後から迫りくるアメリカ陸軍航空軍の三二九機の重爆撃機に気づいていた。情けないことに、各機が投下した爆弾は、低い崖の尾根筋の、そのまた先へと落ちていった。「ビーチ」本体どころか、内陸部につながる谷道をおさえるドイツ軍の防御陣地にも、一発も命中しなかった。「またずいぶんと派手なことをやってくれるじゃないか」とスコット＝ボーデンは腹立ちまぎれに言った。「敵の目を醒ますこと以外、まったく効果はないが」。Hアワー直前の三十分間に、「第八航空軍」の〈リベレーター〉爆撃機と〈フォートレス〉爆撃機が投下した一万三〇〇〇発の爆弾は結局、「オマハ・ビーチ」には一発も落ちなかった。

イギリス本土に「第八航空軍」を展開するアメリカ陸軍航空軍は、事前説明のさい、わが「精密爆撃」について随分と楽観的な主張を展開した。イギリス陸軍のモントゴメリー将軍は、子飼いの部隊の損耗を少しでも減らせるなら、どんな機会も逸しない人だったが、不幸なことに、このときばかりはなぜか、アメリカ側の説明を真に受けてしまった。結果、夜間上陸というイギリス側の当初方針は放棄された。重爆撃機編隊は、搭載する爆弾の大半を、狙った目標の半径五マイル以内に落とす能力を当時は持っていなかった。その事実を、モントゴメリーもブラッドリーも、十分知っていたはずなのにである。

爆撃機編隊は〇六〇五時（午前六時五分）に現場にすがたを見せた。彼らは海側から目標に向かった。海岸線に沿って順次、爆弾を投下するやり方のほうが精度は高かったが、彼らはこの方式のもつ

戦術的メリットより、目標上空で高射砲にやられるリスクの軽減を優先させた。海岸線が見えたとき、爆撃機の搭乗員は「ビーチ」にせまる上陸用舟艇に当たらぬようにと、ほんの一瞬、投下のタイミングを遅らせた。それがアダとなった。鉄条網や地雷原だけでなく、敵防御陣地の一部さえ、この空爆によって破壊できるかもしれないという、地上軍の全指揮官がいだいた淡い期待は、かくして夢と消えたのである。「第一歩兵師団」のさる将校はのちに、吐き捨てるように言っている。「連中はきっと、基地のベッドで寝ていても、あの集中爆撃と同じくらいの戦果をあげたにちがいない」。問題をさらに悪化させたのは、四十分間にわたる艦砲射撃だった。それらの砲弾は、海岸一帯を固めるドイツの防御陣地に対して、あまりに無力だった。結局、モントゴメリーとブラッドリーの構想は、奇襲の面でも、圧倒的火力の面でも、その目的を達成できずに終わった。

ドイツ側は別段、連合軍にわざわざ起こしてもらう必要はなかった。艦砲射撃が始まった〇五五〇時(午前五時五十分)には、海岸一帯のすべての砲兵陣地が、すでに射撃演習のため準備に入っていたからだ。地元カルヴァドス県の知事に対しても、ドイツの管区司令部から、六月六日の早朝、指定海域に入らぬよう漁船にあらかじめ警告しておくようにという指示が出ていたくらいである。とはいえ、ヴィエルヴィル＝シュル＝メール村の住民は、轟く砲声にギョッとして、ベッドから飛び起きたに違いない。砲弾も一発、パン屋に命中し、そこの従業員ひとりと、パン屋の赤ん坊が殺されている。そのほか数軒の住宅が破壊――村長の妻は自宅の瓦礫のなかから入れ歯を見つけだし、ホッと胸をなでおろした――されたものの、犠牲者の数は奇跡的に少なかった。ヴィエルヴィルの村民にとって幸いなことに、連合軍の爆撃機は、より内陸に入ったところで爆弾を投下してくれた。おかげで、手前にあったヴィエルヴィル村は弾着地点から完全に外れることになった。それでも、それ以外の村や農場は、この村ほど幸運ではなかったけれど。

ヴィエルヴィル＝シュル＝メールの谷道に近いドイツ側の掩蔽壕、いわゆる〝抵抗巣73〟では、ドイツ「第七一六歩兵師団」のある上等兵が、身震いとともに夜明けを迎えていた。「侵攻してくる艦隊は、まるで海上の都市のようだった」と彼はのちに書いている。そして、艦砲射撃は「地震のようだった」と。コルヴィル＝シュル＝メールの谷筋に近い、戦車砲を流用した陣地群（ドイツ側のいう「トブルク」型掩蔽壕）でも、機関銃手のドイツ兵が、やはり身震いしながら夜明けを迎えていた。艦隊が「わが軍の正面、見渡すかぎりに広がって」いたからだ。艦砲射撃の轟音が鳴り響くあいだ、その兵士は必死になって神の名を唱えた。ところが、上陸用舟艇が海岸にむけ接近してくるのが目に入り、そのあとすぐ、近くの陣地から「やつらが来る《ジー・コメン》ぞ！」と叫ぶ声が聞こえたことで、その兵士は我にかえり、ああ、自分はあの艦砲射撃を生き延びたのだと気がついた。彼はすぐさま愛用の機関銃〈MG42〉に弾帯をセットし、敵を待ち構えた。

わずかの時間で戦闘力を回復させるドイツ軍の能力には、目を見張らせるものがある。〇六二六時（午前六時二十六分）に、ドイツ「第三五二歩兵師団」司令部に届いた報告によると、「第七一六歩兵師団」の火砲の一部が〝重砲撃〟によって瓦礫に埋まったものの、「瓦礫を取り除き、うち三門はふたたび使えるようになった」という。「オマハ・ビーチ」をめぐる神話のひとつに、ドイツ軍の守備隊は、無敵の八八砲ミリを装備していたというのがある。ひょっとするとドイツ「第七一六歩兵師団」が海岸線のどこかに、二門の八八ミリ砲を据えていた可能性もなきにしもあらずだが、この二門とて、確かな話ではない。「オマハ・ビーチ」にあったドイツ側の火砲の大半は、じつは必殺の八八ミリ砲に比べ命中精度ではるかに劣る、チェコ製の一〇〇ミリ砲だった。

「オマハ・ビーチ」におけるドイツ軍の総兵力にかんしては、それ以外にも、戦後の年月のなかでさまざまな誤解が生じている。なるほど連合軍の情報部門はドイツ軍の戦力を過小評価していたが、多

くの歴史家がその後ほのめかしているほど状況を見誤っていたわけではない。SHAEF（欧州連合国派遣軍最高司令部）情報部は、ドイツ「第七一六歩兵師団」の練度が低いこと、同師団に所属する大隊のうち三個大隊は、ソ連赤軍の元捕虜で構成された〝オスト（東方兵）〟部隊であることを、かなり早い段階から掴んでいた。ノルマンディーの海岸部――ヴィール川河口域からオルヌ川にいたる総延長四〇マイルの区間――にへばりつき、これを守っていたのが「第七一六歩兵師団」である。SHAEF司令部は、より強力な「第三五二歩兵師団」について、たしかに誤認していた。同師団は依然、より内陸のサン＝ローに留まっており、海岸部への移動には徒歩で半日程度かかると踏んでいた。ただ、「オマハ・ビーチ」付近に実際にいた「第三五二歩兵師団」は、多くの歴史書が指摘するような、まるまる一個師団ではなく、同師団に所属する二個歩兵大隊と一個軽砲兵大隊にすぎなかった。

ディートリヒ・クライス少将率いる「第三五二歩兵師団」の残りの部分は、ヴィール川河口域とアロマンシュのあいだの、総面積二五〇平方マイルにわたる地域に分散配置されていた。そして連合軍の欺瞞作戦、いわゆる「タイタニック作戦」によってカランタン南方に投下された「爆発する人形」の調査に向かうため、マイヤー中佐が同師団のもてる歩兵の半分近くを持っていってしまったというわけである。もし仮に、この「マイヤー・カンプフグルッペ（戦闘団）」の派遣がなかったら、「オマハ・ビーチ」におけるドイツ軍の備えは、恐ろしいまでに強力だったろう。*1 この陽動にうかうか騙され、相当数の歩兵をまとめて派遣してしまったクライス少将の判断ミスこそが、ノルマンディー作戦の要《かなめ》ともいえる「オマハ・ビーチ」攻略を、破滅的事態から救ったのである。まあ、だからと言って、アメリカ「第一歩兵師団」と「第二九歩兵師団」が直面した、ドイツ軍の防御陣地の脅威が、それによって減じるわけではないけれど。

第一波の上陸用舟艇に乗りこんだ兵士たちは、戦艦の片舷斉射に、思わず嘆声をもらした。うなりを上げて頭上を飛んでいく巨大な砲弾を、多くのものが「貨車」に喩《たと》えている。各舟艇は沖合いで円を描きながら「Hアワー」のための時間を潰しをしていたが、指定の刻限が来たので、目指すそれぞれの「ビーチ」にむけて前進を開始した。この段階ではまだ海岸から発砲はなく、ひょっとすると海空軍は、きちんと計画どおり仕事をこなしたのではないかという淡い期待も生まれた。歩兵たちはびっしり詰めこまれ、おかげで目の前にある戦友のヘルメットか、あるいは艇首部分にあって接岸時にパタンと倒れる、背の高いランプ（開閉扉）以外、ほとんど何も見えなかった。ただ、死んだ魚が海に浮いていることに気づくものも何人かいた。それらは、目標の手前で落下したロケット弾のとばっちりを受けた魚だった。揚陸任務に投入された多くの艦艇はまるで「奔馬のように突っ張り、跳ね回って」いた。その動揺がつくりだす目眩《めまい》と吐き気になんとか耐えようと、多くのものがただただジッと目を閉じていた。小ぶりの上陸用舟艇には、すでに「汚物の臭い」が立ちこめていた。

艦砲射撃によって立ちのぼる煙と土ぼこりのせいで、上陸用舟艇をあやつる艇長たちは、目印となる地形の確認に困難を覚えた。「第一歩兵師団」の兵員を乗せたある舟艇は、目標から一〇マイルも離れた、イギリス側との境界の町、ポール＝タン＝ベッサン付近の浜辺に着いてしまったほどだ。多くの舟艇をあやつるのはイギリス海軍の面々だった。彼らについては、年若く、経験に欠ける、恐怖に震えあがった新米水兵であるとか、銃口をむけられて海岸に接近するよう強要されるケースが二、三あったというような誤解を招く記録がある。だが、現場で見聞きしたものによる、より信頼のおける情報によれば、彼らの技量と勇気は大したものだったという。水兵たちの何人かは、すでに地中海において、アメリカ軍とともに、上陸作戦を経験してきたベテランだった。

「たしかに周囲で、キンキンという金属音がしていたのは知っていた」とアメリカ海軍のある大尉

は書いている。「とそのとき、兵士が一人か二人、甲板に倒れこんだ。それでようやく気がついた。自分たちが本物の弾丸で、本物の生身の敵から、銃撃を受けているのだと」。やはり言葉の力こそが兵士たちを鼓舞するのだ——と考える将校も、もちろんいた。「さあ諸君、見苦しくない態度で、戦いに臨もうではないか」というわけである。乗っていた舟艇が接岸できず、海岸の手前にある砂州に嵌《はま》ったとき、ある将校は大声で部下に発破をかけた。「わがアメリカ軍が、この地に上陸するのは、じつに二十五年ぶりの快挙であるぞ！」と。

上陸用舟艇のランプが倒れると、ドイツの機関銃手はその開口部に狙いを集中させた。しかも、海岸線の手前にある砂州に乗りあげて、身動きが取れなくなる舟艇の数はあまりに多かった。一見すると浅そうだが、砂州の先は、ふたたび抉《えぐ》れたように深くなっているのだ。そんな困難もどこ吹く風。アメリカ沿岸警備隊からやってきた、経験豊かな艇長たちは、どの瞬間にエンジンを切ればいちばん良いかを熟知していた。彼らは行き足を利用して、そうした砂州を見事に乗り越えてみせた。これをやり遂げると、舟艇はどんぴしゃりで「ビーチ」に着くのだった。

「ランプが倒れた瞬間、舟艇内に敵の銃弾がまっすぐ飛びこんできた」と第二九師団「第一一六歩兵連隊」の兵士は書いている。彼は「オマハ・ビーチ」の西側に到着した。「目の前にいた分隊長三人がやられたし、それ以外のものも被弾した。一部の兵士は、舟艇の側面から外に出ようとした。水兵がふたり撃たれた。飛びだすと、水は足首までしかなかった。そこで一気に海岸まで駆け抜けようとしたところ、水はいきなり腰までの深さになった。私は這うようにして、海岸にある鋼鉄製の障害物のかげに身を隠した。弾が障害物に当たり、私の背嚢も貫いたけれど、かろうじて身体には当たらなかった。さらに多くの戦友が銃弾にやられた」

到着後も波のせいで、上陸用舟艇の上下動は収まらなかった。「うっかり足を滑らせて、金属製の

ランプの下に嵌ったら、そのまま押し潰されて、命を落としていただろう」。一部の場所では、思いきり飛びだしたら、水があたまの上まで来てしまったというケースもある。泳ぎ方をまったく知らない兵士も実際多かった。深みに嵌った兵士の大部分は、もがきながら装備を脱ぎ捨て、なんとか助かろうとした。目の前にいた戦友が装備の重みで溺れるところを至近距離で見たため、後続の兵士たちはパニックに駆られた。「泳ぎのうまいものも、まったく泳げないものも、多くのものが、いまだ海にいるうちに銃撃された」とこの兵士は書いている。「撃たれて、重荷のせいで溺れるものたちの、助けを求める絶叫……死んで水面に漂うものもいれば、死んだふりをして流れに任せつつ、海岸に接近していくものもいた」

水深が一・五メートルもある海中に飛びこんだあるアメリカ兵は書いている。「ぼくのすぐ鼻先で、次いで両脇で、さらにそこいらじゅうで、銃弾のあげる水柱が立っていた。その瞬間、ぼくはこれまで犯したあらゆる罪を思い、それまでの人生で一度もなかったほど、激しく神に祈った」と。「第一一六歩兵連隊」第一大隊の面々は、ロバートソン三等軍曹を見舞った運命をすぐ間近で目撃した。ロバートソン軍曹は「ピルグリム（巡礼者）」というあだ名で知られる、非常に敬虔な下士官だったが、「ひたいの右隅、ちょっと上の部分にパックリと大きな傷ができていた。軍曹はヘルメットも被らず、惚《ほう》けたような表情で歩いていった。とそこで、いきなり跪《ひざまず》き、ロザリオを手に、祈りはじめたのだ。その直後、ドイツ兵が死の十字砲火によって、軍曹を八つ裂きにした」

目の前にある、あの「ビーチ」を横切るなんて、およそ不可能に思われた。こんなに重い装備をかかえ、ぬれた軍服とぬれたブーツで浅瀬を走るなんて。四肢は鉛のように重く、心身はマヒし、まるで悪夢の中にいるみたいだった。重量級の装備を持たされた兵士に、生き残るチャンスはほとんどなかった。ある兵士などは、自分自身の装備に加え、七五〇発の機関銃弾を持たされていた。第一波の

部隊がもっと軽い装備で臨んでいたら、犠牲者の数は半減していたはずだ、とのちに多くの兵士が主張したのも宜《むべ》なるかなである。

あらゆる方角から「撃たれた！　撃たれた！」と絶叫する声が聞こえる。水が首までくるような海へ飛びこんだ「第一歩兵師団」のある兵士は、もどかしげに水中をすすんだ。ひどく疲れたので、片足で立って、ちょっと身体を休ませた。「あらゆるものがスローモーション映像のようで、どの兵士もまるで装備に押し潰されたような歩き方をしていた。過剰な装備をかかえたものに、望みはなかった。私もひどく疲れ、自分の身体ですら、ほとんど動かせないほどだった」と。彼のいた小隊は総員三一名だったが、そのうち生き残ることができたのはたった九名だった。

機関銃の弾道が、「オマハ・ビーチ」を縦横無尽に薙《な》いでいく。「銃弾がぬれた砂に当たると、『チッチッ』という音が聞こえた。誰かが舌先で歯のあいだをせせるみたいな音だった」。ある兵士は、仲間のGIがビーチを横切ろうと、右から左へ駆けていくのを見た。敵兵に撃たれ、そのGIはよろめいた。「彼は大声で衛生兵を呼んだ。衛生兵がひとり、GIの救護のため、すばやく駆けつけ、彼もまた撃たれた。衛生兵はGIのとなりに横たわり、ふたりは揃って叫んでいたけれど、数分後に息絶えた」。ビーチに設置された障害物の背後にずっと身を隠している兵士もいた。銃弾が金属にあたるカチンカチンという甲高い音が聞こえる。だが、それ以外の兵士たちは覚悟を決めた。展望をひらく唯一の道は、あの護岸までたどり着き、それを盾にするしかないのだと。そのころ、「オマハ・ビーチ」のもう一方の端、防備の堅い西側（海からみて右側）のヴィエルヴィル谷口を攻める「第一一六歩兵連隊」のA中隊では、最悪の犠牲者を出していた。

ドイツ軍の機関銃手が、波打ち際に狙いを定め、海と陸の境界線に〝殺戮の帯〟をつくりだしているころ、ドイツ軍の砲兵は、上陸用舟艇をもっぱら攻撃していた。アメリカ「第五軍団」の報告がの

ちに認めるように、中央部がくぼんだようなカーブを描く「オマハ・ビーチ」の海岸地形のせいで、「正面からでも、側面からでも」攻撃を加えることが可能だったのだ。「オマハ・ビーチ」の東半分（海からみて左半分）に上陸した「第一歩兵師団」のとある二等軍曹は、近くにあった揚陸艇が直撃を受ける瞬間を目撃した。揚陸艇に乗っていた数人の男が「空中に五、六〇フィートも」吹きとばされた。「第一歩兵師団」の場合、第一波に参加した戦車のうち、無傷のものはほとんど無かった。それでも、炎上するその車体は、少なくとも背後に身を隠す、盾の役割は果たしてくれた。

強烈な銃撃や砲撃を浴びながらも、海軍の戦闘爆破班はその任務に着手した。「われわれの仕事は」とある班員は書いている。「各種の障害物を次々に回りながら、プラスチック爆薬を詰めたバッグを置いていき、あとで一気に着火できるよう、起爆コードで繋いでいくことだった。一部の障害物の背後には、GIたちが身を潜めていた。われわれは彼らに声かけをした。ほらほら、前進しないと、いっしょに吹きとぶよと。潮が満ちてくるため、われわれは急いで作業をすすめた」。後続の上陸用舟艇が無事接岸できるようにするため、爆破班は波打ち際に幅一〇〇フィート（約三〇メートル）のスペースを造ろうとしていたが、潮がどんどん満ちてくるため、除去作業が完全に終わらぬうちに、海から出ざるを得なかった。「その朝、きれいに整備できた場所は、一六カ所中わずか三カ所だけだった」という。地雷付きの障害物がふたたび水中に没したため、後続部隊の艇長はいっそう困難な任務に直面した。ジェロウ将軍が最も恐れていた事態が、いまや現実のものになりつつあった。

上陸のさいには、多くの将校、下士官がまっさきに犠牲になった。ただ、兵士のなかには、実戦の手荒い洗礼にもめげず、そのショックから徐々に回復しつつあるものもいた。なんとか生き残りたいのなら、結局、あの「ビーチ」を横切るしかないのだ、と彼らは覚悟を決めた。「第一歩兵師団」に所属するミネソタ州出身のある兵士は、のちに故郷に宛てた手紙の中で、このときのようすを書いて

いる。意を決して、猛然と三〇ヤードを全速力で駆け抜けたけれど、「これまでの人生でこんなに強く祈ったことはありませんでした」と。護岸にたどり着いてふり返ると、かつての分隊仲間のすがたが目に入った。「ひどい光景でした。あちこちで人が死んでいました。負傷して動けないものは、上昇する海面に浸かって、溺れかけていました。上陸用舟艇がまだ激しく燃えているなかへ、後続の部隊が続々と接岸しようとしていました……これほど多くの勇敢な男たちが、これほど頑張ったすがたを、私はこれまで見たことがありません。多くのものが後退のさい、負傷者をなんとか回収しようとして、自分自身も殺されていました」。かろうじて護岸までたどり着けた兵士も、援護射撃で仲間を助けてやることはできなかった。「われわれの武器の少なくとも八〇パーセントは、砂と海水のせいで役に立たなかったのです」。戦闘意欲の異常な高まりがあだとなり、多くの兵士は上陸したとたん、いまだ海岸にたどり着く前に、銃口にかぶせた防水カバーを外してしまったのだ。ほとんどすべての無線機も、海水のせいで機能せず、そのことがさらなる混乱へとつながった。

そうした中でも、組織がしっかりしたところは、分隊が密集隊形を組み、機関銃にさらされる部分を最小限に抑えつつ、一気に駆け抜けていった。アメリカ陸軍「第一二一戦闘工兵大隊」のある中尉は、途中で脚をやられた兵士を救出すべく、軍曹ひとりとともに駆けもどった。引きずって動かすのは無理だったので、軍曹が兵士を肩に担ぎあげた。だがしかし、軍曹はそこで致命傷を負い、中尉も肩に一発くらった。それでも、他の兵士たちが駆け寄ってきて、三人を比較的安全な、低い護岸の陰へと引きもどした。最初に到着した戦闘工兵部隊は、歩兵の役割を果たさなければならなかった。上陸のさい、爆薬のほとんどを失ってしまったからだ。敵の銃撃はあまりに激しく、装甲ブルドーザーが到着するまで、工兵たちにできることは何もなかった。

後続の部隊が次々と到着しはじめた。第一波の生き残りたちは、石を積みあげた護岸の下で、こみ

あげる吐き気とともに、そのようすを見つめていた。「泣き声をあげているものや、呪いのことばを吐いているものもいた」と第二九師団「第一一六歩兵連隊」のある若い将校はふり返る。「この作戦の実際の参加者というより、まるで観客のような気分だった」と。恐怖で口のなかがカラカラになった。煙草を吸いたかった。上陸用舟艇のランプが倒れたとたん、機関銃が一斉に火をふくのだ、とウィスコンシン州出身のある軍曹は書いている。「兵士たちが転げ落ちてくる。まるでベルトコンベアからトウモロコシの穂軸がバラバラとこぼれるみたいに」。上陸用舟艇の後方に乗っていた何人かの兵士は、必死になって隠れ場所を探そうとしたし、すでに飛びだしてしまったものも、舟艇に戻って、銃弾を避けようとした。落下してきた砲弾が炸裂すると、海は「巨大な間欠泉」のようになった。

第二波に参加したある将校は書いている。海岸線から三〇〇ヤード手前に、分厚い煙が漂っていて、何が起きているのか分からなかったが、爆発音や発射音だけは聞こえた。どうやら航空部隊は与えられた仕事をきっちりこなしたらしいぞ、と彼らは思った。「部下たちが言った。『二九師団だって負けるもんか。きっといまごろ、町まで行ってるさ』と。しかし、当のビーチに着いてみると、攻撃を仕かけているのは、ドイツ軍であることが分かった」

その一方で、同じ「第一一六歩兵連隊」に所属する別の将校は、こんなことを書いている。ある意味で、またぞろ上陸演習をやらされている気分だった。「二日間、悲惨な目に遭わされて、最後は熱いシャワーを浴びて、はい、終わり」といったようなと。「オマハ・ビーチ」の、事前に指定された小戦区に接岸できるかどうかはひどく怪しかったので、ある中隊長は揚陸艇の海軍士官にこう頼んでおいた。「とりあえず海岸に乗りあげてくれ。いずれにしろ、戦闘はやっているだろうから」と。ところが、実際に行ってみると、そこはレ・ムーランという寒村の谷口だった。つまり彼らは、計画ど

おり、所定の場所にどんぴしゃりでたどり着いたのである。「部下には頭を下げていろと命じた。状況を自分の目で見なければ、動揺することもないから。戦車は依然、波打ち際に留まっており、いまだ発砲しているものもあれば、炎上しているものもあった。各強襲中隊の兵士たちは、それらの戦車を盾にして、とりあえず前進した。いまだ海中に留まっているものも若干名いた。過半数が負傷し、多くの死体が海面に浮いたまま、潮流に流されていった」

「第一一六歩兵連隊」のマッグラス大尉が〇七四五時（午前七時四十五分）に到着したころには、海面は急激に上昇しつつあった。護岸に目をやると、その底部に兵士たちがびっしりと集《たか》っていた。マッグラスたち将校連は、とりあえず兵隊どもを動かそうと試みた。「まずは話しかけ、われに続けと促してみたが、誰ひとり、ついて来ようとしない。多くのものが恐怖で立ちすくんでいるようだった」。同連隊に所属するある中尉の奮闘ぶりをひとりのレインジャー隊員が目撃している。彼は敵の砲火にあえて背を向け、すっくと立つと、「護岸のところで縮こまり、腰が抜け、怯えきり、なすすべもなく、ものの役に立たない兵隊どもに向かって、こう一喝した。『きさまら、それでも兵士か！』」と。その中尉はやれることをすべてやり、護岸の「背後に隠れている」第一一六の連中をまとめあげようと懸命に試みたが、効果はなかった」と。「第一一一野戦砲連隊」の先鋒として上陸したリチャード・ブッシュ砲兵大尉も、自分が目にした兵士のようすを描写している。「彼らは打ちのめされ、ショック状態だった。多くのものが、手にした小火器を使うことさえ忘れていた」と。こうした状況なので、大隊級、中隊級の指揮官たちは、部下たちにまず、武器を点検するようにと命じた。さらに、武器がなければ、亡くなった戦友のものを使わせてもらえと語りかけた。負傷者の一部も点検作業を手伝い、手近な武器を使用可能にしていった。

「第一歩兵師団」付きの軍医補をつとめるホール軍医大尉は、極度のストレス下に置かれた兵士た

ちの反応について、違う視点の目撃談を述べている。「いわゆる〝徘徊症〟の状態でボートに連れてこられた男を見た。彼は絶叫し、大声で怒鳴り、両手をふり回していた。装備はすべて投げ捨てていた……多くのものが、いまだ海にいるあいだに撃たれたし、負傷したものは海面の上昇によって溺死した。私は患者たちに大声で話しかけ、這ってでもいいから動くようにと語りかけた。何人かは、言うとおりにした。そうしなかった者の多くは、精神面で、完全に機能不全に陥っているようだった。手足をだらんと伸ばし、そのままの姿勢で動こうとしないのだ。手足そのものは動かせるのだが、単にこちらの指示に反応しないだけなのか、あるいは動くこと自体を、放棄しているのかもしれない。何人かの将校が、行って連れてこようとしたけれど、［より上級の］将校がいいから戻ってこいと怒鳴っていた」。潮が満ちてきたとき、海岸に乗りあげた上陸用舟艇の端を、数人の負傷者がぎゅっと摑んでいた。「彼らはひとり、またひとりと剝がれ落ち、溺れてしまった。胸部に傷を負ったある兵士は、やがて水面がその顔まで上がっていき……年若い兵士がひとり、砂浜に向かって、海辺を淡々と歩いていた。まるで散歩でもしているみたいに。だれかが伏せろと叫んだ。機関銃が一閃、周囲の砂が、彼をぐるりと一周するみたいに跳ねあがったけれど、当人は無事だった」。ところが、恐怖に駆られたある若い工兵が「ビーチを右へ左へと走りはじめる」と、「たった一発で、彼は絶命した」。

ホール大尉自身も、石積みの護岸にたどり着く途中で傷を負ったけれど、そのときの護岸の状況についても、めげずに書いている。彼らは「ぬれた小石のうえに寝かされ、寒さと恐怖で震えていた」。みな驚きつつ、畏敬の念をこめて、医療班所属のある兵士の頑張りをじっと見つめていた。「A・E・ジョーンズ伍長は、見た目はいたって華奢――体重は一〇五ポンド（約四八キログラム）、身長は五フィート五インチ（約一六五センチメートル）――で、戦場で目覚ましい働きをする人間にはおよそ見えなかった。だが、敵の途方もない火力のもと、生きてふたたび戻れる可能性がほとんどない状況

下で、この伍長はビーチに六回も出かけていっては、兵隊たちを連れて戻ってきたのだ」。そのうちの一回などは、ある負傷者のようすを見に行ったあと、ホール軍医大尉のもとにいったん戻り、ケガの状況を説明し、どうすれば良いかと判断を仰いだという。

心身に打撃をこうむる兵士は、別段歩兵だけに留まらなかった。「オマハ・ビーチ」の小戦区のひとつ、「フォックス・グリーン小戦区」に上陸したある戦車の場合、車長をつとめる軍曹が、精神に変調をきたしてしまった。乗員全員に、この戦車を放棄せよと命じたものだから、結局、ひとりの一等兵が指揮をとることになった。くだんの軍曹はたこつぼ壕にすがたを消し、終日そこで震えていた。のちにある少佐がその一等兵に尋ねた。おまえ、どうして、やつをその場で射殺してしまわなかったんだ——と。かと思うと、上陸のさいに被弾し走行できなくなった、ある〈シャーマン〉戦車の話も伝えられている。この戦車の乗員は、いっこうにへこたれず、潮が満ちて車体の放棄を余儀なくされるまで、一度も途切れることなく、敵への砲撃を続けたという。ドイツ軍の火砲は〈シャーマン〉戦車、中でもブルドーザー型のブレード（排土板）を備えた特殊戦車に火力を集中させていた。「第七四三戦車大隊」には五一輛の〈シャーマン〉があったが、そのうち少なくとも二一輛は、敵の砲弾にやられている。戦車たちは、弾を撃ち尽くしたあとも、「ビーチ」を何度も往復し、歩兵たちがこの〝殺戮の帯〟を横切れるように、くり返し盾となって庇《かば》ってやった。「第一歩兵師団」のある一等兵もそのことをよく承知しており、「われわれの命を救ってくれたのは戦車である！」と語っている。

より上級の指揮官たちが、幕僚を引きつれて、「ビーチ」に続々到着しはじめた。攻撃の次の段階で死活的に重要になる〝リーダーシップの発揮〟が彼らの任務だった。「第五軍団」の報告書がのち

に述べているように、現場に混乱をもたらした最大の要因は、上陸用舟艇が所定の場所にたどり着けず、各部隊が結果的にバラけてしまったことにある。このため「オマハ・ビーチ」の一部小戦区は「やたら混み合い、他の小戦区は人がまばら」という状況が出現した。攻撃開始から一時間後の〇七三〇時（午前七時三十分）を回ったところ、「第二九歩兵師団」の副師団長ノーマン・D・コータ准将と、第二九師団「第一一六歩兵連隊」を率いるチャールズ・キャナム大佐が波をかきわけ、次いで水中を歩きながら、「ドッグ・ホワイト小戦区」に上陸した。彼らは手近な戦車の背後に身を隠したあと、一気に護岸まで駆け抜けた。

海空軍の砲爆撃に、過度の信頼をおくことの危険性について、コータ准将はジェロウ大将と同じ懸念を共有していた。だから現場入りして、かくのごとき惨状に直面することも、十分覚悟していた。水陸両用トラック〈DUKW〉が波間に沈んでいるのが見えた。「第一一一野戦砲大隊」のため、一〇五ミリ榴弾砲を運んできたものだ。計一三台うち、じつに一一台の〈DUKW〉がやられていたが、その大半は集結エリア付近でうろうろしているところを、敵に撃破されたのだ。「第一歩兵師団」の火砲も似たような目に遭っていた。第一師団「第一六歩兵連隊」付きのある砲兵中隊は、〈DUKW〉で送りだした一〇五ミリ榴弾砲六門をすべて失っていた。「第七野戦砲大隊」などは、持てる火砲を一門も陸揚げできず、その大半は〈DUKW〉とともに、海の藻屑と消えてしまった。

改めて近くで観察すると、「オマハ・ビーチ」の各種障害物は、いまだ除去されていないことが分かった。「第一四六特殊水中爆破大隊」の工兵たちは、思わぬ潮流のせいで、目指す上陸地点から東方（左方向）に、一マイル以上も離れた場所にいた。コータ准将とキャナム大佐は、状況をすばやく検討した。上陸のさいバラけた結果、それぞれの部隊は、大隊どころか、中隊、小隊までが、まとまった一つの単位として機能しなくなっていた。とりあえず必要なのは、いまある武器の整備と点検

を終えたら、部下たちに命じて、鉄条網や地雷原を強行突破させ、さらにその背後に連なる低い崖をのぼり、ドイツ軍陣地を攻撃することだった。

はてさて、レ・ムーランの谷道を攻撃するには、どこで鉄条網を突破すれば、いちばんだろうか——とコータ准将が、しかるべき場所を探していた〇八〇〇時（午前八時）、その惨事は起こった。ちょうど水際に近づいたLCIL——歩兵揚陸艇（大型）——の一隻、「LCIL91」に積まれた砲弾の一発が突如として炸裂し、それがどうやら火焔放射器を携行する兵士の燃料タンクに引火したらしいのだ。「その兵士は甲板を勢いよく飛んで、右舷隔壁を完全に吹きとばし、海に落下した。タンク内の燃料は、炎をあげながら、前甲板と上部構造を覆いつくした……そのLCILには、第一一六歩兵連隊の予備本部が置かれていたのだが、その後十八時間以上も燃えつづけ、しかもその間、艇内にあった〈エリコン〉二〇ミリ対空砲用の弾薬が、爆発をくり返す始末だった」。その十分後、今度は「LCIL92」が似たような運命に見舞われた。おかげで、銃弾が激しく飛び交うなか、重度の火傷《やけど》を負った多くの工兵たちを護岸の陰まで引きずってこなければならなかった。

ともかく「オマハ・ビーチ」から抜けだす突破口を開かねばならない。そのための適地を探すため、コータ准将は「ビーチ」の右方向へ、キャナム大佐は左方向へとそれぞれ向かった。その直後、キャナム大佐は右手首を撃ちぬかれたが、貫通した部分に包帯をまくと、出口探しを続行した。「右腕を三角巾で吊り、骨ばった左手で〈コルト四五口径〉をわし摑みにする」、そんな〝面長おやじ《オールド・ハチェットフェイス》〟のすがたを、部下の兵士たちは目撃している。キャナム大佐は「背が高く、ひょろっとした体形をし、ワイヤーフレームの眼鏡をかけ、鉛筆でさっと引いたような口ひげをたてて」おり、例の門出の訓辞——諸君の三分の二は殺されるという警告——を部下に見舞った南部出身の軍人である。その大佐がいましも将校たちに、部下を「ビーチ」から立ち退かせろと怒鳴っていた。

「さっさと兵隊どもをビーチからどかさんか！　そのまま前進して、ドイツのクソどもを殺すのだ！」と。次々降ってくる迫撃砲弾を避けながら、ある中佐が大声で叫んだ。「大佐どの、隠れないと、殺られますよ！」。すると「きさま、そのケツをいつまでここに置いているんだ！」とさらなる罵声が飛んできた。「部下どもを、さっさと、ビーチから叩きだすんだ！」

そのころ、「第一歩兵師団」が担当する「オマハ・ビーチ」の東半分（海からみて左半分）では、第一師団「第一六歩兵連隊」を率いるジョージ・テイラー大佐が、キャナム大佐と同じ督戦任務にあたっていた。かなり沖合いでDD戦車を発進させたため、同師団付きの「第七四一戦車大隊」は甚大な被害を蒙っていた。結果、「第一歩兵師団」には歩兵を守ってくれる戦車部隊がほとんどおらず、その点を考えるなら、彼らがその後にあげた戦果はよりいっそう印象深く思えてくる。連隊長のテイラー大佐は、将校のあいだを次々回りながら、一人ひとりに声かけをした。その姿が、負傷したホール軍医大佐によって目撃されている。「連中がわが方に八八ミリ砲を向ける前に、われわれはこのビーチを出なければならない」と大佐は語りかけていた。「そうすれば、もし殺されることがあっても、多少のドイツ兵を道連れにできるからな」と。テイラー大佐にはイギリスの海軍士官がひとり同行していたが、巨大なあごひげを立てたそのイギリス人は「しゃがみこんで煙草を吸いながら、ただただ退屈そうに見えた」という。テイラーはこのとき、のちに有名になる訓辞を、部下に対しておこなっている。「このビーチに残るものはただ死者のみであり、立ち去るものにも死が待っている。さあ、さっさとここから脱出するのだ！」

じつは「オマハ・ビーチ」における最初の突破口は、このときすでに開かれていたのだ。第一師団「第一六歩兵連隊」第二大隊の一部が、サン＝ローラン＝シュル＝メールとコルヴィル＝シュル＝メールのあいだに上陸し、二人を失うも、海岸部を一気に抜いていたのである。〇七三五時（午前七時

三十五分）、ドイツ「第三五二歩兵師団」が、マルクス大将の「第八四軍団」司令部に報告を上げてきた。「コルヴィル北東で、一〇〇ないし二〇〇名からなる敵軍が、わが防衛線を突破しました」と。ドイツ側は明らかに懸念をいだいたはずだ。すぐさま「マイヤー戦闘団」に対し一個大隊を送って、突破した敵兵に対処せよと命じたところ、師団司令部から、次のような返事が返ってきたからだ。同大隊の「一時間半以内」の現場到着は、期待できずと。しかも連合軍の航空攻撃の影響で、同大隊は実際には、午後もかなり遅くなるまで、現場到着を果たせなかったのである。

しかも、それからいくらもしないうちに、クライス師団長は状況判断を改めざるを得なくなった。「第三五二歩兵師団」には、「オマハ・ビーチ」にこれ以上兵力を割くような余裕はもはやないと。アメリカ陸軍の公戦史が指摘するように、「オマハ・ビーチ」から東方数マイルの「ゴールド・ビーチ」に、イギリス陸軍「第五〇歩兵師団」が上陸を開始し、「ドイツ軍にとって、最も深刻かつ差し迫った脅威」となったからである。イギリス側の「Hアワー」（攻撃開始時間）はアメリカ側より一時間あとに設定されていたが、あとから攻めた「イギリスの強襲部隊は、最初の数時間で、沿岸の防御陣地を数カ所において突破することに成功した」のである。その結果、ドイツ「第三五二歩兵師団」の左側面が完全にがら空きとなり、イギリス軍に対処するため、「マイヤー戦闘団」の大半はクレポンに差し向けられた。マイヤー中佐自身はバザンヴィルにおいて、イギリス軍と交戦中に戦死した。三〇〇〇名近くいた中佐の部下のうち、師団本隊とその後合流できたものは、わずか九〇名にすぎなかった。

「オマハ・ビーチ」の西のはずれ（右端）、「第一一六歩兵連隊」のA中隊のすぐ右側に、「第二レインジャー大隊」に所属する一個中隊がほうほうの体でたどり着いたところ、「第二レインジャー大隊」

の残りの部分は、主要目標であるオック岬——すぐ右横の絶壁をぐるりと回った先にある——の砲台に挑んでいた。こちらのレインジャーたちもやはり運には恵まれなかった。

そもそも乗っていた上陸用舟艇が海岸に近づくにつれ、大隊長のジェームズ・E・ラダー中佐は、そこがオック岬でないことに気づかされた。舵を握るイギリス人の艇長が、めざす目標よりかなり東側(左側)、ほとんど「オマハ・ビーチ」といってもよい地点まで一行を連れてきてしまったのだ。すぐさま方向転換がはかられたが、オック岬をめぐる潮流のせいで、さらに貴重な三十分間がムダとなった。ようやく崖下に到着したレインジャーたちはさっそく、イギリスのコマンドー部隊が開発した新兵器——ロケットを使って鉄製のかぎ爪を打ちこむ仕掛け——を発射した。だが、かぎ爪の多くは、後《あと》に引っぱるロープが海水を吸って重くなっていたこともあって、崖上まで届かなかった。それでも、しっかり掛かったかぎ爪も中にはあり、第一陣の男たちは意を決すると、一斉に登攀を開始した。このほか、ロンドン消防隊由来の梯子も利用された。ドイツ側は当初、まさか崖下の上陸用舟艇からかぎ爪が撃ちこまれたとは思わなかった。「第三五二歩兵師団」に届いた報告にも、「沖合いの軍艦から、敵が断崖にむけ、特殊砲弾を発射しており、そこから縄ばしごが垂れ下がっている」とある。

崖上のドイツ軍守備隊はその後、崖下の死角に攻撃部隊がいることに気づき、銃撃や手榴弾の投下を試みた。ただ当初は、沖合いの米駆逐艦「サターリー」と英駆逐艦「タリーボント」が援護射撃をおこなったため、ドイツ側は頭を上げることすらできなかったが。なかでも「タリーボント」はレインジャー部隊の援護にいつでも当たれるように、終日その場に留まってくれた。第一陣をつとめたレインジャーたちは、勇気と技量に長《た》けた猛者ばかりで、見事崖上に足場を確保した。いったんできた足場は、すぐさま後続の隊員によって強化された。ただ、来てみて驚いたことに、ここの砲台には、

大口径の火砲が設置されていなかったのである。内陸部にちょっと入った場所に、それらは寝かされており、すぐさま始末された。

ラダー中佐付きの無線手は、作戦の成功を知らせる暗号「主を称えよ《プレイズ・ザ・ロード》」を送ろうとしたけれど、海水のせいで携行してきた無線機は不具合を起こしていた。まあ、いずれにしろ手遅れだったのだが。時間内に目標が達成されないということは、増援部隊として沖合いで待機する「第五レインジャー大隊」にとって、作戦の失敗を意味したからだ。そこで代替プランへの切りかえがおこなわれ、第五大隊は第二九師団「第一一六歩兵連隊」を支援すべく、「オマハ・ビーチ」の上陸を開始した。これを受け、副師団長のコータ准将は、目の前の低い崖にむけ、レインジャーたちを直ちに投入した。

一方、オック岬をまもるドイツ「第九一六擲弾兵連隊」の一個大隊は、上級への報告において、アメリカ側以上にもたついていた。敵レインジャー部隊が断崖の登攀に成功したという第一報がようやく「第三五二歩兵師団」に届いたのは、〇八一九時（午前八時十九分）だった。崖上の戦闘は終日つづき、「第九一六擲弾兵連隊」はくり返し何度も、ラダー中佐の部隊に反撃を試みた。その結果、レインジャーたちは弾薬が尽きてしまい、死んだドイツ兵から奪った武器で戦うハメになった。いわば当座の便法だったけれど、増援部隊がその後到着したとき、これが非常に危険をはらんだ行為であることが明らかとなる。


コータ准将はようやく攻撃地点を決定した。いまだ炎上中のＬＣＩＬ――歩兵揚陸艇（大型）――からそれほど遠くない場所、護岸からおよそ五ヤード離れたところの、小山をかかえる一角だ。〈ブローニング〉自動小銃を手にした傍らの兵士に向かって、上にいるドイツ兵が顔を出せないよう撃ちつづけろと命じたうえで、コータ准将は鉄条網の下に〈バンガロール〉爆薬筒を設置する作業の指揮

に当たった。准将はまた、「第五レインジャー大隊」のマックス・スナイダー中佐にも指示を出した。ここ以外にも、同様の突破口を開き、内陸部へと向かい、しかるのち西進し、ラ・ペルセ岬のドイツ軍防御陣地を攻撃せよと。

鉄条網は見事に破壊された。さらに海軍の砲撃により、低い崖をおおう雑草に火がついた。その立ちのぼる煙を見た瞬間、コータ准将は決断した。いまが攻め時だ。さあ、突撃を敢行し、崖下へといたる湿った草地を突破するのだと。だがしかし、鉄条網をくぐって進んだ最初の兵士は、たちまち機関銃にやられてしまった。「衛生兵！」とその兵士は叫んだ。「衛生兵！　撃たれた！　助けてくれ！」。彼は数分間うめき、泣き叫んだ。「その兵士は最後に数回、『おかあさん』とすすり泣き、息絶えた」。他の兵士たちが恐れおののくのを見てとったコータ准将は、みずから先頭に立ち、前進を開始した。ほどなく「第一一六歩兵連隊」の面々は崖下までたどり着き、登攀を開始した。崖をおおう雑草からあがる煙はおそろしく濃厚で、燻《いぶ》されたような息苦しさを感じた。ガスマスクをいまだに持っていた兵士は、すぐさまそれを装着した。

〇八三〇時（午前八時三十分）、崖下の臨時指揮所で、コータ准将はふたたびキャナム大佐と合流した。すると、ひとりのアメリカ兵が、ドイツ人捕虜五名を追い立てながら、近づいてくるのが見えた。五人はみな両手を挙げていた。と突然、頭上のドイツ軍の機関銃が火をふき、先頭の捕虜ふたりが殺されてしまった。残りの三人はその場で跪《ひざまず》き、機関銃陣地のある方角に撃たないでくれと懇願したけれど、さらに一人が胸部を直撃された。

死角にあたる護岸の陰に、数多くのアメリカ兵が隠れていることに、ドイツ側はようやく気づいたらしい。そこで今度は、迫撃砲を用いてこちらを攻撃してきた。迫撃砲弾が爆発すると、ぶどう弾のような破片が飛んでくる。キャナム大佐一行の近くにも一発落下し、コータ准将のかたわらにいた二

人の兵士を葬り去り、また准将付きの無線手が、爆風で二〇フィートも吹きとばされた。すぐさま指揮所を移動したが、ビーチの左手にいるはずの「第一歩兵師団」とは依然、連絡がつかなかった。なにしろ通信手段そのものがないのだ。海水のせいで無線機自体が不具合を起こしていることもあるが、それだけではない。九〇ポンドもある機材を背負うため、ビーチにおいて無線手は、動きがどうしても緩慢になり、ドイツ軍の狙撃手にとって、格好の標的となってしまうのだ。

「第五軍団」を率いるジェロウ大将は、沖合い十マイルの米揚陸指揮艦「アンコン」艦橋にあって、現場からの報告を待っていた。だが、連絡がなかなか入らないため、ジェロウは気を揉んでいた。出撃していく上陸用舟艇は荒れた海で跳ねあがり、中には沈没する艇まで出るしまつで、彼は警戒心をいっそう高めた。次なる兵員や装備を積みこむため、舟艇たちはいったん沖合いに戻ってきたが、彼らから上がる報告はいささか混乱していた。〇九一五時（午前九時十五分）、「オマハ・ビーチ」の「イージー・レッド小戦区」沖にひかえる現場の指揮艇からメッセージが届いた。「艦艇も車輌も、海岸付近に山をなしている。兵員は、ビーチに塹壕を掘っている。敵は、舟艇が浜に乗りあげるのを待って、銃撃している」。工兵部隊からも報告が届いた。地雷原を抜けるルートは確保できず、「敵狙撃手と機関銃手は、将校および下士官に狙いを集中させている模様」。

ジェロウは、米重巡洋艦「オーガスタ」にひかえる上官のブラッドリーに対し、現状を報告した。両将軍とも、さらなる不安を覚えた。いっそ「オマハ・ビーチ」は諦めて、後続部隊は「ユタ・ビーチ」へ、もしくはイギリス軍の担当海岸に回すべきではないか——といった可能性まで、ブラッドリー将軍は考えはじめていた。事実、「オマハ・ビーチ」の多くの場所、特にヴィエルヴィル谷口付近は、恐ろしいほどの惨状を呈していた。ただ、「ビーチ」全域が混乱を極めているとの印象にもかかわら

ず、一部の部隊はほとんど何の妨害も受けずに上陸を果たし、海岸線を突破し、比較的軽微な人的損耗だけで、崖上まで到達していた。すでに述べたように、「第一歩兵師団」の一部の兵士は、コルヴィル付近に姿を見せていたし、また「第二九歩兵師団」の第二波のなかには、「第一一六歩兵連隊」第一大隊C中隊のように、本来の目標から東方（海からみて左手）に一〇〇〇ヤード外れた場所ではあったが、〇七一〇時（午前七時十分）という早い段階に、比較的あっさり上陸を果たしてしまった例もある。C中隊は総員一九四名中わずか二〇名を失っただけで、「ビーチ」を横ぎり、護岸までたどり着いた。その先の低い崖をよじ登るさいには、艦砲射撃で火のついた雑草から立ちのぼる煙に大いに助けられた。

「第一一六歩兵連隊」第二大隊を率いる、テキサス州出身のS・V・ビンガム少佐などは、わが舟艇群は「ドッグ・レッド小戦区」に「全員、無事上陸しました」との報告を上げてきたほどである。「敵の銃撃は、想像したほどひどくはありませんでした」と部下の将校も言っていると。もっとも、「オマハ・ビーチ」の相当外れに上陸した、この「ビンガム大隊」所属のある中隊は、かなりの損耗を蒙っていたのだが。ビンガム少佐自身は、およそ五〇名の兵士を率いて、護岸を乗り越え、鉄条網を突破すると、崖下にある三階建ての住宅へと向かった。その家の周囲には塹壕が設けられていた。「きちんと機能する武器をだれひとり持っていなかった」ので、われわれはとりあえず、その塹壕に飛びこんで、武器の点検・整備をおこなった、とビンガムは報告している。階段は砲撃で破壊されていたけれど、その住宅の制圧には無事成功した。ひとまず拠点が確保できたので、ビンガムは部下を率いて、すぐ目の前にある崖へとむかった。さらに四〇〇ヤード内陸部に入ったところで、一行はサン・ローラン＝シュル＝メール村がある西方（右手）に向きを変えた。だが、村の外れまで来たところで、農家の建物を強化したドイツ軍の防御陣地に、行く手を阻まれてしまった。大隊本部にい

たコーソーン大尉は、部下に大声で指示を出しているとき、一個の破片に見舞われた。破片は大尉の頬の片方から入り、もう一方に抜けていったが、あごの部分は、上顎も下顎も、無傷だった。まさに貫通の瞬間、大尉が大口を開けていたおかげだった。その直後、現場に到着したある将校は記している。話すたびに、血が飛び散っていたけれど、大尉はまったく気にしている風《ふう》ではなかったと。

「ビーチ」本体や波打ち際の混乱は、〇九三〇時（午前九時三十分）まで、ほとんど改善の兆候が見られなかった。「それは人体と機械からなる巨大な廃品の山だった」とある将校はのちに報告している。燃え尽きたり、いまだ炎上中の車輛や死体、放棄された装備があたり一面に散乱していた。死体は波に洗われつづけ、大波がくると丸太のように回転し、波打ち際を潮の満ち引きとともに移動した。ある兵士は言った。「まるでマダム・タッソー館の展示品みたいだった。どの死体も蠟人形のようで、いまひとつ現実感に欠けていた」。波打ち際は、損傷を受けたり、完全に破壊された上陸用舟艇によって、あちこちが塞がれていた。その沖合いの混乱はさらにひどかった。上陸用舟艇は「暴走するウシの群のように」沿岸近くを走り回っていた、とジェロウ将軍の参謀長補をつとめるベンジャミン・B・タリー大佐は報告している。どの艇を突入させるべきか、どの艇を帰還させるべきか、海軍には判断がつかないからだ。たしかに当面の役に立たない車輛が、あれこれ陸揚げされていた。それでも、戦車の増強部隊だけは、現場に目立った変化を起こしはじめていた。ただ、うち数輛は「ビーチ」で移動中にキャタピラーが外れてしまったけれど。迫撃砲と機関銃で激しく攻撃されるなかで、換装作業に当たるには、並はずれた勇気が必要だった。

砲台や機関銃陣地をめぐる戦いでは、守る側がしだいに劣勢となっていった。ある工兵部隊は、TNT爆薬を積みこんだトラックを、敵機関銃陣地のかたわらまでなんとか持っていった。「彼らは導

火線に火をつけ、トラックを吹きとばした。陣地内に入ると、ドイツ兵の死体には目立った外傷はなかった。ただ、鼻や口から血が溢れでていた。みな、爆発の衝撃で殺られたのだ」。最も効果的な武器は駆逐艦の大砲だった。アメリカ海軍の八隻、イギリス海軍の三隻がこれに参加し、海岸と並行に進みながら、危険なほど間近から、ドイツ軍陣地を叩いてくれた。砲身が熱くなりすぎるため、水兵たちがホースを使って海水をかけ、組織的冷却にはげんだ。「オマハ・ビーチ」の上陸作戦に参加した多くの兵士たちはのちに、かなりの確信をこめて、あの前線駆逐艦がこの戦いを決めたのだと語っている。多くの歩兵将校がのちにこんな感想をもらしている。戦艦があんな遠方から闇雲に艦砲射撃をおこなうより、駆逐艦が海岸近くまで迫って、初めから敵陣地を叩いておけば、もっとはるかに効果的だったろうと。

戦車もまた、重要な役割を果たした。ドイツ「第七二六擲弾兵連隊」第二大隊の生存者は語っている。〈シャーマン〉戦車に攻撃されたある掩蔽壕から、「さらばだ、同志！」という別れのメッセージが発せられたことはいまも記憶に新しいと。それを最後に、連絡は途絶えたという。この兵士はまた、こうも主張している。「その〝抵抗巣〟の生存者たちは、野蛮にも処刑されたのだ。これはジュネーヴ条約への明らかな違反だ。例外は、六六名の捕虜だけで、しかもその半数は負傷者だった」と。

ジュネーヴ条約への違反行為は、果たしてあったのかどうか。その確認作業がおこなわれた形跡は、アメリカ側にはないけれど、条約違反とされるような事例はたしかに存在する。ただ、それはもっぱら、抑えつけられた恐怖心が一気に爆発したケースとか、あまりにも多くの戦友を殺されたことによる、復讐への欲求が、暴力事件へと発展したケースである。「ドイツ人がひとりいて、彼の階級は分からなかったが、その男は死にかけていた」とこの日、あとから現場に到着した米ボルチモ

ア・サン紙の記者は書いている。「彼は完全に意識をなくしていたが、GIの集団がぐるりとまわりを取り囲み、その男を見下ろしていた。ついにそのうちの一人が自分のカービン銃を手に取ると、男のあたまに一発撃ちこんで、『これでクソ野郎も楽になれるだろう』と言った。もちろん、そのとおりになった」。

フランス人が、時には女性までが、ドイツ側に立って戦ったという話を、一部のアメリカ兵は信じていた。オック岬のレインジャー部隊のある兵士は、戦闘直後に以下のような報告をおこなっている。「われわれは、ドイツ製の小銃でこちらに発砲したり、ドイツ軍砲兵のため観測員をつとめる民間人と遭遇した。そうした民間人には、こちらも発砲した」と。アメリカ兵はまた、思わぬ場所、思わぬかたちで移動しているドイツ人捕虜に遭遇すると、これにも発砲している。彼らは神経がピリピリしていたため、何かの謀略ではないかと半ば疑ったのだ。もっとも、逆に人間性を感じさせてくれるエピソードもある。「第五レインジャー大隊」のある無線手は、捕虜が持っているあらゆる書類を没収するよう命令を受けていた。だが彼は、家族写真だけは別途取りおき、当人のポケットにそっと戻してやった。ドイツ人捕虜たちは小声で「ダンケ・シェーン」と言った。こんな話もある。あるレインジャー隊員が捕虜たちを「ビーチ」まで引率していたとき、うっかり躓《つまず》いて、砲弾でできた大きなクレーターに落ちてしまった。すると三人の捕虜が彼のあとから飛びこんできた。その隊員は一瞬、ああ、自分は殺されると思ったけれど、捕虜たちは彼が穴から出るのを手助けし、ほこりを払ってやり、彼の小銃まで取ってきてくれたという。明らかに、その三人は原隊に復帰して、ふたたび戦場に出たくなかったのだ。

アメリカ「第五軍団」参謀長補のタリー大佐は一〇四六時（午前十時四十六分）、米揚陸指揮艦

「アンコン」のジェロウ将軍に対し、「状況には改善が見られます」との無線連絡をおこなっている。だがしかし、上陸作戦はあらゆる面で救いがたいほどの混乱に陥っていた。「ビーチ」にたまる一方の滞貨は、依然として解消されず、喫緊に必要な物資がいまだ洋上にある一方で、しばしば頼んでもいない車輛や装備が届くしまつだった。「ビーチ」の安全が確保されるまで、海岸に運ぶのは歩兵、戦車、および装甲ブルドーザーに限るべきだったと多くの将校がのちに指摘している。

「第二九歩兵師団」の副師団長コータ准将は、ひどく気が急いていたが、それも無理からぬところがあった。先遣隊として送りだしたあのライフル歩兵たちは、一体どこまで行ったのだ？　こうなったら進捗状況を自分で検分してやろうと、コータ准将は崖下までやってきた。見上げると、歩兵たちは上の台地までたどり着いてはいたが、敵の機関銃のせいで釘付けになっていた。そこで准将は、片手に〈コルト四五口径〉を握ったまま、部下のあいだを抜けて、いちばん前まで出た。そして、「よーし。では、諸君がどこまでやれるか見てやろうじゃないか」と言った。いいか、生垣や住宅の周囲で何かが動いたら、ただちに発砲するんだぞと指示を与えたあと、コータ准将は彼らを率いて、突撃を敢行した。内陸部に三〇〇ヤード入ったところで、一本の小径にたどり着いた。前進の途中、ある将校は「死んだドイツ兵」に遭遇した。そのドイツ兵は「半分ほど短くなった葉巻を歯の間にくわえたまま殺されていた」という。最初に目にしたドイツ兵の死体について、ほとんどすべての兵士が、鮮明に憶えているように思われる。たとえば、あるレインジャー隊員は「灰色で、蠟人形のような外見をしていたことに驚いた」と語り、また「第一歩兵師団」のある兵士は、相手の名前まで記憶していた。「脱げたヘルメット［の内側］に、シュッツとあるのが読めた」という。

「第二九歩兵師団」と「第五レインジャー大隊」――ヘルメットも被らず、手には鹵獲したドイツ製機関銃〈MG42〉を自慢そうに抱えるレインジャー隊員までいた――の一部で構成された、その一

団がたどり着いた崖上の小径は、ヴィエルヴィル＝シュル＝メール村に通じていた。一行は小径の両脇をたどりながら前進を続けた。気づくと、ヴィエルヴィル谷道の上に出ていた。敵の機関銃のせいで、ふたたび釘づけにされたけれど、今度もまたコータ准将が先頭まで走ってきて、一部の兵士に側面を突かせ、ドイツ兵をまたもや退散させた。

燃える雑草が煙幕となったおかげで、比較的簡単に上陸できた「第一一六歩兵連隊」のC中隊が、谷道をたどって姿を見せたのは、そんなときだった。崖上の台地をヴィエルヴィル方面に曲がったところで、一行はコータ准将の部隊と遭遇した。「准将は泰然とした表情をし、指一本で拳銃をくるくる回して」おり、「おう、坊ずども、いったいどこに行ってたんだ？」と尋ねるとともに、C中隊に対して指示を与えた。すでにヴィエルヴィルの西方まで進出している他の部隊とそのまま合流せよと。

「第一一六歩兵連隊」連隊長のキャナム大佐も、別のグループを率いて崖の登攀をきっちり終え、すがたを見せた。キャナムとコータはそこでふたたび話しあい、キャナムが連れてきた「第一一六歩兵連隊」第一大隊所属のグループと、レインジャー部隊をひとつに束ね、ラ・ペルセ岬に向かわせることにした。この混成部隊はやがて、コータの「バスタード（ろくでなし）旅団」として知られるようになる。第一一六の面々は、相方のレインジャー隊員について、「個人個人は、われわれがこれまで一緒に仕事をしてきた中でも、最も高い戦闘技量の持ち主だった。ただ、チームとして一緒にやっていくとなると、若干無理があった」と語っている。

崖上の台地まで到達するグループは、ますます増えていった。ただ、そこに至るまでには、本物の地雷原だけでなく、ダミー地雷原にも取り組む必要があった。彼らは一番手をつとめる兵隊の残した

足跡に、自分の足をぴったり重ねるように努力した。途中、地雷にやられた兵士も見かけた。おかげで神経がいっそう研ぎすまされた。その時のようすを「第二九歩兵師団」のある兵士は書いている。雑草をかき分けつつ急斜面を登っていくと、ひとりの中尉に行き会った。その中尉の片脚は、膝から下がなかった。「膝のところから突きでたギザギザの骨は、これ以上ないくらい真っ白だった。中尉どのは言った。『おーい、坊ず、そこの地雷に気をつけろよ』と」。わが身を見舞った思わぬ事態を、どこか淡々と眺めるこうした態度は、ひとりこの中尉に限らなかった。第二九師団「第一一五歩兵連隊」に所属するある兵士は、急斜面を登る途中、横になったひとりの男と遭遇した。「近づいてみると、彼がなんで横になっているのかが分かった。地雷を踏んで、右足の半分ほどが吹きとんでいたのだ。男はいちばん楽な姿勢をとりつつ、煙草を吸っていた。行き会う人間、ほとんど全員に対し、およそ一ヤード離れた地面に埋まっている一発の地雷について、そのつど警告を発していた」

コータ准将の「バスタード旅団」をはじめ、かなりの歩兵部隊が正午までには内陸部へと前進していた。だが、「オマハ・ビーチ」からヴィエルヴィル谷道を登ってくる戦車は一輛もなかった。「ビーチ」側の出口には、米海軍の軍艦が一隻、ずっと艦砲射撃を加えており、「煙や、砕けたコンクリートの粉塵や、爆発した砲弾からあがるコルダイト爆薬の刺激臭などが辺りに立ちこめていた」。一二三〇時(午後零時三十分)直後に、ようやく砲撃が止んだため、コータ准将は斥候隊を引きつれて、崖上から谷道を下っていった。降りる道々、程度はさまざまだが、それぞれに戦意を喪失したドイツ兵と出会うたびに、投降する彼らを回収していった。准将一行はまた、ヴィエルヴィル村のフランス民間人(とある店で牛乳を飲んでいるところに偶然行き会った)から耳寄り情報も仕入れていた。連合軍の艦砲射撃が始まると、四〇〇人いたドイツ兵が、一斉に村を放棄していったという。谷底近くまでやってくると、対戦車防護壁が一カ所と、小規模の地雷原があった。ひとりのドイツ人捕

虜に無理やり先を行かせ、しかるのち全員が、彼の足跡を踏みながら、そのあとに続いた。さらに進むと、「ビーチ」一帯に散らばる死体や、火砲によって撃破された戦車、あるいは浜辺の別荘の物陰にいまだ身を隠している兵隊どもが見えた。准将は部下の将校に言って、その一帯の歩兵たちを移動させるとともに、工兵たちに対戦車防護壁を爆破させた。

「ビーチ」をさらに進むと、崖下の物陰で縮こまっている、さらに多くの兵隊を見つけた。その近くには、ブルドーザー用のブレード（排土板）を付けた特殊戦車が一輌、放置されていた。そこで准将は大声を張りあげ、私はいま崖上から谷道を下ってきたばかりだと兵士たちに告げた。「崖の上には、敵のライフル兵が数名いただけで、そいつらも一掃されつつある。さあ、誰か、こいつを運転するような根性のある奴はいないか！」と。喫緊に必要なTNT爆薬を積みこんで、ヴィエルヴィル谷口まで運ぶという危険を伴う作業だったが、ようやく一人、私がやりますと手を挙げる兵士が出た。コータ准将はさらに、レ・ムーランに近い次の谷口まで進み、そこにいた幕僚たちと会合すると、矢継ぎ早に命令を発した。

それが終わると、海岸をその先まで進み、「オマハ・ビーチ」の東半分（海からみて左半分）を担当する「第一歩兵師団」の相方、副師団長のウェイマン准将を探した。ウェイマン准将は、およそ軍人らしからぬ格好をしていた。上陸のさい、すべての衣服がびしょ濡れになり、彼は毛布にくるまって、縮こまっていたのだ。コータ准将は早速、現状を伝えた。わが第二九師団「第一一六歩兵連隊」は現在、ヴィエルヴィル西方のグランカンにむけ、敵兵の掃討に当たっている。また後続の「第一一五歩兵連隊」は一一〇〇時（午前十一時）に「フォックス・グリーン小戦区」への上陸を開始し、そのまま内陸のロングヴィルにむけ進軍の予定であると。それを済ませると、コータ准将は自分自身の指揮所へと戻ってきた。実況検分の途中見聞きしたものの中には、どうにも気に入らないこと

も一部にあった。たとえば、「砲撃から身を守るため、自分たち専用の浅い塹壕を掘った第六工兵特殊旅団の一部兵士が、周囲に死体や死にかけた兵士がいるなかで、ぬくぬくと携帯口糧のＫレーションを食っていたこと」などがそうである。ただ、崖上の台地で、対人地雷にやられた仲間を肩に担ぎあげて戻ってきた、なんとも勇敢な衛生兵たちには、さすがのコータ准将も文句のつけようがなかった。

部隊の増強はその後ほどなくして、加速度的に進んでいった。一二三〇時（午後零時三十分）までに、アメリカ軍は「オマハ・ビーチ」に一万八七二二人を上陸させた。三十分後には、第一師団「第一六歩兵連隊」の一個中隊が、第二九師団「第一一六歩兵連隊」の支援を受けつつ、コルヴィル＝シュル＝メールの攻撃を開始している。コルヴィルにいたドイツ兵の多くはなんと酔っぱらっており、英語の号令が愉快だと陽気に騒ぐものもいた、という記録が残っている。歩兵たちは戦闘を展開しつつ村に入ったが、そこで味方の艦砲射撃により八名が死傷した。コルダイト爆薬からあがるガスは相当にきついため、G中隊の全員が、負傷者に付き添う支援要員をふくめて、ガス・マスクを携行する必要があった。味方の存在をしめす黄色い発煙弾を発射しても、艦砲射撃は止まなかったが、沖の軍艦はそのうち砲撃を終えた。コルヴィル村はすでにアメリカ軍によって包囲されていた。だが、ドイツ「第三五二歩兵師団」司令部がそのことに気づいたのは、かなり時間が経ち、「負傷者はもはや後送不能」というメッセージが届いたあとだった。

コルヴィルでは依然戦闘がつづいていたけれど、第一師団「第一八歩兵連隊」は、同村を迂回して、その先へと進軍した。第二九師団「第一一五歩兵連隊」もまた、内陸へと突きすすみ、サン＝ローラン＝シュル＝メールを攻撃した。その少しあと、一四一五時（午後二時十五分）、最初に捕虜

となったドイツ兵が「第三五二歩兵師団」に所属していることが、彼らの俸給手帳によって明らかとなった。ある情報将校は、戦闘が一段落したあと「自分の目が信じられなかった」と書き記している。精鋭とされる同師団が、よもやこんな場所にいるとは考えていなかったため、それはそれはショックだったと。

海岸一帯の目立った火事はあらかた収まったので、装甲ブルドーザーが必要な区画の整地作業に着手した。おかげで兵員、車輌の陸揚げがさらに加速化された。燃え残った戦車は廃棄されたり、脇にどかされたりした。壊れた舟艇も片づけられて、ようやく道が開けた。「第一歩兵師団」付きのある工兵は、肉の焼ける臭いを嗅いだせいで、その後数日間、食事のさいに困難を覚えたと語っている。ドイツ軍が海岸に構築した各種の障害物を吹き飛ばす作業も、爆破チームによって続行された。ブービー・トラップ（仕掛け爆弾）とおぼしき細工を除去するときは、先端にフックのついた長いロープが用いられた。「ビーチ」には相変わらず、敵方の砲弾が飛んできた。ドイツ軍の砲兵はいまも、弾着点を徐々に移動させつつ、海岸部への攻撃を続けていた。ただ、一見すると砲弾の炸裂と見まごう爆発も、その多くは整地チームによって吹きとばされた地雷や障害物にすぎなかったのだが。

医療チームも大車輪で働いていた。負傷者の多く、特に大きなショックに曝《さら》されたものは、風邪にかかる確率が二倍に高まった。そこで難破した上陸用舟艇から毛布が回収されたり、戦死者たちが携行していた予備の野戦服などがかき集められたりした。ただ、大車輪といっても、衛生兵にできることは、モルヒネ注射をうったり、迫撃砲弾の破片でできた臀部の傷に絆創膏を当てたりする程度だったが。中には、どうにも見込みのない負傷者もいた。「私が診たある若い兵士は、血の気がなく、泣き声をあげ、ひどく痛そうだった」と「第六〇医療大隊」のある軍医大尉は書いている。「軍服の下では腸が飛びだしていた。モルヒネを注射し、慰めの言葉をかけること以外、私にできることは何も

なかった。彼はまもなく息をひきとった」

　軍医たちは戦闘で外傷を負った兵士たちに、バルビタール系の睡眠薬「ネンブタール」を与えて、意識を失わせた。大量の血液を失ったもの（血の気が失せて、手が青くなっているのがその兆候だった）には点滴によって血漿を補充した。だが、毛布や点滴の甲斐もなく、多くのものはショックや長期間の放置により、夜のうちに命を落とした。あらゆる種類の犠牲者がいまや、空《から》になった上陸用舟艇に乗せられ、沖合いの艦船へと後送されていたけれど、それをはるかに上回る数の負傷者が、担架のうえに放置されたまま、長時間待たされていた。一部の小戦区では、上陸作戦にともなう混乱から、医療チームがいまだ到着していなかった。「第一歩兵師団」付きの医療大隊は、上陸時に大打撃を受けてしまい、大隊そのものの犠牲者の処置に、とりあえず集中せざるを得なかった。崖上の台地をめざして地雷にやられた兵士たちは、ずいぶんと長いこと待たされた。彼らのいる場所までたどり着くには、まずは工兵が安全なルートを確保する必要があったからだ。この作業は周囲が明るくないとできないため、多くの兵士は夜どおしその場に横たわっているしかなかった。

　負傷者たちは「サミュエル・チェース」や「ベイフィールド」といった米海軍のＡＰＡ（攻撃輸送艦）や、あるいは帰路には臨時病院船として機能するよう準備されたＬＳＴ（戦車揚陸艦）へと運ばれた。彼らは上陸用舟艇から、ネット式の担架に乗せられ、クレーンによって吊りあげられた。それぞれの艦内では、いわゆる「組織された混乱」が続いていた。各兵士が助かるかどうか、その可能性をもとに、医師たちがどの兵士を治療すべきか優先順位をつける「仕分け《トリアージ》」が実施されていたからだ。ある兵士が、自分の右脚のないことに突如として気がついた。彼は叫び声をあげ、しきりと暴れるため、助手たちはその兵士を抑えつけなければならなかった。「この俺にいったい何をやれっていうんだ！　脚が、脚が！　俺は百姓なんだぞ！」

もはや助からないと判断された兵士には、モルヒネと血漿が与えられ、あとは「放置され、運命に委ねられた」。水兵たちは死んだ兵士を担架にのせ、艦の冷蔵庫へと運んだ。これは調理員たちに、はなはだ評判の悪い措置だった。軍医のひとりが厨房で手術を始めたときには、彼らはいっそう度肝を抜かれた。「ベイフィールド」には経験豊かな陸軍の軍医が一人いるだけで、不慣れな海軍の軍医たちはこのベテランの支援にあたった。医療チームに所属する兵士たちの大半もまた、これまで戦傷を扱った経験が一度もなかった。そのうちの一人は、頭部にひどい傷を負ったレインジャー隊員を担当したのだが、その隊員の脳がヘルメットによって、かろうじて収まっていることを知らなかった。ヘルメットを脱がすと、レインジャー隊員の脳がこぼれ落ちそうになった。あわてて「頭蓋骨のなかに脳を押し戻そうとしたけれど、成功の見込みはほとんどゼロだった」。恐怖で怯えきったその兵隊をなんとか宥《なだ》めようとして、軍医は言った。あの兵士は、いずれにしろ、死んでいただろうと。

一七二一時（午後五時二十一分）、タリー大佐が米揚陸指揮艦「アンコン」に無線連絡してきた。高潮線下にある地域の大半において「走輪式、装軌式車輛の通行」が可能になりましたと。各種の車輛は、車輪走行のものもキャタピラー走行のものも、問題なく通れるという意味だった。「第五軍団」を率いるジェロウ大将は、やれやれと一安心した。辺りが暗くなる前に、フランスの領土に入り、そこに軍団司令部を是非とも置きたいと決めていたからだ。ジェロウは早速、上陸準備に取りかからせた。軍団長を運ぶため、タリー大佐が送ってきた装甲ブルドーザーに乗りこむと、ジェロウは「オマハ・ビーチ」を横切って、二〇三〇時（午後八時三十分）に「第五軍団」司令部に到着した。そこは前線からいまだ五〇〇ヤード以内という場所だった。

「第二九歩兵師団」を率いる、小柄で規律にやかましい師団長、チャールズ・H・ゲアハート少将も、ジェロウ軍団長より少し前に、上陸を果たしていた。ゲアハートも、自前の師団司令部を設営

し、それが終わると、Cレーション用の段ボール箱に腰をおろし、地図を点検した。どの将軍も、次にどんな手を打つべきか、思案すべき事柄は多々あった。さらに、その日どれだけの犠牲者が出たのか、おおよその被害見積もりも必要だった。戦死者、行方不明者、負傷者としていちおう報告されている犠牲者の総数は二〇〇〇名を超えていたが、そうした数字はいまだ確定的ではなかった。[*2] のちにアメリカ陸軍の公戦史を執筆するフォレスト・C・ポーグ博士は、生存者の聞き取り調査をおこなったあと、次のように書いている。彼らは「自分以外のものはみな殺されるか、捕虜になったと思いこんでいた。戦争につきものの〝フォグ・オブ・ウォー（不確定性）〟が犠牲者の推計値をかくも大仰なものにした要因であるけれど、それでも最悪の推計値ですら、Dデイ前に最高司令部が恐れていた事前推計値を相当に下回っていたのである」と。唯一確実なのは、侵攻作戦の最初の二十四時間に、フランスの民間人が三〇〇〇人殺されたという事実である。この数字は、アメリカ軍全体の戦死者数の二倍に相当した。

なるほど、Dデイにおける犠牲者数は、作戦計画の立案者が推計した値をはるかに下回るものだった。だが、そう聞いたからといって、第一波の攻撃に参加し、「オマハ・ビーチ」で虐殺されたもののショックが多少なりと軽減するわけではない。第二九師団「第一一六歩兵連隊」のA中隊は元々、州兵で構成された部隊である。彼らが戦場で味わった経験は、じつは典型的なものではなかったけれど、それでも「オマハ・ビーチ」は、この戦いの犠牲のシンボルとなった。同中隊の生き残りの一人が翌朝、コータ准将に面会した。きみはどこの部隊の所属だね、と准将は問いかけた。その兵士がA中隊ですと答えると、准将は悲しげに首をふった。「将軍は実際、私などよりも、A中隊のことをよくご存じでした……そう、A中隊はもはや戦闘不能になったのです」。A中隊に所属した計二一五名の兵士のうち、じつに一〇〇名前後が戦死しており、それ以外にも負傷したものが多かった。[*3]

「オマハ・ビーチ」はかくして、アメリカの伝説となった。だが、より苛酷な現実がすがたを見せるのは、じつはこれにつづく一連の戦いにおいてなのである。なにしろ、ノルマンディーの戦いにおける連合軍・ドイツ軍双方の、師団あたりの平均損耗率は、東部戦線における同時期のソ連軍・ドイツ軍のそれをも凌駕するのである。*4

原注

168〜169頁「オマハ・ビーチ」の描写：V Corps, NA II 407/427/24235.

169頁 ジェロウ将軍と「オマハ」作戦への要望：see especially Adrian R. Lewis, *Omaha Beach — A Flawed Victory*, North Carolina, 2001.

170頁「最大の火力」：Harry C. Butcher, *Three Years with Eisenhower*, London, 1946, p.453.

170頁「予期せぬ事態のもつ重要性」：LHCMA Liddell Hart 11/1944/7.

172頁「海が荒れ過ぎている—」：Major General L. Scott-Bowden, SWWEC T2236.

172頁「第七四一戦車大隊」、「第七四三戦車大隊」とDD戦車：NA II 407/427/24235; and Dean Rockwell, US Navy, NWWIIM-EC.

172頁「アメリカはその有用性を活かせなかった」：LHCMA, Liddell Hart 11/1944/37.

173頁 DD戦車をめぐる論争：see Lewis, pp.307-18.

173頁「精密爆撃」：ibid., pp.184-90.

174頁「連中はきっと」：NA II 407/427/5927.

174頁 ドイツ側の射撃演習：ADdC 6 W4.

174頁 ヴィエルヴィル村への艦砲射撃：Michel Hardelay, MdC TE 59.

175頁「侵攻してくる艦隊は」：Obergefreiter Alfred Sturm, 9.Kp., II Battalion, 726th Infanterie-Regiment, 716th Infanterie-Division, MdC TE 805.

175頁「わが軍の正面、見渡すかぎり」：Franz Gockel, MdC TE 500.

175頁　ドイツ「第三五二歩兵師団」、「第七一六歩兵師団」の火力：see Niklas Zetterling, *Normandy 1944*, Winnipeg, 2000, pp.277-9 and 297-9.

175頁　〝重砲撃〟：352nd Infanterie-Division, 6 June log, FMS B-388.

176頁　クライス少将麾下の部隊配置：for an excellent summary see Joseph Balkoski, *Beyond the Beachhead*, Mechanicsburg, Pa., 1999, pp.73-8.

177頁　海岸から発砲はなく：Sergeant Harry C. Bare, 116th Infantry, 29th Division, NWWIIM-EC.

177頁　死んだ魚：Captain Joseph T. Dawson NA II 407/427/24011.

177頁　「奔馬のように突っ張り」：Edwin J. Best, First Lieutenant, 6th Engineer Special Brigade NWWIIM-EC.

177頁　「汚物の臭い」：John Raaen, 5th Ranger Battalion, WWII VS.

177頁　舟艇操縦の難しさ：Robert E. Adams, US Coast Guard, LCVP #22, USS *Samuel Chase*, NWWIIM-EC.

177頁　上陸用舟艇をあやつるのは：この部分は、全面的に改稿した。わたし（著者）の誤った印象を修正する情報を提供して頂いたことにかんし、Dr Kevan Elsby および Joseph Balkoski の両氏には感謝したい。

177頁　「たしかに周囲で、キンキンという金属音が」：Lieutenant (MC) Alfred A. Schiller, USN, CWM/MCG 58A.

178頁　「見苦しくない態度で」：First Lieutenant Donald S. Newbury, NA II 407/427/24242.

178頁　経験豊かな艇長たち：E. Adams, US Coast Guard, LCVP #22., USS *Samuel Chase*, NWWIIM-EC.

178頁　「ランプが倒れた瞬間」：Pozek, 116th Regiment, 29th Division, NWWIIM-EC.

178頁　「うっかり足を滑らせて」：J. Robert Slaughter, 116th Infantry, 29th Division, MdC TE 231.

179頁　「銃弾のあげる水柱」：William Huch, E Company, 16th Infantry, 1st Infantry Division, Folder Huch, William, DDEL.

179頁　「パックリと大きな傷」：Harold Baumgarten, 1st Battalion, 116th Infantry, 29th Division, NWWIIM-EC.

180頁「撃たれた！　撃たれた！」：Private Elmer E. Matekintis, 16th Infantry, 1st Division, NA II 407/427/24242.

180頁「銃弾がぬれた砂に当たると」：Harry Parley, 2nd Battalion, 116tgh Infantry, 29th Division, NWWIIM-EC.

180頁「彼は大声で衛生兵を呼んだ」：J. Robert Slaughter, 116th Infantry, 29th Division, MdC TE 231.

181頁「正面からでも、側面からでも」：V Corps, NA II 407/427/24235.

181頁「空中に五、六〇フィートも」：Staff Sergeant Robert L. Bogart, 1st Division, NWWIIM-EC.

181頁「われわれの仕事は」：William M. Jenkins, US Naval Reserve (Navy Combat Demolition Unit), MdC TE 438.

182頁「これほど頑張ったすがたを」：William Huch, E Company, 16th Infantry, 1st Infantry Division, Folder Huch, William DDEL.

182頁「第一二一戦闘工兵大隊」：Lieutenant P. W. J. Mallory, NA II 407/427/24242.

183頁「泣き声をあげているもの」：Second Lieutenant John T. Czuba, 116th Infantry, NA II 407/427/24242.

183頁「兵士たちが転げ落ちてくる」：Alan Anderson, 467th Anti-aircraft Battalion, NWWIIM-EC.

183頁　舟艇に戻って、銃弾を避けようとした：Robert V. Miller, US Navy, NWWIIM-EC.

183頁「部下たちが言った」：116th Infantry, 29th Infantry Division, NA II 407/427/24241.

183頁　またぞろ上陸演習をやらされている気分：Lieutenant Ed R. McNabb Jr, H Company, 116th Infantry, 29th Division, NA II 407/427/24242.

184頁「まずは話しかけ」：NA II 407/427/24034.

184頁「兵隊どもに向かって、こう一喝した」：John Raaen, 5th Ranger Battalion, NWWIIM-EC.

185頁「〝徘徊症〟の状態で」：Captain C. N. Hall, Assistant Surgeon, 16th Infantry, 1st Division, NA II 407/427/24242.

185頁「ビーチを右へ左へと走りはじめる」：Andrew A. Fellner, 112th Combat Engineers, Easy Red, NWWIIM-EC.

186頁「フォックス・グリーン小戦区」の戦車：NA II 407/427/24034.

186頁「われわれの命を救ってくれたのは」：Private Elmer E. Matekintis, 16th Infantry, 1st Division, NA II 407/427/24242.

187頁「やたら混み合い」：V Corps, NA II 407/427/24235.

187頁「第一一一野戦砲大隊」：NA II 407/427/24034.

188頁 〇八〇〇時：timings taken from log kept by Major Thomas D. Howie, the RCT 116's S-3, NA II 407/427/24151.

188頁「その兵士は甲板を勢いよく飛んで」：NA II 407/427/24034.

188頁 〝面長おやじ《オールド・ハチェットフェイス》〟：J. Robert Slaughter, 116th Infantry, 29th Division, MdC TE 231.

189頁「八八ミリ砲」：Captain C. N. Hall, Assistant Surgeon, 16th Infantry, 1st Division, NA II 407/427/24242.

189頁「このビーチに残るものは」：after action report, Headquarters Company, 16th Infantry, NA II 407/427/24011; confirmed by Major General Albert H. Smith Jr, 16th Infantry Regiment, 1st Infantry Division, NWWIIM-EC.

190頁「コルヴィル北東で」：1a,352nd Infanterie-Division to Chief of Staff LXXXIV Corps, 6 June log, FMS B-388.

190頁「最も深刻かつ差し迫った脅威」：Gordon A. Harrison, *US Army in World War II*, Washington, DC, 1951, pp.320 and 330-31.

191頁「沖合いの軍艦から」：11.10 hours, 352nd Infantry Division, 6 June log, Bayeux Sector, FMS B-388.

192頁「主を称えよ《プレイズ・ザ・ロード》」：Pfc Harold F. Plank, 2nd Ranger Battalion, WWII VS.

192頁 〇八一九時：telepone log, 352nd Infanterie-Division, FMS B-388.

193頁「衛生兵―」：NA II 407/427/24034.

193頁 コータ准将とキャナム大佐：NA II 407/427/24235.

193頁 迫撃砲：Franz Gockel, MdC TE 500, and NA II 407/427/24034.

194頁「艦艇も車輌も」：V Corps, NA II 407/427/24235.

195頁 C中隊の損失：Captain Berthie B. Hawks, C Company, 1st Battalion, 116th Infantry, 29th Division, NA II 407/427/24242.
195頁「第一一六歩兵連隊」第一大隊C中隊：NA II 407/427/24034.
195頁「全員、無事上陸しました」：NA II 407/427/24034.
195頁「敵の銃撃は」：Second Lieutenant George Athanasakos, 2nd Battalion, 116th Infantry, NA II 407/427/24242.
196頁「血が飛び散っていたけれど」：NA II 407/427/24034.
196頁「巨大な廃品の山」：NA II 407/427/24241.
196頁「マダム・タッソー館の展示品」：NA II 407/427/24034.
196頁「暴走するウシの群」：quoted in Harrison, p.334.
196頁「彼らは導火線に火をつけ」：Barnett Hoffner. 6th Engineer Special Brigade, NWWIIM-EC.
197頁「オマハ・ビーチ」の駆逐艦：Harrison, p.322.
197頁「生存者たちは」：Obergefreiter Alfred Sturm, 9 Kp., II Battalion, 726 Inf Rgt, 716 ID, MdC TE 805.
197頁「ドイツ人がひとりいて」：Bradley Holbrook, NWWIIM-EC.
198頁「われわれは……民間人と遭遇した」：Pfc. Charles M. Bulap, 2nd Ranger Battalion, NA II 407/427/24241.
198頁 無線手：John Raaen, 5th Ranger Battalion, WWII VS.
198頁 捕虜に助けられたレインジャー隊員：Nicholas Butrico, 5th Ranger Battalion, NWWIIM-EC.
199頁「状況には改善が見られます」：NA II 407/427/24235.
199頁「灰色で、蝋人形のような外見」：Gale B. Beccue, 5th Ranger Battalion, NWWIIM-EC.
199頁「ヘルメットも被らず」：Brugger, 16th Infantry, 1st Infantry Division, NWWIIM-EC.
200頁「泰然とした表情」：NA II 407/427/24034.
200頁「個人個人は」：NA II 407/427/24034.
201頁 ギザギザの骨：Herbert Zafft, 29th Infantry Division, NWWIIM-EC.
201頁「近づいてみると」：Colin H. McLaurin, 115th Infantry, 29th Division, NWWIIM-EC.

201頁　「煙や、砕けたコンクリート」：NA II 407/427/24034.

201頁　ヴィエルヴィル村のフランス民間人：Howie journal, NA II 407/427/24151.

202頁　コータ准将とヴィエルヴィル谷口：NA II 407/427/24034.

203頁　一万八七三二人を上陸：NA II 407/427/24235.

203頁　「負傷者はもはや後送不能」：telephone log, 352. I.D., 17.10 hours, FMS B-388.

204頁　ドイツ「第三五二歩兵師団」に所属を確認：letter from Captain Fred Gercke, 27 June, NA II 407/427/24011.

204頁　肉の焼ける臭いを嗅いだせいで：Roy Arnn, 146th Combat Engineer Battalion attached to 1st Infantry Division, NWWIIM-EC.

204頁　「私が診たある若い兵士」：Captain Benjamin A. Payson, 60th Medical Battalion, MdC TE 291.

205頁　「オマハ・ビーチ」における負傷者の処置：Lieutenant (MC) Alfred A. Shiller, USN, CWM/MCG 58A.

205頁　「この俺にいったい何をやれっていうんだ−」：Frank Feduik, pharmacist on LST, NWWIIM-EC.

206頁　「放置され、運命に委ねられた」：Vincent J. del Giudice, pharmacist, USS *Bayfield*, NWWIIM-EC.

206頁　ジェロウ大将の上陸：NA II 407/427/24235.

206頁　「第二九歩兵師団」司令部：NA II 407/427/24034.

207頁　「自分以外のものはみな」：Forrest C. Pogue, *Pogue's War*, Lexington, Kentucky, 2001, p.83.

207頁　犠牲者の数：see Harrison, p.330; and NA II 407/427/5919.

207頁　「将軍は実際、私などよりも」：George Roach, Company A, 116th Infantry, 29th Division, NWWIIM-EC.

章末注

＊1　ドイツ「第三五二歩兵師団」の予備兵力である「マイヤー戦闘団」は「第九一五歩兵連隊」全体と、さらに「第三五二火打石銃兵《フュージリア》（偵察）大隊」で構成されていた。クライス少将はバイユー南東に司令部を置い

ていたが、上級の「第八四軍団」から、カランタンに脅威が迫っているとの連絡を受け、その五分後の〇三一五時（午前三時十五分）、「マイヤー戦闘団」の派遣を命じている。

＊2　「第五軍団」がのちに発表した数字によると、「第一歩兵師団」の損耗人員は一一九〇名、「第二九歩兵師団」は七四三名、そして軍団直属の兵士の損耗は四四一名であった。一方、ドイツ側の損耗は一二〇〇名前後とされている。攻撃開始から二十四時間におけるアメリカ側の戦死者数は、計一四六五名だった。

＊3　A中隊の戦死者のほとんどはヴァージニア州の町、ベドフォードの出身者だったという神話が流布している。だが実際のところ、命を落としたベドフォード出身者はわずか六名だった。六月六日時点で、同中隊に所属していたベドフォード郡の出身者はあわせて二四名にすぎない。

（章末注3に対する原注）

ベドフォード出身者の犠牲：see James W. Morrison, *Bedford Goes to War: The Heroic Story of a Small Vierginia Community in World War II*, Lynchburg, Va., 2006; and George D. Salaita, 'Embellishing Omaha Beach', *Journal of Military History*, April 2008, pp.531-4.

＊4　東部戦線におけるドイツ軍の損耗人員は、平均すると、師団あたり一カ月に一〇〇〇名を割っている。一方、ノルマンディーにおけるドイツ軍の師団あたりの損耗は、一カ月平均で二三〇〇名に達している。ソ連赤軍の損耗を同様に計算することは、はるかに複雑な作業を要するが、師団あたり一カ月に一五〇〇名を切っていると思われる。また、ノルマンディーにおける連合軍側の損耗は、各国分を合計すると、師団あたり一カ月に平均二〇〇〇名近くに達している。

（章末注4に対する原注）

東部戦線とノルマンディー地方におけるドイツ軍の損耗：Niklas Zetterling, *Normandy 1944*, Winnipeg, 2000,p.434.

第8章 「ユタ・ビーチ」と空挺部隊

夜間のパラシュート降下で図らずもコタンタン半島全域に散らばることとなったアメリカの空挺隊員たちは、夜が明けても、視界がいっこうに改善されないことに弱っていた。畑や果樹園、牧草地が高い生垣でモザイク状に囲まれたノルマンディー地方独特の農村風景のせいで、自分たちがいまどこにいるのか、見当がつかないのだ。それでも太陽の恩恵はそれなりにあった。煙草を吸っても、いまいる場所を敵に悟られずに済むし、各種のコンテナや装備の入った包みも、格段に見つけやすくなった。ある将校は、荷馬車に乗ったフランス人少年のおかげで、部下をかき集めることができた。ドイツ側もまた、夜に降った〝天の恵み〟を享受していた。まずはさっそく、アメリカ製〝軍用メシ〟の「Kレーション」と、アメリカ製の紙巻き煙草を味わってみた。

夜間降下を生きのびた空挺隊員たちは、師団司令部と無線連絡がつけられずにいた。それでも、互いの原隊に関係なく、雑居グループを形成すると、個々別々にそれぞれの目標を目指した。ドイツ側の混乱には、大いに助けられた。空挺隊員やレジスタンスが電話線を切断したことは、予想をはるかに上回る効果をあげていた。おかげでコタンタン半島に駐留するドイツ軍部隊は、いまこの瞬間、どう対応すべきか確信が持てず、敵の主力がどこに集中しているのかさえ把握していなかった。それど

ころか、きちんとした指示がどこからも下りてこないのだ。ドイツ「第九一空輸歩兵師団」を率いるファライ中将は、師団司令部近くで待ち伏せ攻撃に遭い、すでに戦死していたし、「第七〇九歩兵師団」の師団長で、伯爵でもあるカール＝ヴィルヘルム・フォン・シュリーベン中将は所在不明のままだった。

じつはシュリーベンは、この日予定されていた「第七軍」の〝クリークス・シュピール（机上演習）〟に参加すべく、投宿したレンヌ市内のホテルで就寝中だったのである。〇六三〇時（午前六時三十分）、中将は電話で起こされた。「机上演習は中止になりました」と「第七軍」司令部の参謀が告げた。「閣下は師団に戻るよう要請されております」と。どうやら連合軍が、こちらの隙をついて、ついに攻めてきたようだなと判断した。シュリーベンはすぐさま専用車の運転手に、コタンタン半島の東海岸は避け、西海岸沿いの道を行けと命じると、可能なかぎりのスピードで車を走らせた。途中停車したのはただ一度。道ばたの生垣にドイツ軍負傷兵を見かけたときだけだった。そのうち、巨砲が火をふく音が、東方から聞こえてきた。

外出禁止令は〇六〇〇時（午前六時）に解除された。やれやれと家から出てきたフランスの一般住民は、夜のあいだに何が起きたのか、初めて知らされた。主要降下地点の北に位置するモントブールの中央広場には、「顔を黒く塗ったアメリカ人捕虜」がいて、それをドイツ兵が見張っていた。アメリカ人は集まってきたフランス人にウインクしてみせたり、勝利をしめすVサインを指でつくったりしていた。町に駐屯するドイツ軍部隊の指揮官がすがたを見せたので、モントブールの町長はつい訊いてしまった。「［グライダーの着陸を妨害する］ロンメルのアスパラガスの設置に、人手がご入り用ですか」と。指揮官はかたい表情で答えた「必ずしも必要ではない」。ドイツ側はだいぶ気が立っているようだった。

アメリカ「第八二空挺師団」は主要目標のサント＝メール＝エグリーズこそ押さえたものの、降下地点の近くにはドイツ「第九一空輪歩兵師団」の主力部隊がおり、猛烈な反撃を受けることになった。「第八二空挺師団」の任務には、メルデレ川の両岸を確保することもふくまれていた。「ユタ・ビーチ」に上陸したアメリカ「第七軍団」の各部隊がその後、シェルブールにむけコタンタン半島を遅滞なく北上できるようにするための、いわば露払い役だった。だが実際やってみると、各部隊が広範な地域にバラけてしまったため、この任務はそう簡単ではなかった。それでも多くの小グループは、カランタン－シェルブール鉄道の盛り土をたどって、ラ・フィエールの橋までなんとかたどり着くことができた。南方のシェフ・デュ・ポンとそこに架かる橋に向けても、やはり攻撃が始まっており、副師団長のジェームズ・ギャビン准将は、まとまった部隊を引きつれると、その応援に駆けつけた。

シェフ・デュ・ポンでメルデレ川を越えた一行は、小規模の橋頭堡をきずいた。第八二師団「第五〇八パラシュート歩兵連隊」付きの軍医はそこで負傷者の手術に臨んだ。医療器具を詰めたバッグはパラシュート降下のさいに失われてしまったため、手術といっても、お寒いかぎりだ。彼はほとんどなんの用具もないまま、戦場の手術に臨まなければならなかった。「ある兵士は、ちょうど膝のところで片脚を吹きとばされており、残っているのは膝蓋骨の腱だけという有り様だった。まずは近くの側溝に彼を横たえ、そして言ってきかせた。『いいかね、私はきみの脚の残った部分を切断しなければならない。きみは途方もない痛みに襲われるだろう。なぜなら、麻酔に使えるようなものは、いっさいないからだ』と。するとその兵士は言った。『やってください、先生』と。そこで私は、膝蓋骨の腱を切断したのだが、その兵士は悲鳴ひとつ上げなかった」

同連隊の別の軍医将校は、敵の銃弾が飛び交うなかで、点滴の袋をずっと持ちあげていた。こちら

の軍医は、その後すぐドイツ側の捕虜になり、サント＝メール＝エグリーズ西方五マイルにある「オートヴィル城」に設けられた「第九一空輸歩兵師団」の〝フェルトラツァレット（野戦病院）〟に連れていかれた。そこにはドイツ陸軍の衛生兵たちが待っており、このアメリカの軍医を、まるで友人のように出迎えた。入隊前はカトリックの神父だったというドイツ人軍曹の手を借りながら、その軍医は、負傷したアメリカ人空挺隊員の治療にあたった。

アメリカ側は数的優位にあったが、ラ・フィーエルの橋や、あるいは幹線道路を確保し続けることは非常に難しかった。いったん確保できても、ドイツ側に奪還され、それを再確保することのくり返しだった。ドイツ軍はまた、対岸に機関銃をずらりと並べ、アメリカ軍を巧みに攻撃してきた。あいだに川があるため、回り込んで敵の側面を突くことは叶わなかった。そんななか、あるフランス人家族が手漕ぎボートを出してくれ、非常に多くの空挺隊員を救うことができた。しかもそのフランス人によると、じつはその近くに徒歩でメルデレ川を渡れる浅瀬があるというのだ。貴重な情報だったが、その話を聞いたアメリカ人将校は、理由は定かでないが、なぜかこの耳寄り情報をとうとう何処にも伝えなかった。まあ、その浅瀬自体は、別のアメリカ兵が偶然発見し、うまいこと利用されたのだが。

広範囲に散らばったグループの中には、メルデレ川西岸の湿地帯に降り立ったものもいた。こちらの一団は、イバラやサンザシなど、棘の多い植物でできた生垣や、農家の建物を根城とする、ドイツ軍の小規模分遣隊と遭遇した。農家の建物は、石壁が頑丈で、守るに有利だった。本隊に支援を仰ごうにも、川の東岸にいるため連絡すら取れず、力を合わせて敵と当たることは、ここでも不可能だった。

「第八二空挺師団」の任務が、「ユタ・ビーチ」に上陸するアメリカ軍部隊の西側面を固めること

なら、「第一〇一空挺師団」の任務は、コタンタン半島の東海岸で、上陸作戦そのものを支援することにあった。ドイツ軍の砲兵陣地を制圧したり、「ユタ・ビーチ」のすぐ内陸にある、氾濫湿地をはしる土手道を確保したりといったことである。サン＝マルタン＝ド＝ヴァルヴィルにあるドイツ軍砲兵陣地を占領すべく現場へと向かったのは、コール中佐率いる一団だった。着いてみると、町はすでに放棄されており、そこで一行は「ユタ・ビーチ」にむかう土手道の西のはずれを確保した。その土手道は、ドイツ軍が川を故意に氾濫させてつくった湿地のあいだを抜けており、貴重な進軍ルートといえた。一方、「第一〇一空挺師団」の別の一団は、北側面の守備にあたった。とそこへ、本隊からはぐれたドイツ軍部隊が攻めてきた。これを撃退しようとするアメリカ軍の戦いぶりがあまりに激烈だったため、ドイツ側は、これはよほどの大部隊にちがいないと勘違いした。一方、「ユタ・ビーチ」の南方、サント＝マリー＝デュ＝モンやプープヴィルにむかう道路の確保も試みられたが、こちらは巧みに配置されたドイツ側の機関銃に妨げられ、予想外に遅れてしまった。

「ユタ・ビーチ」からやってくるアメリカ「第四歩兵師団」のため、進軍ルートを確保することも大事だが、「第一〇一空挺師団」にはそれ以外にも重要な任務があった。ラ・バルケットにあるドゥーヴ川の水門や、カランタンの北東にあるふたつの橋の確保がそれである。これをうまくやれば、コタンタン半島のアメリカ軍部隊は、このあと「オマハ・ビーチ」からやってくる「第二九歩兵師団」とつつがなく合流できるはずである。それを実現するうえで最大の脅威は、カランタン－シェルブール街道の沿道の町サン＝コーム＝デュ＝モンに駐留する、予想外に大きなドイツ軍部隊だった。

つまり、カランタンを拠点とするドイツ空軍「第六降下猟兵（空挺）連隊」所属の二個大隊である。男爵の称号をもつ連隊長フォン・デア・ハイテ少佐は、三年前のドイツ軍によるクレタ島侵攻にも参加した降下作戦のベテランである。この連隊の面々はドイツ降下兵のなかでも最も経験豊かで、

敵に回すと相当にうるさい連中であることは、その実戦記録が示している。その彼らも、夜が明けて、畑のあちこちにさまざまな色のパラシュートが広がっているのを見たときは、さすがに度肝を抜かれた。まさか部隊ごとに色分けしたパラシュートを使用しているのだろうか――などと当初は首をひねったが、そのうち皆、ナイフを取りだすと、めいめいに頃合いの長さに切りとり、自分専用のマフラーをこしらえた。なにしろパラシュートの素材はシルクだったから。そのころ、ハイテ連隊長はどうしているかと言えば、彼はすでに午前中、サン＝コーム＝デュ＝モンまで足を運び、教会の塔にのぼっていた。遠くに目をやると、沖合いに広がる途方もない大艦隊が見えた。

アメリカ側の空挺隊員にとって、「ユタ・ビーチ」に響きわたる艦砲射撃の轟音は、侵攻作戦が計画どおり進んでいることの証《あかし》だった。ただ、パラシュート降下のさい、あまりに多くの装備と弾薬を失ったため、彼らは現在、手元不如意であった。ゆえに、この作戦が成功するか否かは、「第四歩兵師団」がどれだけ迅速に空挺隊員のもとに駆けつけられるかどうか――その一点にかかっていた。

「ユタ・ビーチ」への上陸は、五つの「ビーチ」のなかでも最も順調に進んだが、その成功には多分に運が作用していた「ユタ・ビーチ」の艦砲射撃を指揮したのは、米重巡洋艦「オーガスタ」座乗のアラン・G・カーク提督である。こちらも「オマハ・ビーチ」と遜色ない激しさだった。カーク提督のもとには、イギリス・アメリカ両海軍の各種艦艇が集められていた。米戦艦「ネヴァダ」、英モニター艦「エレバス」、米重巡洋艦「クインシー」、同「タスカルーサ」、英軽巡洋艦「ブラック・プリンス」等々だ。さらに英軽巡洋艦「エンタープライズ」が、十隻あまりの駆逐艦とともに、近接支援にあたっていた。艦砲射撃が始まると、フランスの地元住民はすぐに村を離れ、田園地帯へと逃げこみ、比較的安全そうな場所を探すと、状況が一段落するまでそこで待機した。

連合軍の砲弾は「ユタ・ビーチ」でも、沿岸の防御陣地にほとんど命中しなかったが、ドイツ側が頼りにする地雷原のかなりの部分は、この艦砲射撃によって一掃された。「ユタ・ビーチ」を担当するアメリカ陸軍「第九航空軍」所属の中型爆撃機は、「オマハ・ビーチ」の「第八航空軍」と比べると、目標のずっと近い場所に爆弾を投下した。ただ、ドイツ軍陣地の堅牢さには、侮りがたいものがあった。ロケット艦はこちらでも精度に欠け、目に見える成果をほとんど出さずに終わった。

「ユタ・ビーチ」への上陸は、J・ロートン・コリンズ少将率いるアメリカ「第七軍団」によって実施された。コリンズ少将はやる気満々の野戦指揮官で、部下から「稲妻《ライトニング》のジョー」と呼ばれていた。まずはレイモンド・O・バートン少将率いる「第四歩兵師団」が海岸に取りついた。先駆けをつとめるのは、ヴァン・フリート大佐率いる「第八歩兵連隊」だ。同連隊は、いく先々で幸運にめぐまれた。それぞれの上陸用舟艇は、まるで潮流に後押しされるように、ヴィール川河口部へとみるみる迫っていった。たどり着いた場所は、計画より二〇〇〇ヤード南方の海岸だったが、着いてみるとそこは、本来の上陸地点より、敵の防備がはるかに薄かった。

波も比較的穏やかだった。おかげで水陸両用の〈DDシャーマン〉は、それを積んだLST（戦車揚陸艦）が機雷に触れて破壊された四輛を除くと、ほぼ無傷で上陸できた。この新型兵器について、上陸用舟艇の舵をにぎるある水兵はこう描写している。「奇妙な形をした海のモンスターは、ドーナツのようなキャンバス地の風船を膨らまし、高波のなかをもがくように進みながら、陣形を崩すまいと必死になって、われわれを追いかけてきた」と。ただ実際のところ、敵の防備はそれほどでもなかったため、戦車がその本領を発揮するチャンスはきわめて稀だったが。火砲もすべて、無事陸揚げを終えた。「第四歩兵師団」全体の、Dデイ当日における損耗人員は二〇〇名にとどまった。これは同年四月、英デヴォン州のスラプトン・サンズ沖でおこなわれた「タイガー演習」のさい、偶然遭遇

したドイツ海軍のEボート（高速魚雷艇）にやられた連合軍兵士の犠牲者数（七〇〇名）をはるかに下回るものだった。

アメリカの将軍で、「ユタ・ビーチ」に真っ先に足跡を記したのは、その直情径行の性格でつとに有名なセオドア・ローズヴェルト・ジュニア准将であった。アメリカ国民が敬愛し、〝テディ〟の愛称で呼ばれた第二十六代大統領の息子であり、かつまた現大統領フランクリン・D・ローズヴェルトの従兄弟にもあたる名門の出だ。准将は〈テディ・ジュニア〉と呼ばれていた。ローズヴェルト准将は愛用のジープに、かつて米西戦争のおり、父親が組織した「第一義勇騎兵隊」にちなみ、同部隊の愛称と同じ「荒馬乗り《ラフ・ライダー》」と命名していた。ヴァン・フリート大佐の「第八歩兵連隊」が、計画と異なる海岸に着いてしまったとき、ローズヴェルト准将は思った。改めて計画どおりの場所に移動するなど、バカげたことだと。そして、「われわれはこの場所から、いま戦争を始めるのだ！」と高らかに宣言した。

〈テディ・ジュニア〉は杖をつきつつ、大胆不敵にも銃弾の飛び交うなかを悠然と歩き回っていた。兵隊たちと、絶えずジョークを飛ばしあい、その勇敢さには底知れぬものがあり、そんな准将をGIたちは愛した。あの将軍はきっと、戦いのさなかに死ぬことを心密かに願っているのだろう、と多くのものが推察していた。海岸に上陸したものの、「ビーチ」の強行突破に使える車輛がないため、とりあえず身を隠す場所を探していた少佐がいた。するとふと、「ローズヴェルト将軍のすがたが目に入った。将軍は護岸付近にいて、明らかに銃弾の飛んでくる方角にむかって、ビーチをてくてくと歩いていた」とその少佐は語っている。ローズヴェルト准将はまた、軍服と同系統のくすんだオリーブ色のニット帽だけを頭にのせ、ヘルメットはあえて被らない主義だった。この一風変わった習慣は、他の者の悪い手本になるからと、しばしば上級の将軍たちから厳しい批判を受けていた。

「ユタ・ビーチ」の場合、〝強襲上陸〟とは、ドイツ兵が小銃や機関銃を構えて立てこもる孤立した陣地を、ひとつひとつ潰していくことだった。「第四歩兵師団」のある将校の言葉を借りれば、それは「対ゲリラ戦に似ていた」という。とある若い将校によると、あるいはそれは、こんな戦いでもあった。銃弾が激しく行き交うなかを、ひとりの大佐がやってきて、私に声をかけた。「おーい、大尉、この小銃の弾ごめは一体どうやってやるんだ?」。それを聞いた瞬間、私はひどく愉快な気分になった、とその大尉は言う。「オマハ・ビーチ」とは対照的に、こちら側のドイツ兵は「じっくり狙いを定める」ということを一切やらなかった。「いちおう異なるパターンを描くよう心がけてはいたが、それでもビーチの方角にむけ、ただ銃口を左右に振る」だけだった。とはいえ、「ユタ・ビーチ」の戦いが比較的楽だからといって、敵兵の扱いがひどく〝なかった〟わけではない。「第八歩兵連隊」のある兵士は記録している。捕らえたドイツ兵がヴァッフェンSS(武装親衛隊)の隊員だったら、すべて射殺せよと命じられていたと。「あの連中は信用がおけず」、爆弾や手榴弾を隠し持っているおそれがあるからだ、というのがその理由である。こんな記録もある。「ブリーフィングのさい、われわれはこう教えられた。海岸一帯や内陸部に多少入ったところで、民間人に出会ったら、すべて敵兵として扱い、射殺するか、身柄を拘束せよと」

「ユタ・ビーチ」では一時間足らずで、ドイツ軍部隊が一掃されてしまった。掃討を終えると、なにか拍子抜けしたような空気が漂った。「思っていたような興奮や、あるいは極度の混乱は、ほとんど起こらなかった」。海岸の障害物のあいだを抜けていく、長さ五〇ヤードほどの通り道を何本かつけるかわりに、工兵たちは「ビーチ」全体を一気に整地してしまった。「オマハ・ビーチ」とは、天と地ほども違っていた。

ただ、両「ビーチ」に共通する要素もひとつだけあった。連合軍側が早々と確立した航空優勢(制

空権）である。ほとんどいつも頭上に〈ライトニング〉や〈マスタング〉、〈スピットファイア〉が飛んでいることは、兵士たちの士気を大いに高めた。実際のところ、兵士たちは自分たちを襲ってくるドイツ空軍機をまったく目にしなかったのである。Dデイ当日、太陽がのぼったあと、ノルマンディーの海岸まで飛んできたドイツ軍機はたった二機だった。連合軍は途方もない数の戦闘機を飛ばした。それらは内陸部の上空にまで、傘のような覆いを広げ、離陸してくる敵機があれば、たちまち撃墜できる態勢を整えていた。一方、ドイツ軍の増援部隊や装甲部隊に対しては、アメリカの〈サンダーボルト〉戦闘飛行隊が当たり、こちらも内陸部の広い空域を飛んでいた。ただ第一日目の西部戦線では、標的になりそうなものはほとんど見つからず、パイロットたちを大いに落胆させた。

そうした不満や、あるいは歴史的一日に参加しているという高ぶりからか、発射ボタンについ親指をかけてしまう気分も生まれた。たとえば、木炭を燃料にして走るフランスの〝カミオネット（小型トラック）〟が連合軍機によって機銃掃射されるといったケースも起きていた。

「オマハ・ビーチ」南方のル・モレイでは、アメリカの戦闘機が町の給水塔をハチの巣にしてしまった。たぶん監視所かなにかと勘違いしたのだろう。中に入っていた四〇万リットルがすべて空になるまで、水は巨大シャワーのように、あたり一面にこぼれ落ちた。指先についつい力が入ってしまうのは、地上や海上にいる兵士とて同じことだった。連合軍側の飛行機が、味方の銃弾によって撃墜される事故も、何件か起きていた。たとえば、Dデイの翌日、「ユタ・ビーチ」上空で被弾したアメリカ人パイロットは、愛機を捨ててパラシュート降下したところを、下にいた興奮ぎみの戦闘工兵に機関銃で撃たれている。

コタンタン半島の西海岸の沖合いでは、英米両軍の戦闘機が空中戦闘哨戒にあたり、イギリス側の〈スピットファイア〉が高度二万六〇〇〇フィートを、アメリカ側のP－47〈サンダーボルト〉が

高度一万四〇〇〇フィートを、それぞれ旋回しながら飛んでいた。イギリス海峡への南西進入路で潜水艦に目を光らせる爆撃機部隊を、ドイツ空軍の戦闘機――ブレスト半島に基地があると目されていた――から守ることが、彼らの任務だった。じつはブレスト半島の飛行場は、連合軍の侵攻をおそれたドイツ空軍自身によって、すでに破壊されたあとだったのだが、そんなこと、彼らに知るよしもなかった。英米両軍の戦闘機パイロットは「ビーチ」の上空で、ドイツ軍機とサシの勝負ができると期待していたので、こんな実りのない仕事に回されたことが、はなはだ不満であった。

派手さに欠ける航空任務は、このほかにもあった。一部の中型爆撃機が担ったのは、宣伝ビラを投下して、フランスの人たちに、町を捨て、田園地帯へ避難するよう呼びかける仕事だった。そうした警告は、BBCを通じてもおこなわれていた。ただ、個人所有のラジオの多くはすでに没収されたあとだったし、空爆の対象となる大半の地域では、電気そのものが通じていなかった。

「ユタ・ビーチ」がひとまず確保されると、アメリカ「第四歩兵師団」の先鋒をつとめる二個大隊は、すぐさま内陸部へと進軍を開始した。「第七〇戦車大隊」の〈シャーマン〉戦車一輛が、土手道を扼するドイツ軍陣地に砲撃を加えた。ドイツ兵はたちまち降伏した。さっそく戦車部隊の中隊長が降車して、彼らに近づいていくと、ドイツ兵は「気をつけろ《アハトゥング》！　地雷《ミーネン》があるぞ！」と大声をあげた。そこでその中隊長は安全な戦車までひとまず戻り、工兵に連絡をとった。ただ、彼の幸運もそこまでだった。部隊を率いて、南西方面にあるプープヴィルに向かっているとき、その中隊長は「第一〇一空挺師団」の降下兵を目にした。彼らは負傷し、助けを求めていた。すぐさま救急キットを手に戦車を降りたけれど、彼らのもとに駆けつける途中、対人地雷を踏んでしまった。彼は部下の戦車乗員に近づくなと怒鳴った。すると部下たちはロープを放りなげ、戦車で安全な場所まで引っ張ってくれ

た。中隊長の左脚は、先端部分が吹きとばされており、残った部分も、その後の手術で切断された。一種の不可抗力なのかもしれない。ただ、地上軍が内陸部へと進むにつれて、フランスの民間人も、彼らの家財道具も、当然ながら被害を蒙った。「第四歩兵師団」付き「第二〇野戦砲大隊」のある中隊が、行く手の農家から攻撃を受けた。その農場をいとなむ未亡人がアメリカ兵に告げた。納屋にいる〝狙撃手〟は、非常に若い兵隊で、たんに酒に酔っているだけなのだと。だが、砲兵たちは火砲一門をその納屋にむけた。たった一発で、納屋は火事となり、中にいた若いドイツ兵は自決した。

こうした状況のもつひとつの側面が、ある兵士の残した記録によく表れている。「そこにはもちろん、フランス人が暮らしていた」とその兵士は当時をふり返る。「現地の人たちにとって、われわれがそこにいるということは、何にもまして大きな驚きだった。実際、彼らは、われわれをどう扱って良いのか分からなかったと思う。ひとりの男が逃げだしたので、われわれは止まれと大声で叫んだ。だがしかし、男は止まらない。そこで、仲間のひとりがその男を撃ち、そのまま放置した。こんなことも憶えている。われわれは二、三人で、とある農家に近づき、大声で呼びかけた。家の外に出てこさせようとしたのだが、われわれは皆、フランス語がまったく分からなかった。だが、だれも出てこない。そこでわれわれは、小銃の台尻でドアを叩いて開口部をつくり、奥に一発、手榴弾を放りこみ、数歩下がって爆発を待ち、しかるのち、家のなかに入った。部屋には男がひとり、女が三、四人、それに子供が二、三人いた。そのときの被害は、老人がひとり、頬に切り傷をつくっただけで終わった。ひとりの死者も出なかったのは、本当に運がよかった」。そのあと、この兵士は、戦車の援護射撃のもと、小高い丘をいかに確保したかを語っている。「とても激しい戦闘だった。そして、連中［ドイツ兵］は捨て鉢で、死にものぐるいだった。たこつぼ壕にはまだ相当数のドイツ兵が残っていた。そして、相当数のドイツ兵が、たこつぼ壕の中でそのまま殺されるのを目にした。われわれは

捕虜を取らないので、彼らを殺す以外に方法はなく、そしてわれわれはそれを実行した。私はそんなふうに人を撃ったことがこれまで一度もなかった。うちの中尉もそうだったし、下士官の一部もそうだった」

フランス人たちは状況に合わせて、できうる限りの対策を講じる必要があった。ふたりのアメリカ人将校が「こじんまりしたフランスの農家にたどり着くと、そこでは大柄のフランス人女性が、彼女の家からちょうど、ドイツ兵の死体をひとつ、引きずりだしているところだった。えいやっと力をこめて、その女性は生垣のわきの道路に、そのドイツ兵を放りなげた。彼女はわれわれに会えて喜んでいるふうだったが、こちらに手をふったものの、そのまま家に戻ってしまった。たぶん室内の修羅場を片づけるためだろう」。サント＝メール＝エグリーズにいたる道路で「死んで横たわる一人のドイツ兵を目にした」と別のアメリカ兵は語っている。「上半身が裸で、顔にはシェービング・クリームがついていた」と。ひげを剃っている最中に、その建物が空挺隊員に急襲され、彼は逃げるところを撃たれたのだ。裏手には野戦用の厨房、ドイツ人の言うところの〝グーラシュカノーネ〟があって、わだちの跡がくっきりと残り、装備を曳くための軍馬たちが死んでいた。

少しでも早く空挺部隊の負担を軽くしてやろうと、前進をつづける「第四歩兵師団」にとって、およそ想像を絶する事態が待っていた。なんと、元赤軍兵士で編成されたソ連人の騎兵部隊と遭遇したのだ。騎兵たちは、愛馬を無理やり地面に伏せさせ、その胴体の背後で射撃姿勢を取っていた。まさに古典的な騎兵戦術である。「大半の馬は、殺さざるを得なかった」。この手の戦闘におよそ不慣れなある中尉は、そう記している。「なにしろ、連中は、馬を盾にしていたのだから」

捕虜との会話が思わぬ驚きにつながることもあった。捕まったドイツ兵が言葉を交わしたその相手はドイツ系アメリカ人だった。

「ニューヨークにはほとんど何も残っていないんだろ?」

「どういう意味だい」

「ふふふ」とドイツ兵は言った。「分かっているだろ、ドイツ空軍の爆撃を受けたからさ」

アメリカ側もやがて悟った。ドイツの兵隊は、ナチが宣伝工作の一環として流布させた真っ赤なウソを、何の疑問ももたず鵜呑みにしているのだと。


アメリカ「第八二空挺師団」は、メルデレ川のシェフ・デュ・ポン橋頭堡に対するドイツ側の反撃をなんとか退けることに成功した。ドイツ「第一〇〇装甲大隊」がくり出したフランス製軽戦車二輌は、バズーカ砲で片づけた。アメリカ側はあちこちで、新たな戦法を試していた。サント＝メール＝エグリーズ周辺ではそうした創意工夫がとりわけ目立った。たとえば、敵方にそっと忍びより、〈ガモン〉手榴弾を投擲するのだ。やってみると、非常に有効な戦法であることが分かった。アメドイツ「第七〇九歩兵師団」を率いるフォン・シュリーベン中将は、戦車の走行音によって、アメリカ軍の動揺を誘おうとした。一九四〇年にフランスから奪ったルノー製軽戦車を歩兵部隊に随伴させ、あちこち走り回らせたのだ。ただ、互いの距離が接近すると、この策はアメリカ側に気づかれてしまった。あんな年代物の戦車なら、〈ガモン〉手榴弾で比較的簡単に仕留められるはずだ、とアメリカ側は思った。とはいえ、空挺部隊の指揮官にも不安はあった。部下たちの弾薬が乏しくなっていることが一点。そして、海側から上陸してくるはずの地上軍部隊がいったいどこまで来ているのか、皆目見当がつかないことがもう一点だった。フランスの民間人もこの時点では、ドイツ側の報復をいまだ恐れていた。今回の上陸作戦が、結局失敗に終わった一九四二年の「ディエップ急襲」の二の舞となり、その後戻ってきたドイツ軍から、その間の対米協力を問題視されることが怖かった。連合軍

の強襲上陸はどうやら失敗に終わったらしいという噂も流れていた。それゆえ、〈シャーマン〉戦車をともなった「第四歩兵師団」の先鋒と合流できたとき、「第一〇一空挺師団」側がいだいた安堵感は途方もなく大きかった。ただ、狭い土手道をたどる部隊移動はなかなか進まず、夜のとばりが下りるとともに、一旦休止を余儀なくされた。それでも、サント＝メール＝エグリーズの町と、海沿いの湿地のあいだに広がる一帯の右側面は、「第四歩兵師団」の後続の連隊によってしっかり保持されることとなった。

サント＝メール＝エグリーズ南方のレ・フォルジュ付近には二一〇〇時（午後九時）に、アメリカ「第三二五グライダー歩兵連隊」の一部が着陸することになっていた。だが、この地域の確保はいまだなされていなかった。なんとグルジア兵で構成されたドイツ軍の〝オスト（東方兵）〟大隊が、その着陸予定地点のすぐ北方――カランタンから北上する道路沿いの、ちょうどテュルクヴィルとフォーヴィルのあいだ――に控えていたのだ。徐々に厚みを増しつつあるサント＝メール＝エグリーズの連合軍に対して、これ以上の増強をなんとか阻止し、北方からこの町を奪還せんとするシュリーベン中将を支援することが、このグルジア大隊に託された任務だった。とそのとき、グライダー連隊の六〇機がいきなり出現し、たちまち機関銃が猛然と火をふいた。着陸のさい、一六〇名のアメリカ兵が死傷したが、生き残った兵士たちは、万全の装備を携行し、いまだ元気いっぱいだった。彼らはすぐさま実戦に参加し、夜のあいだにメルデレ川の浅瀬を渡り、すばやく左に転進すると、西岸からラ・フィエルの橋を確保した。

アメリカ人捕虜の最初の一団が、隊列を組んで、カランタンを通過していった。ハイテ少佐率いる「第六降下猟兵連隊」の予備大隊はそのようすをじっと観察した。大西洋の向こうからやってきたア

メリカの〝降下猟兵（空挺隊員）〟に、彼らはあらためて納得した気分だった。長身で、髪の毛を剃りあげた連中ばかりで、「やはり［ニューヨークの］シンシン刑務所の元囚人だったな」とジョークをとばした。アメリカ人捕虜は、カランタンのさらに南方にあるサン゠ローへと連れていかれ、そこの管区司令から尋問を受けたあと、一時収容施設へと送られた。そこは食事の量が極端に少ないことから「飢餓高地」というあだ名で呼ばれる収容施設だった。ドイツ兵が必死の形相で走り回っていたことから、サン゠ローの住民は連合軍の侵攻作戦が始まったことを、すでに夜明け前から知っていた。みな同情の目で、アメリカ人捕虜を見つめていた。

サン゠ロー市民に不安はなかった。なにしろその前日、アメリカの戦闘爆撃機が付近の駅を、まさにピンポイントで攻撃するのを見たばかりだったから。そうか、「精密爆撃」とはああいう事をいうのだなと人々は思った。中にはカードに興じながら、「まるで映画みたい」な攻撃を見物しつつ、声援を送るものもいた。「かれらは友軍のパイロットだ」とそのうちの一人はのちに書いている。「連合軍は、民間人の安全を無視して闇雲に攻撃するようなことは決してないのだと思い、われわれをホッと胸をなでおろした」と。だがしかし、六月六日の二〇〇〇時（午後八時）、連合軍の爆撃機はきわめて組織的《システマティック》な空爆を実施したのである。サン゠ローのあらゆる建物がこれにより倒壊した。戦場に駆けつけるドイツ軍の増援部隊を封じるため、主要道路が交わる場所は、ことごとく潰していくという基本方針の一環だった。当然ながら、ラジオやビラで、事前警告はおこなっていたが、そうした呼びかけは民間人のもとに届かなかったか、あるいは本気で受け止められなかったようだ。

「窓やドアが部屋のなかを、吹きとんでいくのです」とある市民はふり返る。「大きな柱時計は落ちて壊れてしまいました。テーブルや椅子はバレエを踊っていました」と。恐怖に駆られて地下室へ逃れたもののもいたけれど、一部のものはそのまま生き埋めとなった。第一次世界大戦を経験したある老

兵は、防空壕に身を隠すことを頑なに拒んだ。爆撃を受け、塹壕で土に埋まり、結局窒息死した戦友をあまりに多く見たせいだった。空気には、粉々に砕けたレンガの粉塵がまじっていて、うまく息ができなかった。サン＝ローの住民たちはこの「大悪夢の夜」に、小さな聖堂のふたつの尖塔が、背後の炎に照らされて、夜空に黒々とうかぶのを見た。廃墟と化したわが町を見て、わっと涙を溢れさせるものもいた。

シェルブール出身のレジスタンス・メンバー四人は、収監されていた刑務所内で命を落とした。フランス憲兵隊の本部も完全に破壊された。全壊した住宅は半数以上にのぼった。医師や医療助手にやれることはほとんどなく、傷のアルコール消毒には地元産の蒸留酒「カルヴァドス」が用いられた。爆撃によって揺さぶられ、産気づいてしまったある妊婦は、重い陣痛に耐えつつ、「地獄の業火のなかで」ひとりの女の子を産んだ。空襲が始まると、多くのものが田園地帯に向かって本能的に走りだし、納屋や農家の裏庭に身をかくす場所を探した。ようやく勇気を奮い起こし、サン＝ローへと戻ったものたちは、瓦礫の下でいまだ燃えつづける死体の臭いに、思わず身震いした。およそ三〇〇人の民間人が亡くなった。ノルマンディー地方は〝フランス解放〟のために捧げられる犠牲の山羊なのだと、人々はようやくにして思い知ったのである。

原注

215頁　ドイツ兵とアメリカの投下物資：Rainer Hartmetz, NWWIIM-EC.

216頁「机上演習は」：Generalleutnant Karl-Wilhelm Graf von Schlieben, 709th Infanterie-Division, FMS B-845.

216頁「アメリカ人捕虜」：Montebourg, Fernand Louvoy, MdC TE 38.

217頁「ある兵士は、ちょうど膝のところで」：Brigadier General David E. Thomas, NWWIIM-EC.

218頁「オートヴィル城」：Briand N. Beaudin, 508th Parachute Infantry Regiment, 82nd Airborne Division, NWWIIM-EC.

218頁 浅瀬の発見：NA II 407/427/24206.

221頁「奇妙な形をした海のモンスター」：Howard van der Beek, USS LCC 60a, NWWIIM-EC.

222頁「ローズヴェルト将軍のすがたが目に入った」：NA II 407/427/24204.

223頁「対ゲリラ戦に似ていた」：NA II 407/427/24242.

223頁「おーい、大尉」：Folder Birra, Alfred F. DDEL.

223頁「ビーチの方角にむけ」：NA II 407/427/24240.

223頁「あの連中は信用がおけず」：John Capell, 8th Infantry, 4th Infantry Division, NWWIIM-EC.

223頁「ブリーフィングのさい」：NA II 407/427/24242.

224頁 ル・モレイ：Danièle Höfler, MdC TE 71.

225頁 南西進入路で：R. L. Delashaw, 405th Fighter Group, USAAC, NWWIIM-EC.

225頁「気をつけろ！《アハトゥング》 地雷《ミーネン》があるぞ！」：John L. Ahearn, 70th Tank Battalion, NWWIIM-EC.

226頁「第四歩兵師団」付き「第二〇野戦砲大隊」：Staff Sergeant Alfred Donald Allred, NWWIIM-EC.

226頁「そこにはもちろん、フランス人が」：William E. Jones, 4th Infantry Division, NWWIIM-EC.

227頁「こじんまりしたフランスの農家」：Captain Carroll W. Wright, 33rd Chemical Company, NWWIIM-EC.

227頁「死んで横たわる一人のドイツ兵」：John A. Beck, 87th Chemical Mortar Battalion with 4th Infantry Division, NWWIIM-EC.

227頁「大半の馬は、殺さざるを得なかった」：Lieutenant John A. Le Trent, 8th Infantry, 4th Infantry Division, NA II 407/427/24242.

228頁「ニューヨークにはほとんど何も」：R. R. Hughart, 2nd Battalion, 505th Parachute Infantry Regiment, 82nd Airborne Division, NWWIIM-EC.

229頁「第三二五グライダー歩兵連隊」：NA II 407/427/24206.

230頁「シンシン刑務所の元囚人」：Heinz Puschmann, 6th Paratroop Regiment, private ac-

230頁 「窓やドアが」：MdC TE 285.
231頁 田園地帯への避難：Michèle Chapron, MdC TE 278.

count.
230頁 「まるで映画みたい」：Jean Roger, Saint-Lô, MdC TE 316.

第9章 「ゴールド・ビーチ」と「ジュノー・ビーチ」

ノルマンディーはカルヴァドス県の県都にして、ノルマン人の築城にまでさかのぼる歴史をほこる古都カーン。人々はその朝、いつもより早く目を覚ましており、市内ド・バガテル通りにあるドイツ「第七一六歩兵師団」司令部の近辺も、にわかに慌ただしくなっていた。〝パラシュートを背負った兵隊が、空から降ってくる〟という噂が、まぎれもない事実だと確認されたからである。伝令が忙《せわ》しなく出入りするさまを、司令部の近くに暮らす、若いレジスタンス・メンバーがじっと観察していた。さてはいよいよか、と彼は兜の緒を締めた。さらにそのようすを、彼の母親がじっと観察していた。息子が対独抵抗運動に係わっていることぐらい、とうの昔にお見通しだったが、彼女はこれまで、知らんぷりを続けてきた。母親はかるく小首を傾げると、カマをかけた。「これって、上陸が始まったってことかしら？」[*1]と。だが、息子は返事をしない。そこで彼女は台所へ向かうと、水道とガスが止まったときの用心に、何本ものビンに水を詰め、たっぷりのジャガイモ料理を作りはじめた。

階段の吹き抜けにご近所さんがすがたを見せたり、あるいは窓越しに声をかけあったりしていた。みなどこか戸惑いぎみだった。

「これって、アレかしら」

「ええ、でもここではないでしょ」

「海べりの人たちはかわいそうよね。どうやってやり過ごすのかしら」

「大丈夫よ。今夜にはここに来てるわ。ドイツ兵がバタバタしているじゃない」

マリアンヌ・ドールは、未明に飛行機の爆音で目を覚まし、夫のピエールに訊いてみた。もしかして上陸かしら。ピエール・ドールは大学の学長で、ド・ゴール将軍から密かにカルヴァドス県の〝プレフェ（知事）〟に任命されていたが、「そうさ、上陸だよ」と素っ気ない口ぶりで応じただけだった。マリアンヌの男きょうだい、フランソワ・クゥレも、じつはド・ゴール将軍からノルマンディー地区の〝共和国委員（臨時政府弁務官）〟に選ばれていた。だが、そちら方面からも、情報はいっさい漏れてこなかった。SHAEF（欧州連合国派遣軍最高司令部）がいだいた強い懸念にもかかわらず、ド・ゴール派の人々は、秘密厳守を見事に貫いたのである。

〇六〇〇時（午前六時）には、カーンの〝ブランジェ（パン屋）〟はどこもかしこも、バゲットを買おうとする主婦たちに包囲されていた。こうした大衆の動きを見て、ドイツ軍はすぐさま行動に出た。自分たちのため、パンの確保に奮闘したのである。ドイツ軍はまた、市内の飲食店からビン入りの各種アルコール類の押収も開始した。

街は興奮に包まれていた。その空気に煽られて、少年たちの中には自転車のペダルを必死にこぎ、いったい何が起きているのか、北の海岸まで直接確かめに行くものも出た。カーンとその周辺では、一刻も早く持ち場に駆けつけようと、ドイツ兵が右からも左からも、いきなり飛びだしてくるため、少年たちはハンドルを操り、巧みにかわす必要があった。やがて彼らは街に戻ってきて、噂はまたたく間に広がった。少年たちのひとりは、カーン市街を一気に突っ切ると、さらに南方まで自転車を飛ばし、道々、大声で呼ばった。「上陸だ、上陸だ！　海は軍艦で真っ黒だぞ！　ドイツ野郎はこてん

ぱんにやられてるぞ！」

根拠はまったくないのに、楽観的気分が、なぜか人から人へと感染していく。ある新聞売りは、サン・ソヴール教会の塔にのぼったあと、街中を走りながら、イギリス軍がやってくるぞと大声で触れまわった。ほどなくして、拡声器をつんだドイツ軍のヴァンが現れ、通りを巡回しつつ、外出禁止を市民に呼びかけた。ドイツ軍はまた、一部地域の住民に対し、いま住んでいる場所から一時待避することを要求した。私物の携行はいっさい禁じるという話だった。結果、大半の住民は、そのまま自宅に居残ることを決め、ドアを激しくノックされても、返事をしなかった。

ロンメル元帥はそのころ、妻の誕生日を祝うため、ドイツ南部、ウルムに近いヘルリンゲンにいた。このため、「B軍集団」司令部の置かれた「ラ・ロシュ＝ギュイヨン城」の留守をあずかるシュパイデル参謀長は、ノルマンディー沖に大艦隊がいるという第一報の裏が取れると、時をおかず、〇六三〇時（午前六時三十分）には元帥に電話をかけ、対策はすべて講じてありますと伝えた。ロンメルはすぐさま、ベルクホーフ山荘に電話をかけ、今回のヒトラー総統への表敬は中止したいと申し入れた。運転手はすでにロンメルの愛車、オープンカー式の〈ホルヒ〉軍用車を外に回し、元帥を待っていた。一行は全速力でフランスに戻ったが、それでも「B軍集団」司令部にようやくたどり着いたとき、日はとっぷりと暮れていた。城内の作戦室では「B軍集団」の幕僚たちが、ノルマンディー海岸一帯をまもる「第七軍」からの報告をもとに、状況の評価に必死で取り組んでいた。シュパイデルはこの間も、上級にあたる両司令部——OKW（ドイツ国防軍最高司令部）と、フランスおよびベネルクス三国を担当する「西方総軍」司令部——との応対に追われていた。「両司令部からは、ひっきりなしに電話がかかってきた。軍上層部が、不安に駆られている証拠だった」

パリ郊外、サン゠ジェルマン゠アン゠レイにある「西方総軍」司令部も、状況は似たようなものだった。テレタイプが途切れることなくメッセージを吐きだし、電話は鳴りっぱなしだ。司令官ルントシュテット元帥のもと、「西方総軍」参謀長をつとめるギュンター・ブルーメントリット大将は、ベルクホーフ山荘にいるOKWの参謀に電話をかけ、状況が状況なので、装甲師団に対する現行の絶対的な支配権――戦車部隊の展開はすべて、この私が決定するという ヒトラーの縛り――を緩和してほしいと懇請した。〇七〇〇時（午前七時）の直前に、OKWから返事がきた。「最高司令部の予備兵力を、西方総軍が専断的に展開することには、強く反対する」という内容だった。勇み足を承知で予備的な動きを見せていたドイツの各装甲師団は、この電話により、すべて一旦停止を余儀なくされた。しかも、ヒトラーの側近中の側近で、陸海空三軍の調整をおこなうアルフレート・ヨードル上級大将が、追ってロンメルの「B軍集団」司令部までわざわざ電話をかけてくるという念の入れようだった。ロンメルにかわってシュパイデルが電話口に出ると、ヨードルはシュパイデルに、命令の厳守を確約させせた。一方、ブルーメントリットは、同じく西部戦線に展開するドイツ空軍「第三航空艦隊」、「西方海軍」の両司令部、ならびにオットー・アベッツ駐仏大使にも電話をかけ、状況を説明しなければならなかった。さらには、いまだ合意にいたらぬ布告をめぐって、ヴィシー政権側に改めて圧力をかけることまでやった。「フランス国民に対し、社会の安寧を保つよう促し、かつまた反乱や破壊活動、ドイツ軍の対抗措置への報復を禁じる」という事前警告が布告の骨子だった。

「ゴールド・ビーチ」は、イギリス軍が担当する三つの上陸海岸のうち、アメリカ側の「オマハ・ビーチ」に最も近い、いちばん西（海からみて右）寄りに位置していた。具体的には、アロマンシュ゠レ゠バンとラ・リヴィエールという二つの町に挟まれた区間がこれに相当する。イギリス「第五〇

歩兵（ノーサンバーランド）師団」がここの上陸に成功すれば、アメリカ側の負担は、多少なりと軽減されるはずだった。イギリス側のHアワー（攻撃開始時間）は、右手のアメリカ軍より一時間遅い〇七三〇時（午前七時三十分）に設定されていた。ただ、基本となる攻撃パターンは同じである。まずは爆撃機による空爆、海からの艦砲射撃、次いでロケット艦が海岸に迫り、一斉発射をおこなうという手順である。だがしかし、出だしの爆撃機が、ロングの海岸砲台を破壊し損なったため、英巡洋艦「エイジャックス」と同「アーゴノート」は、大口径の火砲を備えたその砲台と、延々と撃ち合いを演じるハメになった。

上陸部隊の兵士にとって、荒れた海とこみあげる胃の内容物は、「オマハ・ビーチ」とほぼ同等の悪影響を及ぼした。ただ、イギリス側の二個機甲連隊は、現場の判断がすばらしかった。水陸両用のDD戦車を「距離五〇〇〇ヤードで投入せよ」という上からの指示を、彼らは完全に無視したのだ。二個機甲連隊のうち、左をいく「シャーウッド・レインジャーズ・ヨーマンリー（義勇騎兵）」は、彼らのかかえる〝泳ぐシャーマン戦車〟二個大隊を、海岸からわずか一〇〇〇ヤードの近距離で発進させた（それでも結局、八輛が失われたのだが）。右をいく「第四／第七ドラグーン・ガーズ（近衛重騎兵）」の将校たちも、激論のすえ、LST（戦車揚陸艦）の指揮官をなんとか説得することに成功した。同連隊が失った戦車の数は「シャーウッド・レインジャーズ」より、さらに少なかった。

歩兵たちも挙《こぞ》って「ビーチ」を目指した。「第五〇師団」のうち、右手を担当する「第二三一旅団」所属の二個大隊が、まずは先鞭をつけた。すなわち、「ロイヤル・ハンプシャー歩兵連隊」第一大隊と、「ドーセットシャー歩兵連隊」第一大隊である。彼らはル・アメルと小さな浜辺のリゾート地アロマンシュ＝レ＝バンの東岸に勇躍上陸した。ただ、惜しむらくは、歩兵たちを支援するはずの「シャーウッド・レインジャーズ」の戦車兵が、荒れた海のせいで、「ビーチ」到着に遅れを取ったこ

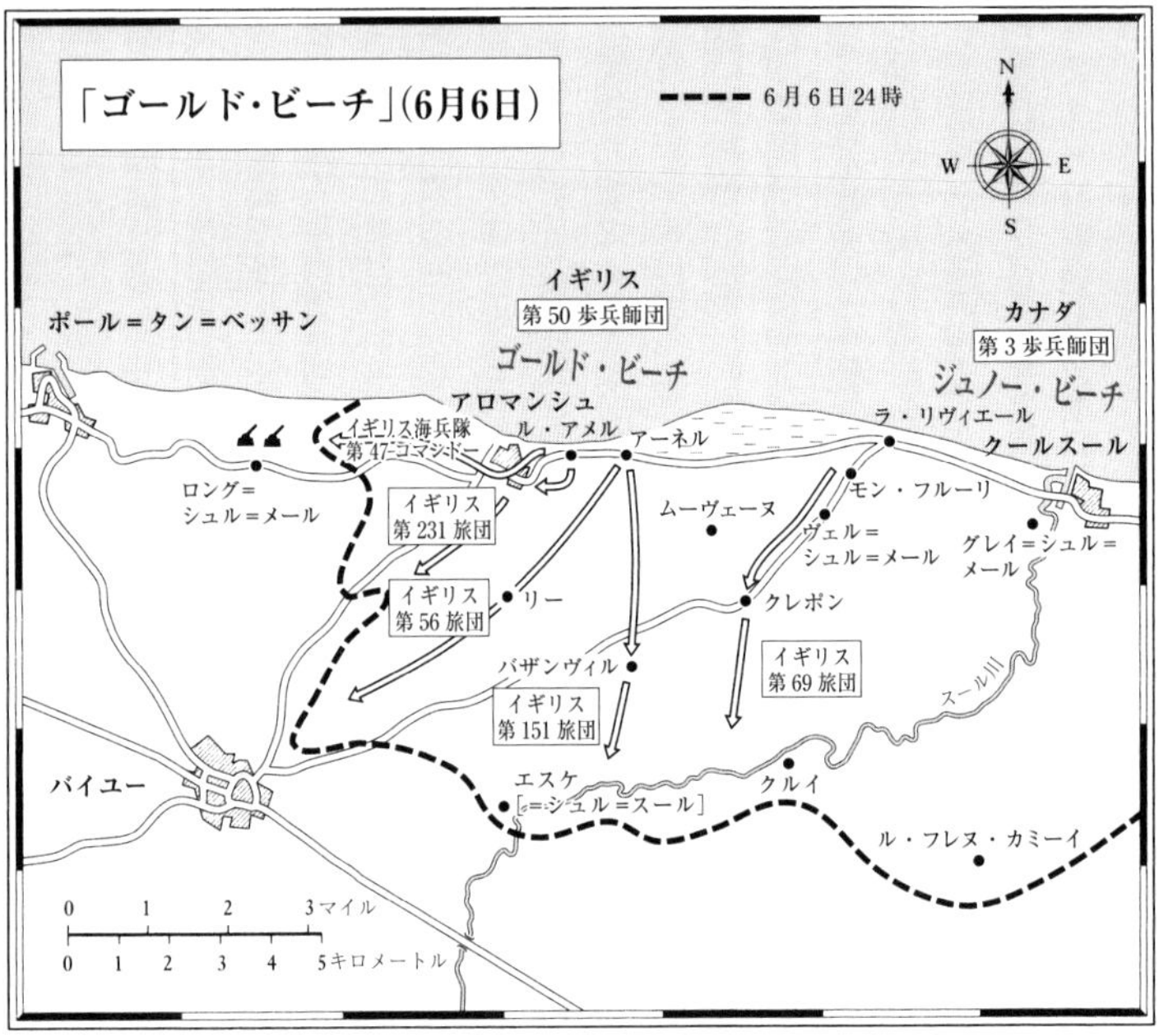

「ゴールド・ビーチ」(6月6日)
6月6日24時
N
W
E
S
イギリス
第50歩兵師団
カナダ
第3歩兵師団
ポール＝タン＝ベッサン
ゴールド・ビーチ
ジュノー・ビーチ
アロマンシュ
イギリス海兵隊
第47コマンドー
ル・アメル
アーネル
ラ・リヴィエール
クールスール
ロング＝
シュル＝メール
イギリス
第231旅団
ムーヴェーヌ
モン・フルーリ
ヴェル＝
シュル＝メール
グレイ＝シュル＝
メール
イギリス
第56旅団
リー
クレポン
バザンヴィル
イギリス
第69旅団
イギリス
第151旅団
スール川
バイユー
エスケ
[＝シュル＝スール]
クルイ
ル・フレヌ・カミーイ
0 1 2 3マイル
0 1 2 3 4 5キロメートル

とである。結果、「ロイヤル・ハンプシャー」の歩兵たちは、ル・アメルにおいて、流血の上陸を余儀なくされた。大隊長だけでなく、大隊本部の将校も数名、ほとんど瞬時に絶命した。それでも同大隊は、後続の第二三一旅団「デヴォンシャー歩兵連隊」第二大隊の援護を受けつつ、戦いを継続した。ドイツ側の抵抗を完全に排除したとき、辺りは暗くなり始めていた。

　左手を担当する「第六九旅団」は、「グリーン・ハワーズ歩兵連隊」第六大隊を先頭に突撃した。遅れを取るなと檄がとび、みな一丸となって平押しした。大柄の副大隊長ジョージ・ヤング少佐が部下に発破をかける。「いいか、足を止めるな！　いったん止めたら、二度と立ち上がれんぞ！」。第六大隊が内陸のモン・フルーリにむけ急迫すると、ドイツ兵がすがたを見せ、投降を始めた。「グリーン・ハワーズ」の歩兵たちはすかさず、背後の海岸をふり返り、そこを指さし、「後方へ《ツリュック》！」と一声どなった。すると捕虜たちは、付き添いの兵士もないまま、言われたとおり海岸へと向かった。

　第六九旅団「イースト・ヨークシャー歩兵連隊」第五大隊は、「ゴールド・ビーチ」の最左翼、ラ・リヴィエールにおいて、激戦を演じた。ここのコンクリート製防御陣地は、艦砲射撃でもビクともしない難物だった。装甲車輌が数台やられると、一輌の〈AVRE〉がおっとり刀で駆けつけてきた。[*2] 太くて短い〈ペタード迫撃砲〉を積んだ特殊戦車である。イギリス側はなるほど甚大な被害を出したが、〈AVRE〉が放つ四〇ポンド有翼砲弾のおかげで、ドイツ側の対戦車砲もようやく沈黙した。とはいえ、「イースト・ヨークシャー」の歩兵たちにとって、いまだ道なかばだった。爆発にともなう土ぼこりと煙のなかを、ひとつまたひとつと、ドイツ軍の拠点を潰していく。ラ・リヴィエールの残敵掃討をやり終えるには、さらに数時間が必要だった。この戦いでは、火焔放射器を積んだ〈クロコダイル〉戦車も活躍したし、車体の前方に対戦車地雷を除去する特殊装置をつけた〈フレール戦車〉――「ウェストミンスター・ドラグーン」の戦車兵が運用した――も大活躍だった。〈フレール

戦車〉が居てくれると、地雷原が瞬く間に片づくのだ。いずれもイギリス陸軍のホバート少将が開発した自慢の逸品である。こうした特殊戦車を、イギリス人は「おかしなメカ《ファニーズ》」と揶揄し、アメリカ人は眉つば扱いしたけれど、新型戦車はいずれも、英米両国の批判派の面前で、その有効性をいかんなく実証したのである。

海岸一帯がどうにか確保されると、イギリス海軍の揚陸指揮官《ビーチマスター》の指示のもと、兵員・物資の陸揚げ作業が急ピッチで進んだ。「LST」と略称される戦車揚陸艦は本来、「ランディング・シップ・タンク」の頭文字をとったものである。だが、実際に乗りくむ水兵たちは、いいや、あれは「デカくて《ラージ・》、動きの鈍い《ステーショナリー・》、標的《ターゲット》」の頭文字を取ったものだと言っていた。そうしたLSTの一隻を指揮して、イギリス側の上陸海岸にやってきたアメリカ海軍のある中佐は、そこでくり広げられるヒトとモノの動きについて、こんなことを書いている。「ずらりと並んだ艦艇が、一方向からやってきて、逆方向へと去っていく、それはまさに水中の高速道路」だったと。自走砲を擁する三個砲兵連隊もようやく上陸を果たした。これにより、歩兵の支援態勢は十分整ったと判断し、イギリス「第五〇師団」は内陸にむけ前進を開始した。一方、第二波として上陸してきた「第五六旅団」のほうは、「第五〇師団」本隊とは別行動をとり、南西方向にあるバイユーを目指した。

そのころ、ル・アメルの制圧を無事終えた「ロイヤル・ハンプシャー」の歩兵たちは、西方（右手）のアロマンシュ＝レ＝バンにむけ、海岸沿いを進んでいた。この辺りまで来ると、沖合いにうかぶ巨大な洋上港湾施設「マルベリー」の威容を拝むことができた。一方、別働隊として行動するイギリス海兵隊「第四七コマンドー」は、「オマハ・ビーチ」との境界の町、ポール＝タン＝ベッサンを目指していた。地雷のせいで三隻の揚陸艇を失ったものの、彼らはなんとか上陸を果たし、西方へと進出した。精鋭のアメリカ「第一歩兵師団」なら、「オマハ・ビーチ」上陸後、海岸堡の拡大に動いて

いるはずだ。そこでポール＝タン＝ベッサンを攻略すれば、その「第一歩兵師団」とイギリス軍の右翼が、肩を並べて戦えるというわけだ。

「グリーン・ハワーズ」の歩兵たちも負けてはいない。すでに「ゴールド・ビーチ」の東端（左端）にあるモン・フルーリに急行し、艦砲射撃で茫然自失となったドイツ軍守備隊を降伏に追いこんでいたし、中隊付き上級曹長のスタンリー・ホリスなどは、この戦いで初めて〝わが身を顧みない勇気〟なるものを発揮していた。ふと気づくと、ホリスは二つのトーチカの真正面にいた。そこで中隊長とともに、敵情を調べに行きかけた瞬間、敵の機関銃一挺が火をふいた。彼はすぐさま〈ステン〉短機関銃を撃ちながら突撃を敢行し、トーチカに勢いよくよじ登ると、弾倉をすばやく交換したあと、トーチカの内部に手榴弾を数個放りこんでやった。「グリーン・ハワーズ」はそのあと、モン・フルーリの南方にあるクレポン村まで進出した。ホリスはここでもまた、目覚ましい働きをした。村に近づいたホリスの部隊は、そこで野砲一門と〈MG42〉機関銃数挺を擁するドイツ軍陣地と遭遇した。側面の住宅からは機関銃で撃たれるし、さらには野砲がこちらに狙いを定めてきた。とその時、ホリスは気づいた。部下のうち二名が、後方はるかに取り残されていたのだ。そこで彼は、〈ブレン〉軽機関銃一挺のみを頼りに、みずからオトリ役を買って出て、部下二名の命を救った。その〝常に変わらぬ勇気〟が評価され、ホリス上級曹長は、Dデイ（六月六日）では唯ひとり、ヴィクトリア十字勲章を授与されたのである。

「ゴールド・ビーチ」の中央をいく部隊は、尾根筋をたどって、バザンヴィルにむけ進軍をつづけた。イギリス「第五〇師団」はこの町をめぐって、ドイツ「第三五二歩兵師団」隷下の「マイヤー戦闘団」と激戦を展開した。そして、第七章ですでに述べたように、マイヤー中佐はその戦いのなかで戦死し、彼の戦闘団もほぼ壊滅したのである。そのすぐ右手をいく「第五六旅団（混成独立旅

団)」に対しては、バイユー攻略が命じられた。「ウェセックス連隊」第二大隊の歩兵たちと、「シャーウッド・レインジャーズ・ヨーマンリー(義勇騎兵)連隊」の戦車兵が先鋒をつとめることになった。「シャーウッド・レインジャーズ」は、敵狙撃兵によって部隊長を失っていたが、各戦車長はそれでも、頭部を車外に露出させることをやめなかった(砲塔内に引きこもっていては、満足な指揮など取れるはずがない、というわけだ)。一個機甲大隊を率いるスタンリー・クリストファーソン騎兵少佐は、上からの指示に従って、支援すべき「エセックス」第二大隊との合流をなんとか果たしたものの、先任である歩兵大佐を発見できなかった。困ったものだ。かといって、狭い田舎道に戦車を乗り入れ、足手まといになる歩兵たちと大佐探しをやる気にはどうしてもなれなかった。とそのとき、一軒の家の前に放置してある馬がふと目に入った。うまいぐあいに鞍まで付いている。よし、これで行こう、と少佐は決めた。副大隊長のキース・ダグラスに部隊を預けると、クリストファーソン少佐は出発した。「こんな展開は、夢にも思わなかった」と彼は日記に書いている。「それもDデイの当日にだ。怯えきった〝愛馬〟を馬手《めて》で操り(これがなかなかに難しい)、弓手《ゆんで》で地図ケースを握りしめ、頭には鉄かぶと、黒いぴっちりした乗馬ズボンを履き、ノルマンディーの田舎道を、馬上疾駆しようとは! ようやく目当ての相手を見つけだし、わが騎兵大隊は、貴歩兵大隊の次の攻撃で支援射撃を提供すべく、すでに待機しておりますぞと報告すると、エセックス大隊の大佐どのは、やや度肝を抜かれた様子だった」

この「歩戦協同」部隊は、ほんのわずかの抵抗しか受けず、みるみる前進をつづけたが、バイユーのすぐ手前でいったん停止と相成った。「町の防備はきわめて薄いと斥候が伝えてきたので、このままバイユーに攻めこんで、夜のうちに占領することは可能だった」とクリストファーソンは書いている。「だが、エセックス大隊の指揮官が、夜間は町はずれに留まることをよしとしたのである」と。

イギリス「第二軍」が担当する三つの上陸海岸のうち、中央に位置する「ジュノー・ビーチ」は、ラ・リヴィエールとサントーバン＝シュル＝メールの間に広がっていた。ただ、イギリス軍といっても、まんなかの「ビーチ」に強襲上陸をおこなったのは、カナダ陸軍「第三歩兵師団」だった。カナダ軍部隊はすぐる「ディエップ急襲」（一九四二年）にも参加したが、そのときは全兵士の半数も生還できないという悲惨な目に遭っている。カナダ兵は爾来、いつの日かドイツ野郎に復讐してやると心に決めていた。ディエップにおける戦場体験は、たしかに苦い思いを残したけれど、それはDデイの計画立案にとって、死活的に重要な教訓も与えてくれた。つまり、防備のかたい港湾都市に、決して海側から攻めてはならない――ということである。

カナダ「第三歩兵師団」を指揮する師団長、ロッド・ケラー少将は、大柄で丸顔、血色のよい顔面にはいかにも軍人らしい口ひげがのっていた。他人《ひと》の心を捉えて離さないすばらしい話術の持ち主で、かつまたウイスキーをこよなく愛する人でもあった。カナダ軍は、戦闘服から、独特の連隊システムまで、イギリス陸軍式を踏襲していたけれど、それにもかかわらず多くの点で、〝母国〟イギリスよりも、むしろアメリカに親しみを覚えていた。彼らはまた、イギリス陸軍の伝統的スタイルにいささか懐疑的であった。上陸作戦の直前、「第二軍」司令部でイギリス軍の参謀から、ああだこうだと箸の上げ下ろしまで指図されたため、こんなのは「オーヴァーロード作戦」じゃなくて、「オーヴァーボード（船酔い嘔吐）作戦」だといった声まで聞かれた。カナダ軍の強さの秘訣は、その下級将校の質の高さにあった。人的資源の不足に悩むイギリス陸軍が、カナダ軍部隊から数多くの下級将校を〝拝借〟していった事実からも、その優秀さがうかがえる。

○五二七時（午前五時二十七分）、「ジュノー・ビーチ」においても、まずは沖合いの艦砲射撃に

よって、戦いの火ぶたが切られた。砲撃艦隊の旗艦をつとめる英巡洋艦「ベルファスト」について、ある海軍士官は「上陸用舟艇の群を引きつれた、憂い顔の雌鶏のように鎮座していた」と形容している。じつに国際色豊かな艦隊で、旗艦のほか、巡洋艦「ディアデム」、五隻の駆逐艦こそイギリス勢だが、それ以外にノルウェーの駆逐艦が三隻、フランスの駆逐艦「ラ・コンバタント」（この一週間後、ド・ゴール将軍を乗せ、ノルマンディーまでお連れする任務を担うことになる）、さらには「アルゴンキン」、「スー」というインディアンの部族名をもったカナダ海軍の駆逐艦二隻も続いていた。[*3]

歩兵を乗せた上陸用舟艇と、カナダ軍の二個機甲連隊――「第一軽騎兵連隊」と「フォート・ギャリー・ホース連隊」――のDD戦車が、めざす「ジュノー・ビーチ」にむけて出撃していく。その頭上を、砲撃艦隊の放った砲弾が飛んでいく。舟艇がいよいよ「ビーチ」に迫ると、ロケット艦が斉射をおこない、周囲に金切り声を響かせた。そのあとは、奇妙な静けさだけがあたりを支配した。カナダ軍の強襲部隊も、船酔いにやられ、戦闘服は波しぶきでびしょ濡れだった。ただ、驚いたことに、ドイツ側はいっこうに攻撃してこないのだ。じつは舟艇前部のランプ（開閉扉）が倒れる瞬間まで、攻撃をじっと控えていたのだ。〇七四九時（午前七時四十九分）、先頭の兵士が海に足を踏み入れるや否や、機関銃と大砲がいっせいに火をふいた。カナダ軍はこの日だけで、九六一名の犠牲者を出した。撃たれたものは、そのまま放置せよという事前命令にもかかわらず、多くのものがいったん駆けもどり、戦友たちを安全な場所へと引きずっていった。

カナダ第三師団「第七歩兵旅団」は、クールスール＝シュル＝メールの、スール川両岸に上陸した。西岸を担当した「ロイヤル・ウィニペグ・ライフルズ歩兵連隊」第一大隊と「カナディアン・スコティッシュ連隊」第一大隊は海岸部を制圧すると、ヴォーならびにグレイ＝シュル＝メールのある方角へと押しだした。スール川東岸の主要目標の攻略は「レジャイナ・ライフル連隊」第一大隊が担当

した。だが、同大隊は上陸にさいし、多大の人的損耗を蒙っており、この任務の達成は、困難をきわめた。クールスールの町は、事前にいくつかのナンバー付き区画に分割され、各中隊にそれぞれ割りふられていた。「入る前から、町の全体像がほぼ把握されていた」と「レジャイナ・ライフル」の大隊長は言う。かれら歩兵の支援を担当した「第一軽騎兵連隊」の戦車兵について、この大隊長はこう評している。その戦いぶりは「見事というよりは、むしろ勇ましく」、困難なやり方で学習を積んでいたと。わずかに残る〈DDシャーマン〉の支援があったとはいえ、クールスール制圧は結局、午後までかかってしまった。ドイツ兵はいくつかの住宅を強固な防御陣地に変えており、しかもそこからあちこちに地下道が延びていた。ドイツ兵を追っていくと、いつの間にか背後から撃たれるという事態が、何度もくり返された。

サントーバン＝シュル＝メールに上陸したカナダ第三師団「第八歩兵旅団」の一部もまた、激しい抵抗に遭っていた。第八旅団「ノース・ショア連隊」(連隊と言っても、実態は一個歩兵大隊だが)は、延々と広がるコンクリート製の防御陣地に直面した。その陣地は、対戦車砲や機関銃、八一ミリ迫撃砲で武装され、おかげで同連隊の人的損耗もかなり大きかった。出足が遅れていた「フォート・ギャリー・ホース」――カナダ「第一〇機甲連隊」――所属のDD戦車大隊が、ようやく戦列に加わってきた。だが、錯綜する状況のなかで、これらの戦車たちは「ビーチ」を猛然と走りまわり、自軍の兵士の死体だけでなく、いまだ息のある負傷者まで、何人か轢いてしまった。イギリス海兵隊「第四八コマンドー」の軍曹によると、その場にいたある医療班員は、無惨な光景を目の当たりにし、轢かれた負傷者から目を背け、完全なショック状態に陥ったという。

ここの「ビーチ」に投入された〈AVRE〉戦車はわずか一輛だったが、その太くて短い〈ペタード迫撃砲〉を使って、地下道で相互につながるドイツ軍の掩蔽壕をひとつ又ひとつ叩いていった。抵

抗が止んだのは、一一三〇時（午前十一時三十分）のことだった。そのころ、「ノース・ショア連隊」所属の一個歩兵中隊は、敵がこもる住宅の制圧に取りかかっていた。導火線付きの〈バンガロール〉爆薬筒で突破口を開くと、手榴弾、小銃、〈ブレン〉軽機関銃を手に、一軒また一軒と潰していくのだ。こちらの面々も、いったん逃げたと思ったドイツ兵が、地下道をくぐって、背後からふたたび襲ってくるという事態に対処しなければならなかった。

ベルニエール＝シュル＝メールを目指す第八旅団「クイーンズ・オウン・ライフルズ・オブ・カナダ連隊」の歩兵たちもまた、「フォート・ギャリー・ホース」所属の一個機甲大隊から支援を受けていた。同大隊の戦車は「ドライショッド（足を濡らさず）」で上陸すると、「ビーチ」にずらりと並び、ドイツ軍が要塞化した住宅群を吹きとばしていった。一輛の〈AVRE〉戦車が護岸に突破口をつくると、装甲車輛が上の台地に登れるように、工兵たちが傾斜路を整えた。すぐさま歩兵部隊と〈プリースト〉自走砲が駆けのぼり、〈シャーマン〉戦車があとに続いた。ドイツ軍の守備隊は逃走し、地下室からは民間人がすがたを現した。こちらの戦場では、早くも〇九〇〇時（午前九時）には即席の酒場が設けられ、祝宴の準備が始まっていた。一服盛られることを恐れて、将校たちは部下に対し、フランス人から飲食物はいっさいもらうなと警告していたが、聞く耳をもつ兵士はほとんどいなかった。レジスタンス組織などから得た情報をもとに、連合国の政府・軍上層部は、ノルマンディー地方の住民は、本当はドイツ占領軍の〝シンパ〟ではないかと不安視していた。だが、実態はまるっきり逆であった。ノルマンディーの沿岸地帯や、その主要都市において、フランス民間人が蒙った多大の犠牲を考えるならば、圧倒的多数のフランス人が示した〝理解度〟は、途方もなく大きいと言わざるを得ない。

上陸作戦の第一波を担ったカナダ軍の各歩兵大隊は、いずれもすでに内陸部へと押しだしていた。

だが、後続部隊のほうは「ビーチ」の混乱がアダとなり、進軍スピードがかなり落ちてしまった。戦車、自走砲、ブレン装甲車――〈ブレン〉軽機関銃で武装した偵察用走輪装甲車――が交通渋滞の元凶だった。荷揚げ作業をしきる揚陸指揮官や、新たに上陸してきた司令部スタッフは、イライラを募らせた。みずからの勇姿を記録に留めるため、従軍記者やカメラマンを引きつれてベルニエールに上陸した「第三歩兵師団」の師団長、ロッド・ケラー少将は、その混乱に思わず激怒した。いまだ洋上にあるうちに、上官である「カナダ第一軍」司令官〈ハリー〉・クリアラー中将に無線で報告を送り、きわめて楽観的な見通しをすでに伝えたあとだったから。だが、「ビーチ」の実情は、それほど前向きなものではなかった。

第八旅団「ル・レジマン・ド・ラ・ショディエル」は、フランス系カナダ人で構成された歩兵連隊（実際には一個大隊）だった。この〝ショディエル（ボイラー）連隊〟の兵士たちが海岸に上陸すると、地元民はフランス語で話しかけ、熱烈に歓迎してくれた。多くの地元民が大急ぎで地下室に走り、「カルヴァドス」の小ぶりの樽をかかえて戻ってくると、さっそく兵士たちにふるまいだした。その一方で、気のいいノルマンディーの農民が、ドイツ兵の死体からブーツを脱がしている場面に行き会うこともあった。カナダ兵はショックを受けたようだったが、これにはそれなりの伏線――ドイツ国防軍のため、かれらドイツ兵はあらゆる革製品を徴発していった――があるのだ。「だから、われわれに過度の期待は抱かないでほしい。これは戦争だし、われわれには履き物が必要なのだ」とフランス人に告げられるまで、カナダ兵はそんな経緯があったとは、思いもよらなかった。

フランスの一般市民にとって、大西洋のむこう側からやってきた〝従兄弟たち〟との出会いは、ひどく嬉しい体験（フランス軍部隊による上陸の次ぐらいに）といえよう。ただ、一般のフランス人は気づかなかったが、そのカナダ人部隊の上空で近接支援にあたる〈スピットファイア〉飛行中隊のひ

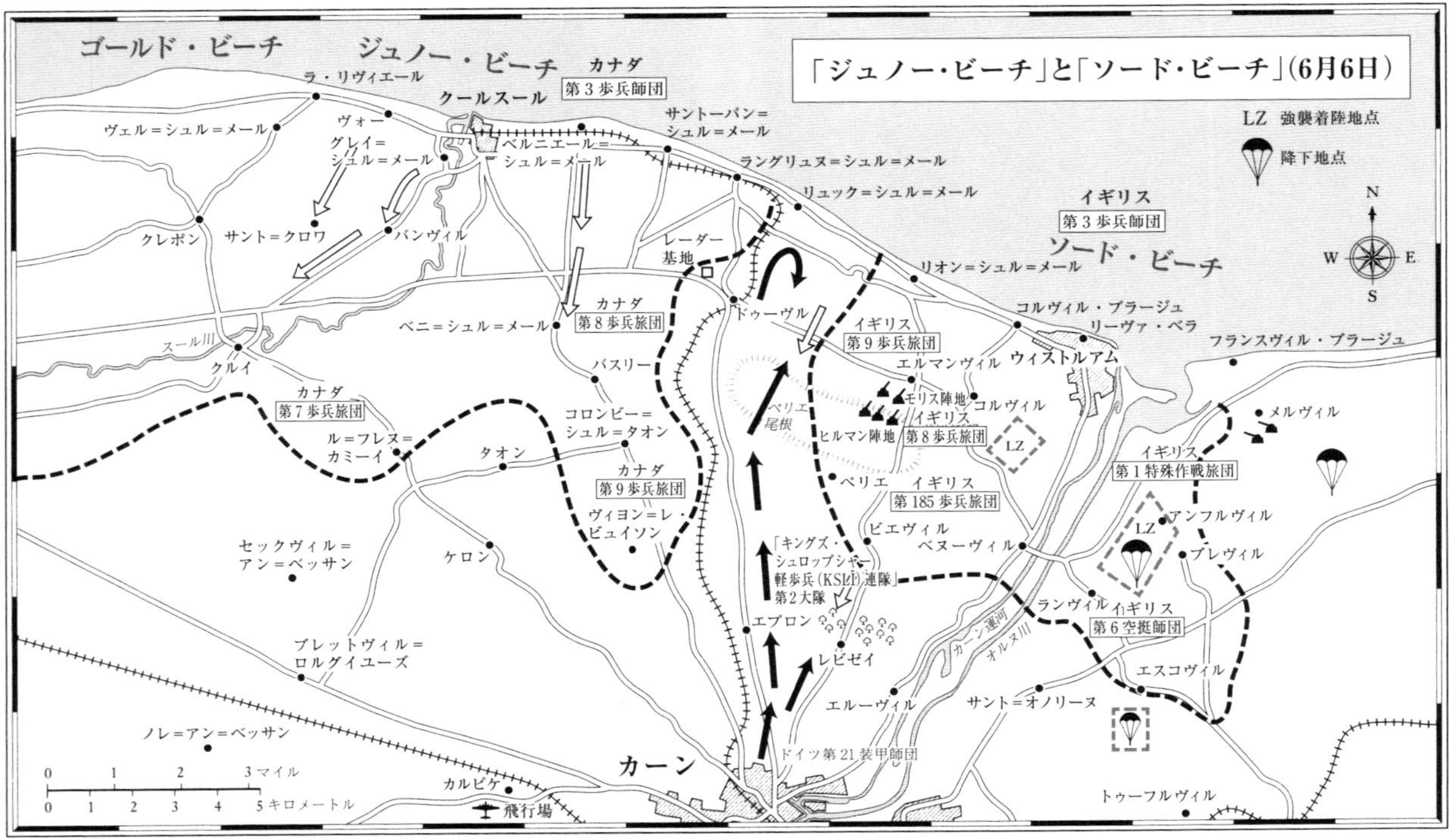
「ジュノー・ビーチ」と「ソード・ビーチ」(6月6日)
LZ 強襲着陸地点
降下地点
N
S
W
E
ゴールド・ビーチ
ジュノー・ビーチ
カナダ
第3歩兵師団
ソード・ビーチ
イギリス
第3歩兵師団
ラ・リヴィエール
クールスール
ヴェル=シュル=メール
ヴォー
グレイ=
シュル=メール
ベルニエール=
シュル=メール
サントーバン=
シュル=メール
ラングリュヌ=シュル=メール
リュック=シュル=メール
リオン=シュル=メール
クレポン
サント=クロワ
バンヴィル
レーダー
基地
ドゥーヴル
カナダ
第8歩兵旅団
ベニ=シュル=メール
スール川
クルイ
バスリー
カナダ
第7歩兵旅団
ル=フレヌ=
カミーイ
タオン
コロンビー=
シュル=タオン
カナダ
第9歩兵旅団
ヴィヨン=レ・
ビュイソン
セックヴィル=
アン=ベッサン
ケロン
ブレットヴィル=
ロルグイユーズ
ノレ=アン=ベッサン
カルピケ
飛行場
カーン
イギリス
第9歩兵旅団
エルマンヴィル
ペリエ
尾根
モリス陣地
ヒルマン陣地
イギリス
第8歩兵旅団
コルヴィル
ペリエ
イギリス
第185歩兵旅団
ビエヴィル
ベヌーヴィル
「キングズ・
シュロップシャー
軽歩兵(KSLI)連隊」
第2大隊
エプロン
レビゼイ
エルーヴィル
ドイツ第21装甲師団
コルヴィル・プラージュ
リーヴァ・ベラ
ウィストルアム
フランスヴィル・プラージュ
メルヴィル
イギリス
第1特殊作戦旅団
LZ
LZ
アンフルヴィル
ブレヴィル
ランヴィル
イギリス
第6空挺師団
カーン運河
オルヌ川
エスコヴィル
サント=オノリーヌ
トゥーフルヴィル
0
1
2
3マイル
0
1
2
3
4
5キロメートル

とつは、「自由フランス空軍」に所属していたのだ。この「第三二九飛行中隊」を、フランス人のパイロットは〝レ・シゴニュ（コウノトリ）〟と呼んでいた。中隊長のクリスチャン・マルテルはこの日、「パイロット諸君、地上を凝視しないように。今日やるべきは、空に目を光らせることだ」とわざわざ念押しをしたくらいである。とはいえ、Dデイ当日のノルマンディーの空に、ドイツ軍機はほとんど現れず、唯一危険なのは、味方どうしの衝突ぐらいだったのだが。

ベニ＝シュル＝メール――地名の末尾に「海沿い《シュル＝メール》」が付いているが、この町は実際には、内陸に三マイル入った地点にある――にむけた進軍で先鋒をつとめたのが、上記の「ショディエル連隊」である。南にむかう道路はまっすぐな一本道で、小麦畑のあいだを抜けており、ドイツ軍はそこに機関銃を据えて待っていた。敵の側面に回りこむには、いささか苦労が要った。午後になって、蒸し暑さが一段とひどくなるなか、歩兵たちは畑のなかで匍匐前進をおこなった。結局、ベニ＝シュル＝メール付近のドイツ軍砲兵陣地は、カナダ海軍の駆逐艦「アルゴンキン」による、きわめて精度の高い艦砲射撃によって撃破された。それでも、歩兵たちの進軍ペースは、その後もあまり上がらなかったが。

「ビーチ」の混乱による初動の遅れと、過小評価していたドイツ「第七一六歩兵師団」の驚くほど頑強な抵抗のせいで、内陸部にむかう第三師団「第九歩兵旅団」の先発部隊は、時間的余裕がすっかりなくなってしまった。彼らの主要目標であるカルピケ飛行場は、カーン－バイユー街道のすぐ南方に位置していたが、目の前の一見平坦な地形は、先へ行くほど上り坂になっていた。双眼鏡をのぞくと、格納庫らしき建物がいくつか見えた。ただ、歩兵たちの支援にあたる戦車部隊は、弾薬が不足ぎみだった。いずれドイツ「第二一装甲師団」が反撃に出てくると予想されたため、師団長のケラー少将は、先鋒部隊にこう指示を与えていた。暗くなる前に、ともかく防御陣地を築き、敵襲に備えるよ

うにと。

まったく何をグズグズしていたのだ、とこの先鋒部隊を批判するのは、いささか酷である。第九旅団「ノース・ノヴァスコシア・ハイランダーズ歩兵連隊」を中核とする同戦闘団は、進軍スピードを高めるため、持てるすべての車輛――〈スチュアート〉軽戦車、〈シャーマン〉戦車、〈M10〉対戦車自走砲、トラック、〈ブレン装甲車〉――を総動員していたのだから。もっともその頃、カルピケ飛行場はパニックと呼んでもいいほどの、大混乱に陥っていた。もし仮に、そうした事実をケラー少将が摑んでいたら、防御陣地など放っておいて、さっさと突撃せよと命じていたかもしれない。なにしろ、在パリのドイツ空軍「第三航空艦隊」司令部からは、次のような報告が上がっているくらいである。「六月六日一九二〇時（午後七時二十分）、カルピケでは、全員が浮き足立ち……基地司令は撤収命令を発した」と。ドイツ空軍は撤収前、主要施設の破壊を試みたが、ヴァッフェンSS（武装親衛隊）の第一二SS装甲師団「ヒトラー・ユーゲント」が二日後に確認したところ、その破壊工作はきわめて雑だったという。「カルピケの滑走路は爆破が十分でなく、それ以外の地上滑走区画はほぼ無傷に近かった。燃料の大半は手つかずのまま残されていた」と。

これにつづく数週間、連合軍の各部隊は、カルピケ飛行場とその周辺地域において、「ヒトラー・ユーゲント」師団を相手に、ノルマンディーでも最大級の激戦を展開することになる。この飛行場がようやく、連合軍の手に落ちたのは、上陸開始からじつに一カ月以上もあとなのである。

原注

234頁　「これって、上陸が始まったってことかしらね?」：André Heintz diary, MdC TE 32(1-4).

234頁　「これって、アレかしら」：MdC TE 149.

235頁　「そうさ、上陸だよ」：Marianne Daure, MdC TE 48.

235頁　カーンの〝ブランジェ(パン屋)〟：Marcel Ehly, MdC TE 11.

235頁　ドイツ軍によるアルコール類の「押収」：Madeleine Betts-Quintaine, MdC TE 25.

235頁　「上陸だ、上陸だ―!」：Marianne Daure, MdC TE 48.

236頁　一時待避：Nadine Speck, MdC TE 2.

236頁　「ひっきりなしに電話がかかってきた」：Generalleutnant Speidel, FMS B-718.

237頁　ブルーメントリットの電話：FMS B-284.

240頁　「いいか、足を止めるな―!」：Major George Young, Green Howards, SWWEC T2452.

241頁　「水中の高速道路」：Clifford H. Sinnett, USNR, LST530, NWWIIM-EC.

243頁　「こんな展開は、夢にも思わなかった」：Stanley Christopherson diary.

244頁　ロッド・ケラー少将は：Mark Zuehlke, *Juno Beach*, Toronto, 2005, pp.31-2.

244頁　「オーヴァーロード作戦」という名称：ibid., p.84; and Papers of Frank A. Osmanski, G-4 HAEF, USAMHI.

245頁　英巡洋艦「ベルファスト」：Tony Hugill diary, CAC HUGL 1.

245頁　「オーヴァーロード作戦」におけるカナダ海軍の艦艇：NAII 407/427/24200.

245頁　「フォート・ギャリー・ホース連隊」の戦車：Sergeant Bill Hudson, A Troop, 48 Royal Marine Commando, MdC TE84; and Zuehlke, p.202.

246頁　「町の全体像がほぼ把握されていた」：NA II 407/427/24200; and Terry Copp, *Fields of Fire*, Toronto, 2003, p.48.

247頁　ベルニエール＝シュル＝メール：NA II 407/427/24200; Zuehlke, p.219; and Copp, p.52.

248頁　「だから、われわれに過度の期待は抱かないでほしい」：Louise Hamelin, MdC TE222.

250頁　「パイロット諸君、地上を凝視しないように」：J. Kyle, SWWEC T1094.

251頁「カルピケでは」: Ultra intercept passed by ‘C’ to Churchil on 11 June, Luftflotte 3, TNA HW 1/2927.

章末注

＊1　フランス人は、一九四四年六月六日について話すとき、いつも「あの上陸《ル・デバルクマン》」と呼び、決して「あの侵攻《ランヴァジオン》」とは言わない。「アンヴァジオン（侵攻）」という単語は、フランス人にとって、一九四〇年のドイツ襲来と、その後につづく占領を意味するからだ。

＊2　〈AVRE〉とは「強襲《アソルト・》車輌《ヴィークル・》王立《ロイヤル・》工兵《エンジニアズ》」の頭文字からきた略称である。パーシー・ホバート少将率いる「第七九機甲師団」が、〈チャーチル〉戦車をもとに改造をほどこした特殊戦車で、トーチカなどコンクリート製の障害物を破壊することを主な目的としていた。とはいえ、〈AVRE〉は本来任務のほかにも、橋を架けるとか、束柴《そくさい》によって対戦車壕を埋めるとか、さまざまな雑用にも流用された。

＊3　「オーヴァーロード作戦」に参加したカナダ籍の艦艇は全部で一〇七隻に達する。

（章末注3に対する原注）

カナダ籍の艦艇：NA II 407/427/24200.

第10章 「ソード・ビーチ」

イギリス軍が担当する三つの上陸海岸のうち、いちばん東側（海からみて左手）にある「ソード・ビーチ」は、サントーバン＝シュル＝メールとオルヌ川に挟まれた一帯である。この「ビーチ」にいどむイギリス陸軍の「第三歩兵師団」には、強力な砲撃艦隊が割り当てられていた。英戦艦「ラミリーズ」、同「ウォースパイト」、英モニター艦「ロバーツ」を筆頭に、ポーランド海軍の「ドラゴン」をふくむ四隻の巡洋艦が束になって海岸を叩き、さらに一三隻の駆逐艦が脇を固めるという布陣だった。「オーヴァーロード作戦」の立案者が「ソード・ビーチ」に分厚い火力支援を用意したのは、この一帯にドイツ軍の砲台が数多く存在したためである。沖合いで大口径の艦砲が火をふくと、オルヌ川の河口域では、鳥たちが一斉に舞いあがった。「海のうえを低くとぶ、ヒドリガモとコガモは、黒い曳光弾のように見えた」。そんな感想を日記に書いたものもいる。★1

〇五三〇時（午前五時三十分）、各種の揚陸艦艇が荒れた海へと下ろされていった。各艦はそれぞれ旋回しながら、おのおのが目指す上陸地点へと向かった。みななんとか陣形を維持しようと、虚しい努力を続けている。第八旅団「イースト・ヨークシャー歩兵連隊」第二大隊のある中隊長は、部下の戦意を高めようと、艦内放送を使って、シェイクスピアの『ヘンリー五世』の一節を引用してみせ

たが、大半のものは船酔いのせいで、それどころの騒ぎではなかった。海軍支給のラム酒を、朝食にうかうか口にしたことを、多くのものが後悔していた。

「ソード・ビーチ」の攻撃には、イギリス陸軍所属の二個機甲連隊――「第一三／第一八軽騎兵連隊」と「スタッフォードシャー・ヨーマンリー（義勇騎兵）連隊」――のDD戦車が投入された。「距離五〇〇〇ヤードで発進せよ！」という命令を聞いて、戦車乗員は、船酔いとは別種の吐き気に襲われた。当初計画の八〇〇〇ヤードに比べれば、だいぶ短くなったとはいえ、五フィートの荒波にもまれていると、海岸線はおそろしく遠くに見えた。だが驚いたことに、沈んだ戦車は、四〇輌中わずか六輌にとどまり、しかもそのうちの二輌は、コントロールを失って、友軍の上陸用舟艇と衝突した結果だった。〇六五〇時（午前六時五十分）には、いまだ揚陸艦の艦上にありながら、師団砲兵の自走砲までが、距離一万ヤードで準備砲撃に加わった。

イギリス海兵隊「第四一コマンドー」のある将校は、上陸直前の空気について、次のように記している。「クソも出ないほど怯えているものもいれば、この作戦に参加できただけで目いっぱい自慢に思っているものもいた。ヒリヒリするような興奮を伴った、漠たる期待感が横溢していた」。先陣をつとめるイギリス「第八旅団」所属の二個歩兵連隊――「サウス・ランカシャー」第一大隊と「イースト・ヨークシャー」第二大隊――が「ビーチ」に着くと、すでにDD戦車の第一陣が上陸を果たしており、敵防御陣地にむけ砲撃を開始していた。第一大隊の歩兵もすぐさま、「ビーチ」をはさんで対峙するドイツ軍陣地――コードネーム「コッド」――に対し、攻撃を仕かけた。海岸線から三メートル進んだところで、まずは大隊長が命を落とし、かたわらの大隊付き軍医も負傷した。〈ブレン装甲車〉に乗って上陸した軽機関銃小隊が、ままよとばかりに突進すると、ドイツ軍守備隊はあっさり降伏した。続いて上陸した師団直属の「ミドルセックス連隊」第二大隊を出迎えたのは、まるで

「ナポレオンの竜騎兵のような」真鍮製の消防士風ヘルメットをかぶったフランス人だった。「ミドルセックス」の歩兵たちは、いささかギョッとしたけれど、その男性はなんとコルヴィルの町長だった。若い女性をひとり伴っており、彼女はすぐさま負傷者の手当に取りかかった。

それ以外にも勇気を奮い起こし、複数のフランス人女性が、連合軍兵士を助けるため、「ソード・ビーチ」へとやってきた。中のひとりは、看護学校にかよう女性だった。ただ彼女の場合、その前日、海辺の小屋にうっかり忘れた水着を取りにきただけだったのだが。自転車でさっそうと登場したこの女性に、兵士たちは思わず、ピーピーと口笛を鳴らしたが、まったく相手にされなかった。彼女はその場ですぐ、負傷者に包帯をまく作業の手伝いに入った。民間の有志による救護活動は二日間にわたって続き、このフランス人女性はその間に、将来の夫となる若いイギリス人将校とめぐり逢うことになる。

「第二二重騎兵連隊」と「ウエストミンスター重騎兵連隊」が〈フレール戦車〉――まさにその目的のため開発された特殊戦車――を使って、地雷原を突っ切るルートを造っていく。おかげで「ソード・ビーチ」では、ほかの上陸海岸よりも短期間に、海岸からの脱出口を開くことができた。イギリス陸軍の工兵たちも与えられた任務を粛々とこなしていた。「時おり大きな火花や、舞いあがる煙が見え、爆発音が聞こえた。かくてビーチの邪魔物は、工兵たちによって一掃された」とある海軍士官は日記に書いている。

第二波として上陸したある若い将校は、ひとりの太ったドイツ人将校のすがたを認めた。その将校は、十人余りの部下とともに捕虜となり、揚陸指揮官の詰め所近くにいた。捕虜たちはみな、護岸の陰にうずくまり、そのすぐ傍らには、ドイツ軍の放った砲弾が落ちていた。くだんのドイツ人将校がいきなり、抗議の声をあげた。ジュネーヴ条約に従うなら、われわれには安全な場所に移送される権

利があるはずだと。すると、揚陸指揮チームの軍曹が、その将校にシャベルを放りなげて、大声でどなった。「おおそうかい。だったら、すぐさま、クソったれ塹壕を、自分の手で掘るんだな！」

「イースト・ヨークシャー」第二大隊は内陸部へと進み、まずは左手のオルヌ川に向かい、敵の拠点――コードネーム「ソウル」――を攻撃し、さらに四門の一五五ミリ砲を備えた「ダイムラー」陣地の攻略にあたった。ひとりの大尉が、〈ステン〉短機関銃を撃ちながら、敵の掩蔽壕に突撃を敢行し、そのまま中へと飛びこんだ。不幸なことに、「慣れぬ実戦で完全に舞い上がっていた」彼の従兵のあたまを、一瞬のひらめきが走った。いまこそ換気シャフトに手榴弾を落とす、絶好のチャンスではないか！　そんなことをすれば、彼の勇猛果敢な大尉が、その爆風の大半をかぶる事になるのだが。やがてくだんの大尉がすがたを現した。ひどく震えてはいたものの、傷ひとつ負っておらず、陣地をまもる七〇名のドイツ兵もほどなく投降した。その掩蔽壕には、ビールとワインがたんまりストックされていることが明らかとなった。規律のゆるみを恐れた中隊付きの曹長が、兵隊どもを脅しつけた。いいか、略奪に及んだものには厳罰をもって当たるからなと。だがその後、曹長どのは「多少軟化」して、まあ、数本だけならいいだろう、と考えを改めた。

ラヴァト卿が率いるイギリス「第一特殊作戦旅団」――陸軍の三個コマンドーと海兵隊の一個コマンドーで構成――もまた、コルヴィル付近に上陸した。恩顧のコマンドー隊員たちは、いざ上陸というとき、ヘルメットを脱ぐと、連隊記章の入ったグリーンのベレー帽に被り直した。卿のかたわらには当然、「キャメロン・ハイランダーズ」出身のおかかえバグパイプ奏者、ビル・ミリンが控えていた。上陸用舟艇から下りるさい、ラヴァト卿はさっさといちばんに出ていった。ミリンは大いに喜んだ。なにしろ卿は六フィート（約一八三センチ）を超える長身なので、そこの海がどれほど深いか、

一日で見当がつくのだ。ラヴァト卿の真後ろにいた男は、顔面に銃弾をくらい、その場で倒れた。続くミリンも思いきって海に飛びこんだ。水温は思いのほか冷たく、ちょっと吃驚《びっくり》した。スコットランドの伝統的な〝戦闘服〟のキルトがミリンの腰のまわりでふわりと広がる。寄せては返す波のなか、浜辺にたどり着くまでのあいだ、ミリンは「ハイランド・ラディー」を演奏してみせた。ラヴァト卿がふり返り、親指を立てて、愛《う》い奴め、と合図してみせた。この曲は、ラヴァト卿のかつての所属部隊、イギリス「近衛師団」を構成する連隊のひとつ、「スコッツ・ガーズ」の行進曲なのだ。迫撃砲の爆発音、阿鼻叫喚、小火器の発射音が腹にこたえるなか、ラヴァト卿がミリンに言った。どうだ、そのへんを行ったり来たりしながら、部下全員が上陸を果たすまで、「ザ・ロード・トゥ・アイルズ」を吹いてくれんかと。たってのご所望ではあったが、さすがのミリンも一瞬、わが耳を疑った。「ビーチ」にあがった兵士たちは、最初は仰天したものの、大半のものはこの趣向を大いに気に入ったようだった。ただ、こんな行為、気が触れているとしか思えんと考える人間も中にはおり、ひどく不穏な顔つきをしているものもいた。

計画より若干遅れたものの、ラヴァト卿は部隊を率いて内陸部へと進み、ジョン・ハワード中佐のD中隊が早朝に確保した、ベヌーヴィルのふたつの橋に急行した。ラヴァト卿の次元をこえた勇敢さに、部下たちは舌をまいた。彼らは卿のことを、あの「マッド・バスタード（ちょとアレな、ろくでなし野郎）」と呼ぶようになっていた。戦士として抜きんでた才能の持ち主だったが、卿はまた、フレーザー一門の二十五代当主でもあり、封建領主の風格をいまだ堅固に保っていた。一行がカーン運河のわきをベヌーヴィルに向かって進んでいるとき、ひとりのドイツ兵が木の上から狙撃してきた。その兵士は、きっと度肝を抜かれたのだろう。なにしろ、地面に慌てて飛びおりると、なんとか身を隠そうと、近くの畑にむけて全速力で走っていったのだから。だが、ムダだった。片膝をつき、鹿狩

り用の猟銃を構えたラヴァト卿に、ただの一発で仕留められてしまったのだ。すぐさま〝家来〟をふたり遣って、死体を回収させた。ほとんど雄鹿と同じ扱いだった。

ラヴァト卿が、ミリンのほうをふり返る。「よーし、バグパイプ奏者《パイパー》よ。演奏を再開し、われらがベヌーヴィルに到着するまで、できるだけ息長く吹き鳴らしてみせよ。そこの橋には空挺隊員が詰めている。パイプの音を聞けば、われらが来ることが、彼らにも分かろうというものぞ」。目標に近づく合間、ミリンは「ブルー・ボンネッツ・オーバー・ザ・ボーダー」を演奏した。人生の輝ける一瞬のもつ意味合いにひどく敏感なラヴァト卿は、ハワード少佐と固い握手を交わしたさい、いままさに今日、われわれが歴史を作ったのだと語りかけた。だが、パイン＝コフィン中佐率いるパラシュート大隊も、ハワード少佐の負担軽減には一役買っていたし、さらにいえばラヴァト卿の部下の一部も、旅団長を差しおいて、すでに二つの橋までたどり着いていた（もっとも、卿自身はその事実に気づいている気配はなかったけれど）。

じつはイギリス陸軍「第六コマンドー」第三中隊（中隊長はイギリス海兵隊のアラン・パイマン大尉）がすでに三十分も前に、その橋を渡っていたのである。「第六コマンドー」にはベルギー、オランダ、ノルウェー、ポーランドの兵士がふくまれていた。なかでも驚くべきは「X中隊」で、この部隊はほぼ全員がドイツ系ユダヤ人の海外逃亡者で構成されていた。その大半は、補助工兵部隊として活躍する「パイオニア軍団」から移ってきたものたちだ。「X中隊」のメンバーには全員、イギリス風の名前が与えられていた。さらに、万一捕虜になった場合に備えて、認識票には「宗教：英国国教会」と記されていた。いずれも生まれながらのドイツ語遣いなので、捕虜の尋問にさいし、彼らは極めて有用であることに、ラヴァト卿はたちまち気がついた。「パイマン中隊」はブレヴィルまで進んだものの、その町の防備は非常にかたかった。しかも、パイマン自身が狙撃兵に殺され、どこからも

応援が来ないため、部隊長をなくした部下たちは、アンフルヴィルまで後退せざるを得なかった。
「ソード・ビーチ」にはまた、「自由フランス」軍の兵士のすがたもあった。イギリス陸軍「第四コマンドー」と協同する〝フュジリエ・マラン（海兵隊）〟の面々だ。この日、フィリップ・キーフェル少佐率いる二個中隊が「ビーチ」に挑み、〇七五五時（午前七時五十五分）、「第四コマンドー」とともに、見事上陸を果たしている。この中隊こそ、ノルマンディーに足跡をしるした、フランス初の正規軍部隊である。上陸後、キーフェルとその部下は、オルヌ川河口域にあるリゾート地のリヴァ・ベラや、ウィストルアム港がある東方（海からみて左手）へと向かった。ドイツ軍はリヴァ・ベラのカジノを要塞化して待っていたが、キーフェルのコマンドー隊員は激戦のすえ、これを降伏させ、さらに海辺の別荘群のあいだに構築されたコンクリート製の巨大砲台を沈黙させることにも成功した。

エヴァ・ブラウンやゲッベルスを相手に、夜中の二時まで映画や国際情勢についてあれこれ歓談したあと、ヒトラーがようやくベッドに入ったのは午前三時だった。連合軍のパラシュート降下兵にかんする報告は、就寝時にはベルヒテスガーデンまで届いていなかった。果たしてヒトラーは翌朝、何時に目を醒ましたのだろう？　これについては諸説ある。ナチ公認建築家のアルベルト・シュペーアは書いている。私が十時ごろベルクホーフ山荘に到着したとき、総統閣下はいまだお目覚めではなかったと。ドイツ国防軍は当初、敵のパラシュート降下を一種の欺瞞作戦と見ていた。不正確な情報をもとに、総統閣下を深夜にお起こしすることは、副官たちとて本意ではなかったはずだ。だが、ヒトラーの個人副官オットー・ギュンシェSS大尉は、総統閣下は〇八〇〇時（午前八時）には、ベルクホーフ山荘の大広間に入ったと述べている。そこで総統閣下は、カイテル元帥とヨードル上級大将に朝の挨拶をされ、こうおっしゃられたと。「紳士諸君、これは侵攻である。あそこを攻めるとは、

余がかねがね申しておったとおりではないか」と。

なるほど、自分はつねに正しいという、いかにもヒトラー的な発言ではある（彼はたしかに、上陸地点はノルマンディーだといったんは予想したものの、その後ふたたび、やはりパ＝ド＝カレーにちがいないと、従来説に戻ってしまった経緯がある）。とはいえ、ギュンシェ証言は、扱いに注意が必要であろう。ヒトラーの起床は遅かったと語るものは、シュペーア以外にもいるし、いずれにしろギュンシェ証言では説明のつかない部分があるからだ。つまり、もし仮に、ノルマンディーこそ本筋だとヒトラーが心底信じていたのなら、彼はどうして、予備兵力として位置づけられた装甲師団にかんし、その運用上の縛りを緩和しなかったのか——というわけだ。[*1] ただ、連合軍が攻めてきたと聞いた瞬間、ヒトラーが欣喜雀躍したという点については、関係者全員の証言が一致しているように思われる。敵はまちがいなく水際で粉砕できる。さらに、その数日後には、わが〈V1〉飛行爆弾によって、ロンドンは壊滅的打撃を受けるはずだ、とヒトラーは確信していたからだ。

海岸に最も近いところに駐屯するドイツ側の戦車部隊は「第二一装甲師団」である。だが、同師団はカーン周辺の広大な地域に分散配備されていたし、師団長をつとめるエドガー・フォイヒティンガー少将は砲兵の出身で、戦車戦の経験が皆無であった。戦後、同少将の尋問をおこなったカナダ人担当官によると、フォイヒティンガーは「長身やせ型、均整のとれた体軀、鼻はいささか曲がっており、どこか年老いたプロボクサーのような風貌」をしていたけれど、部下の将校たちに感銘を与えるようなカリスマ性は一切なかったという。師団長への就任はナチ党とのコネによるもので、Dデイの前日、六月五日の夜には、パリで情事に耽っていた。そのことが司令部到着の遅れへとつながり、すでに生じていたドイツ軍の指揮系統の混乱に、いっそう拍車をかける結果となった。

ドイツ「第七一六歩兵師団」のリヒター少将は、早くも〇一二〇時（午前一時二十分）には、「第

二一装甲師団」の一部に対し、しかるべき命令を発している。オルヌ川東岸に降下中のイギリス「第六空挺師団」をただちに攻撃せよと。だがしかし、フォイヒティンガー師団長だけでなく、彼の参謀長もまた、その夜は不在であった。このため、あらゆる命令は〇六三〇時（午前六時三十分）まで伝達されず、ヘルマン・フォン・オッペルン＝ブロニコフスキー大佐の率いる装甲連隊などは、〇八〇〇時（午前八時）まで一歩も動けなかった。おかげで、イギリス空挺部隊が六月六日早朝に直面したのは、ハンス・フォン・ルック中佐の率いる「第一二五装甲擲弾兵連隊」のみだったし、彼らがベヌーヴィル付近でおこなった反撃も、この時点では、ひどく及び腰なものに留まった。

イギリス側の空挺部隊は「ベヌーヴィル城」を防衛拠点に使いたいと考えていたが、行ってみると、すでに先客がおり、城は産科・小児科病院に様変わりしていた。部下数名を引きつれて現場に到着した連合軍の将校は、じきに戦場になるので、すぐにこの場を立ち去ってほしいと警告した。院長先生にご相談してみませんと、と当直の女性が言った。緊張でピリピリしていたので無理からぬところではあるけれど、くだんの将校は、電話に手をのばしかけたその女性に銃口を向けると、一声、「ノン・テレフォニク！」と大声で叫んだ。幸いなことに、ほどなく院長のマダム・ヴィオンがすがたを見せた。院長先生はまことに沈着冷静な方で、一刻もムダにせず、撤収作業に取りかかった。上の階にいる母親たちは、みなベッドから移動させられ、子供たちもリネンのシュートで、地階へと次々と下ろされてきた。

ただ、空挺隊員がしきりと心配した、ドイツ戦車部隊による大反撃はとうとうやって来なかった。「オッペルン＝ブロニコフスキー連隊」はたしかに戦闘準備を整えて、いったんはオルヌ川東岸へと向かいかけた。だが、〇九三〇時（午前九時三十分）、突如あらぬ方角へと向きを変えてしまった。じつは命令がいきなり変更となり、カーンを突っ切り、オルヌ川西岸で拡大しつつあるイギリス軍の

海岸堡を叩くことになったのだ。だが、見晴らしのよい公道上で、あたふたと方向転換などやっているものだから、彼らは戦闘爆撃機の格好の餌食になった。同連隊所属の二個装甲大隊はこの日、〈Ⅳ型戦車〉一〇四輛とともに出撃したが、午後遅くにペリエール尾根にたどり着いたとき、戦闘に耐える戦車はわずか六〇輛前後という体たらくだった。

「オッペルン＝ブロニコフスキー連隊」は、新たな目標にむけて、大迂回させることになった――そう聞かされて、ドイツ「第八四軍団」を率いるマルクス大将は、愕然とした。彼はそこで、〇九二五時（午前九時二十五分）、上級の「第七軍」司令部に電話をかけると、同連隊よりはるかに強力な、第一二SS装甲師団「ヒトラー・ユーゲント」の来援を要請した。だが、ノルマンディーにあるドイツ軍の主要司令部は、「第七軍」司令部も、「西方装甲集団」司令部も、「B軍集団」司令部も、「西方総軍」司令部も、望んだ結果を得られなかった。総合的判断を下すべき立場にある、ベルクホーフ山荘のOKW（ドイツ国防軍最高司令部）が、そうした支援要請をすべて却下したからである。パリ郊外サン＝ジェルマン＝アン＝レイの「西方総軍」司令部では、この返答にひとりの将校が反発し、猛然と抗議の声をあげた。だが、われわれは「判断する立場にない」し、「敵上陸部隊の主力は、まったく違う場所に襲来することになっている」と言われてしまった。「西方総軍」側はそれでも議論を試みた。もし仮に、敵主力が本当に別の場所に上陸するのなら、「より論理的な対処法は、ひとまず当面の敵を粉砕することではないか。そうすれば、次なる敵の襲来にむけ、もてるすべての兵力を投入できる。逆に、この上陸をうかうか許せば、敵は間違いなく、そこに兵力を集中させてくるはずだ」と。だがしかし、ふたたび門前払いをくわされた。決断できるのは、総統閣下ただおひとりであると。そして、総統閣下がようやく決断を下された時、時刻は一五〇〇時（午後三時）になっていた。

初動の遅れは、ドイツ軍にとって二重の意味で痛かった。この日は朝方からずっと視界が悪かったので、この間に装甲部隊を移動しておけば、「ヒトラー・ユーゲント」は戦闘爆撃機の対地攻撃にさらされることもなかったし、リジウーとカーンの間の、相当広い戦域に展開することも可能だったろう。だが結局、とりあえず先発させた偵察大隊と装甲擲弾兵部隊を除くと、「ヒトラー・ユーゲント」の主力は、夜のとばりが下りるまで、まったく身動きが取れなくなるのである。

「ソード・ビーチ」のうち、リオン＝シュル＝メールとウィストルアムに挟まれた一帯は、比較的短時間で確保された。だが、内陸への進軍は、軍事的にまったく意味のない怠慢によって停滞を余儀なくされた。高波に煽られながら水中を歩いてきたため、上陸と同時にどっと疲れが出たのか、あるいは強襲作戦の困難な部分をなんとか乗り切れて、やれやれと一安心したのか、多くの兵士がとりあえずここで一服し、お茶でも飲まんとやりきれんという気分に陥ったのだ。いまだ敵が発砲を続けるなか、多くの兵士が「ビーチ」でお茶の用意を始めた。イギリス海軍の参謀たちが兵士をどやしつける。きさまら、さっさと内陸に進み、ドイツ軍を追撃せんかと。

だが、イギリス陸軍は、どうやらとりあえずお茶を一杯飲まないことには、一仕事を終えた気分になれない所らしかった。そんな状況を、カナダ兵もアメリカ兵も、戸惑ったような表情で見ていた。米加両軍の兵士はまた、イギリス兵に特有の別の傾向にも気づいていた。彼らは異なる兵科への協力を渋るのだ。たとえば、イギリス軍の歩兵は「敵の砲弾によってできた穴を埋めるとか、ちょっと困っている味方の車輌に手を貸す」といったことを忌避するし、工兵は工兵で、自分たちに係わりあいのない場面だと、あえて敵に発砲するような、歩兵じみたマネをやりたがらなかった。こうした縄張り意識は、職能別組合運動の結果なのか、あるいはイギリス式連隊システムに特有の一種の「癖」

なのかは判然としない。なるほど、そうした行動パターンは、自分が所属する集団への忠誠心を涵養する点で、まことに理想的と言えなくもない。ただ、指揮官たる若い将校に力量がないと、こうした傾向のかかえる基本的欠点が露呈してしまう弊があったけれど。

当初計画では、イギリス「第三歩兵師団」は上陸初日の「Dデイ」にカーンを制圧することになっていた。だが、この〝目標〟は結局、達成できずに終わる。そしてその事は、深刻な波及効果を生んでいく。改めて「Dデイ」の計画を見てみると、海岸一帯の強襲上陸にかんしては、途方もない努力が投じられ、すばらしい創意工夫が盛りこまれているが、いざ上陸を果たしたあとのふるまいについては、およそ芸がないことに気づかされる。当人の発言どおり、モントゴメリーが本気でカーン占領を企図していたにしろ、実際問題、彼はその大胆な猛攻を実現できるほど、十分な装備も兵員も投入していなかった。もし仮に、ドイツ「第二一装甲師団」が当初目論んだとおりの位置に、持てる戦車を配置できていたとしたら、モントゴメリーの〝目標〟なるものは、おそろしく楽観的だったことが、白日の下にさらされたはずだ——という議論も、当然ながら、なりたつのである。

「Dデイ」当日、わずか一日でカーンまで攻めあがる気なら、「第三歩兵師団」は少なくとも二個戦闘団——それぞれ一個機甲連隊と一個歩兵大隊で構成——ぐらいは先発させる必要があった。欲をいえば、歩兵部隊は装甲兵員輸送車で運ぶべきであるが、そうした車輌をイギリス陸軍が獲得するまでには、さらに二十年の歳月が必要となる。ごく少数の称賛すべき例外を除くと、イギリス陸軍はいわゆる「歩戦協同」、すなわち歩兵と戦車が一体となって事にあたるという発想に、悲しいくらい慣れていなかった。問題の多くは、イギリスの連隊システムからくるものだが、さらに言えば、ドイツ式装甲擲弾兵システム——装甲車で移動する歩兵と戦車部隊が恒常的な組織体として緊密に協力しあう手法——を〝模倣〟することに、どこか躊躇いがあったことも事実であろう。

実際の計画を見ると、まずはイギリス「第八歩兵旅団」がペリエール尾根を抑えることになっている。その次に、「第一八五旅団」――歩兵三個大隊に、一個機甲連隊が付属――がそこを通過し、そのままカーンにむけ進撃するという手はずである。この計画に沿って、すでに第一八五旅団「キングズ・シュロップシャー軽歩兵連隊」（略称は「KSLI」）第二大隊が、南のカーンを目指して先発していた。同歩兵大隊は、エルマンヴィル付近で、「スタッフォードシャー・ヨーマンリー（義勇騎兵）連隊」と合流し、同連隊の戦車に跨乗することになっていた。この先発部隊を支援するため、やはり「第一八五旅団」に所属する二個歩兵大隊、すなわち「ロイヤル・ウォーリックシャー歩兵連隊」第二大隊と「ロイヤル・ノーフォーク歩兵連隊」第一大隊が、それぞれ右翼と左翼を固めていた。

上記の三個歩兵大隊は計画どおり、一一〇〇時（午前十一時）にはエルマンヴィルまで前進し、いつでも攻撃に入れるよう準備を整えていた。だがしかし、肝心の「スタッフォードシャー」の戦車たちが、いっこうに現れないのだ。じつは予想外に急激な上げ潮のせいで、「ソード・ビーチ」の奥行きが一〇ヤードまで縮まり、戦車の自由な往来を妨げていたのだ。また、南に向かう進軍ルートには、ドイツ軍がいまだ砲撃を続けており、どこか一カ所で車輌が炎上すると、そこがネックとなり、道路は海岸まですべて渋滞になった。不整地走行はむしろ戦車の得意技だが、地雷原があるため、道路を下りて、未舗装の草地を横切ることも叶わなかった。戦車の来援を待たず、このまま歩兵たちを突っ込ませるべきか、と「第一八五旅団」の旅団長ははげしく悩んだ。結局一時間後、彼は麾下の歩兵に対し、前進を命じた。

そのころ、「第八歩兵旅団」はペリエール尾根の確保に苦労していた。行く手には「ヒルマン」と「モリス」というコード名を付けられた、ふたつのドイツ軍陣地があった。四門の一〇五ミリ砲を備えた「モリス」のほうは、守備隊の兵士が完全に戦意を喪失しており、わずか一時間で降伏、あっさ

り抜くことができた。だが、「ヒルマン」のほうは、「モリス」とは比べものにならない、おそろしいほど強固な構造物だった。この陣地は、縦横四〇〇ヤード／六〇〇ヤードに広がり、「コンクリート製の奥まった機関銃座と、鋼鉄製の展望塔を備え、それらが複雑な塹壕で相互に結ばれていた」。計画では海軍の支援砲撃が受けられるはずだったが、前方観測員が戦死したため、これは叶わなかった。第八旅団「サフォーク連隊」第一大隊の歩兵たちは、火砲と機関銃が睨みをきかせるなかで、地雷原と鉄条網を突破するという、悲惨きわまりない任務に直面した。

やはり戦車の支援が欲しいと「サフォーク」側が要請した。このため、カーン方面で来援が待たれた「スタッフォードシャー」の戦車部隊のうち、一個機甲大隊は「ヒルマン」攻略に持っていかれてしまった。カーンの先発部隊と協同するはずの、ただでさえ手薄な戦車部隊は、その数をさらに減らすことになった。カーンにむかう「第一八五旅団」の後続部隊も、それなりに苦労していた。「ヒルマン」をなんとか迂回しようと試みたけれど、この陣地はあたり一面に砲弾や銃弾を放っているため、その脇をやすやすと抜けることは難しかった。「ロイヤル・ノーフォーク」の歩兵たちは、ここで一五〇名を失った。「ヒルマン」はドイツ「第七三六擲弾兵連隊」の本部も兼ねていた。連隊長は部下に対し、覚悟を求めた。「苦い最終局面にむけ、なお決然と戦うのだ！」と。「大隊付きの工兵が陣地内に設置した強烈な爆発物のあおりを食らって」守備隊の兵士たちが「いっしょに吹き飛ばされる」ケースも何件かあった。「ヒルマン」の存在について、イギリス「第三歩兵師団」は十分に把握していた（すべての地図に、その正確な位置も記されていた）。ただ、この陣地の脅威度にかんしては、極端な過小評価をおこなっていたと言わざるを得ない。

なるほどイギリス陸軍は「ヒルマン」周辺で多大の犠牲を強いられていた。だが、カルヴァドス

県の県都カーンにくらす六万人の市民は、それ以上に悲惨な目に耐えなければならなかった。隣接するマンシュ県の県都サン＝ローの場合と同様、戦場に駆けつけるドイツ軍部隊の動きを封じるため、主要道路が交わる場所はことごとく潰していくという基本方針のもと、イギリス空軍の重爆撃機が一三四五時（午後一時四十五分）、カーンに対してもきわめて組織的《システマティック》な空爆を開始したからである。その朝、「連合国派遣軍最高司令部からの緊急メッセージ」と題する、フランス語の警告ビラが空から大量にばらまかれたことは事実である。カーン市民に対して、郊外の農村地帯にただちに避難するよう呼びかける内容だった。だが、この〝伝単〟はほとんど効果がなかった。爆撃機の襲来前に、街をのがれた市民はわずか数百人を数えるのみだった。

レジスタンス組織のメンバーであるアンドレ・ハインツという若者は、編隊をくんだ飛行機がみるみる接近し、爆弾を投下し、地面が揺れるさまをずっと見ていた。一部の建物は爆発の衝撃で傾き、あわや倒壊しそうになった。ふたたび元の位置に収まる建物もあれば、そのまま崩れてしまうものもあった。建物の前面《ファサード》が狭い通りに倒れて、道を塞ぐこともあった。砕けたレンガの小さな破片が、巨大な雲となって舞い上がった。そうした煙の壁を突き抜けて、時おり人がすがたを見せた。だれもが皆、細かな、薄青色の粉まみれになっていた。虚ろな表情を浮かべ、腕や肩を痛そうに押さえている。それより遙かに多くの市民が、瓦礫と化した自宅のなかで、大人も子供も埋まっていた。そう、その朝、学校は臨時休校になったのだ。ある医師は、大急ぎで病院に駆けつける途中、「モノプリ百貨店」が火だるまになるのをその目で見たという。爆弾で水道の本管がやられたため、〝サプル・ポンピエ（消防士）〟にやれることは、ひどく限られていた。

カーンを代表する数々の建物が、半壊や全壊の憂き目をみた。五つの尖塔を備えた大きな丸い身廊が印象的な「男子修道院」、建設時期が十四世紀まで遡ることのできる「大公宮殿」、征服王ウィリア

ムの時代に起源をもつとされる、凝った装飾の修道院に付属する「サンテティエンヌ教会」、そして広大なアールデコ様式の〝ガル・ルーティーエル（バス・ターミナル）〟などなど。連合軍の爆撃機も作戦中に何機か撃墜された。一機は炎に包まれながら、市郊外のカルピケに近い領主館の屋根をかすめると、その先の公園に墜落した。たちまち巨大な火の玉となり、さらに積んでいた爆弾が次々と炸裂しはじめた。「その炎の手前を、恐怖に駆られて逃げまどう牛たちの姿がシルエットとなって浮かびあがった」とある目撃者は書いている。「悪夢みたいな光景だった」と。

若者たちは勇気を奮い起こし、人々を助けるため、果敢に行動した。多くのものがすでに、ボランティア団体「デファンス・パッシヴ」の会員であり、さらに会員ではない数多くの若者も、すぐさま救援活動に合流した。倒壊した建物が道を塞いで、救急車が通れない場所では、重傷者を担架に乗せて、人力で移送した。負傷者は「ボン・ソヴール（よき救い主）女子修道院」の仮設病院へと運ばれていった。ある負傷者は恐ろしいほどの巨漢で、運び手たちは、廃墟となった街を進みながら、大汗をかいた。「わしがこんなにも太っていなかったらなあ」とその負傷者はずっと済まなそうに謝っていた。生き埋めになった人々を捜すため、瓦礫の撤去を始めるボランティアもいた。「デファンス・パッシヴ」会員のある若者が、廃墟の街で略奪行為を働いている男を見咎めた。きさま、逮捕するぞと声をかけると、男は鼻先で笑った。なぜなら、その若者は丸腰だったから。カッとなった若者が、手にしたシャベルを投げつけると、その先端部分がなんと、男の急所を見事直撃したのである。のちにポケットを探ってみると、かなりの数の宝石と、親指以外の四本すべてに指輪のはまった、女性の切断された片手が出てきた。

「ボン・ソヴール女子修道院」に身を寄せたのは、運びこまれた負傷者だけではない。焼け出された一般市民もおり、その人たちにも被害が出ていた。ある修道女は難を避けようと、前の爆弾があけ

た穴に飛びこんだところ、すぐ脇に別の爆弾が落ちて、爆風で生き埋めとなった。「ボン・ソヴール」には精神を病んだ人たちのための保護施設が付属していたが、最後に落ちてきた爆弾のうち数発は、その保護施設が入った離れを直撃し、何人かが即死した。残りの収容者は恐怖のあまり、鉄棒を握り締めながら、金切り声をあげていた。レジスタンス・メンバーのハインツ青年は、女きょうだいの一人が医療助手だったため、自分も何か手伝えることはないかと、仮設病院に駆けつけた。ずらりと並ぶ手桶に入った大量の血液を目にした彼は、突如すばらしいアイデアを思いついた。そうだ、シーツをこの血に浸して、芝生に広げれば、ここが病院であることが、頭上の飛行機にも一目瞭然ではないかと。ところが、いったん渇いてしまうと、血液はもはや鮮やかな色合いを失ってしまうことが分かった。そこで翌朝、ハインツ青年は、赤い絨毯と赤チンで染めたシーツを使って、大きな即席の赤十字を完成させた。

その朝、上陸が始まったという知らせが届くと、六つの外科チームが待機に入った。「デファンス・パッシヴ」カーン支部は年初来、「ボン・ソヴール女子修道院」を基盤に活動してきたが、ここにいたって市内の「マレルブ高校」を第二病院に指定、さらにオルヌ川の対岸にある「貧者の小さき姉妹会」の救済院も、戦争被害者の受け入れセンターにした。さまざまな団体や組織が互いに協力しあい、すばらしい成果をあげた。医師たちの要請を受けて、警官のグループが街中の薬局や診療所を回っては、さまざまな医薬品をかき集めてきた。中でも、カーン在住の医療従事者の奮闘ぶりは、とりわけ高く評価されており、公式報告にも「限りなき献身をみせたわが街の医師たちの目を見張る働き」が縷々記録されている。

カーンの南端にある地下道には、およそ一万五〇〇〇人もの人々が避難していた。その横穴は、最近発見された中世の石切場の一部だった。避難民たちは当座の備えとして、多少の食料と聖書などを

鞄に詰めると、この横穴にやってきた。まさかそのジメジメし、空気のよどんだ、不快きわまる坑道で、自分たちがそれから一カ月あまりも暮らすことになろうとは、予想だにしなかった。下水設備はなく、飲料水もなく、ほとんどの人々がノミや、シラミや、トコジラミにやられた。

犠牲者の数という点では、一般市民ほどではないけれど、その朝のカーンには、はるかに苛酷な運命に見舞われた人々もいた。ゲシュタポ（ナチの国家秘密警察）が、市の〝メゾン・ダレ（刑務所）〟に押しかけてきて、ドイツ人の看守が見張りをつとめる区画へと向かった。そこには逮捕されたレジスタンス・メンバーが入れられていたのだ。フランス民間人の収容区画にいるフランス人の看守は、目隠し用に張られたカンバスの穴から、中のようすをうかがった。全部で八七名いたレジスタンス・メンバーは、中庭に引き出され、六名ずつ射殺された。虐殺の犠牲者は、社会の各層にわたっていた。「ORA（陸軍抵抗組織）」のメンバーもいれば、共産主義者もいたし、鉄道工夫のような労働者もいれば、トゥシェ侯爵のような貴族もいた。銃殺が淡々と進むようすを、独房内で聞いていた囚人の証言が残っている。レジスタンス・メンバーは、一人を除いて、みな従容として死に就いたという。その唯一例外とされた人物は、中庭に引き出された瞬間、おのれの運命を悟って、突如大声でわめき始めたという。「いやだ、やめてくれ！　俺には女房がいるんだ、子供がいるんだ……子供がいるんだってばよ！」。一斉射撃の音とともに、男もまた静かになった。

ドイツ軍のある女看守は、担当する囚人に虐待を働くことで有名だったが、市刑務所で起きたこの事件のせいで、その夜は「すっかり青くなり、明らかに怯えていた」という。彼女はあやうく命拾いした囚人に、所持品の一部を返還したりもしている。ゲシュタポとは違って、「ドイツ国防軍はまっとうだからね」と彼女は主張した。この三週間後、カーンはいまだ持ちこたえていたが、そこに再び、ゲシュタポが姿を見せた。そして、彼らはすべての死体を処分していった。*2

愛するわが街の破壊にかんし、カーン市民が抱いただろう想いの苦さは、想像に難くない。「野蛮な激情をもって」とある市民は書いている。「爆弾は一片の同情すら見せず、この街の内臓を抜きとっていった」と。別の市民はこの爆撃を「犯罪的であるとともに、無用の行為でもあった」と述べている。カーンに駐屯するドイツ兵の数は三〇〇人を超えることが一度もなかったからだ、とこの市民は言っている。よしんば、その目的がドイツ軍に対する通行妨害であったにせよ、正当化は難しい。なにしろ連合軍の爆撃機編隊は、川に架かる橋をただのひとつも落とせなかったのだから。空爆と艦砲射撃により、最初の二日間に殺されたカーン市民の数はおよそ八〇〇人、負傷者は数千人にのぼった。

内陸部へと前進する連合軍部隊の主要ルートにあたる、それ以外の町や村も、似たような目に遭った。サン＝ロー、カーン、ファレーズと同様、その東方にあるリジウーも、大規模な空爆を二度受けている。「町は炎上しており、完全に放棄されたかに見える」とパリに宛てたある報告書は述べている。この報告書はまた、炎上中の町を見捨てて、持ち場を離れた町の警察署長の弾劾も要求している。最初の夜に、非常に多くの消防士が命を落とし、非常に多くの装備が失われてしまった。このため、さらに多くの爆撃機が再度飛来したとき、燃えあがる炎に対抗する術はほとんど残っていなかった。さらに南方にあるアルジャンタンとエクーシェも、「ほとんど跡形もなく」破壊された。アルジャンタンでは「すべての憲兵［が］殺されるか負傷するかした」という。こうした爆撃は、住宅を広範囲に破壊しただけでなく、人々をパニック心理へと追いこんだ。カルヴァドス県では、合わせて一〇万人前後の市民が都市部を捨て、難民と化した。県都カーンの人口は六万人から一万七〇〇〇人に激減した。

どうして、これほど激しい空爆をおこなう必要があったのか。反撃してくるドイツ軍の動きを封じ

るため——というのが連合軍側の言い分である。だが、そこにはじつに興味深い矛盾が存在する。純粋に軍事的判断によるものとするならば、ではモントゴメリーはどうして、イギリス空軍に対し、市内の道路が通れなくなるほどの徹底空爆を要請したのだろう。上陸初日にカーンを制圧することがモントゴメリーの〝目標〟だったはずだ。ならば、そのような徹底空爆をやれば、連合軍の行き足をとめ、逆にまもる側のドイツ軍を助ける結果になるではないか。

そのころロンドンでは、イギリス国王ジョージ六世陛下が国民にむけて演説をおこなっていた。放送が終わったあとも、あるいはまだ、何かニュースがあるかもしれないと、人々はラジオの前を立ち去りかねていた。チャーチル首相はそのあと、満席のイギリス下院において、今回の上陸にかんする声明を発表した。「これは今後につづく、一連の上陸作戦の最初のものであります」とチャーチルは語った。国民の代表たる下院議員に事実と異なる情報を提供したという点において、チャーチルは非難を免れないけれど、これもまた、欺瞞作戦「プラン・フォーティチュード」を補強するための措置だったのである。「この作戦に係わる各司令官は、これまでのところ、すべてが計画どおりに進んでいると報告しております。じつに見事な計画であります！」とチャーチルは続けた。

議事堂の外では、ロンドンの通りも、店舗も、みな空っぽで、タクシー運転手は客を見つけられず、ただ市内を流していた。「ウェストミンスター寺院では」とある女性ジャーナリストは書いている。「夏服をきたタイピストや、地方から出てきたような服装をした毎度の高齢者たちが、前大戦の『無名戦士』の墓のかたわらで祈ったり、もはや遠い昔となった戦いを記念するボロボロの軍旗や、大理石製の英雄像を見つめていたが、何を思っているのか、その表情から、くみ取ることはできなかった」と。この日はまた、カシミールの藩王とチャーチル夫人の昼食会も予定されていた。この

ため、陸軍参謀総長たるサー・アラン・ブルック元帥も、出席しないわけには行かなかった。元帥は日記に書いている。「ほど遠くないフランスの海岸で、いまもまだ激戦が展開されているというのに、ここロンドンでは、すべてが普段どおりに動いているという事実を受け入れることに困難を覚えるような、そんな日常が終日続いた」と。

なるほど、南に二〇〇マイルと離れていない地点では、ドイツ軍の防御陣地「ヒルマン」をめぐって、実際いまも熾烈な戦いが続いていた。不運な「サフォーク」の歩兵たちは計画どおりの進軍を実現できずにいたが、彼らを率いる「第八歩兵旅団」の准将に対し、何をぐずぐずしていると批判を加えることは、やはりフェアではないだろう。上級の「第三歩兵師団」司令部の不明こそが、むしろ問題だったのだから。たとえば、〈ペタード迫撃砲〉を積んだ特殊戦車〈AVRE〉を現場に投入していれば、敵の堅固な掩蔽壕をあるいは破壊できたかもしれない。そうした数々の歩兵支援手段は現に存在したのに、師団司令部はそれを活かせなかった。まして、十分な戦車の支援もないまま、ただ勇気だけを頼りに、カーンにむけて前進する第一八五旅団「キングズ・シュロップシャー軽歩兵連隊」第二大隊を、だれが非難できよう。なるほど、戦車部隊の内陸侵攻が遅れたことが、そもそもの問題なのだという議論もある。だとすると、「ソード・ビーチ」における予想外に急激な上げ潮がすべての元凶なのか？　いやいや、そうではない。たとえ、そうした諸々の要素を考慮に入れたにしろ、いちばんの責任は、もっと上級の軍指導者にあったと言わざるを得ない。イギリス「第二軍」司令官、サー・マイルズ・デンプシー中将も、さらにその上級の「第二一軍集団」を率いるモントゴメリー大将も、上陸直後の内陸侵攻というこの重要な段階について、徹底的に考えぬき、十分明確な優先順位をつける作業を怠ってきたことが、問題の根本原因なのである。

一方、イギリス軍とともに上陸したカナダ軍部隊は、アメリカ軍のようなハーフトラックこそなかったものの、戦車に跨乗したり、ありったけの〈ブレン装甲車〉をかき集めたりすることで、部隊の〝自動車化〟を見事に実現し、いまやカルピケ飛行場にむけ進軍を開始していた。対するイギリス軍の本隊は、「ビーチ」における初動の出遅れが、それなりに影響していた。第二波の揚陸部隊が到着したとき、「ビーチ」一帯がひどい混乱と渋滞に見舞われていたことも痛かった。ただ、そうした一連のマイナス要因が仮になかったとしても、カーン制圧にむけたイギリス軍の試みは、失敗を運命づけられていたのである。そんなことはない、「キングズ・シュロップシャー」の歩兵たちは現にDデイ当日、カーン中心部から二マイルそこそこのレビゼイまで、なんとか肉迫できていたではないか、と主張する向きもある。でもそれは単に、「キングズ・シュロップシャー」の並外れた勇気の賜にすぎない。だから、死活的に重要な戦車の支援を得られなかった同大隊の残余は、結局はレビゼイ撤退を余儀なくされているではないか。

ただ、ドイツ「第二一装甲師団」が、決然たるリーダーのもとで十全に動いていれば、「キングズ・シュロップシャー」の運命は、はるかに苛酷なものに変わっていただろう。そして、その肝心の指導力を、師団長のフォイヒティンガーは、悲しいほど提供できなかったのである。オッペルン＝ブロニコフスキー大佐が率いるドイツの装甲連隊が「Dデイ」の午後遅く、大きく迂回したすえに、ようやくカーンを抜け、いままさにイギリス「第三歩兵師団」とカナダ軍の間隙を突こうと準備したとき、イギリス側はすでにこれを迎え撃つ態勢を十二分に整えていた。「スタッフォードシャー・ヨーマンリー（義勇騎兵）」の戦車部隊を率いるイーディ中佐は、ドイツ側の動きを完全に読んでいた。中佐は〈ファイアフライ・シャーマン〉戦車からなる三個中隊を、エルマンヴィルのすぐ西方に集中待機させていた。同戦車は、ドイツの〈ティーガー戦車〉がほこる八八ミリ砲と比べても見劣りのしない

強力な一七ポンド砲を備えていた。[*3] 射程距離の長さを活かして、「スタッフォードシャー」の戦車たちは、「オッペルン＝ブロニコフスキー連隊」が駆使する〈Ⅳ号戦車〉一三輛をわずか数分で葬り去った。ドイツ「第二一装甲師団」の小規模な分遣隊がかろうじて海岸まで到達したが、こちらの部隊も、たちまち撤退を余儀なくされた。

イギリス軍にとって、幸運な偶然もあった。激戦の真っ最中、二〇三〇時（午後八時三十分）に二五〇機近いグライダーがいきなり、目を見張るような強襲着陸を開始したのだ。このとき到着した一個空中強襲旅団は、じつは「第六空挺師団」にむけた増援部隊だったのだが。相手方の思わぬ増強に、オッペルン＝ブロニコフスキー大佐はやむなく、部隊の一時撤収を決めた。途方もない数のグライダーが次々と飛来するさまに、英独両軍とも思わず見とれてしまい、戦場はしばし、ほとんど動きを止めた。「ロイヤル・アルスター・ライフルズ連隊」第二大隊はこうして、空から戦場入りを果たした。同大隊のある准大尉は、部下のつぶやく声を耳にした。彼らは海側から戦場入りした姉妹部隊――「ロイヤル・アルスター」第一大隊――について、小声でぶつぶつ言っていた。「連中がクソったれ行軍がどうのって言ってたのは、あれだったんだな」と。すると突然、ドイツ「第二一装甲師団」の対空砲分遣隊と機関銃手が攻撃を再開し、それをきっかけに両軍はふたたび激戦に入った。このとき撃墜されたグライダーは結局一ダースに満たなかったけれど、ドイツ側は二六機撃墜と主張している。

防御陣地「ヒルマン」は、二〇一五時（午後八時十五分）にようやく静かになった。「サフォーク」の歩兵たちは夜営に備え、塹壕掘りに着手し、彼らを支援する戦車大隊は弾薬を補充するため、いったん後退していった。こちらのイギリス軍部隊も、グライダーの飛来には同じように目を見張り、すべての作業が一時中断となった。「ドイツ人捕虜も同様に感銘を受けていた。ただ、感銘後にいだい

た思いは、まったく異なっていたが」と「サフォーク」の大隊長は書いている。のうのうと空から戦場入りした味方の歩兵部隊に対し、「わが部下は、快挙とは思っていないようすだった」と。

一方、ベルクホーフ山荘のOKW（ドイツ国防軍最高司令部）は、どこか浮世離れした空気にいまだ包まれていた。そうした〝現実認識〟を押しつけられて、「西方総軍」のギュンター・ブルーメントリット参謀長は三時間前、麾下の「第七軍」司令部に対し、ヒトラー総統のお望みを伝達しなければならなかった。「六月六日夕刻までに、敵を殲滅せよ。なぜなら、海と空から、さらなる敵侵攻の危険性が存在するからである。ヨードル上級大将の命令に従い、全部隊は、カルヴァドス県の侵入点にむけ、方向転換をおこなわなければならず、敵の海岸堡は今夕、より〝遅くない〟時間帯までに、一掃されなければならない」と。この指示を受けとった「第七軍」参謀長は、それは無理ですと返答している。このときベルクホーフ山荘にいた、総統の空軍副官ニコラウス・フォン・ベロウによると、ヒトラーは連合軍の航空兵力がもつ真の脅威について、いまだ現実を受け入れようとしなかったという。「航空兵力によって地上軍が阻止される可能性について、彼は依然として確信を持てずにいた」と。

航空優勢（制空権）はまさに連合軍側にある――この衝撃の事実は、その日の夕刻には、だれの目にも明らかだった。だがしかし、ヒトラーは違った。第一二SS装甲師団「ヒトラー・ユーゲント」に加え、あともう一個装甲師団があれば、連合軍など、すぐにでも海に叩きこんでやれると踏んでいたのである。そして私はすでに、フリッツ・バイエルライン中将率いる精鋭戦車部隊「装甲教導師団」に対し、全速力で海岸を目指せと命令も出してあると。だがしかし、いまだ進撃すら始まらない六月六日の午後、「装甲教導師団」所属の各部隊は、その集合点において、敵の爆撃にさらされてい

たのである。バイエルライン師団長は、ル・マンにある上級の「第七軍」司令部に、次のような要望をあげている。連合軍の戦闘爆撃機を回避するため、わが戦車部隊を、日中は遮蔽物の下に隠しておきたいと。ところが、「第七軍」司令官ドルマン上級大将は、引きつづき部隊移動をおこなうようにと命令してきた。バイエルラインは「小柄で、がっちりした体軀の、精力的な人物」で、北アフリカ戦線ではロンメル元帥の参謀長をつとめた経験もある。その私が、さんざん待たされた挙げ句に、こんな愚かな消耗を強いられるとは！　バイエルラインはほとんど言葉を失った。

ロンメル元帥のほうも、「B軍集団」司令部にようやく復帰したとたん、セーヌ川下流域に残った最後の橋が、連合軍の戦闘爆撃機にやられましたと聞かされる始末だった。元帥は、心中穏やかではなかった。執務室ではなく、「ラ・ロシュ＝ギュイヨン城」の作戦室に直接向かうと、ロンメルは長いあいだ地図を見つめていた。「で、われらが誇るドイツ空軍はいったいどうしたのだ？」とロンメルは皮肉たっぷりの口調で尋ねた。そして、答えは予想どおりだった。「で、第二一装甲師団による攻撃はどうなった？」。詳細な情報はいっさい入ってこないということだった。「で、どうして装甲教導師団と第一二SS装甲師団は動いていないのだ？」。この件については、参謀長のシュパイデル中将が直接説明をおこなった。決断は未だなされていないとして、OKW側の拒否に遭いましたと。「狂気の沙汰だな」とロンメルは言った。「もちろん、もはや手遅れとなった頃あいに、ようやく到着するのだろうが、われわれはいま、この時点で、彼らを動かす必要があるのだ！」

連合軍もこの日、主要目標の確保にはやはり失敗していたが、少なくともノルマンディーへの上陸は達成できた。ヒトラーの愛する〝装甲師団〟をもってしても、もはや彼らを駆逐することは不可能だった。だが、これにつづく戦闘は、Dデイ当日の打撃など、比較的軽微に思えるほどの犠牲を連合軍側に強いていくのである。すでに北アフリカで「こんなことはすべて経験済みさ」と感じていた

イギリス軍部隊は、もうじきヴァッフェンSS（武装親衛隊）との交戦において、吐き気を覚えるほどの衝撃を受けることになる。彼らはこれから、よく訓練され、しかも覚悟を決めた守備隊を相手に、カーン周辺の〝ボカージュ〟――農地や牧草地が背の高い生垣でモザイク状に囲まれたノルマンディー独特の農村風景――のなかで、点在する小さな町や村の支配権をめぐり、町村単位でひとつひとつ、陣取り合戦を展開する段階へと突入していくのである。そして、このタイプの戦闘において、連合軍がほこる航空兵力は、それほど大きな助けにならないことが、やがて明らかとなっていく。*4

原注

254頁「ヒドリガモと」：Tony Hugill diary, CAC HUGL 1.

255頁「距離五〇〇〇ヤードで発進せよ-」：Major Julius Neave, 13th/18th Hussars, SWWEC T501.

255頁「クソも出ないほど怯えているもの」：N. G. Marshall, H Troop Armoured Support Group with 41st RM Commando, SWWEC 2000.407.

256頁「ナポレオンの竜騎兵のような」：Lieutenant Ken Baxter, 2nd Battalion Middlesex Regiment, 3rd Infantry Division, MdC TE164.

256頁 ジョンとジャクリーンのソーントーン夫妻：NWWIIM-EC.

256頁「時おり」：Tony Hugill diary, CAC HUGL 1.

257頁「おおそうかい」：Lieutenant Cyril Rand, 2nd Battalion Royal Ulster Rifles, MdC TE499.

257頁「慣れぬ実戦で」、「多少軟化」：Lionel Roebuck, 2nd Battalion, East Yorkshire Regiment, MdC TE199.

257頁 バグパイプ奏者、ビル・ミリン：SWWEC T654/666 and K. G. Oakley, IWM 96/22/1.

259頁「よーし、バグパイプ奏者《パイパー》よ」：Piper Bill Millin, SWWEC T654/666.

259頁「第六コマンドー」第三中隊：TNA DEFE

2/43; and Philip Biggerton Pritchard, *Soldiering in the British Forces in World War II*, privately published, undated.

259頁　「X中隊」：Harry Nomburg, NWWIIM-EC, and Peter Masters, NWWIIM-EC.

260頁　キーフェル：MdC TE131.

260頁　「紳士諸君、これは侵攻である」：letter from Otto Günsche, 2 October 1981, quoted in Hubert Meyer, *The 12th SS*, Vol.1, Mechanicsburg, Pa., 2005, p.97.

261頁　「長身やせ型」：Milton Schulman, *Defeat in the West*, London, 1988, pp.118-19.

261頁　「ベヌーヴィル城」：Louise Moulin, MdC TE350.

262頁　オッペルン＝ブロニコフスキーが受けた命令変更：Generalmajor Wilhelm Richter, 716th Infantry Division, FMS B-621.

263頁　マルクス大将：Seventh Army telephone records captured in August by 1st Polish Armored Division, NA II 407/427/6431.

263頁　「判断する立場にない」と「敵上陸部隊の主力」：Generalleutnant Bodo Zimmermann, OB West, FMS B-308.

264頁　「穴を埋めるとか」：NA II 407/427/24170.

267頁　「奥まった機関銃座」「決然と戦うのだ－」「いっしょに吹き飛ばされる」：Current Reports from Overseas, No.56, NA II 407/427/24170.

268頁　アンドレ・ハインツ：André Heintz, diary, MdC TE32（1-4）; and Dr Robert Chaperon, MdC TE42.

268～269頁　カーンの破壊：MdC TE283.

269頁　「シルエットとなって浮かびあがった」：Félix Drougard, MdC TE3.

269頁　「わしがこんなにも太っていなかったらなあ」：MdC TE149.

269頁　略奪行為を働いている男：MdC TE149.

270頁　カーンの「デファンス・パッシヴ」などの活躍：MdC TE193.

270頁　「目を見張る働き」：SIPEG（Service interministériel de protection contres les evènements de guerre）report of 10 June, ANAJ/41/56.

271頁　カーン刑務所における処刑：Jean-Baptiste Pierre（Surveillant-Chef Adjoint de la Maison d'Arrêt de Caen）, MdC TE521.

271頁「いやだ、やめてくれ!」「すっかり青くなり」「ドイツ国防軍はまっとうだからね」：Madame Blanche Néel, MdC TE201.
272頁「野蛮な激情をもって」：Nadine Speck MdC TE2.
272頁「犯罪的であるとともに、無用の行為でもあった」：Max Maurin, MdC TE77(2).
272頁 殺されたカーン市民の数は：800 deaths in Caen, 600 on 6 June and 200 on 7 June, CRHQ.
272頁「町は炎上し」「ほとんど跡形もなく」「すべての憲兵」：SIPEG report of 10 June, AN AJ/41/56.
273頁「ウェストミンスター寺院では」：Mollie Panter-Downes, *London War Notes*, London, 1971, p.328.
274頁「受け入れることに困難を覚える」：Field Marshal Lord Alanbrooke, *War Diaries 1939-1945*, London, 2001, p.555(6 June).
275頁 イーディ中佐と〈ファイアフライ〉戦車：see Carlo D'Este, *Decision in Normandy*, New York, 1983.
276頁「あれだったんだな」：Lieutenant Cyril Rand, 2nd Battalion Royal Ulster Rifles, MdC TE499.
276頁「同様に感銘を受けていた」：NA II 407/427/24170.
277頁「敵を殲滅せよ」：Seventh Army telephone records, NA II 407/427/6431.
277頁「彼は依然として確信を持てずにいた」：Nicolaus von Below, *Als Hitlers Adjutant, 1937-1945*, Mainz, 1980, p.374.
277頁「装甲教導師団」：Generalleutnant Friz Bayerlein, Panzer Lehr Division, ETHINT66.
278頁「われらが誇るドイツ空軍」：BA-MA MSg2/5025.

章末注

＊1 この出来事と関連するナチ式の陰謀理論については第二十章で検討する。

＊2 「刑務所の天使」として知られ、その勇敢さと親切心によって人々の称賛を呼んだ若いオランダ人女性、ダグマール・ドレアベックは、フランス人の囚人と引き離されて、ナチの女子強制収容所「ラーベンスブリュック」へと送られた。その後、一年を経ずに、同収容所はソ連赤軍によって解放されたが、彼女は解放の当日、命を落とした。

＊3 〈ファイアフライ〉戦車は非常に貴重だったので、イギリスの大半の機甲連隊は、この戦車を分散配置（通常は一個中隊に一輛）していた。

＊4 「オーヴァーロード作戦」の初日に、ノルマンディーの各海岸を目指す七万人の将兵にかんし、「第二一軍集団」司令部は実施前、犠牲者は九二五〇名に達するだろうと見込んでいた。うち約三〇〇〇名―海軍の将兵、氾濫湿地にパラシュート降下する空挺隊員、およびDD戦車の乗員―は、溺死によって命を落とすと推計されていた。しかし実際問題として、Dデイ当日に限った犠牲者数を算定することは、きわめて困難な作業である。なぜなら、大半の部隊が上げてきた数字は、より長期にわたるもの（最も短いもので、六月六日から十日までの中間集計）だからだ。時間的な区切りもそうだし、当初は行方不明者として計上された厖大な数の兵士について、のちに再計算の必要が出てくることも影響している。実際には戦死していました、別の部隊に合流していました、負傷してすでにイギリスに後送されていました、捕虜になっていました―といった具合だ。腰だめの数字でよいというのなら、Dデイ当日におけるイギリス・カナダ両軍の人的損耗は戦死者、行方不明者、負傷者を合わせておよそ三〇〇〇名といったところであろうか。一方、アメリカ軍のうけた損失は、激戦地の「オマハ・ビーチ」を担当したことと、「第八二空挺師団」、「第一〇一空挺師団」の分が別途加わるため、さらに大きな数字となる。ブラッドリー将軍は、海から上陸したアメリカ軍将兵について、四六四九名が犠牲となったという数字を挙げている。だが、連隊ごとの報告を単純に積算したものと比べると、この数字はいささか過分の見積もりに思われる。唯一正確な数字として示せるのは、六月六日から二十日までの合計分である。この間のアメリカ「第一軍」の人的損耗は二万四一六二名で、うちわけは戦死者三〇八二名、負傷者一万三一二一名、行方不明者七九五九名である。同時期におけるイギリス軍の人的損耗は一万三五七二名で、うちわけは戦死者一八四二名、負傷者八五九九名、行方不明者三一三一名である。同時期におけるカナダ軍の損耗は二八一五名で、うちわけは戦死者三六三名、負傷者一三五九名、行方不明者一〇九三名である。

（章末注4に対する原注）

四六四九名という数字：4,649 US seaborne casu-

alties, Omar Bradley, *A Soldier's* Story, New York, 1951, p.242.

訳者注

★1　いずれもイギリス陸軍の所属部隊であるが、本章で語られるイギリス「第三歩兵師団」は、前章のカナダ「第三歩兵師団」とは別の部隊である。それぞれ隷下に三個歩兵旅団をもち、しかもそのうち二個旅団は、「第八旅団」と「第九旅団」と名称まで重なっている。ただ、イギリス・カナダ両軍とも、部隊のアイデンティティは連隊にあるので、そこに注目して読めば、多少混乱は避けられると思う。

第11章 海岸堡をかためる

「オーヴァーロード作戦」の第一日目が暮れていく。アメリカ陸軍が担当するふたつの上陸海岸のうち東側（海からみて左手）、「オマハ・ビーチ」の海岸堡では、いまのうちに少しでも寝ておこうと兵士たちが苦労していた（すんなり寝られたものは、ほとんどいなかった）。「第二九歩兵師団」は、ヴィエルヴィル＝シュル＝メールにいたる谷口脇の岩場に前進司令部を設置した。師団参謀たちは、うち捨てられた救命具を地面に敷き、切れぎれの仮眠をとった。崖上の台地や、さらに内陸部にあるリンゴ園では、農場労働者やペンシルヴェニアの炭坑夫だった、同師団の兵士たちが、プロ並みのスピードでたこつぼ壕を掘っていた。なにしろその夜は、相手構わず発砲するものが後を絶たず、とにもかくにも、身の安全を確保する必要があったのだ。疲れ切り、しかし神経はピンと張りつめたままの男たちは、何かが動いたり、人影が見えると、すわ、ドイツ軍の狙撃兵かと、とりあえず銃口を向けるのだった。ある若い兵士などは、手にした〈トンプソン〉短機関銃で子牛を一頭葬ってしまったほどである。

TNT爆薬を地面に埋め、その爆発を利用して、即席の塹壕を造ろうとするものもいた。爆破の瞬間、周囲に危険を知らせるため、「ファイア・イン・ザ・ホール！」という注意喚起の声かけがなさ

れた。だが、状況が状況なだけに、聞くものには、むしろ四方八方から、敵が押し寄せてくるような印象を与え、警告の役にはあまり立たなかった。夜のとばりが下りるころ、ようやくドイツ空軍の爆撃機がすがたを見せた。彼らは沖合いで投錨する連合軍の艦艇を狙って、攻撃を仕かけてきたのだ。各艦の高角砲が一斉に火をふく。闇を切り裂いてとぶ曳光弾のせいで、空は「アメリカ独立記念日」の花火大会みたいな賑やかさだった。ただ、この夜襲は、ドイツ軍守備隊の支援という面では、あまりにも規模が小さく、かつまた遅すぎたきらいはあるけれど。

　明けて六月七日、ドイツ「第三五二歩兵師団」の参謀、ツィーゲルマン中佐は敵情視察をおこなった。彼はラ・ペルセ岬付近の崖から海岸一帯を見渡した。その崖の東方二〇〇〇ヤードという近距離に、「オマハ・ビーチ」上陸をなんとか果たしたジェロウ将軍の「第五軍団」司令部が置かれていた。「海はまるで『キール軍港の観艦式』みたいだった」とツィーゲルマンは腹立たしげに書いている。「あらゆる種類の艦艇が海岸に、船体を密着させるように並んでおり、沖の深いところでは、緩やかに隊列を組んでいた。あれほど密集しているのに、敵艦隊はドイツ側から実効ある干渉をいっさい受けず、無傷のままなのだ。まるで空軍に見捨てられたみたいだという兵たちの気分が、私にもはっきり理解できた」。ドイツ陸軍はこのあと、戦いの折々に、〝空軍は一体どこにいるのだ《ヴォー・イスト・ディー・ルフトヴァッフェ》？〟という苦い問いかけを、くり返し口にすることになる。

　海岸付近に展開するドイツ側の各歩兵大隊の残余は、依然として戦いを継続しており、特にオック岬の崖上にいる、ラダー中佐の「レインジャー」部隊に対しては、くり返し反撃を試みていた。アメリカ側がようやく、コルヴィル＝シュル＝メールとサン＝ローラン＝シュル＝メールを確保し終えたのは、六月七日の午前だった。そうした海沿いの村々を抜け、さらに前進を続けるあるアメリカ兵が、背後にふと人の気配を感じた。彼が慌ててふり向くと、数ヤード後方に憲兵がいて、標識を手に立っ

ていた。そこには「これより先、立入禁止」と書かれていた。「ビーチ」一帯は、戦いの置き土産のような残骸で溢れかえり、その惨状は軽々に描写できるレベルをはるかに超えていた。燃え尽きた車輌、潰れた上陸用舟艇、うち捨てられたガス・マスクや〈バンガロール〉破壊筒、各種各様の武器たち。しかし、そうした風景の中にあっても、規律にうるさい「第二九歩兵師団」の師団長、チャールズ・H・ゲアハート少将の口を塞ぐことはできなかった。少将はいましも、地面にオレンジの皮を投げ捨てたひとりの兵士を呼び止め、その行為を咎め、大声をあげて詰《なじ》っていた。

その一方で、あちこちに残るドイツ軍の抵抗拠点は、潰しておく必要があった。と、ひとりのドイツ兵が穴から出てきて、アメリカ軍に投降の意志を示した。調べてみると、その穴は、無線機を装備した「見苦しくない地下ホテル」だった。もしやこれは、ドイツ軍の砲兵向けに「ビーチ」の弾着観測をおこなっていた場所ではなかろうか、と兵士たちは考えた。そこで彼らは憲兵を呼んだ。「その憲兵軍曹はチェコスロヴァキア出身で、どうやら両親をナチに殺されたようだった。軍曹は、この男はスパイであると宣言すると、その場で射殺してしまった」

ヴィエルヴィル＝シュル＝メールの一般住宅もまた、アメリカ兵にとっては「立入禁止」区域に指定されていた。逆に、フランスの一般住民も、各種作業の邪魔になるからと、海岸地帯への立ち入りは禁じられていた。自分の村なのに、よそ者扱いかと、フランス人は思った。アメリカ人は「最初の数日間、私たちを強い疑いの目で見ていた」とあるフランス人女性はのちに書いている。まあ、相手への不信感という点では、お互いさまの面もあったのだが。ある工兵軍曹が部下二名とともに、サン＝ローラン＝シュル＝メール村に入ったとき、ひとりのドイツ兵が教会にこっそり潜りこむのを見かけた。彼らも入っていくと、そのドイツ兵は祭壇の前に大の字に横たわっており、致命傷を負っていた。軍曹がふと目をやると、ふたりの部下（いずれもアラバマ州出身だった）が、入口近くにある慈

善箱から、コインを取ろうとしているのが見えた。「慈善箱というものがどういうものなのか、たぶん彼らは知らなかったのだろう」と軍曹はのちに語っている。実際のところ、そのふたりは戦争の記念品として、外国のコインを一枚か二枚、手元に置いておきたかっただけなのだ。だがその時、教会の司祭が入ってきて、ふたりのアメリカ兵をその場で取り押さえた。司祭は大いに怒り、これは「貧しき者への浄財《プル・レ・ポヴル》」ですぞ、と大声で怒鳴りつけた。

フランスの民間人だけでなく、アメリカ兵にとっても、海岸一帯は依然として危険な場所だった。いまでも思いがけない時に、空から砲弾が降ってきたし、またアメリカ「第六工兵特殊旅団」の男たちが、障害物や地雷をそこここで爆破していたからでもある。「除去完了」と認定されたエリアは、白いテープでマーキングが施された。だが、死体の横たわる場所の、そのまた先にも、いまだ処理を終えていない地雷原が存在した。ブルドーザーの操作員は、上陸してくる後続の兵員や車輌のため、安全な通り道を確保することに追われていた。死体はとりあえず、テント張りの犠牲者整備センターの外側に積み重ねられ、また当座の共同墓地として一定区画が指定され、規制線が張られていた。埋葬記録をつけるため、特定の任務についていない手すきの兵士たちが一時的に配属された。「遺体から認識票を剝ぎとるとか、その他ゾッとするような作業を続けながら、われわれは全員、心ここにあらずという体だった」と彼らのひとりは記している。作業の迅速化をはかるため、ドイツ人捕虜に対して、もし墓掘りに志願するなら、支給する食事の量を倍にするぞという提案がなされた。大半のものはちょっと肩をすくめたあと、この申し出に応じた。その後、この陰鬱な作業は、黒人兵で構成された補給中隊の担当となった。

見張り役の兵士に付き添われた捕虜たちの流れが、ほとんど途切れることなく海岸部まで続き、彼らは憲兵の取り調べを次々と受けていった。ドイツ軍の軍服こそ着ているものの、捕虜たちの多くは

ポーランド人やロシア人からなるいわゆる〝ヒヴィ〟――ドイツ語の〝ヒルフスフライヴィリヒ（自由意志による協力者）〟の略――であり、みな両手を挙げていた。「一部のものは泣いていた」と上記の工兵軍曹は記している。「われわれから何を期待できるか、彼らは知らなかったから。まあ、こちらの戦線でアメリカ軍の捕虜になれたのだから、彼らはラッキーだったのだろう。ロシア側で捕まろうものなら、売国奴として即、銃殺刑に処せられていたはずだ」。かれら〝ヒヴィ〟たちの圧倒的多数は、のちに連合軍側からソ連当局へと引きわたされた。一部のものはたしかに処刑されたが、大半のものは奴隷労働を強制される収容所送りとなった。捕虜には中央アジアの出身者も多かった。そのオリエンタルな風貌から、きっとこいつら、ドイツ軍に配属された日本人にちがいない、とアメリカ兵は信じた。

夜が明ける直前、ゲアハート少将はアメリカ「第五軍団」を率いるジェロウ将軍から指示を受けた。本日は内陸部への進軍をおこない、イジニ＝シュル＝メール村およびヴィール川を目指し、「第一〇一空挺師団」と連絡せよと。ゲアハートとしては、予備部隊の「第一七五歩兵連隊」をこの任務に当てたかった。だが、同連隊はいまだ上陸を果たしておらず、陸揚げ作業は夕方近くまでかかると言われた。オック岬をいまも死守するラダー中佐の「第二レインジャー大隊」を救うほうがより喫緊の任務であり、優先順位が高いのだ。なにしろ、かれらレインジャー隊員は、くり返し反撃を試みるドイツ「第九一六擲弾兵連隊」所属の大隊に比べ、兵員の数で劣るうえに、持てる弾薬も著しく低下していたから。レインジャーにとって、当面唯一の味方は、沖に控える米駆逐艦「ハーディング」の艦砲射撃ぐらいだった。

この支援任務には、「第一一六歩兵連隊」と「レインジャー」部隊の混成チームが当てられた。一

行は〈シャーマン〉戦車二輌の援護を受けつつ、海岸線に沿って、西方（海からみて右側）のオック岬にむけ、進軍を開始した。付近に二つある絶壁──ツィーゲルマン中佐が早朝に連合軍の偵察をおこなったラ・ペルセ岬はそのうちの一つ──にはドイツ軍の防御陣地が設けられ、またそれらの陣地以外にも、頑強な抵抗を続けるドイツ軍の拠点がいくつかあった。混成チームがラダー中佐のレインジャーにようやく接近できたのは、上陸開始から三日目のことである。

ラダー中佐の部下はすでに弾薬が尽き、鹵獲したドイツ軍の武器を使って戦っていた。発砲音が非常に異なるため、救援部隊は混乱し、「第七四三戦車大隊」の〈シャーマン〉は味方のレインジャー部隊に砲撃を加えてしまったくらいだ。これにより四名が死亡、さらに六名が負傷した。「このとき再び、ラダー中佐は」と彼に同行するある工兵は書いている。「途方もない勇気と指導力を発揮し、指揮所にいる部下たちの手を借りながら、アメリカ国旗を可能なかぎり高々と掲げてみせた。前進してくる友軍に、アメリカ兵ここにありと知らせるためだった」。ある報告によると、救援部隊はそこで「思わぬ事態にたじろいだ」という。なぜなら、南西方面からやってきた、別のアメリカ軍部隊が、南東方面から接近する元々の救援部隊にむけ、発砲を開始したからである。星条旗を攻撃するものは、すべて敵だというわけだ。

そのころ、「ビッグ・レッド・ワン」の愛称で知られるアメリカ「第一歩兵師団」の一部部隊も六月七日、やはり海岸沿いの道を進んでいた。方角は反対の東方（海からみて左手）で、彼らはイギリス軍が担当する「ゴールド・ビーチ」との境界にあるポール＝タン＝ベッサンを目指していた。こちらの歩兵は「第七四五戦車大隊」の〈シャーマン〉戦車に跨乗して、楽々と移動した。やがて一行はイギリス「第五〇歩兵師団」付きの砲兵部隊と遭遇した。たちまち物々交換が始まり、イギリス兵はタマゴと引き換えに、アメリカ製たばこを手に入れた。

空は連合軍が完全に支配しており、おかげでアメリカ軍の砲兵は、弾着観測用の小型機を自由に飛ばすことができた。その朝、「第一歩兵師団」所属の砲兵将校は、「オマハ・ビーチ」を見下ろす高地に即席の滑走路を造ることにした。さっそくブルドーザー操作員に近づいた。

「おい、あの生垣を潰したいんだが」と話しかけた。「ちょっと手伝ってくれんか」

「もちろんであります」という返事がかえってきた。

ブルドーザーはすぐさま現場に向かい、じゃまな生垣を撤去し、長さ五〇ヤード（約四六メートル）ほどの滑走路をこしらえた。それだけの長さがあれば、〈パイパー・カブ〉なら十分離陸できるのだ。昨日に比べると、海もかなり穏やかになっていた。おかげで水陸両用トラック〈DUKW〉に積み込んであった野砲用の弾薬も、沈没を恐れることなく、次から次へと陸揚げできた。

そのころ、サン＝ローラン＝シュル＝メールでは、大型輸送機の離着陸が可能な正規サイズの滑走路が、航空輸送大隊のひとつによって建設されつつあった。記録的な早さで完成したその滑走路には「A－1」という名前が付けられた。ほどなくして、アメリカ陸軍のOD色（くすんだオリーブ色）に塗装されたC－45〈スカイトレイン〉輸送機が、弾薬を満載して、切れ目なく着陸してきた。離陸して基地に戻っていく輸送機には、今度は傷口に包帯を巻かれ、担架にのせられた兵士が満載された。ある航空看護婦は、初めてのフライトのとき、負傷者のひとりがすでに事切れていることに気がついたという。他の負傷者がそのことを察しないように、彼女はイギリスに無事着陸するまで、五分ごとにその遺体をチェックするふりを続けたという。

問題がたちまち片づくこともあれば、どうしてこんなに手間がかかるのかと嫌になるときもある。たぶんアメリカ「第二九歩兵師団」を率いるチャールズ・ハンター・ゲアハート少将くらい、遅々と

して進まぬ作業に怒りを滾らせている人もいなかったであろう。ゲアハートという軍人は、いくつかの点でパットン将軍のミニチュア版である。大きな〝エゴ〟をかかえた、小柄な、騎兵出身の将校であり、何にもましてその見栄えに、おのれのプライドをかけているところがあった。常にピカピカに磨きあげた乗馬靴をはき、ヘルメットの紐も常にあごの下で正しく結ばれていた。「第二九歩兵師団」は元々、州兵によって構成された部隊である。そのためゲアハートは、師団を預かったその日から、この部隊をあらゆる面で可能なかぎり、見栄えのいいものに変えてやろうと努力してきた。ゲアハートは、事務処理の遅さに対する忍耐力が人一倍、欠如していた。このため、司令部付きの将校たちを、戦場の兵隊以上に酷使した。こうした部隊運営のやり方は、結果として師団長に対する賞賛を生み、かつまた同じだけ、悪感情もかき立てた。

彼はイジニ村の占領で最短記録をつくってやろうと心に決めていた。ところが、肝心の「第一七五歩兵連隊」の陸揚げがなかなか進まず、ゲアハートは苛立ちを募らせていた。しかも、海軍のバカどもが、わが部下を一マイル半も遠方の海岸に連れていったと聞かされたものだから、ゲアハートは怒り心頭であった。おかげで「第一七五連隊」の歩兵たちは、崖上のヴィエルヴィル゠シュル゠メールにあがる谷口まで、海岸べりを行軍するハメになった。途中、彼らは数々の死体を目の当たりにした。また第一陣をつとめた「第一一五歩兵連隊」の懸命の努力にもかかわらず、数は減ったが、いまだ制圧できずにいるドイツ軍陣地から、散発的な銃撃も受けたりした。「一七五」の新兵たちはこれで、すっかり怖じ気づいてしまったのだ。

残敵掃討というのは、それぞれに小銃や機関銃を手にした、個々に孤立する敵兵を相手に進められるので、元々時間がかかり、かつまた危険な作業でもある。だから、将校のなかには、おのが権威を必死に保とうと無理をして、あっさり命を落とすものも出てくる。ある中尉が、小隊の全員に聞

こえよがしにこう言った。本来なら片腕たるべき軍曹に、その中尉はこう申し渡した。「いいか、軍曹。きみには理解しておいてもらいたい。今後、私からでる命令にまったく従わぬ兵隊がいれば、射殺しても構わんからな。私が許す！」と。しかも、いざ実弾が飛び交いはじめると、その中尉は軍曹の持っている双眼鏡と小銃を自分のものにしてしまったのだ。そして、下士官たちが止めるのも聞かず、「あのクソどもを成敗してくれる」と宣言すると、生垣のなかでも最も目立つ木によじ登りはじめた。当然ながら、一、二発撃ったところで、自分が撃たれ、致命傷を負い、中尉は生垣の向こう側に落下した。

その日の夕方のことである。ドイツ「第三五二歩兵師団」の先鋒が、アメリカ「第二九歩兵師団」の若い将校の死体から、アメリカ側の作戦計画の写しを手に入れた。書類はすぐさま、師団参謀ツィーゲルマン中佐の元に届けられた。自分の目が信じられないような驚愕の内容だったため、ツィーゲルマンはその夜のうちに、計画書の要点を「第八四軍団」を率いるマルクス大将のもとに伝えた。だが、この鹵獲文書が「B軍集団」司令部のロンメル元帥や「西方総軍」司令部に届くには、さらに二日間を要するのだ。「西方総軍」のブルーメントリット参謀長は、次のように書いている。その文書に明確に示されているように、いまここで進行中の事態こそ、「まさに敵の侵攻作戦そのもの」であった。だが、「総統ご自身は依然として、八月初めまでのいずれかの時点に、第一五軍に対して、海峡越えの第二波攻撃がおこなわれると予想されていた」と。連合軍側が仕かけた欺瞞作戦「プラン・フォーティチュード」は結果的に、仕かけた側のいかなる思惑をも凌駕する、絶大な効果を発揮したわけである。

六月八日（作戦開始三日目）、海岸堡をかためる作業が一段落した。「オマハ・ビーチ」に上陸した

第二九師団「第一一五歩兵連隊」は、真南へと打って出た。オール川の流域は、ドイツ軍が川をわざと氾濫させたため、一部が湿地と化していた。ドイツ「第三五二歩兵師団」の師団長、ディートリヒ・クライス少将は、残存部隊を夜のうちに後退させていた。おかげで「第一一五歩兵連隊」はほとんど抵抗らしい抵抗も受けずに進んだ。氾濫湿地はそれなりに厄介で、「コツが分かるまで苦労したが、そこそこうまく対処できるようになり、実質的な損耗はきわめて軽微」だった。しかるべき勇気と技量を発揮して、「E中隊は、カーミット・ミラー中尉の指揮する小隊を先頭に、コロンビエールの北方に広がる氾濫湿地を縦断すると、ドイツ兵四六名を倒し、装甲車輌二輛、参謀用軍用車一台を破壊し、敵の本部をつぶし、一二名の捕虜を引きつれて帰還した」という。

　小麦畑や牧草地が生垣でモザイク状に囲まれた田園地帯、いわゆる〝ボカージュ〟における戦いの難しさを予見させる事態も、すでに起きていた。六月十日の夜に見られたのは、その最も悲惨な例といえよう。当事者である第二大隊は、じつは数人の地元民から、前方におよそ一〇〇人のドイツ兵が潜んでいると、あらかじめ警告を受けていたはずなのに。「真夜中近くになり」とのちに作成された報告書にはある。「兵士たちはひどく疲れ、地面に倒れ伏すように横になると、そのままイビキをかきはじめた。O《オー》中隊のある男の武器が、倒れた拍子に暴発し、すぐ前方の仲間を殺してしまった。銃声のせいで、部隊の位置が敵方に知られると、ドイツ軍の機関銃がいっせいに火をふいた」。ドイツ「第三五二歩兵師団」の分遣隊に周囲を囲まれていたとはつゆ知らず、第二大隊は気づくと、小さな畑のなかで、完全に身動きが取れなくなっていた。本部中隊にいた指揮官は戦死し、通信将校は捕虜となった。「大隊付きの補助軍医は発狂し、およそ一〇〇名のアメリカ兵が捕まった。大隊長のウォーフィールド中佐はこんなことを言ったという。『私の部下が〝戦友《カメラート》、戦友《カメラート》〟と敵に媚《こび》を売るようになるのか！』と。以後、大隊の残りの兵士たちは、戦々兢々で過ごした」。ウォーフィールド中佐も、

ミラー中尉も、この戦いで受けた傷がもとで、その後死亡している。第二大隊はその夜、たこつぼ壕を掘らず、地面に伏せて、そのまま寝入っていたと聞かされて、ゲアハート少将の怒りはなかなか収まらなかった。

「第一一五歩兵連隊」はこれ以外にも、気の滅入るような経験をしている。後続の「第二歩兵師団」に所属する、「無闇やたらと発砲する［テキサス州出身の］ガキどもが、頭痛のタネ」だった。彼らは、目の前にあるものに、見境なく銃を向けるのだ。「第一一五所属のある大隊は、犠牲者のじつに三パーセントが、第二師団がらみだった」という。

ゲアハート少将は当初の構想どおり、イジニ攻略に「第一七五歩兵連隊」を差し向けた。イジニ＝シュル＝メールは、特産のノルマンディー・バターやカマンベール・チーズで有名な村だった。無線による交信状況がいまだ改善されないため、ゲアハートは一種の〝早馬〟方式を考案した。ジープに乗った将校に絶えず猛スピードで道路を往復させ、先頭をいく部隊のようすとその進捗状況を適宜報告させることにしたのである。はぐれドイツ兵からの発砲を防ぐため、ジープは全速力で走らせる必要があった。ゲアハート自身は、白い手袋をはめ、くびには青いスカーフ（愛犬のくびに巻いた青いリボンとのアンサンブルに留意したチョイスだった）を巻きつけ、麾下の部隊に動きのある時は、そのすべてに立ち会いたいと願っていた。難儀なことに、師団長閣下は、もし動きがなければ、何故ないのかを、知りたがった。自分が目立たない状況など断じてありえないと考えており、おんみずから、特別仕立てのジープで、あちこち走りまわるのだ。愛車には英ダートムーア国立公園の奇岩に因んで「ヴィクスン・トール」という名前が付けられていた。存在感を誇示するため、点滅する赤色灯とサイレンまで取り付けてあった。

「第一七五連隊」の歩兵たちは「第七四七戦車大隊」の〈シャーマン〉に跨乗することで、速歩《はやあし》に

よる通常の行軍に比べ、非常に素早い移動が可能となった。途中、のどが渇いたアメリカ兵に、ノルマンディーの農民が大型のミルク缶から牛乳を進呈してくれることもあった。アメリカ側の行き足を遅くするため、ドイツ軍部隊による散発的な対抗措置も試みられた。ただこの時点で、アメリカ軍に対して重度の人的損耗をもたらしたのは唯一、イギリス空軍だった。先頭をいく大隊を、撤退しつつあるドイツ軍部隊と勘違いして、〈タイフーン〉戦闘爆撃機の飛行中隊が空から襲ってきたのだ。これにより六名が死亡、一八名が負傷した。あるアメリカ人砲兵将校が書いている。「上空から見下すと、アメリカ陸軍の歩兵《ジョン・ドーフット》は、ドイツ陸軍の歩兵《ハンス・クラウト》によく似ているのだよ」と。もっとも歩兵としては、そんな理不尽な言い分を断じて認めるわけには行かなかったが。よーし、上等じゃねえか。だったら、今後、俺らのほうに飛んでくる飛行機があれば、国籍のいかんにかかわらず、すべてに発砲してやるからな――と〝ジョン・ドーフット〟たちは誓いあったのである。

「第一七五」の連隊長は行き足をとめた。砲兵の支援なくして、これ以上の前進は困難ではないかと躊躇したのだ。だが、そんな意見を聞いてくれるほど、ゲアハート少将は優しくなかった。すぐさま連隊に指示が飛んだ。六月八日は夜間も行軍を継続し、午前零時までに、イジニ郊外まで到達せよと。同連隊が進軍の道々、身柄を拘束した捕虜たちは、大半がポーランド人か、あるいは〝東方兵部隊《オストトルッペン》〟の兵士だった。たとえば、アメリカのある対戦車中隊の面々は、驚愕の経験を語っている。「ひとりのアメリカ人が、白馬に跨って、道をやってきた」。そして、この対戦車中隊の面々に大声でこう言ったという。「『こいつらは二人を除いて、すべてポーランド人だ。この二人がドイツ人だ』。そこで拳銃を引き抜くと、男はその二人の後頭部を撃った。われわれは、そこに立ちつくすばかりだった」

イジニ村は、激しい艦砲射撃を受け、市内の各所で火事が発生していた。まさにゲアハートの期待

どおりの展開で、ドイツ軍の抵抗はほとんどなかった。ただ一名、小銃一挺を手に、教会の尖塔に立てこもり、アメリカ軍の縦隊に発砲してくる猛者がいた。一輌の〈シャーマン〉がそちらに向けて七五ミリ主砲を旋回させた。「それが尖塔のドイツ人の最期だった」という。「第二九歩兵師団」の副師団長、ノーマン・D・コータ准将はオール川にかかる橋まで、戦車部隊を押しだした。するとその時、対岸の機関銃が火をふいた。そこで准将は、一二輌の戦車をずらりと並べてみせた。その圧倒的火力に恐れをなし、敵はたちまち退散した。「第一七五連隊」の歩兵たちがあとを追い、そのまま橋の上を全速力で駆けていった。コータ准将にはほとんど信じられなかったが、ドイツ側は橋の爆破に失敗していたのだ。この橋は、無傷で確保できた数少ない構造物のひとつとなった。「いたるところ瓦礫だらけだった」とある将校は報告している。「エンジン付き車輌にとって、道路はほぼ通行不能で、私自身、自分がいま立っているところが、以前教会のあった場所だと気づかなかったほどである。イジニ村は、完全に見捨てられたかのように見えた。すると、廃墟のなかから、何人かのフランス人女性がすがたを見せた。彼女たちは、死んだドイツ兵から、ブーツや靴下、シャツにいたるまで、あらゆるものを剝ぎとり始めた」

一方、コタンタン半島にパラシュート降下したアメリカ「第八二空挺師団」と「第一〇一空挺師団」は、休むことなく戦い続けていた（「ユタ・ビーチ」から上陸してきた「第四歩兵師団」の増強部隊のおかげで、負担は徐々に軽減されつつあったが）。フォン・シュリーベン中将がドイツ「第七〇九歩兵師団」やその他の分遣隊を使って、サント＝メール＝エグリーズに、一層強力な反撃を仕かけてきたからだ。戦略的に重要なシェルブール港がアメリカ側に渡らぬよう、なんとしても阻止することが、同中将の最優先課題だった。

最も強烈な反撃は六月七日におこなわれ、ドイツ軍は同日午後、サント＝メール＝エグリーズの中心部まで到達した。そのときのようすを、ジープで現場に居合わせたアメリカ「第四歩兵師団」の砲兵将校が報告にまとめている。「一七〇〇時（午後五時）に、南からジープで、サント＝メール＝エグリーズに入った。戦車戦が続いていた。火焔放射器をあやつる兵士たち。ひとりのドイツ兵が〝人間たいまつ〟となって、道路の脇から、中央部へと躍り出てきた。そこへドイツ軍［の戦車］が一輛走ってきて、男を押し潰した。炎も同時に消えた。アメリカ軍の戦車は、ドイツ軍の戦車の大半を破壊し、わが方の損失は三輛だった。戦いは北へと移っていった。町の北部に、道路が一段くぼんだ場所が一カ所あった。ドイツ側の戦車が利用していた陥没箇所で、ドイツ軍の戦死者が若干名、そこで潰れていた。第八歩兵連隊の一部が、この陥没箇所を確保し、その夜は自分たちの防御陣地に利用した。彼らはたこつぼ壕を掘るため、ドイツ兵の死体を脇にどけなければならなかった。死体のうち、何体かは、ボロボロになって崩れ落ちた」

ヘルミヒ中将の率いる別のドイツ軍部隊も、やはりこの日、大規模な反撃を試みている。彼らはモントブール付近に集結し、サント＝メール＝エグリーズと海岸地帯との中間で、アメリカ軍の北側面を攻撃する準備に入った。だが、アメリカ側はこれに火力で対抗した。上空をとぶ弾着観測員と、海軍射撃管制チームの指示に従い、沖合いの米戦艦「ネヴァダ」が臨機応変に砲撃を加えたのだ。一五マイル（約二四〇キロメートル）以上も遠方から飛んでくる大口径の砲弾に、ドイツ側の攻撃は粉砕された。その水曜日（六月七日）の午後には、モントブールの町そのものも、ひどい打撃をこうむった。アメリカ海軍が放った砲弾により、店舗が次々と炎上し、町の中央広場をかこむ建物はすべて破壊された。ただ、その中心に立っていたジャンヌダルク像だけは、なぜか無傷で残った。モントブールという町は、シェルブールにいたる幹線道路に跨るようにして、道の両脇に広がっている。それゆ

えドイツ軍は、この町をなんとか死守せんと、大修道院の要塞化に、大車輪で取り組んでいた。その北西の、やはり幹線道路沿いにあるヴァローニュの町では、女子修道院の寄宿舎に砲弾が一発落下し、数人の尼僧が亡くなるという悲劇も起きている。

前日は乱戦といってよい状況だったが、侵攻も二日目に入ると、戦線は多少なりと明確になった。アメリカ陸軍の空挺隊員と「第四歩兵師団」の面々は、テュルクヴィル周辺に展開するドイツ「第七九五東方兵大隊」（グルジア兵で構成）を降伏へと追い込んだ。これを支援するため、フォン・デア・ハイテ少佐率いるドイツ空軍「第六降下猟兵（空挺）連隊」は、一個大隊を現場に差し向けたものの、町の南方で壊滅的打撃を受け、サン＝コーム＝デュ＝モンまで後退することを余儀なくされた。「ユタ・ビーチ」付近にある、それぞれに孤立したドイツ軍部隊はすべて一掃された。ただ、サン＝マルタン＝ド＝ヴァルヴィルの防御陣地だけは、この日もまだ健在だった。この陣地は、個々のトーチカが地下道で相互につながる複雑な構造をしており、「ドイツ野郎はその間を自由に行き来した。こちらがすでに確保したと思ったトーチカにも、連中はしばしば舞い戻ってきた」という。

どちらの戦いぶりも、「凄惨」の一語に尽きた。たとえば、アメリカ「第四歩兵師団」のある将校は、空挺医療チームのメンバー四名の死体に行き会った。いずれも「ほとんど耳から耳までといった感じで、のどが切り裂かれていた」という。ドイツ兵による投降偽装は、一種の欺瞞戦術として、〝ボカージュ〟戦において頻繁に報告されている。捕虜の身柄を確保しようと、アメリカ兵が近づいていくと、彼らはいきなり地面に伏せ、その背後に控える機関銃が火をふくといった寸法だ。「第四歩兵師団」がこのトリックに初めて引っかかったのは、「第六降下猟兵連隊」のドイツ人降下兵を相手にしたときだった。そのさいアメリカ陸軍の中尉一名が命を落としている。

ドイツ兵がアメリカ軍の軍服を着ていたという報告もあったが、これについては当初、やや信憑性

に欠けるとされていた。だが翌七月になると、ドイツ兵の軍服はいよいよボロボロになり、彼らはアメリカ兵の死体から戦闘服を剝ぎとって、当座の用にあてる例も出てきて、この話は結果的に本当になってしまった。最もマユツバなのは、ドイツ兵の愛人と思しきフランス人女性が、狙撃兵として大活躍しているという話であろうか。だが、アメリカ兵のあいだでは、時にはイギリス兵のあいだでも、この〝うわさ〟は広範に信じられていた。六月七日、サン＝マルクフ付近のこんな体験を、ある軍曹は報告している。「その町の、ある建物から狙撃を受けた。捜索してみると、ドイツ軍の小銃とともに、フランス女一名と、男一名が見つかった。ふたりとも、狙撃はしていないと否定した。ふたりとも、二秒後には死んでいた」と。フランスの一般住民がレジスタンス組織のため、ドイツ製武器をかき集めている可能性について、連合軍の末端兵士は思いつかなかったようだ。

一部のアメリカ兵は、いまだフランス本土に足を踏み入れないうちから、フランス人に強い疑念を抱いていたように思われる。「フランスは敵国のようなものだ」と「第二九歩兵師団」のある大尉は語っている。アメリカ兵の多くは、英語が通じない外国にこれまで一度も行ったことがなかった。また、いざ現場に入ってみると、「占領地にいる敵」と「たんなる敵」の区別をつけることが非常に難しいことも分かった。「ノルマンディーの連中など、信用できるもんか」と公言するものさえいた。真偽は定かでないが、こんな話も伝わっている。アメリカ軍のある戦車小隊がノルマンディーで、ある農家の裏庭に入った。そこの農民がリンゴジュースとカルヴァドスを手に現れた。アメリカ兵は全員、それらをごちそうになった。すると、そのノルマンディーの農民が若い中尉に言った。お代は全部で一〇〇フランになりますと。われわれは君らを解放するためにやって来たのだぞ、と中尉は抗議した。「何か文句があるのか」と。すると農民は答えた。「だって、もうドイツ兵には、お代は請求できないじゃないですか」

おい、聞いたか、女の狙撃手がいるそうだという一種の戦場神話は、兵士の用足しごとに交わされる、いわゆる「連れション談義」を通じて、驚くほど急速に広まった。ただ、若いフランス人女性がドイツ人の恋人と行動を共にしたという話は、ほぼ紛れもない事実である。「オマハ・ビーチ」からちょっと内陸に入ったところで、アメリカ「第六工兵特別旅団」のある軍曹も、そうした場面に遭遇している。「われわれはフランス人女性とドイツ兵が側溝のなかにいるのを見つけた。彼女たちは撤退する「ドイツ」軍に付き従い、わが軍の飛行機に殺されたのだ。発見されたとき、彼らは互いに寄り添って倒れていた」

ありがたいことに、人間的なエピソードが、思いがけなく展開することもあった。サント＝メール＝エグリーズに近い北側面で、医療隊の下士官をつとめるポリボウスキ軍曹は、負傷者がいないかと生垣のあいだを捜索しているとき、ケガを負った空挺隊員二名と遭遇した。さっそく腰を下ろし、傷口に包帯を巻きはじめると、空挺隊員の片割れが小声で言った。「おい、きみ、伏せたほうがいいぞ。きみの後ろには八八ミリ砲があるんだ」。ポリボウスキが笑いながらふり返ると、なるほど野砲の砲身が目に入った。さらに生垣のなかにはドイツ軍砲兵の一団がいて、こちらをじっと見ているではないか。だがしかし、ドイツ軍の砲兵たちはポリボウスキの処置が終わるまで、無用な邪魔立ては一切せず、しかるのち、三人まとめて連行していった。

その西方、メルデレ川に沿ったふたつの町、シェフ・デュ・ポンとラ・フィエールでは、アメリカ「第八二空挺師団」がドイツ軍の防御陣地を相手に戦っていた。とはいえ、増強部隊が到着し、弾薬を補給してくれるまで、彼らには敵陣にむけ必死で取りつく以外、戦う術《すべ》がなかったのだが。川の西岸でも、トーマス・シャンリー中佐の率いる部隊が「三〇高地」と呼ばれる小さな拠点を取り囲んでいた。シャンリーとその部下は、途方もない勇気と持久力を発揮し、パラシュート降下のさいに携行

した当座の糧食を別にすれば、いっさい飲まず食わずで、四日間も耐え抜いた。多くのものが負傷しており、側溝や生垣など、身を隠せる場所に移送する必要があった。だが、空挺隊員はいずれも飢えと疲労で困憊し、四人がかりで負傷者ひとりを運ぶにも、困難を覚えるほどだった。「側溝には、じつに多くの負傷者が横たわっていた。それゆえ、前の負傷者の頭と、次の負傷者の爪先をくっつけるように、並べていくしかなかった」とある兵士は当時をふり返っている。シャンリー中佐はメルデレ川の東岸にいる本隊に伝令を送り、医療用の血漿がほしいと要請した。空挺隊員の小グループが目立たぬように補給を試みたが、全員負傷した。

シャンリーたちが包囲する「三〇高地」に陣取るのは、ドイツ「第一〇五七擲弾兵連隊」の一部だったが、激しい戦闘で兵員が激減したため、いまや包囲するアメリカ軍のほうが数的に劣るという状況にあった。とそのとき、ドイツ側がこの高地に砲兵部隊を送りこもうとしているのが見えた。この新たな展開を、川の対岸から目撃した海軍の射撃管制員は、さっそく無線で沖合いの砲撃艦隊に連絡をとった。すぐさま連合軍の艦艇が一二マイル以上も離れたところから、同高地に艦砲射撃をおこない、ドイツ軍の砲兵部隊を粉砕した。しかも包囲するアメリカ兵には、深刻な打撃を与えないという見事さだった。

シャンリーの部下の多くは、「ベンゼドリン」（アンフェタミンの商品名）だけを頼りに、戦いを継続した。無線交信が叶わぬため、彼らは、今回の上陸作戦がそもそも成功したのかどうかさえ分からなかった。それでも、彼らの「三〇高地」における踏ん張りは、メルドレ川一帯に海岸堡を広げる一助となり、最終的に彼らは、この任務から解放された。海岸堡の拡大任務は、新たに上陸した後続の「第九〇歩兵師団」に託された。半島先端のシェルブール港に総攻撃を仕かける前に、敵の増強部隊をはねつけ、コタンタン半島全体を封鎖・隔離することが同師団の役割だった。だが、「第九〇師

団」は所属部隊の各レベルで、リーダーシップと規律に難があり、見苦しい行状が頻発した。同師団の問題行動は、前線に出る前から、その片鱗がうかがえた。第一陣が「ユタ・ビーチ」に上陸したとき、彼らは、引率されてやってくるドイツ軍捕虜と偶然行き会った。すると、新米兵士たちは、ありったけの武器を用いて、捕虜たちに攻撃を加えたのだ。その後、同師団はドイツ「第九一空輸歩兵師団」を相手に、先の見えぬ、心理的に苛酷な〝ボカージュ〟戦を戦うハメになった。これが彼らの初陣で、結果、「第九〇師団」の兵士たちは、ひどいトラウマをかかえこむことになった。覇気に欠け、ひどくお粗末な戦いぶりが問題視され、この歩兵部隊は、師団長ならびに連隊長二名が解任されるほどだった。

アメリカの司令官たちは、部下の指揮官が「その師団もしくは軍団に託された任務を全うできない」とき、容赦なく処分した。短気なことでは人後に落ちないパットン将軍だが、そのパットンでさえ、こうしたやり方には疑問を呈している。まったく連中ときたら、しかるべき活躍の場も与えずに、指揮官たちの首を切ってしまうのだと。アメリカ陸軍の従軍歴史官フォレスト・ポーグ博士は、そうやって首を切られたある大佐に、解任の直後、話を聞いたことがあるという。「彼は道端に腰かけ、かたわらには私物が置かれ、自分を後方へと運び去るはずのジープが来るのを待っていた。彼はその前日、三〇〇〇人以上の兵士の運命をその手に握っていたが、いまやほとんど托鉢修道士のような風情だった。茫然自失し、声の調子すら覚束なかった」[*1]

「オーヴァーロード作戦」の計画立案者は、戦いの帰趨を決する要因のひとつは、ドイツ軍増強部隊の移動速度にあると考えていた。つまり、連合軍の侵攻地域に、彼らがどれだけ迅速に駆けつけられるかどうかだ。そしてそれは、連合軍側が当該地域をどれだけ巧みに封鎖・隔離できるかで左右さ

れると。そこでまず、戦闘爆撃機を用いた対地攻撃作戦、いわゆる「トランスポーテーション作戦」が立案された。また、フランスのレジスタンス組織による破壊活動とゲリラ攻撃（イギリスが送りこんだ諜報組織「SOE（特殊作戦実行部）」と、パラシュート降下によって潜入した英米仏混成チーム「ジェドバラ」が、その訓練を担当した）も実施されることになった。ノルマンディー地方にむけて、ドイツ「西方総軍」司令部がようやく、西隣のブルターニュ地方と、ロワール川の南方地域から増強部隊を送りこむ手配をおこなったのは、侵攻作戦が二日目に入った六月七日以降のことである。

カランタンをめぐる戦いで、アメリカ軍が最初に遭遇したドイツ軍部隊のひとつは、ヴァッフェンSS（武装親衛隊）に所属する、第一七SS装甲擲弾兵師団「ゲッツ・フォン・ベルヒリンゲン」だった。この部隊名は、十六世紀に活躍した（一四八〇年生／一五六二年没）血の気の多い中世の騎士に因んでいる。戦闘で右手を失った彼は、鍛冶屋に命じて鉄製の拳を造らせ、みずからの義手とした。ゆえに「鉄拳」が同SS師団のシンボルとなった。Dデイの二カ月前、この年の四月十日には、親衛隊を率いるヒムラーがフランス西部のトゥアールまで足を運び、同SS師団の閲兵をおこなっている。隊長みずからの訪問とあって、最後は全員でSS隊歌「親衛隊忠誠の歌」を合唱した。同師団は非常に多くの、年若い兵士（六〇パーセントが十代）で構成されており、精鋭の第一二SS装甲師団「ヒトラー・ユーゲント」と比べると、練度においても装備の面でも、およそ同等とは言い難かった。近代的な戦車は一輛も保有しておらず、火力としては、突撃砲の一個連隊があるのみだった。兵士の士気も、武装親衛隊所属の他の部隊のようなわけには行かず、〝狂信度〟において、著しく劣っていた。「たしかに、前途に何が待ちかまえているのか、ぼくらは知りません」とある兵士は戦場におもむく直前、家族に宛てた手紙の中でそう書いている。「書きたい事はいっぱいあります。でも、ここは言わぬが花でしょう。この日のあることは、ずいぶん前から分かっていました。ぼくらはたぶ

ん、すでに亡くなった人たちのことを、羨むようになるのでしょう」

「ゲッツ・フォン・ベルリヒンゲン」の第一陣は六月七日の夜明けに、ロワール川の南岸にある駐屯地を出発した。モンソローでロワール川を渡り、北方のマンシュ県の県都サン＝ローを目指した。途中、小さな町を次々に抜け、そのたびに壁に似たような広告を見かけた。潤滑油の「カストロール」や、「ビイラ」とか「デュボネ」といった食前酒の広告が多かった。六月八日の夕刻までに、偵察大隊の先鋒が「スリジーの森」の東端に達した。そのころ、「オマハ・ビーチ」に上陸したアメリカの精鋭部隊「第一歩兵師団」が、自分たちの方角に迫りくることを、彼らは知らなかった。

次の朝、同SS師団「第三八SS装甲擲弾兵連隊」所属のホフマンSS少尉は、これから確保する予定の重要拠点を偵察するため、イジニ＝シュル＝メール西方へと向かった。すると、一台の〝キューベルヴァーゲン〟――アメリカ軍の〈ジープ〉に相当――が猛スピードで、彼らのところにやってきた。前席には陸軍少佐が坐り、後席には兵士ふたりの死体が置かれていた。「引き返すんだ！」と少佐は怒鳴った。「この先は壊滅だ！　米兵がすぐ後ろからやってくるぞ！」と。

だが、ホフマン少尉は小高い丘までとりあえず前進しようと決めた。車を停めさせると、あとは徒歩で進んだ。双眼鏡などまったく必要なかった。ほんの四〇〇ヤード向こうに、前進してくるアメリカ軍の歩兵が見え、その背後には自動車化された部隊が続いていた。東に目を転じると、戦車がずらりと並んで前進してくるのが見えた。もう、引き返しましょうよと運転手がホフマンに叫んだ。彼は猛然とバックして、勢いで車体を半回転させ、少尉を待った。だが、ホフマンはとりあえず、近くの木の背後に飛びこまざるを得なかった。彼のすがたを認めて、アメリカ兵たちが発砲してきたからだ。ということで、武装SSの二人組は、可及的速やかに連隊本部へと戻ってきた。どうしてこんなに早く帰隊したのか、と上官が尋ねた。「われわれの突撃開始線に、すでに部隊がおったからであり

ます」とホフマンは答えた。「敵軍の部隊ではありますが」。だが、突撃どころの騒ぎではなかった。そのとき、同SS師団の本隊は、燃料不足のため、サン＝ロー付近でその大部分が動きを止めていたのである。計画では、カランタンを攻撃したアメリカの空挺部隊に対し、すぐさま反撃を加える手はずだったのだが。

六月七日一一〇〇時（午前十一時）、ブルターニュ地方に駐屯するドイツ空軍「第二降下猟兵（空挺）軍団」にも動きが出ていた。軍団長のオイゲン・マインドル大将が麾下の「第三降下猟兵師団」に対し、命令を発した。サン＝ロー北東に進出し、「敵を北方の海に叩き落とし、海岸部を再度確保せよ」と。師団長のリヒャルト・シンプフ中将は同日夕刻、まず数少ない手持ちの自動車化部隊を送りだした。二個大隊がトラックに分乗し、ブルターニュ・ノルマンディー両地方の境にあるアヴランシュを経由して、目的地へと向かった。徒歩移動を強いられた残りの部隊は、短い六月の夜に、二五マイル（約四〇キロメートル）以上も行軍をこなさなければならなかった。「新型の空挺ブーツに、いまだ馴染んでいなかった降下兵たちは」この行軍によって「総じて消耗した」という。一部のものはひどい靴ずれに悩み、将校たちは途中、農家の荷馬車を徴発した。荷馬車を曳くのは、フランス特産の大柄な使役馬「ペルシュロン種」だった。結局、「第三降下猟兵師団」の本隊は、目指す「スリジーの森」の南西端までたどり着くのに、じつに十日間を要することになる。

シンプフ師団長はとりあえず、「オマハ・ビーチ」から逃れてきた「第三五二歩兵師団」の残余を吸収した。彼としては、南方から駆けつけた「ゲッツ・フォン・ベルヒリンゲン」の偵察大隊と協同して、目の前の森林地帯を確保しておきたかった。だが、この要望はマインドル軍団長に却下されてしまう。軍団長がかわりに求めたのは、しかるべき防衛ラインの確立だった。だが、戦車相手の戦いに使えそうな部隊といえば、側面を固める一個大隊しかないのが現状である。そんなもので薄く敷

いた防衛ラインなど、「戦闘防御陣地が点々とつづく一本の破線」でしかないように思われた。だが、ノルマンディー海岸一帯を管轄する「第七軍」司令部からも、とにかく戦線を維持してほしいと言われたため、致し方なかった。じつは「第七軍」側はシンプフの部隊に対し、「不十分な兵力」しか持たず、「戦闘訓練も不足している」ので、その価値は「拠点防衛にこそある」と見ていたのだ。ただ、当のシンプフの見方は違っていた。「アメリカ軍がいまここで、もしスリジーの森をおさえ、そこから大攻勢をかけたら、サン＝ローは間違いなく陥落する」とシンプフは依然確信していたのである。

ドイツ空軍「第三降下猟兵師団」はなるほど機動力に欠けていた。だが、機動力の欠如という点では、マールマン大将率いる「第三五三歩兵師団」のほうが、さらにその上を行っていた。なにしろ同師団で最も機動性に富んだ部隊は、〝自転車化〟された二個歩兵大隊なのだ。残りの歩兵たちは、この機動自転車部隊を、徒歩で追いかけるしかなく、しかも道々、レジスタンスから襲撃を受けるものだから、部隊の進捗は遅れに遅れ、相当な犠牲者も出ていた（兵だけでなく、中隊長も何人か重傷を負っていた）。ドイツ軍はまた、連合軍の航空攻撃にも悩まされた。基本的に、太陽の出ている時間帯は納屋や果樹園に身を隠さざるを得なかった。やはり戦場を目指す別の師団の話だが、そこの師団長はこうした状況を「夜行性のかくれんぼ」と表している。「第三五三歩兵師団」の場合、戦場にたどり着くまでの行軍だけで、兵力の十分の一を失った。しかも戦場に到着するまでに、十一日間も要したのである。

ノルマンディー戦線を目指して駆けつける増強部隊のなかで、抜きんでて評判が悪いのは第二SS装甲師団「ダス・ライヒ」だ。師団長のハインツ・ラマーディングSS少将は、悪名高きエーリヒ・フォン・デム・バッハ＝ツェレウスキーSS大将――このすぐあと（一九四四年八月）、ワルシャワ蜂起の鎮圧も担当する――のもとで、参謀長をつとめた経験がある。「ダス・ライヒ」はいわば、残

虐行為に淫したような師団だった。ソ連国内のパルチザン掃討任務を担い、ミンスク周辺では「アインザッツグルッペン（特別行動部隊）」のＢ隊とともに、ユダヤ人の大量虐殺に加担した。四月に東部戦線からフランス南部のトゥールーズに移動となったが、同師団の将校たちは任地が変わろうと、その行動パターンを変える必要性をまったく感じなかった。五月二十一日には、ロトで数人の女性をふくむ一五人を虐殺している。彼らの分遣隊のひとつに、数発の銃弾が撃ちこまれたことへの報復措置だった。この同じ日、それとは別の村でも特別行動を実施し、村にすむ男性全員をドイツに強制移送している。

連合軍のメッセージやド・ゴール将軍のラジオ演説に触発されて、さまざまなレジスタンス組織がフランス各地で、時期尚早とも思える蜂起をくり返していた。こうした動きには、武装親衛隊の指揮官だけでなく、ドイツ全軍の幹部が警戒心をいだいていた。多くのものが「共産革命の始まり」だと見なし、そうした見方には一面の真理があった。六月七日には、共産党が指導する武装レジスタンス組織「ＦＴＰ（義勇パルチザン）」がフランス中部コレーズ県の県都チュールを制圧するという事件も起きている。この戦いにおけるドイツ側の犠牲者は一二二名に及んだ。一部の捕虜は射殺された。死体は四〇を数え、中には手足を切断されたものもあった。武装親衛隊の暴力をひきだす徴発行為としてやったのなら、これ以上の方法はまず思いつけない程のふるまいだった。

この話を聞いた「ダス・ライヒ」師団は六月八日、モントーバンから長駆北上し、一部の部隊は翌日にはチュール入りを果たした。まずは町の住民九九人を街路樹に吊し、さらに二〇〇人をドイツ本国へと強制移送した。六月十日、「ダス・ライヒ」所属の第四ＳＳ装甲擲弾兵連隊「デア・フューラー」第三中隊は、リモージュ北東一四マイルにある村、オラドゥール＝シュル＝グランを包囲した。同中隊の面々は、村民のうち、男は全員射殺し、女こどもは教会へと追いたて、そのうえで火を放っ

た。村そのものも、跡形もなく燃え尽きた。この虐殺で計六四二人が命を落とした。犠牲者の一部は地元民ではなく、パリから疎開してきた人々や、乗っていた列車がたまたま近くで停止したため、この場に居合わせた乗客だった。六四二人中、レジスタンスのメンバーは一人もいなかった。

じつは第三中隊は、襲うべき村を間違っていたのだ。身内の中隊長を殺されたことが、今回の報復行為のきっかけだったが、その中隊長が殺されたのは、そこから一五マイル離れた別の村、オラドゥール＝シュル＝ヴェイルだった。これ以外にも、たとえばアンドル県のアルジャントンで起こった六七人虐殺事件にもほぼ間違いなく、この「デア・フューラー」連隊が関与していた。アルジャントンでは元々、一部のレジスタンス組織が、その政敵を狙った報復行為をくり返しており、「地域によっては由々しき内戦状態に陥りつつある」との報告がなされ、ヴィシー政権当局も警戒の色を強めていた。ただ、筋金入りのペタン主義者でさえ、「ダス・ライヒ」師団がやってのけたような蛮行には、およそ顔色なしだったけれど。

ロンドンで「自由フランス軍」を統括するケニーグ将軍は、レジスタンスの連合組織、「FFI（フランス国内軍）」に対して命令を発した。ロワール川以南にあるドイツ軍のすべての師団に足止めを喰らわせろと。「ダス・ライヒ」師団の動きを封じ、その到着遅延をもたらしたレジスタンスの活躍は、ノルマンディーの戦いにおける最大の貢献のひとつに挙げることができよう。この阻止作戦には、イギリス「SOE」が築いた工作員の組織網が大きく貢献した。彼らは「ダス・ライヒ」師団が動きだす前から、すでに行動に出ており、ドイツ側の燃料集積所を破壊したり、鉄道車輌の動きを妨害したり、線路を爆破したり、一連の小規模待ち伏せ攻撃を仕かけたりした。フランス南西部のドルドーニュ川では、レジスタンスのメンバー二八人がスイヤック付近において、ドイツ軍の車列の通行妨害を試みた。きわめて勇気あふれるこの犠牲的奮闘により、この二八人はほぼ全員が命を落とし

た。レジスタンスの活躍は、救援にむかうドイツ軍の行き足を遅くすることに限ったわけではない。ドイツ軍部隊の動向を、ロンドンに無線連絡する活動も、やはり有用だった。おかげで、イギリス空軍は何度もくり返し「ダス・ライヒ」師団を急襲する機会を得た。なかでも特筆すべきは、アングレームにおける対地攻撃だった。結果的に「ダス・ライヒ」師団は、ノルマンディー戦線に到着するまでに、十七日間を要することになる。事前予想に比べ、十四日間も手間取った勘定になる。

アメリカ「第一歩兵師団」の分遣隊が海岸沿いに東方（海からみて左手）に進み、ポール＝タン＝ベッサン付近でイギリス軍と邂逅していたころ、同師団の本隊は、真南にあるコーモン＝レヴァンテに向け、ゆっくりと前進を始めていた。歩兵たちは戦車部隊の支援を受けていた。ドイツ軍の狙撃兵が潜んでいそうな場所には、戦車兵たちが機関銃で「露払い」までやってくれた。

一方、新たに上陸した「第二歩兵師団」は、その右翼にあって、サン＝ローとバイユーの中間にある「スリジーの森」に向かっていた。ただ、両師団ともまさか「自分たちの行く手に、敵防衛ラインの〝穴〟があり、それが一〇マイル余りも続いている」とは思いも寄らなかった。薄く、切れ切れの〝防衛ライン〟を敷いていたドイツ側の二個師団は、第一七SS装甲擲弾兵師団「ゲッツ・フォン・ベルリヒンゲン」も、ドイツ空軍「第三降下猟兵（空挺）師団」も、のちにこう述懐することになる。敵軍は侵攻の最初の週にサン＝ローを確保する機会があったのに、そのチャンスを逸してしまったと。

ただ、そんな防衛ラインの穴よりも、アメリカ軍の脅威がカランタンに及ぶことのほうが、ロンメル元帥にははるかに深刻な懸念材料だった。「オマハ・ビーチ」と「ユタ・ビーチ」。このアメリカ軍のふたつの海岸堡が合体することだけは何としても避けたい、とロンメル元帥は考えており、カラン

タンを起点に大反攻に出ることで、この動きを阻止しようとしていた。そこでロンメルは「ゲッツ・フォン・ベルリヒンゲン」に指示を送った。偵察に出した一個大隊はそのままアメリカ「第一歩兵師団」と対峙させ、第一七SS師団本隊はカランタンに向かえと。当時、カランタンを守っているのは、ハイテの「第六降下猟兵連隊」の残余だけだったから。

サン＝コーム＝デュ＝モン付近で一個大隊をまるまる失った「ハイテ連隊」は、アメリカ「第一〇一空挺師団」による包囲を回避するため、迅速な撤退を迫られていた。部下の多くは、ドゥーヴ川を泳いで渡ったほどである。六月十日、「ハイテ連隊」はカランタン——見事な石造りの建物が軒をつらねる内陸の港町だ——の北辺を守っていた。すでに弾薬が不足ぎみだし、マルクス大将の「第八四軍団」司令部とも連絡が取れなかった。ハイテはついに、麾下の部隊に対し、カランタンの放棄を命じた。六月十一日の夜、夜陰に紛れて、部隊を後方にさげることにした。撤退する部隊の背後をまもる殿軍に対しては、アメリカ側の降下兵を、翌朝までよく押しとどめよと指示した。

撤退にむけた作業が依然つづく同日夕刻、「ゲッツ・フォン・ベルリヒンゲン」の師団長、オステンドルフSS少将が突如として、連隊本部にすがたを見せた。そしていきなり、ハイテに通告した。いまから、この私が指揮をとる。われわれは、いかなる犠牲を払おうとも、カランタンを死守すると。ハイテは言い返した。「ゲッツ・フォン・ベルリヒンゲン」がカランタンに向かっているとは、まったく聞かされていなかった。私はすでに町から撤収するよう部下に指示してある。来援のあることを知っていれば、当然ながら、そんな判断は下さなかったと。オステンドルフは、頭部をきれいに剃りあげ、肉体はいたって強健な、陽気な殺人者である。そんな言い訳めいた話など、聞く耳持たなかった。ということで、ふたりの指揮官は、その場で激論を展開した。結局、翌朝改めて、カランタンの再占領を目指すことになり、ドイツ側は新たな反撃の準備にとりかかった。それ以外に、やれる

事はほとんどなかったから。

翌六月十二日の朝、アメリカ「第一〇一空挺師団」がカランタンに入ったのとほぼ同時刻に、ドイツ「第八四軍団」を率いるマルクス大将が戦死した。サン＝ロー北西の道路をゆく大将の専用車に、連合軍の戦闘機が低空から攻撃を加えたのだ。出発の直前、軍団の参謀長が懇請した。指揮官たるものの、自分の身を軽々に危険にさらすものではありませんと。だがマルクスは、「きみらのような人間はいつも、きみらのちっぽけな人生について、心配ばかりしている」と応じた。この戦争にひどく幻滅していたマルクスは、いっそ戦いの中で死にたかったのではないかと一部の同僚は思った。三人いたマルクスの息子のうち、すでに二人が、この戦争で亡くなっていた。軍団長が突如いなくなったことと、あちこちで生じている様々な遅延のせいで、ドイツ側の反撃は六月十三日まで延期されることになった。連合軍側はまた、僥倖にも恵まれた。部隊上空の備えを固めようと、「ゲッツ・フォン・ベルリヒンゲン」がドイツ空軍に対し、支援要請のメッセージを送ったのだ。おかげでロンメルに反攻計画のあることが、「ウルトラ」の傍受によって明らかとなった。この情報はすぐさま、アメリカ「第一軍」のブラッドリー司令官に伝えられ、ブラッドリーは「第一歩兵師団」が担当する「コーモン戦区」に回していた、モーリス・ローズ准将率いる「第二機甲師団」所属の一個「コンバット・コマンド（戦闘団）」をカランタン方面に差し向けることにした。

戦いの前夜、オステンドルフ師団長は麾下の「ゲッツ・フォン・ベルリヒンゲン」に対し、いささか奇妙なやり方で、その士気昂揚をはかった。まずは、敵はひどい火傷を負わせる白燐弾を使ってくると告げた。次に、「第一〇一空挺師団」のやつらは「ひどく狡猾で陰険な戦い方」をすると警告した。そのうえで、オステンドルフは断固とした口調で言い切った。だがしかし、連中には「敢闘精神

がない！」と。

明けて六月十三日〇五三〇時（午前五時三十分）、オステンドルフ麾下の「第三七SS装甲擲弾兵連隊」は、霧のたちこめる夜明け、砲兵の援護射撃を受けつつ、前進を開始した。弾幕射撃の瞬間が迫っていた。彼らは赤い照明弾を次々あげることで、味方の砲兵陣地に対し、部隊の現在地を知らせた。連隊が進むその先へ先へと、弾着点が延びていく。突撃はまさに計画どおり進むかに見えた。だが、カランタン－ドムヴィル街道に達したところで、ドイツ側はきわめて正確な狙撃にさらされた。アメリカの空挺隊員が、その周辺の樹上にすがたを隠していたのである。同SS連隊に同行し、脇をかためる小隊が、生垣や立木のあいだから四連装二〇ミリ対空砲で応戦したけれど、貴重な時間が食われてしまった。「そこそこ高い人的損耗」を蒙りつつも、ドイツ軍部隊はさらに押しつづけたが、アメリカ側はするりと戦場を離脱すると、カランタン方面に退いてしまった。

オステンドルフの部下は〇九〇〇時（午前九時）、カランタンの南西端に到達した。だが、右手をいく部隊は、いきなり出鼻を挫かれた。指揮官は、ムダと知りつつも、戦車の応援を求めた。なにしろ、行く手にアメリカ「第二機甲師団」の〈シャーマン〉戦闘団が突如出現したのだから。その戦車を指揮するのは、無蓋のハーフトラックに乗りこんだローズ准将だった。ドイツ側のSS部隊は、〝装甲擲弾兵〟と名乗ってはいたが、威力の点で若干見劣りのする対戦車ロケット砲すら持っておらず、混乱のさなか、後退するしかなかった。午後に入り、アメリカ側は、戦闘爆撃機の支援のもと、全力で攻勢に出た。戦いの帰趨を制するのは、カランタン南端にある小高い丘の争奪戦だと思われた。だが、そこに陣取るのは〝オストトルッペン（東方兵部隊）〟だったため、ドイツ人の指揮官が戦死すると、彼らはたちまち逃亡した。わがSS師団の屈辱的敗北を前にして、オステンドルフは激怒した。そして、今回の敗北の責任は、いかなる力量も示すことなく終わったドイツ空軍と、そもそ

もカランタンの放棄を決めたハイテにあると非難した。

フォン・デア・ハイテは、ワシのような鼻、優れた知性の持ち主で、高慢ではないけれど、上級将校の目には、上官を上官とも思わぬ男に見えた。ハイテが、オステンドルフにほとんど何の敬意も示さないことは、周知の事実だった。「ゲッツ・フォン・ベルヒリンゲン」なるSS師団は、まっとうな軍事理論ではなく、親衛隊的イデオロギーをもとに訓練されており、そうした事実に対し、自分がいかなる見解を持っているか、ハイテは敢えて隠そうともしなかった。不当な非難にも、もちろん黙ってはいない。逃亡をはかろうとする〝装甲擲弾兵〟に対して、銃で脅しつけてもいいから、連中を何とかつなぎ止めろとわが降下猟兵に命じなければならなかった、それが戦場の現実である——とハイテ側は主張した。この言い分に激怒したオステンドルフは、師団司令部までハイテを呼びつけた。そして、カランタンを失った責任をめぐり、師団所属の法務官に事情聴取をおこなわせた。そのうえで、「勇気の欠如」なる罪状で、師団長名で告発もおこなった。だがしかし、ハイテが軍法会議にかけられることはなかった。それはもっぱら、ハイテがその直前に、「柏葉付き騎士鉄十字章」を授与されたばかりという組織的事情によっていた。「第七軍」のペムゼル参謀長は、これぞ戦場の現実だというハイテ側の主張を信じなかった。だが、「第二降下猟兵軍団」を率いるマインドル大将は、ハイテの拘束を解くように命じた。いずれにしろ、ドイツの各司令官は、真剣に検討すべき、もっと深刻な問題をいまやかかえるに至った。すなわち、アメリカ軍部隊のさらなる前進により、その翌日、「ユタ・ビーチ」と「オマハ・ビーチ」の両海岸堡が、ついにひとつに合体したのである。

284頁　「第二九歩兵師団」の司令部：NA II 407/427/24034.

284頁　農場労働者やペンシルヴェニアの炭坑夫：29th Division, WWII VS.

285頁　「海はまるで」：Oberstleutnant Ziegelmann, 352nd Infanterie-Division, FMS B-489.

286頁　憲兵軍曹：Melvin Asche, 1006th Seabea Detachment, MdC TE 126.

286頁　「私たちを強い疑いの目で見ていた」：Madame Huet-Patry, Vierville-sur-Mer, MdC TE 22.

287頁　「たぶん彼らは知らなかったのだろう」：Barnett Hoffner, 6th Engineer Special Brigade NWWIIM-EC.

287頁　「除去完了」と認定されたエリア：Forrest C. Pogue, *Pogue's War*, Lexington, Kentucky, 2001, p.63.

288頁　米駆逐艦「ハーディング」：USS *Harding*, Walter Vollrath Jr. USN, NWWIIM-EC.

289頁　「このとき再び、ラダー中佐は」：Elmer H. Vermeer, 2nd Engineer Battalion, 2nd Infantrey Division, with 2nd Ranger Battalion, NWWIIM-EC; also Lieutenant Francis W. Dawson, 5th Ranger Battalion, NWWIIM-EC; and Lieutenant Rex F. Gibson, Headquarters Company, 116th Infantry, 29th Division, NA II 407/427/24242.

289頁　「思わぬ事態にたじろいだ」：NA II 407/427/24034.

289頁　物々交換：Brugger, 16th Infantry, 1st Infantry Division, NWWIIM-EC.

290頁　「おい、あの生け垣を潰したいんだが」：Oscar Rich, 5th Field Artillery Battalion, 1st Infantry Division, NWWIIM-EC.

290頁　「A-1」滑走路：W. G. Schuler, 382nd Air Service Squadron, 84th Group, NWWIIM-EC evacuation of wounded by air, Louise Anthony de Flon, 816th Medical Air Evacuation, MdC TE 177.

290頁　ゲアハート少将：see Joseph Balkoski, *Beyond the Beachhead*, Mechanicsburg, Pa., 1999, pp.45-50.

292頁　「いいか、軍曹」：John Hooper, 115th Infantry Regiment, 29th Division NWWIIM-EC.

292頁「第五軍団」の計画書：Oberst Ziegelmann, 352nd Infanterie-Division, FMS B-489, and B-636.

292頁「総統ご自身は依然」：General Günther Blumentritt, OB West, FMS B-637, p.263.

293頁「コツが分かるまで」：Lieutenant Cameron K. Brooks, 115th Infantry, 29th Division, NA II 407/427/24242.

293頁「カーミット・ミラー中尉」：NA II 407/427/24240; and Captain S. S. Suntag, 115th Infantry, NA II 407/427/24242.

293頁「真夜中近くになり」：NA II 407/427/24240.

294頁「頭痛のタネ」：Captain Otto Graas, Headquarters Company, 29th Division, NA II 407/427/24241.

294頁 ゲアハート少将と愛車「ヴィクスン・トール」：Staff Sergeant Lester Zick, Anti-tank Company, 175th Infantry Regiment, 29th Division NWWIIM-EC.

295頁「アメリカ陸軍の歩兵《ジョン・ドーフット》」：Lieutenant George Wash, 224th Filed Artillery Battalion, 29th Infantry Division, NA II 407/427/24242.

295頁「アメリカ人が、白馬に跨って」：Staff Sergeant Lester Zick, Anti-tank Company, 175th Infantry Regiment, 29th Division, NWWIIM-EC.

295頁 イジニ村：Edwin R. Schwartz, 747th Tank Battalion, NWWIIM-EC; Staff Sergeant Lester Zick, Anti-tank Company, 175th Infantry Regiment, 29th Division, NWWIIM-EC; and Balkoski, pp.170-74.

296頁「いたるところ瓦礫だらけ」：Lieutenant George Wash, 224th Field Artillery Battalion, 29th Infantry Division, NA II 407/427/24242.

296頁 フォン・シュリーベン中将：Generalleutnant von Schlieben, FMS B-845.

297頁「一七〇〇時（午後五時）に」：Captain Claude J. Mercer, 29th Field Artillery Battalion, 4th Infantry Division, NA II 407/427/24242.

297頁 モントブール付近に：Louis Lucet, MdC TE 107; and Valognes, MdC TE 111.

298頁 テュルクヴィル周辺のグルジア兵：Captain Le Grand K. Johnson, 502nd Parachute Infantry Regiment, NA II 407/427/24242.

298頁「ドイツ野郎は」：Lieutenant George W.

Goodridge, 44th Filed Artillery Battalion, 4th Division, NA II 407/427/24240.

298頁　「のどが切り裂かれていた」：Captain Claude J. Mercer, 29th Field Artillery Battalion, 4th Infantry Division, NA II 407/427/24242.

299頁　「ある建物から狙撃を受けた」：Sergeant W. C. Cowards, 22nd Infantry, 4th Division, NA II 407/427/24242.

299頁　「フランスは敵国のようなものだ」：Captain Robert E. Walker, 19th Infantry Division, WWII VS.

299頁　「ノルマンディーの連中など」：Pfc Robert Boyce, 502nd Parachute Infantry Regiment, WWII VS.

300頁　「われわれは……側溝のなかにいるのを見つけた」：Barnett Hoffner, 6th Engineer Special Brigade, NWWIIM-EC.

300頁　ポリボウスキ軍曹：Captain Elmer G. Koehler, Battalion Surgeon, 12th Infantry, 4th Infantry Division, NA II 407/427/24242.

300頁　「三〇高地」：Tomaso William Porcella, 3rd Battalion, 508th Parachute Infantry Regiment, 82nd Airborne Division; and Kenneth J. Merritt, 508th Parachute Infantry Regiment, NWWIIM-EC.

301頁　「側溝には、じつに多くの負傷者が」：Edward C. Boccafogli, 508th Parachute Infantry Regiment, 82nd Airborne Division, NWWIIM-EC.

302頁　捕虜に発砲する「第九〇歩兵師団」：Max Hastings, *Overlord*, London, 1989, p.154.

302頁　「彼は道端に腰かけ」：Pogue, pp.111-12.

303頁　「親衛隊忠誠の歌」：Jean-Claude Perrigault and Rolf Meister, *Göts von Berlichingen*, Bayeux, 2005, p.77.

303頁　「前途に何が待ちかまえているのか」：SS-Mann Johann H., 36 380 D = 3.Kp/SS-Pi.Btl.17 17.SS-Pz.Gren.Div. 8 June, BfZ-SS.

304頁　「引き返すんだ―!」：Perrigault and Meister, p.203.

305頁　「敵を北方の海に叩き落とし」：Generalleutnant Richard Schimpf, 3rd Paratroop Division, FMS B-020.

306頁　「不十分な兵力」：Generalmajor Max Pemsel commentary, FMS B-541.

306頁　「第三五三歩兵師団」：General Mahlmann,

FMS A-983.

306頁　納屋や果樹園に：AdM 2 J 695.

306頁　「夜行性のかくれんぼ」：Generalleutnant Kurt Badinski, 276th Infanterie-Division, FMS B-526.

306頁　フランスにおける第二SS装甲師団「ダス・ライヒ」：Peter Lieb, *Konventioneller Krieg oder Weltanschauungskrieg?*, Munich, 2007, p.361.

307頁　「共産革命の始まり」：IMT, Vol. XXXVII, quoted in Lieb, p.364.

307頁　さまざまな殺戮行為：see Lieb, pp.374-5 and AN AJ/41/56. According to one report, 108 were hanged in Tulle, AN AJ/41/56.

307～308頁　オラドゥール村をめぐって：M. R. D. Foot, *SOE in France*, London, 1966, pp.398-9.

308頁　「地域によっては」：AN AJ/41/56.

309頁　「露払い」：Technical Sergeant Donald J. Walworth, 3rd Battalion, 26th Infantry, 1st Division, NA II 407/427/24242.

309頁　「自分たちの行く手に」：Gordon A. Harrison, *US Army in World War II*, Washington, DC, 1951, p.370.

311頁　「きみらのような人間は」：Oberstleutnant Keil, FMS C-018.

311頁　「ひどく狡猾で陰険な」：Perrigault and Meister, p.245.

312頁　「そこそこ高い人的損耗」：ibid., p.247.

313頁　ハイテに対する告発：FMS B-839; and Perrigault and Meister, p.248.

章末注

＊1　現場指揮官をあっさり解任するやり方には、さすがのパットン将軍も行き過ぎと感じていた。「コリンズとブラッドリーは、やたら首を切る傾向がある」とパットンは書いている。「こうしたやり方は、師団長の自信を奪うものである。新たに任されたばかりの師団における、最初の失敗において、その者にダメ指揮官のレッテルを貼るべきではない」

（章末注1に対する原注）

「コリンズとブラッドリーは」：Martin Blumenson (ed.), *The Patton Papers, 1940-1945*, New York, 1974, p.479.

第12章 カーン占領にしくじる

Dデイ当日（六月六日）の深夜、ドイツ「第七軍」参謀長ペムゼル少将は「第二一装甲師団」と「第七一六歩兵師団」の両師団長に対しそれぞれ電話をかけ、OKW（ドイツ国防軍最高司令部）からの命令を伝達した。翌日の反撃においては、いまだ持ち場を死守する防御陣地の守備隊の負担を軽減すべく、海岸まで「断固」到達しなければならないと。これに対し、「第七一六歩兵師団」を率いるリヒター将軍が応じた。「師団司令部、連隊本部、大隊本部のあいだに、もはや通信手段は存在せず」、それゆえどの陣地がいまだ持ちこたえ、どの陣地がすでに敵の手に落ちているのか、自分には判断のしようがないと。じつを言うと、この時点ですでに「第七一六歩兵師団」なるものはほぼ存在をやめており、同師団の二〇〇〇名ほどの生き残りも、この二日後には撤退を余儀なくされるのである。

Dデイに「ジュノー・ビーチ」に上陸したカナダ「第三歩兵師団」の動きは、ドイツ軍の防御陣地によって一時的に封じられたものの、そうした陣地の大半はいまや潰されていた。ただ、最も強力なものは依然、左側面で頑強に抵抗を続けており、特にドゥーヴル＝ラ＝デリヴランド付近にあるドイツ空軍のレーダー基地は非常な難物だった。「ハチの巣状に入り組んだ塹壕、地下壕、トンネル」か

らなる、文字どおりの地下要塞に改造されており、しかも後方のカーンにいたる地下通信線がいまだ維持され、ドイツ軍砲兵のための前方観測所の役割も果たしていた。制圧を命じられたカナダ軍部隊は、同レーダー基地に猛攻を加えるとともに、基地に隣接する森林で残敵掃討もやらなければならなかった。

一方、ドイツ陸軍「第二一装甲師団」は、Dデイの午後遅くにおこなわれた反撃が不首尾に終わったあと、ヴァッフェンSS（武装親衛隊）所属の「第一SS装甲軍団」の下に入った。軍団長のゼップ・ディートリヒSS大将は、元々は食肉加工の徒弟だったが、その後、ドイツが内戦の瀬戸際まで行ったとき、「ドイツ義勇軍」にはせ参じたという経歴の持ち主である。ナチ党の初期からの党員であり、一九二八年、ヒトラーの身辺を警護する親衛隊組織の隊長になった。この総統官邸警備大隊を中核として、組織はその後発展をつづけ、現在の第一SS装甲師団「ライプシュタンダルテ・アドルフ・ヒトラー」（LSSAH師団）になった。「LSSAH師団」はディートリヒの指揮のもと、フランスやバルカン半島、東部戦線で戦ってきた。ナチ政権のゲッベルス宣伝相は、貴族出身者が多数を占めるドイツ正規軍とのバランスをとるため、庶民出のディートリヒを意図的にヒーローに祭りあげた。ディートリヒ当人は、武装親衛隊の大半の上級幹部に比べると、むしろ正直者といえた。ただ、性格は粗暴であり、知性に欠ける面もある野戦司令官だった。のちにガイヤ・フォン・シュヴェッペンブルク装甲兵大将の後任として「西方装甲集団」を率いることになるハインツ・エーベルバッハ装甲兵大将は、ディートリヒについて、「彼の指揮下で、LSSAH師団は、数千人のユダヤ人を殺した」と語っている。[*1]

六月六日早朝、敵上陸の第一報が入ったとき、ディートリヒは「第一SS装甲軍団」の司令部とともに、ブリュッセルにあった。「西方総軍」司令官フォン・ルントシュテット元帥はすぐさま、ディー

トリヒをパリに呼び、結果、ディートリヒの指揮下には、第一二SS装甲師団「ヒトラー・ユーゲント」、陸軍の「装甲教導師団」、「第二一装甲師団」、および「第七一六歩兵師団」の残余が組み入れられることになった。この軍団が、翌日の夜明けを待って、カーン周辺にいるイギリス軍に襲いかかり、彼らを海へと叩き落とすはずだった。だが、連合軍側の航空部隊が有効に機能したことに加え、「ヒトラー・ユーゲント」と「装甲教導師団」の活動開始が遅れたことで、計画は所期の目的を達することができなかった。

大規模反撃の前夜、ディートリヒはサン＝ピエール＝シュル＝ディーヴにあるフォイヒティンガー少将の「第二一装甲師団」司令部を訪れた。ところが、肝心の師団長はカーン城外の「第七一六歩兵師団」司令部が置かれたトンネル内におり、部隊を留守にしているという。それほど重要な情報を、どうして軍団長たるこの私に連絡して来ないのかと、ディートリヒは怒りを爆発させた。これに対し「第二一装甲師団」参謀長で、男爵でもあるフォン・ベルリヒンゲン大佐――かの「鉄拳の騎士」の末裔――は、あえて軍団長に進言を試みた。あのイギリス・カナダ両軍の上陸部隊を押し戻すには、二個装甲師団では不十分ですと。なるほど「装甲教導師団」の合流を待つべき状況ではあった。だが、ディートリヒは、微塵の疑いも許さぬような、断固たる口調で応じた。使えるのは二個師団であり、従って貴官は「ヒトラー・ユーゲント」師団と連絡をとりつつ、直ちに攻撃計画を策定すべしと。

「ヒトラー・ユーゲント」の師団長フリッツ・ヴィットSS少将は、計画のすり合わせをおこなうため、カーン城外の司令部トンネルに籠もるフォイヒティンガー、リヒター両師団長のもとに、クルト・マイヤーSS大佐を派遣した。マイヤーは「第二五SS装甲擲弾兵連隊」の指揮官で、ナチのイデオロギーを熱烈に信奉するとともに、情け容赦のない戦士でもあった。背が高く、青い目をし、

ハンサムで、武装親衛隊のリーダーとしては、まさに理想的な容姿といえた。われらが連隊長のことを、部下の戦車兵は賞賛をこめて、「パンツァー・マイヤー」と呼んでいた。マイヤーがようやく「第七一六歩兵師団」司令部のありかを探し当てたのは、翌六月七日の未明だった。地下司令部の入口付近は負傷者で混み合っていた。さっそく司令部の主、リヒター師団長のもとに出頭する。「閣下にお会いするためここまで来るのに、およそ八時間を要しました。航空攻撃のせいで、道路脇の側溝に四時間以上も潜んでいました。師団の車列は甚大な被害を蒙っております」と。しつこくまとわりつく連合軍の戦闘爆撃機のことを、「ヒトラー・ユーゲント」の面々は、「肉蠅《ニクバエ》」と表していた。

　現状の説明を受け、当面の戦況図をみなで検討したあと、フォイヒティンガーがふと気弱なことを言った。それを聞いたマイヤーは「雑魚どもが！」と一声叫ぶと、傲岸にも言ってのけた。「あんな連中、朝には、海に叩きこんでやりますよ」と。だが、この反攻作戦は結局、延期となった。南から駆けつけてくるはずの「装甲教導師団」が、「ヒトラー・ユーゲント」を上回る対地攻撃に依然さらされていたことや、連合軍の空爆によって、肝心の燃料が失われたことが大きかった（こんな大がかりな戦《いく》さをおこなうには、リヒターの手元にある予備燃料をほとんど使い尽くす必要があったのだ）。さらにリヒター将軍は、わが師団の野戦病院を、ファレーズ近くまで後退させる必要があると主張した。「あれだけはっきりと赤い十字のマークを描いている」のに、同病院は連合軍の航空機から、ひっきりなしに爆撃と機銃掃射を加えられているのだと。

　ドイツ軍の指揮系統の複雑さも、混乱に拍車をかけていた。ノルマンディーの海岸一帯は本来、ドイツ陸軍「第七軍」の担当地域だが、今回の反攻をになう武装親衛隊の「第一ＳＳ装甲軍団」はいまや、ガイヤ・フォン・シュヴェッペンブルク大将率いる「西方装甲集団」の一部になっていた。ガイヤ大将がのちに書いている。「迅速な行動にすべてがかかっている局面だというのに、わずか二個

と四分の三しかない装甲師団のもとに、以下の司令部から命令が下りてくるのだ。すなわち、第一SS装甲軍団司令部、西方装甲集団司令部、ル・マンの第七軍司令部、B軍集団司令部、西方総軍司令部、そしてドイツ国防軍最高司令部だ」

ガイヤ大将は元々、戦車の運用にかんしては、グデーリアン上級大将と同じ立場を取っていた。装甲部隊は後方に集中配備し、敵の上陸を待って、一気に海へと叩き落とすのが正しい戦法だと。だが、主要都市に対する連合軍の空爆により、装甲部隊の移動がいかに効果的に阻止できるか、その現実を目の当たりにして、ガイヤは衝撃を受けていた。だが、戦車部隊は海岸付近に集中すべしというロンメルの主張に強く反対した手前もあり、連合軍の空軍力の優位性を虚心坦懐に認めたロンメルの先見性をしかるべく評価できなかった。数日後、「ウルトラ」の傍受により、ガイヤ司令部の正確な位置が特定された。そして彼は、みずからの傲慢さの報いを受けることになるのだ。

Dデイが暮れていく。「ソード・ビーチ」の海岸堡にいるイギリス軍の指揮官たちは、作戦初日のカーン占領に失敗したことを、それほど重く受け止めていなかった。「われわれがその気になれば、明日にでも占領できるさ」と根拠のない楽観論を口にした。ドイツ「第二一装甲師団」が退却したことで、彼らは過剰な期待をいだいた。だが、イギリス軍はいまだ精鋭の「ヒトラー・ユーゲント」師団とは戦っていなかったし、「第二一装甲師団」が保有する武器のうち、最も強力なのは、じつは戦車ではなく、二四門の八八ミリ砲であることが分かっていなかった。

どうやらカーンが陥落したらしいぞという、恐ろしいうわさが、ドイツ軍の後方で広がった。おそらくそれは、「第二一装甲師団」が連合軍の戦闘爆撃機により、道路上で絶え間ない攻撃にさらされ、後退を余儀なくされたことと、かなり内陸部にある目標が艦砲射撃によって叩かれたことから来る、

一種のデマだったのだろう。翌六月七日、〝恐怖心の伝播〟のこれ以上の広がりを防ぐため、「第一SS装甲軍団」参謀長は、ファレーズにいたる道路に、陸軍野戦憲兵の分遣隊を派遣した。うわさに怯えて逃げてきた、「戦争に不慣れで、臆病な、西部戦線の烏合の衆」は、かくして路上で駆り集められた。そのころ、「第一SS装甲軍団」では、イギリス軍のことを嘲笑していた。あんな有利な状況下で、カーンひとつ落とせなかったのだから、敵も大したことはないというわけだ。もっとも、増強部隊を十分迅速に展開できなかったというふがいなさでは、いわばおあいこであり、ドイツ軍も決して褒められたものではなかった。

たしかに、ドイツの「ヒルマン」陣地の恐るべき頑張りのせいで、連合軍側にはさまざまな問題が生じていた。カーンにむけ、断固戦い抜くには、イギリス側に十分な戦車がなかったことも確かである。ただ、イギリス「第一軍団」を率いるジョン・クロッカー中将のおかした重大な失策については、やはりここで一言指摘しておくべきであろう。クロッカーはDデイの午後、ドイツ軍部隊がオルヌ川東岸に大規模な反撃を加えたことに、恐れをなした。そこで、カーンとカルピケのあいだを突破するという重要任務から、あえて「第九歩兵旅団」を引き抜いて、空挺師団の支援に回してしまったのである。この付け替えにより、カナダ軍部隊とイギリス「第三歩兵師団」のあいだに、間隙ができてしまうという危険な状況が生まれた。

明けて六月七日、カーン占領をめざすイギリス軍の攻撃は、この街の北部にあるレビゼイ村と、その周囲の森林地帯において、改めて着手された。砲兵部隊による大規模な支援にもかかわらず、イギリス「第一八五歩兵旅団」は甚大な被害を蒙った。ドイツ「第二一装甲師団」は一晩で見事態勢を立て直し、カーン前面の高台に効果的な陣地を構築するとともに、ベヌーヴィル方面へと押し出してきた。ベヌーヴィルでは、ハンス・フォン・ルック中佐率いる装甲擲弾兵部隊が、イギリス「第六空挺

師団」に対し依然猛攻を加えていた。

第一八五旅団「ロイヤル・ウォーリックシャー歩兵連隊」は、モントゴメリー将軍と縁の深い部隊であるが、その第二大隊がここで、レビゼイ村付近の攻撃に参加した。旅団長の命令に従って、同大隊の対戦車小隊――火砲を牽引する〈ブレン装甲車〉六台で構成――は、〝ボカージュ〟に多く見られる、両脇を高い土手に挟まれた道路を前進した。頭上を砲弾や銃弾が飛びかうものの、彼らにはほとんど何も見えなかった。ふと気づくと、いきなりレビゼイ村に入っていた。しかも、ドイツ「第二一装甲師団」所属の擲弾兵連隊のどまんなかだった。彼らは目の前の〈Ⅳ号戦車〉の右脇をすり抜けると、戦車たちの後方に回りこみ、小麦畑に突っこんで停止するや、すぐさま対戦車砲の準備に取りかかった。「目標後方、撃て！」と中尉が叫んだ。イギリス側の対戦車砲が火をふく。部下のバーミンガム出身の若者たちは、だれもが興奮ぎみで、敵に罵声を浴びせた。だが次の瞬間、一発の砲弾が中尉のかたわらの装甲車を吹き飛ばし、イギリス側の歩兵はみな、地面に叩きつけられた。

イギリス兵はともかくできるだけ目立たぬよう、自軍の戦線まで後退しようと試みた。だが結局、ドイツ側に捕らえられ、レビゼイの森まで行進させられるハメになった。ドイツの装甲擲弾兵にはまったく緊張感がなく、その物腰は〝優雅〟とさえいえた。捕虜にむかって、きみらは何が飲みたいかなんて訊いてきた。ミルクがいいかい、それともワインかな？　とその時、英戦艦「ウォースパイト」が放った砲弾のせいで、空がゴロゴロと言いだした。見張り役をつとめるドイツ兵が、イギリス軍の中尉に言った。「穴を掘ったほうがいいと思うのだが、どうかな？」と。そこで二人は、協力して穴掘り作業に取りかかった。艦砲射撃が続くあいだ、たこつぼ壕のなかで隣あわせに坐りながら、砲弾が頭上を通過するたびに、二人して身をすくませた。「数日後には、きみらは海に還っていくだろう」とドイツ兵は言った。「いいや、悪いんだが」とバナーマン中尉は答えた。「一週間後にはパリ

にいると思うよ」。互いの見解が一致しないというところで、互いに一致点を見出したあと、その装甲擲弾兵は婚約者のスナップ写真を見せてくれた。中尉はお礼に、自分の妻の写真を取りだした。ついつい思わずにはいられなかった。ほんの三十分前、われわれは、お互いを殺そうとしていたのだなと。

クロッカー中将はその後、いったんは引き抜いた「第九歩兵旅団」を元々の戦区（「第一八五旅団」の右翼）に戻した。この戦区は、カナダ軍の担当戦区と同様、ゆるやかな起伏がつづく一帯で、小麦畑が広がり、石造りの農家を、果樹園がぐるりと囲み、そして雑木林には対戦車砲が潜んでいた。農民たちは、納屋や中庭のほうがまだしも安全だろうと考えて、すでに牛や馬を放牧地から引きあげていた。一部の農家は、家族を地下室に避難させたあと、屋根裏部屋から、両軍の動向を観察していた。ところが案に相違して、両軍の争奪や砲撃の対象は、もっぱら建物に集中したのである。たとえば、ブロン近くのグリュシイという小村では、一〇軒あった建物のうち、九軒までが潰されるか、大破するという惨状を呈した。地下室にあったリンゴ・ジュースやカルヴァドスが略奪されるケースもこれありで、中には酔いつぶれてしまったドイツ兵もいる。

イギリス第九旅団「ロイヤル・アルスター・ライフルズ連隊」第二大隊は、勇敢にも、遮蔽物の一切ない畑地を横切り、カンブ村に突撃をかけた。彼らは戦って戦って、道を切りひらいた。だが、そこに「ヒトラー・ユーゲント」師団の分遣隊が新たに到着し、イギリス側は撤退を余儀なくされた。撤退のさい、「アルスター・ライフルズ」の歩兵たちは、負傷したD中隊の仲間を、村外れにある側溝に置き去りにせざるを得なかった。彼らは思った。きっとあいつら、あのあと全員、あそこで横たわったまま、「ヒトラー・ユーゲント」の若い兵士に射殺されたにちがいないと。

イギリス「第九歩兵旅団」のそのまた右翼に展開するカナダ軍部隊も、カルピケ飛行場を目指して

前進を再開したところ、やはり「ヒトラー・ユーゲント」師団の分遣隊と遭遇、そのまま交戦に入った。マイヤーSS大佐は、アルデンヌ修道院に連隊本部を置き、当初は一六〇〇時（午後四時）をもって、カーン＝サン＝リュック＝シュル＝メール街道の西側に、麾下の「第二五SS装甲擲弾兵連隊」を突入させる腹づもりでいた。ところがそこに、カナダ軍部隊が接近してきたため、マイヤーは一六〇〇時を待つことなく、直ちに攻撃することを決断した。「装甲兵、前進！」という命令が「ヒトラー・ユーゲント」所属の各戦車大隊に伝達された。かくして、マイヤーのSS部隊は「シャーブルック・フュージリアーズ（火打石銃兵）連隊」という一見歩兵風の名称をもつ、カナダ軍の〝機甲〟連隊のふいをつくことに成功し、たちまちオーティ村を占領した。勢いにまかせて、「ヒトラー・ユーゲント」の戦車たちは前進を続けたが、巧みに配置されたカナダ軍の対戦車砲のせいで、今度は自分たちがふいをつかれる番だった。戦車大隊が戻ってくると、マイヤーはすぐさま彼らを別の戦場へと投入し、今度はビュロン村に集中させた。作戦二日目の午後の戦いは、こうして血まみれの引き分け《ドロー》に終わった。イギリス軍、カナダ軍、ドイツ軍とも、戦いはしばし行き詰まりを見せ、停滞した。

イギリス軍が担当する三つの海岸のうち、最も西方（海からみて右手）の「ゴールド・ビーチ」に上陸し、バイユーを目指した面々は、きわめて順調な一日を過ごした。夜間偵察の結果、この小都市を支配するドイツ軍部隊はほぼ完全に撤退していることも、事前に分かっていた。それゆえ「ウェセックス連隊」と「サウス・ウェールズ・ボーダラーズ連隊」の歩兵たちは、「シャーウッド・レインジャーズ・ヨーマンリー（義勇騎兵）連隊」の戦車兵に支援されつつ、ほとんど損耗もなく、六月七日、バイユー解放に成功した。「われわれがこの町に入った最初の部隊だ」と「シャーウッド・レ

インジャーズ」A大隊を指揮するスタンリー・クリストファーソン少佐は書いている。「だから、町のあちこちに孤立する防御陣地とはぐれ狙撃兵しか、ドイツ兵を見かけなかったし、この町の美しく、歴史ある建物が、破壊を免れたと知って、心底ホッとした。われわれは住民から、非常に熱烈、かつ自然発生的な歓迎を受けた。彼らは、われわれを迎えることができて、嬉しくてたまらないといった風だった。戦車にむかって花を投げたり、部下たちにリンゴ・ジュースや食べ物をふるまうことで、その喜びを表していた」

バイユーの南部には、一軒の住宅を強化したドイツ軍の機関銃陣地があったが、「シャーウッド・レインジャーズ」の戦車が砲弾を一発ぶちこむと、その家はたちまち炎上した。「ほとんど直後に、カンカンカンというベルの音が聞こえ、バイユー消防隊が到着した。消防士たちは全員、輝くヘルメットを被っていた。機関銃の銃撃など何処吹く風で、戦いを一時中断させると、燃えさかる住宅に飛びこみ、消火作業にあたるとともに、機関銃に取り付いていたドイツ兵たちを運びだしてきた」

翌六月八日、「シャーウッド・レインジャーズ」は「第八機甲旅団」の指揮下に戻り、南へと進軍した。敵の対戦車砲を迂回して、彼らは「一〇三高地」として知られる、バイユー南東七マイルにある小高い丘を確保した。ここの頂上からは、ティイー゠シュル゠スールと、フォントネ゠ル゠ペネル——イギリス兵は語呂を考慮し、「ピス・イン・ザ・ファウントゥン（泉に小便）」と発音しやすい符丁で呼んでいた——という二つの村を、見下ろすことができた。途中、危険といえそうな敵は、戦車長のあたまを好んで狙う、一人のはぐれ狙撃兵ぐらいだった。ところがこの日、「シャーウッド・レインジャーズ」の戦車兵と「ダーラム軽歩兵連隊」第六大隊の歩兵たちは、強力な砲撃にいきなり直面してしまった。

ドイツの精鋭戦車部隊「装甲教導師団」がついに前線に到着したのである。とはいえ、師団長のフ

リッツ・バイエルライン中将は、太陽の出ているあいだも移動を続けろと厳命したドルマン上級大将に対して、いまだ怒りがおさまっていなかった。そもそも、Dデイ当日（六月六日）の午後、「装甲教導師団」は、空対地ロケットを発射できる連合軍の戦闘爆撃機――イギリス空軍の〈タイフーン〉とアメリカ陸軍航空軍の〈ライトニング〉――と遭遇し、若干の車輌を破壊されるという目に遭っていた。だからこそ、バイエルラインの一行は、夜陰に紛れて走りつづけ、夜明けには車体に偽装を施せる場所になんとか到達したのである。そこへいきなり、ドルマン上級大将が無理無体な指示をおこなってきた。明るくなったあとも走りつづけろと。案の定、敵機がやってきた。最初の航空攻撃は翌朝〇五三〇時（午前五時三十分）だった。もちろん戦車もハーフトラックも、すでに葉っぱ付きの枝を使って偽装を済ませていた。敵の機影を見かけると、わっと散って、森や果樹園のあいだに姿を隠した。だが、道々、十分な遮蔽物のない場所は、あまりに多かった。バイエルラインによると、部下たちはヴィールの町から北東にのびる真っ直ぐな道を競馬場にたとえて、「戦闘爆撃機直線コース」と呼んだという。この日の終わりまでに、「装甲教導師団」は五輌の戦車、八四輌のハーフトラックと自走砲、一三〇台のトラックを失ったと主張している。だが、これは相当に水増しした数字であることはほぼ間違いない。*2

六月八日の朝、「装甲教導師団」の先鋒が、ティイー＝シュル＝スールから北方に打って出たのと同じころ、イギリスの「シャーウッド・レインジャーズ」と「ダーラム軽歩兵」はランジェヴルにむけて出発した。この結果、イギリス側はドイツ戦車の猛攻をまともに喰らうことになった。「連隊にとって、まったくひどい一日だった」とクリストファーソン少佐は日記に書いている。「一〇三高地」を占める彼の大隊は戦車四輌を失ったし、部下の中隊長の一人と、副大隊長で詩人でもあるキース・ダグラス大尉が戦死した。ダグラス大尉はそのとき、戦車を降りて、徒歩で偵察をおこなっていた。

「側溝沿いを、自分の戦車のある方角へ小走りに戻るとき、迫撃砲弾の破片がダグラスの頭部に命中した」。即死だった。ダグラス大尉は、「シャーウッド・レインジャーズ」でも一風変わった人間として知られていた。ハンティングをやらないし、馬を駆って田園地帯を走りまわることにもいっさい関心を示さなかった。彼がわが連隊について書いた詩に「アリストクラッツ（貴族階級の人々）」というのがあるが、その詩の中で、ダグラスはこう書いている。

この気配りにたけ、時代遅れの英雄種族のなかで
私はいかに生き、しかも泣かずに済むのだろうか

だが、「シャーウッド・レインジャーズ・ヨーマンリー連隊」が憶えているのは、そんなどこか居心地の悪そうな立ち居ふるまいだけではない。連隊は、キース・ダグラス大尉の勇敢さを、いつまでも忘れることなく記憶している。北アフリカの戦いのさい、ダグラスはカイロ駐在のポストを投げ捨てて、職務放棄で告発されるリスクをあえて冒しながら、戦闘が最も激しい時期に前線へと赴いた。そして、戦死の瞬間まで副大隊長をつとめることになった、現在の所属部隊に加わったのである。「サー、あなたが気に入りましたよ」とある従卒が言った。「あなたという人はホント、サイコーか、ダメか、どちらか一方ですから」

大隊長をつとめるクリストファー・ソン少佐は日記に書いている。「戦闘中、彼は恐れを知らず、勇敢で、つねに積極性を示し、自分自身の安全など眼中になかった。時おり、無鉄砲にも程があると思わせることもあった。たぶん近眼のせいなのだろう。それで彼は、大きな、分厚いレンズの眼鏡をかけざるを得なかったのだ」。連隊付きの司祭、レスリー・スキナーはDデイ前の日曜日、ダグラス大

尉とこんな会話を交わしたことを憶えている。私はもうじき死ぬと思うが、そのときは、死んだ場所のかたわらにある生垣のところに埋めてほしい――この若き大尉はそう語ったという。

この三日後、「シャーウッド・レインジャーズ」はまたも「一〇三高地」付近で、大きな損失を蒙った。連隊本部の役割を果たしている戦車、通称「ロビン・フッド」のすぐ脇で、ドイツ軍砲兵の放った砲弾が炸裂したのである。ちょうど作戦会議の真っ最中で、連隊長のマイケル・レイコック――コマンドー部隊の指揮官、ロバート・レイコック少将の弟――が戦死した。彼の副官で、通信士官でもあるジョージ・ジョーンズもともに命を落とした。ジョーンズは、レイコック家の領地で木材伐採人頭をつとめる男の息子だった（その場にいた偵察中隊の指揮官と通信軍曹も重傷を負った）。「シャーウッド・レインジャーズ」はわずか一週間のあいだに、連隊長をふたり失ったことになる。後任の連隊長は、大隊長のなかで最先任だったため、クリストファーソン少佐がつとめることになった。

連隊付きのスキナー司祭は、メソジスト派の聖職者だが、この時期、恬淡とした態度で職務に励んでいた。死体の回収にもみずから当たり、休む間もなく死者の埋葬につとめた。スキナーは、小柄な色黒の人で、強いヨークシャーなまりがあり、みんなから愛されていた。おそらく司祭は、「吹き飛んだ」戦車の中から、黒こげになった戦友の遺体をかき出すように回収する、そんなゾッとしない仕事を、連隊の兵士にやらせたくなかったのだろう。ディーゼル油ではなく、ガソリンで走る〈シャーマン〉戦車は、火がつきやすいことで有名だった。アメリカ兵はライターのブランドに因んで、この戦車に対し「ロンソン」というニックネームを進呈したくらいだ。ドイツ兵は〈シャーマン〉戦車のことを「人間調理器《トミー・クッカー》」と呼んでいた。すべての戦車兵にとって、燃える車体に閉じこめられるなんて事態は、絶対経験したくない最大の恐怖だった。そうした不安を押し隠す一種の便法だろうか、イギ

リスの戦車長たちは無線交信をおこなうさい、語尾を延ばして、どこか能天気にしゃべる話し方を身につける傾向があった。

「装甲教導師団」の猛攻は六月八日でいったん停止した。ティイー＝シュル＝スールの北方で連合軍の抵抗に遭ったためではあるが、同時にまた、同日の午後半ばに、ゼップ・ディートリヒSS大将から、新たな命令が下りてきたためでもあった。いったん後退し、かわりに北西のバイユーにむけ前進せよ——ということだった。持てる戦車部隊を一気に投入する、積極果敢な反攻により、海岸部の敵を一掃するという、ガイヤ・フォン・シュヴェッペンブルク装甲兵大将があれほど望んだ計画ではあったが、指揮系統の乱れにより、ドイツ軍はいまや、厳に戒められる「兵力の逐次投入」的状況に入りつつあった。あいつらのせいで「イギリス軍の戦意を完膚なきまでに叩く……心理的タイミングを逸してしまったのだ」とガイヤ大将は不平をもらした。それでも、ガイヤは依然として、この作戦計画をやり遂げる決意でいた。

オルヌ川西岸のイギリス・カナダ両軍は、六月九日も引きつづき前進を続けていた。彼らは目の前の要塞化された村を、ひとつ又ひとつと抜くことで、道を切り開こうとした。その日は、カンベ村にむけ、砲兵と沖合いの英巡洋艦「ダネイ」による援護射撃のもと、一個大隊を丸ごと投入した攻撃がおこなわれるはずだった。イギリス第九歩兵旅団「ロイヤル・アルスター・ライフルズ連隊」第二大隊は前進し、畑のなかの、所定の攻撃開始線に到着した。前方にはゆるかな起伏を描く小麦畑が広がっており、村にたどり着くにはその畑を越えていく必要があった。砲兵と沖合いの巡洋艦が放った砲弾が頭上を飛んでいく。「前進！」という号令が飛ぶのを待つあいだ、部下たちが交わしていた、ひねた笑いをふくむ会話を、若い小隊長が記録に留めている。

「この前、畑にいたときは、女の子《マイ・バード》と一緒で、まわりじゅう静かで、平和そのものだったなあ」

「俺らがむこうに着いたとき、あの剣呑な海軍《ブラディ・ボート》さんが、艦砲射撃をやめてくれるよう祈っているぜ」

「着くまで随分かかりそうですが、中尉どの、半分行ったところでお茶にしませんか」

ももの高さまである緑の小麦は、一見すると、遮蔽物になりそうな印象を与えるが、いざ前進が始まると、そんなもの、何の役にも立たないことを、兵たちはたちまち悟った。「そりゃそうだ」と中尉は書いている。「身震いするくらい数多くの兵士たちが、突然足元がふらつくと、畑のなかに、バタバタと倒れこむのが目に入る」のだからと。ある中隊などは、付属する三個小隊のすべてにおいて、小隊長が戦死したほどである。

「アルスター・ライフルズ」の歩兵たちは、「イースト・ライディング・ヨーマンリー（義勇騎兵）連隊」の〈シャーマン〉戦車に援護されながら、とりあえずドイツの〈Ⅳ号戦車〉一輌を破壊した。だがその時、背後に隠れていたドイツ軍の八八ミリ砲が火をふきだし、イギリス軍の戦車を一輌、また一輌と撃破しはじめた。それでも、途方もない勇気を奮い起こして、「アルスター・ライフルズ」の歩兵たちは機関銃陣地を次々につぶし、カンベ村を制圧、塹壕を掘って、敵の反撃に備えた。この小さな村を確保するため犠牲となった将兵の数は、将校が一一名、下士官兵が一八二名だった。

兵員の激減した第二大隊を増強するため、同じく第九歩兵旅団に所属する「キングズ・オウン・スコティッシュ・ボーダラーズ連隊」が日没前後にやってきた。とその時、突如として敵迫撃砲の「ストンク（集中砲火）」が始まった。〝ジョック（スコットランド出身の兵士）〟のひとりが、爆発から身を隠すため、手近な塹壕に飛びこんだところ、先客の背中にのしかかってしまった。「なんだなんだ、〝アイルランド野郎《パディー》〟か。お前らにまた会えるなんて、思わなかったぜ！」と彼は一声かけた。再会の挨拶をした相手は「アルスター・ライフルズ」の大隊長だった。

〝パンツァー・マイヤー〟ことマイヤーSS大佐はその前夜、オートバイに跨って陣頭指揮をとり、「ヒトラー・ユーゲント」師団の〈パンター〉戦車、偵察部隊、装甲擲弾兵を駆使しながら、ノレ、およびブレットヴィル＝ロルグイユーズに攻撃を仕掛けた。だがしかし、カナダ「レジャイナ・ライフル連隊」第一大隊は、ドイツ兵の襲来に備えていた。パラシュート付きのマグネシウム照明弾がはなつ死の光のなかで、第一大隊の対戦車砲が、ドイツ側に甚大な被害を与えた。武装親衛隊の各部隊は、撤退を余儀なくされた。

　明けて六月九日、「第一SS装甲軍団」はさらに多くの戦車を前線に投入し、海岸をめざす装甲擲弾兵が、突撃開始線を確保できるよう支援したが、大半の攻撃は撃退されてしまった。イギリス・カナダ両軍の砲兵部隊が、海軍の艦砲射撃の応援も得つつ、ドイツ装甲部隊の分遣隊をきわめて効果的に粉砕したからだ。「レジャイナ・ライフル」はこの日も、伝家の対戦車砲を存分に用い、一個〈パンター〉中隊を叩きつぶした。ある戦車部隊のSS指揮官は、自分の戦車がいきなり傾き、突如として停止したときのようすを描写している。「状況を確かめようと、視線を向けると、左側面をはしる戦車の砲塔が千切れて吹きとぶのが見えた。その瞬間、新たな爆発が起き、私の戦車が燃えはじめた。機関銃の弾薬に火がつき、まるで乾いた木が燃えるときのような、パチパチと爆《は》ぜる音が聞こえた」。大やけどを負ったけれど、そのSS指揮官はなんとか戦車から逃れることができた。一二輌のうち、戻ってこれたのはたった五輌だった。その惨状を目にした「ヒトラー・ユーゲント」のある将校はのちに書いている。「怒りと哀しみで、その場で泣き叫んでもおかしくないくらいだった」

　事ここにいたり、「ヒトラー・ユーゲント」も悟らざるを得なかった。東部戦線でソ連赤軍を相手に、あれほど有効だった「奇襲攻撃」はノルマンディーではうまく機能しないのだと。にもかかわらず、六月十日の夜明け前、ノレにおいて、新たな正面攻撃が実施された。今回は装甲擲弾兵に加

え、戦闘工兵大隊まで投入されたが、ドイツ軍は今度もまた、撃退されてしまった。戦闘工兵大隊の中隊長の一人、オットー・トールの死体がその後、発見された。「動脈からの出血を止めようと、彼はみずからの騎士鉄十字章のリボンと懐中電灯を使って、止血用の圧迫帯を作ろうとしていたようだった」

戦いはまさに苛酷をきわめた。相手方の戦争犯罪をなじる非難と告発が、双方の側から上がるほどである。戦後のとある戦犯裁判において、「ヒトラー・ユーゲント」第二六装甲擲弾兵連隊の将校たちは、自分たちが六月九日にカナダ人捕虜三名を射殺したのは、その前日におこった出来事への報復措置だったと主張した。六月八日、クリスト南方で、イギリス「インズ・オブ・コート機甲偵察連隊」の分遣隊が、ドイツ「装甲教導師団」所属の砲兵連隊の小部隊（連隊長をふくむ）に対して、不意打ちをくらわせた。イギリス兵は、車輛の内部に捕虜を入れる余地はないとして、ドイツ兵の捕虜に、車体の前面に登るよう指示した。ドイツ側は、それはわれわれを人間の盾にする行為だとして、イギリス側の指示に従うことを拒否した。すると、二人のイギリス兵が、第一次世界大戦にも参加した片腕のベテラン将校、ルクセンブルガー大佐を殴りつけて、車輛の一台に縛りつけたのだ——と伯爵でもあるドイツ陸軍のクラリー＝アルドリンゲン大尉は証言している。出発のさい、イギリス兵は、いまだ跨乗を拒んでいるその他のドイツ人捕虜を機関銃で撃った。「インズ・オブ・コート」はその後、ドイツ軍の対戦車砲陣地に直面し、イギリス人将校二名が殺され、ルクセンブルガー大佐も、そのさい致命傷を負ったという。

この件とは別に、「ヒトラー・ユーゲント」は次のような主張も試み、みずからの行為の正当性をしめす論拠とした。われわれが入手したカナダ軍兵士あての命令書にはこうあった。前進速度を低下させるようなら、捕虜は取るな——と。イギリス・カナダ両軍の兵士、なかでも捕虜を後方に連れ

ていく歩兵が手近にいないときの機甲連隊が、場合によっては、捕虜を実際射殺したことは確かだろう。ただ、それを主張するのが「ヒトラー・ユーゲント」となると、正当性の論拠として、いささか弱いように思われる。なにしろ、連合軍部隊の上陸以降、最初の数日間に処刑されたカナダ兵はじつに一八七名に上ると言われている。しかも殺害に手を下した兵士のほとんど全員が、まさに彼ら、第一二SS装甲師団「ヒトラー・ユーゲント」の面々だったのだから。さらに、彼らによる最初の殺害は六月七日に起きており、これはクリスト近郊で、問題の〝人間の盾〟事件が起きる以前の話である。目撃談もある。年老いた伯母の無事を確かめるため、オーティまで出向く途中の、カーン出身のフランス人女性が、「およそ三〇人のカナダ兵が、ドイツ兵に虐殺され、手足を切断される」ところを偶然見ているのだ。その後、カナダ「ロイヤル・ウィニペグ・ライフルズ歩兵連隊」第一大隊も、仲間一八人が武装親衛隊によって射殺された現場を確認している。その一八人は捕虜になり、アルデンヌ修道院にあるマイヤーSS大佐の連隊本部で尋問にかけられた。射殺された捕虜の一人、ホッジ少佐は、明らかに首を刎ねられていた。

「ヒトラー・ユーゲント」はおそらく、全武装親衛隊のなかでも最も徹底的にナチ的イデオロギーを吹きこまれた師団のひとつである。主だった指揮官の多くは、ヒトラー総統の藩屏、「LSSAH師団」の出身者で構成されていた。「ヒトラー・ユーゲント」が編成されたのは、東部戦線における〝人種戦争《ラッセンクリーク》〟のさなかだった。なかでも悪名高いのは同師団の偵察大隊である。ブレマー大隊長は、同師団の内部では「猪突猛進男《デア・デヴィル》」として知られていた。〝パンツァー・マイヤー〟自身、一九三九年にポーランドのモドリン付近で、ユダヤ人五〇人を射殺したとして告発を受けている。マイヤーSS大佐はまた、ソ連侵攻のさい、ウクライナ東部ハリコフ付近にあった村に対して、焼き払えという命令を下したとも言われている。村人は全員、殺害された。ナチのおこなった宣伝教化と、東部戦線に

おける日々の戦いのすえに、「ヒトラー・ユーゲント」は野蛮化したのである。そして彼らは、西方の戦いも、なんら変わりはないと見ていた。連合軍の捕虜を殺すことは、ドイツ各地の都市を標的にした、やつらの「テロ爆撃」に対するいわば復讐行為なのだから、と彼らは考えていた。いずれにしろ、カナダ軍と「ヒトラー・ユーゲント」のあいだの敵対感情は、ノルマンディーで展開された報復合戦のなかで、悪化の一途をたどっていく。

ノルマンディー各地のドイツ軍司令部はいずれも、連絡をますます無線に頼らざるを得なくなり、ほどなくその代償を支払うことになった。レジスタンスや空挺部隊による破壊活動は言うに及ばず、連合軍の砲爆撃によって、侵攻地域におけるドイツ側の地上通信線の多くは、すでにズタズタだった。「ウルトラ」を運用する「ブレッチリー・パーク」にとって、まさに期待どおりの展開だった。SIS（イギリス秘密情報部／通称「MI6」）の長官は、しかるべき情報が入ると、すぐさまチャーチル首相にあげた。[*3] 六月八日に傍受したマルクス大将関連のメッセージによると、「第七一六歩兵師団」は少なくとも兵力の三分の二を失い、「兵士たちは疲れ、怯えきっている」という。「ヒトラー・ユーゲント」が六月八日の夜に攻撃してくることも事前に察知され、警告も発してあった（警告が届いたときは、すでに手遅れだったが）。六月九日、「第二降下猟兵軍団」のマインドル大将はこんなグチをこぼしている。「地上通信線の大半がいまや不通である。命令の伝達が途方もなく遅延するため、作戦の実施にきわめて支障を来している」と。六月十日に傍受したメッセージには「一〇三〇時（午前十時三十分）、西方総軍司令官の命令により、シェルブール港の徹底的な破壊が即座に開始された」とある。傍受・解読チームはまた、こんな情報も突き止めていた。連合軍がノルマンディー地方の西方、ブルターニュ地方に新たに侵攻をおこなうかもしれないとの懸念を受けて、ドイツ空軍が同地

方の飛行場四ヵ所の破壊にすぐさま着手した――と。ただ、「ウルトラ」の最大の成果は、「西方装甲集団」の司令部をめぐり、その正確な位置を特定するうえで非常に有用だった二本のメッセージを傍受・解読したことであろう。「ウルトラ」の存在を秘匿するため、連合軍側は当該戦区にあらかじめ偵察機を飛ばし、アリバイ作りをするという念の入れようだった。

ガイヤ・フォン・シュヴェッペンブルク装甲兵大将は、六月十日の日没後に、新たな大規模反攻をおこなおうと目論んでいた。彼はこの日、夜明けとともに、まずは戦場の下見に出かけた。マイヤーSS大佐が「第二五SS装甲擲弾兵連隊」の本部を置いている、サン＝ジェルマン＝ラ＝ブランシュ＝エルブの西部地区にあるアルデンヌ修道院の尖塔にのぼると、高性能の双眼鏡で前方を観察した。じつはガイヤは、この地域を熟知していた。来たるイギリス本土侵攻作戦を前に、一九四〇年の晩夏から、「第二四軍団」を率いてこの一帯で演習を実施したことがあるのだ。尖塔から遠方をうかがうと、ちょうどイギリス空軍機が「ヒトラー・ユーゲント」所属の装甲連隊に爆撃を加えているところだった。夜間攻撃を選択した私の判断にくるいはなかったな、とガイヤは改めて感じた。

午後になると、チュリー＝アルクールの近く、ラ・ケン城の敷地内にある「西方装甲集団」司令部に、ロンメル元帥がやってきた。ガイアはそこで自分の計画をロンメルに説明した。本来ならバイユー攻撃のほうが望ましいと二人とも考えていたが、いまここで変更を加えると、途方もない遅延が生じると思われた。ロンメルはまた、次なる一手についても知りたがった。すると、ガイアは「サンガジェ・ピュイ・ヴォワ」とナポレオンの言葉を引用した。「動いて、のち見る」、すなわち「兵は拙速を尊ぶ」というわけだ。ガイアはさらにロンメル元帥に、連合軍の戦闘爆撃機は危険ですので、戻られるおりはお気をつけくださいと警告した。そのガイヤ自身の司令部こそ、まさに彼らのいちばんの標的だったのだが。ロンメルが去った直後、「装甲教導師団」から報告が届いた。およそ六〇輌の

イギリス軍戦車がブレットヴィル＝ロルグイユーズを突破し、ティイー＝シュル＝スールに向かいつつあると。ガイヤはこう主張している。その報告を聞いた瞬間、自分にはもはや運用可能な予備兵力はないので、カーン付近における夜間攻撃は中止せざるを得まいと感じたと。まあ実際のところ、その夜には、もっとはるかに差し迫った中止理由が生じることになるのだが。

対地攻撃用のロケットを備えたイギリス空軍の〈タイフーン〉戦闘爆撃機がその夜、同司令部にむけ、低空侵入してきた。次いで、パイロットたちは十分なブリーフィングを受け、目標に対して的確な攻撃をおこなっていった。次いで、〈ミッチェル〉中型爆撃機が飛来し、波状攻撃をかけた。驚いたことに、城の大庭園に設置されたガイアの司令部も、麾下の部隊の車輌も、しかるべき偽装が施されておらず、爆撃の効果は絶大だった。この攻撃で、「西方装甲集団」の参謀長が命を落としたし、「作戦部の全員が、前方に出ていた将校たちの大半とともに、殺害された」とガイアは書いている。彼の信号大隊はほぼ消滅した。ガイア本人も、負傷したけれど、心理的衝撃のほうがはるかに大きかった。このときのショックで、六月末までふたたび「西方装甲集団」の指揮がとれなかったほどである。

結果、東部戦線から「第二SS装甲軍団」が到着するまで、ドイツ軍はイギリス「第二軍」相手に、敢えて戦車部隊による大規模反撃をおこなうことを止めてしまった。夜間行軍によって最前線に兵員を送りこむには時間がかかるため、歩兵の増強は当面期待できなかった。それはつまり、各装甲師団がそれぞれの戦線を維持するため、師団を〝カンプフグルッペ（戦闘団）〟化しなければならないことを意味した。戦車部隊による一気呵成の攻撃で、連合軍を海に叩き落とすというドイツ側の当初計画は、かくして水泡に帰したのである。彼らに当面できることは、特にイギリス軍との戦線をなんとか維持し、ここを突破されて、そのままパリまで行かれないよう阻止することぐらいだった。だが、勢いに任せて海岸堡を一気に内陸まで拡大しようとするイギリス側の企図も、やはり実現できず

に終わった。カーン南東に広がる開けた平地は、依然として手の届かぬところにあり、カーンを転回点にするという構想は、もはや実現不能である——とモントゴメリーはすでに主張し始めていた。言い換えれば、Dデイからほんの数日間で、英独消耗戦の構図ができてしまったわけである。

そもそもモントゴメリーには、発想の大転換が必要だったのだが、当人は後日そう指摘されても、そんな必要性は断じて認めなかった。六月十日、モントゴメリーはイギリス「第二軍」司令官デンプシー中将を伴って、ポール＝タン＝ベッサン付近で、アメリカ「第一軍」司令官ブラッドリー中将と会談した。イギリス・アメリカ両軍の担当地域はかくして、ひとつに合体された。愛用の軍用車、いわゆる「モンティーズ・ハンバー」のボンネットに地図を広げると、モントゴメリー将軍は計画の修正案について説明をおこなった。正面から力押しするかわりに、われわれは現在、カーンを挟撃する動きに出ていると。イギリス「第五一歩兵（ハイランド）師団」と「第四機甲旅団」がオルヌ川東岸の海岸堡から南に打って出て、カニを確保する。一方、エヴルシ攻略には、待機中のイギリス「第七機甲師団」が内陸部から右フックをくり出す。この部隊移動は本日中に開始される予定であると。

修正案のうち、最も大胆なのは、イギリス本土にある「第一空挺師団」をエヴルシ周辺にパラシュート降下させるという部分だった。だが、連合軍の航空部隊を統括するリー＝マロリー将軍は、このアイデアに断固反対の立場をとった。カーン戦区にはドイツ軍の対空砲があるので、昼間降下などもってのほかであり、わが輸送機部隊をそんな危険にさらすわけにはいかないというわけである。夜間降下も問題外とされた。輸送機編隊は、攻撃にあたっては、沖合いに陣取る連合軍艦隊の上空を飛行しなければならない。だが、海軍側は夜陰にまぎれて襲ってくるドイツ空軍機を警戒しており、編隊通過時の発砲停止などという措置は断じて飲めないと言ってきた。モントゴメリーは激怒し、イ

ギリス本土の「第二一軍集団」後方司令部にいるフレディー・ド・ギンガンド参謀長に手紙を書き、グチをこぼしている。リー＝マロリーのやつは「軽蔑すべき根性なしだ」と。

ただカーン攻略には包囲をもって当たるなどという、およそ迂遠なやり方は、モントゴメリー将軍らしからぬ戦法ではないだろうか。なにしろ将軍閣下は日ごろから、仕込みに時間のかかりすぎる作戦は筋が悪いと批判されてきたのだから。はてさて、モントゴメリー将軍は、現下の状況に鑑み、可能なかぎり最良のプランをもって、この危機に対処しただけなのだろうか？　それとも、麾下のイギリス「第二軍」が当初の目的を達成できなかったという厳然たる事実から、たんに注意を逸らすために、一種の目くらまし戦法を試みているのだろうか？*4　六月十一日、ブラッドリー将軍との会談の翌日、モントゴメリーはふたたびド・ギンガンド参謀長に手紙を書いている。「要するに、ドイツ軍を第二軍に引きつけることが目的であり、そうすれば、［アメリカ］第一軍による海岸堡のさらなる拡大が可能になるはずだ」と。これは随分と控え目な目標ではないか。モントゴメリー将軍がこれまで口にしてきた、火を吐くような言葉とは、およそ平仄が合っていない。「どれほど階級が高かろうと、将校にとって、積極性に欠ける、受け身の心理は、まさに犯罪的である」。侵攻作戦が始まる二カ月前、モントゴメリー将軍自身、麾下の上級将校に、現にそんな訓示をおこなっているではないか。「すべての将校、すべての兵士は、熱狂的に戦い、目に闘争の光を宿さなければならない」。イギリス軍は「オルヌ川西岸を強襲し、南方および南東方向に作戦を展開し、飛行場を確保し、シェルブール占領にむかうアメリカ第一軍の東側面を守らなければならない」と。

問題なのは、実際の作戦が計画どおり進まなかったとき、モントゴメリーが自分の非を決して認めない点にあった。司令官の安易な自己批判が部隊の士気に悪影響を及ぼすことはたしかである。ただ彼の場合、子供じみたプライドもいささか関係していたのかもしれない。モントゴメリーはこのあ

と、自分はいまもファレーズにむけ猛進するつもりでいると力説しながら、その一方で、自分はいつだってドイツ軍装甲師団をまとめて引き受ける覚悟があるのだとも語るようになる。イギリス側に敵の戦車を集中させれば、アメリカ側がその隙に、ドイツ軍を粉砕できるというロジックである。ただ、このような二股をかけたような主張は、結果的にアメリカ側の怒りと不信を招くことになるのだが。ド・ギンガンド参謀長宛ての手紙が示唆するように、これはやるべき仕事のうち、難易度の低いものをとりあえず引き受けて、さも何かをやっているような体裁を取り繕うための行為なのではないだろうか。

まあ、結果的には、ドイツ軍は持てる装甲師団をイギリス側に集中させてきたのだが。そしてもちろん、それはモントゴメリー将軍が覚悟したような状況ではなかったのだが。ルントシュテット元帥もロンメル元帥も、イギリス「第二軍」こそ、いちばんの脅威であると見なしていた。ひとつには、イギリス軍のほうが、より実戦経験の豊かなベテラン兵士で構成されている、とドイツ側が考えたせいである（ルントシュテットもロンメルものちに、自分はアメリカ軍を過小評価していたと認めている）。また、南東方面にある主要都市ファレーズをいったん突破されたら、連合軍がそのままパリに急迫する可能性もあり、そうした考慮も背後にはあった。もし仮に、そんな事態になれば、すべてのドイツ軍部隊は、逆にノルマンディー・ブルターニュ両地方に雪隠攻めにされてしまうからだ。パリがもつ象徴的意味合いを考慮して、ヒトラー自身でさえ、この分析に同意したほどである。なんとしても相手方の首都を抑えたいというヒトラーの強迫観念じみた欲望は「屈折した帝国主義」の所産である――と連合軍「第二一軍集団」司令部の情報部門トップは述べている。「パリに向けた直行ルートをめざす敵の行く手を阻むべし」というOKW（ドイツ国防軍最高司令部）の判断に対し、唯一同意しなかったのは、ガイヤ・フォン・シュヴェッペンブルク装甲兵大将だけである。「こんなにも縦

深性がきつい敵側面に、最も強力にして、かつ機動性が命の部隊を投入するとは、なんという不幸な決定であろう」とガイヤ大将は考えていた。

イギリス陸軍が海岸堡の拡大に失敗したことは、それ以外にも深刻な問題を生んでいた。部隊を可能なかぎり増強しなければならないこの時期に、より多くの師団を投入し、展開するだけの物理的スペースが、計画の想定に比べ、きわめて狭くなってしまったのだ。イギリス空軍はとりわけ怒っていた。なにしろ、モントゴメリーは、すべては計画どおり順調にすすんでいるというポーズを貫き、空軍側はうかうかそれを真に受けていたからだ。空軍側のすべての準備作業は、Dデイから二、三日以内に、〈スピットファイア〉と〈タイフーン〉のための前方飛行場が確保されることを前提に進められてきた。ところがいま、海岸堡が内陸部まで十分広がらなかったせいで、彼らの設営した飛行場はすべて、ドイツ軍砲兵の射程内に置かれることになったのだ。しかも、燃料の保管所、補給物資の集積所、修理のための工房、野戦病院、各種車輛の駐車スペースですら、ほとんど確保できないのが現状だった。「イギリス軍の密集度があまりに高いためか、彼らはうちの戦区まで溢れでてきた」とブラッドリーはのちに語っている。現状への不満を逸らす一種の〝すりかえ〟表現であろうか、モントゴメリーは、カーンこそ「シェルブールにいたる要《かなめ》」である、といった大仰な物言いまでした。それを聞いたアメリカ側は、あまり感銘を受けなかったようだ。実際にシェルブール攻略を担当するアメリカ「第七軍団」を率いるコリンズ少将は、ブラッドリー将軍にひどく覚めた口調で感想をもらした。「じゃあ、どうしてまた、彼はわれわれを、その要に送らないんですかね」

そのころ、ドイツ側の将領も、ままならぬ状況に腹を立てていた。「態勢が十分整わぬうちの逐次投入」によって、と「第一SS装甲軍団」の参謀長は、苦々しげに吐き捨てた。「ドイツ軍は、勝つにしろ負けるにしろ、乾坤一擲の機会を逸してしまった」と。事実、侵攻初期のこの段階で、大規模

反撃を敢行できなかったことは、今回の作戦行動の大半における、ドイツ軍部隊の行動パターンを規定してしまったのである。そして同じことは、イギリス軍の行動パターンについても言えた（モントゴメリー自身は、敵はつねに私の音楽に合わせて踊りつづけたと盛んに吹聴していたけれど）。ドイツの装甲部隊を率いるすべての指揮官に絶望感を与えたのは、連合軍側がそれほど無理押しすることなく、歩兵と戦車、航空機、そして砲兵によって、絶え間なく圧力をかけ続けてきたことである。このため、さしものロンメル元帥も、麾下の装甲師団を有効に駆使することができなかった。ただ単に、破れた穴を埋めるためだけに、部隊を急ぎ差し向けるという用兵をくり返した結果、ドイツ軍がほこる装甲師団は、崩壊に瀕した歩兵部隊を支援するための、小部隊へと分割されていった。

ドイツ軍が大勝利をかちとる希望は、かくして完全に潰《つい》え去ったのである。だがしかし、ドイツ軍はいまだ途方もない余力を温存しており、それだけの兵力があれば、敵の動きを封じ、多大の犠牲を強いることは十分に可能だった。ほどなくして、イギリス軍の司令官たちは恐怖を抱きはじめる。こんな消耗戦を続けていたら、そのうちわれわれのマンパワーは尽きてしまうのではないかと。

原注

318頁「師団司令部」：Generalmajor Wilhelm Richter, 716th Infanterie-Division, FMS B-621.

318頁「ハチの巣状に入り組んだ」：NA II 407/427/24200.

319頁「彼の指揮下で」：TNA WO 208/4363.

319頁「第１ＳＳ装甲軍団」：*Leibstandarte Adolf Hitler*, Taganrog, Sönke Neitzel (ed.), *Tapping Hitler's Generals*, St Paul, Mn, 2007, p.344, n.93.

321頁「ここまで来るのに」：Generalmajor Wilhelm Richter, 716th Infanterie-Division, FMS B-621.

321頁「雑魚どもが！」：Shulman interview with Generalleutnant Edgar Feuchtinger, August 1945, Milton Shulman, *Defeat in the West*. Lon-

don, 1988, p.121.

321頁　「すべてがかかっている局面」：General Geyr von Schweppenburg, FMS B-466.

323頁　〝恐怖心の伝播〟：Generalmajor Fritz Krämer, 1 SS Panzer Corps, FMS C-024.

324頁　「目標後方、撃てー」など：Alastair Bannerman, 2nd Battalion Royal Warwicks, SWWEC 2001-819.

325頁　グリュシイ：Raymond Pouchin, MdC TE 86.

325頁　カンブ村の「ヒトラー・ユーゲント」：Lieutenant, Cyril Rand, 2nd Battalion Royal Ulster Rifles, MdC TE 499.

326～327頁　「われわれがこの町に入った」と「ほとんど直後に」：Stanley Christopherson diary.

328頁　「戦闘爆撃機直線コース」：Generalleutnant Fritz Bayerlein, Panzer Lehr Division, ETHINT 66.

328頁　「装甲教導師団」の損耗：see H. Ritgen, *Die Geschichte der Panzer-Lehr Division im Westen, 1944-1945*, Stuttgart, 1979, p.100, quoted in Niklas Zetterling, *Normandy 1944*, Winnipeg, 2000, p.386.

329頁　「この気配りにたけ」：'Aristocrats', Keith Douglas, *The Complete Poems*, London, 2000, p.117.

329頁　「サー、あなたが気に入りましたよ」：Stuart Hills, *By Tank into Normandy*, London, 2002, p.54.

331頁　「心理的タイミング」：General Geyr von Schweppenburg, FMS B-466.

332頁　「この前、畑にいたときは」：Lieutenant Cyril Rand, 2nd Battalion Royal Ulster Rifles, MdC TE 499.

333頁　「視線を向けると」：Unterscharführer Alois Morawetz, 3. Panzerkompanie, SS Panzer-Regiment 12, Hurbert Meyer, *The 12th SS: The history of the Hitler Yourh Pazer Division*, Vol.1, Mechanicsburg, Pa., p.188.

333頁　「泣き叫んでもおかしくない」：ibid., p.191.

334頁　「止血用の圧迫帯」：ibid., p.197.

334～335頁　ノルマンディーにおける捕虜殺害：TNA TS 26/856.

335頁　「およそ三〇人のカナダ兵」：Nelly Quidot,

MdC TE 228.

335頁　アルデンヌ修道院における殺害：Sergeant Frank Geoffrey, Royal Winnipeg Rifles, NWWIIM-EC.

335頁　「猪突猛進男《デア・デヴィル》」：Peter Lieb, *Konventioneller Krieg oder Weltanschauungskrieg?*, Munich, 2007, p.163.

335頁　クルト・マイヤーのユダヤ人処刑：ibid., p.159.

336頁　「兵士たちは疲れ、怯えきっている」：Ultra intercepts passed by 'C' to Churchill on 11 June, TNA HW 1/2927.

337頁　「西方装甲集団」司令部の所在地の特定：TNA KV 7171 and KV 7225.

338頁　「作戦部の全員が」：General Geyr von Schweppenburg, FMS B-466.

340頁　「軽蔑すべき根性なしだ」：'a gutless bugger', TNA WO 205/5D.

340頁　「ドイツ軍を第二軍に引きつける」：TNA WO 205/5B.

340頁　「積極性に欠ける、受け身の心理は」：TNA PREM 3/339/1, p.6.

340頁　「オルヌ川西岸を強襲し」：LHCMA De Guingand 2/1/1-6.

341頁　「屈折した帝国主義」：Army Group intelligence summary, 23 April 1944, TNA WO 205/532(2).

341頁　「敵の行く手を阻むべし」：General Geyr von Schweppenburg, FMS B-466.

342頁　「シェルブールにいたる要《かなめ》」：General Omar Bradley, OCMH-FPP.

342頁　「態勢が十分整わぬうちの逐次投入」：Generalmajor Fritz Krämer, 1 SS Panzer Corps, FMS C-024.

章末注

＊1　これはおそらくロシア南部タガンログでの出来事と思われる。一九四二年初め、同師団はソ連人の捕虜を四〇〇〇名も殺害している。

＊2　「装甲教導師団」付き補修中隊の指揮官はのちに、八四輌のハーフトラックという数字は、一九四四年六月一カ月間分の累計であると書いている。

＊3　チャーチル首相はどうやら、二十四時間式の時

刻表示にうまく対処できないか、あるいはそれがお嫌いなご様子だった。そこで、ＳＩＳの当時の長官「Ｃ」は、報告の本来の時刻を線で消し、午前／午後の区別をつけた、よりなじみのある十二時間式の時刻表示にわざわざ直していた。

＊4　モントゴメリーの「修正案」を見ると、イギリス「第二軍」は六月十四日までにカーン南東五マイルまで進出することになっている。

第13章 ヴィレル＝ボカージュ

イギリス・カナダ両軍とドイツ軍がカーン正面で血まみれの千日手に嵌っていることはすでに明らかだった。そこで六月十一日、モントゴメリー将軍は、ここはひとつ、手元にある「最高のバットマン（クリケットの打者）」を送って、一働きしてもらおうと考えた。イギリス陸軍の「第七機甲師団」と「第五一歩兵（ハイランド）師団」、すなわち彼の指揮のもと、北アフリカで抜きんでた働きをした精鋭部隊のことだ。だがしかし、〝モンティ〟のふたつの虎の子師団は、ここノルマンディーにおいて、およそ毛色の違う戦場を味わうことになる。「第五一師団」の歩兵たちは、いくつかに枝分かれし、オルヌ川東岸をすすみ、左側からカーンを包囲しにかかった。一方、〝砂漠の鼠《デザート・ラッツ》〟の愛称で知られる「第七機甲師団」の戦車兵は、アメリカ軍の側面、ティイー＝シュル＝スール付近から行動を起こし、カーンの右手に回った。

「第五一師団」を構成するスコットランド兵は、謙譲の美徳とはおよそ無縁の連中である。進軍の途中、交差点までくると、彼らは必ず、「HD」の二文字を矢の形に図案化した部隊の紋章を残していった。「HD」とはもちろん、「スコットランド高地の師団《ハイランド・ディヴィジョン》」の頭文字である。ただ、他の部隊の人間は、いやいや、あれは「道路を飾りたてる奴ら《ハイウェイ・デコレーター》」の略だろうと言っていた。「第五一師団」はオル

ヌ川を渡ると、そのままイギリス「第六空挺師団」が確保した橋頭堡の内部へとずんずん入っていった。当の空挺隊員たちはその時、ドイツ軍の猛攻を受けていた。兵員数でも火力の面でも劣位にあることから、彼らはじりじりと後退を強いられていたが、それでも驚くほどの粘りを見せていた。イギリスの空挺隊員をそこまで追いこんでいるのは、ドイツ「第二一装甲師団」所属の「ルック戦闘団」と、「第七一一歩兵師団」、および新来の「第三四六歩兵師団」だった。

空挺隊員たちは六月九日エスコヴィルにおいて、「ルック戦闘団」の戦車兵および装甲擲弾兵の攻撃をいったんは退けていた。だが、翌十日、ドイツ軍は新たな攻勢をかけてきた。そんな折りも折、修羅場の橋頭堡内に、愚かにもある部隊が入ってきたのである。「第五一師団」所属の「スコットランド・ハイランド連隊」——黒っぽいタータン・チェックの軍服をかつて着ていたことから、「ブラック・ウォッチ」と通称される——第五大隊は、そんな経緯など露知らず、六月十一日、気づいてみると、激戦の渦中にいた。第五大隊の一部も捕虜になったり、あるいは処刑されたりもした。そもそも「第五一師団」が戦うべき戦場はここではなかった。モントゴメリー将軍の命を受け、カーンを挟撃する機動戦をおこなうべく、一路南下するはずだったのである。だが、状況はいかんともし難く、かれらスコットランド兵は、他部隊の担当戦区内で完全に身動きがとれなくなってしまった。ドイツ側の攻撃はきわめて巧みだった。小部隊をくりだして波状攻撃を仕かける。あわせて迫撃砲の「集中砲火」と、さらには砲兵によるつるべ打ちがこれに加わる。単なる通過点でしかない場所で、スコットランド兵は、一気に戦意を喪失してしまったように思われる。

「砲兵による猛攻とは、沈着冷静かつ機械的な猛攻である」と「第五一師団」のある兵士は書いている。「だが、その苛烈さは、受ける側に立ってみると、個人的なものに感じられる。砲火にさらされると、一人ひとりの人間がそれぞれに標的となるからだ。その金切り声をあげる、空気をつん裂く

悪意は、周囲のだれかではなく、すべて自分ひとりに向けてやってくるのだ。人は、地面に掘られた自分の穴で、背中をまるめ、可能なかぎり身体を小さくし、筋肉を固くし、破片のギザギザした、燃える牙に、なんとか挑もうと、哀れを催すような努力をつづける。無意識に、胎児のような姿勢をとる。ただ、両手だけは、生殖器をなんとか守ろうと下へと延びていく。自分を滅ぼそうとする力に対抗し、次の世代につながる部位を必死に保護しようとする本能は、万国共通である」と。多くのものが、神にむかって誓いの言葉をただただ繰りかえす「連禱」を、心の拠り所とした。おのれの恐怖を多少なりと鈍らせる、異教のマントラのように。

この兵士はまた、彼が所属する中隊でも最も尚武の気性にとんだ男を見舞った、とある心理的崩壊劇についても記述している。その突然の崩壊が起きたのは、ある農家の地下食料庫だった。実戦のショックに耐えかねたのか、この人物はいきなり床で丸くなり、吼えたり、あるいはすすり泣きを始めたりした。「その頭のよい、明敏な若者は、一瞬にして、憐れむべき、見ていてうんざりさせられるようなものになり下がっていた。そのきちんとした外見、油断なき目鼻は、溶けて輪郭があいまいとなり、口はだらしなく垂れ、汚れて無精ひげのういた顔全体は膨れあがり、涙と鼻汁でベタベタになっていた」。彼は泣きごとを言った。おかあさんと叫んでいた。いささか嗜虐的な気分が心をよぎったのか、この観察者は次のように記している。「ここまで恥知らずに、恐怖にその身を委ねられるとは、この子供《ボーイ》がいっそ羨ましくもあった」と。

一方、かたわらの空挺隊員たちは、スコットランド兵のふがいない戦いぶりに、軽蔑の眼差しをむけていた。「私にとって衝撃的だったのは、第五一ハイランド師団のありさまだった」とカナダ「第一パラシュート大隊」のある少佐は書いている。「都合三度、われわれは彼らのため、状況の回復につとめた。一度など、応援に駆けつけたうちの連中が、この弱虫どもがと大声をあげると、スコット

ランド兵は武器と装備を投げ出して、逃走をはかろうとした。まったく、あのザマは、見せてやりたいくらいだ」。その左手では、メルヴィル砲台を目指してDデイに決死の突撃を敢行したオトウェイ中佐が、行きがかり上、「ブラック・ウォッチ」のお守り役をやらされていた。「スコットランド・ハイランド連隊」第五大隊は、敵の最初の攻撃でたちまち兵士二〇〇名を失い、大隊長が「虚脱状態」に陥ってしまったからである。

「第六空挺師団」の師団長リチャード・ゲール少将は、目の前のブレヴィル村がやはり要《かなめ》だと判断した。あの村は、いかなる犠牲を払っても、奪還せねばと。そこで麾下のパラシュート連隊から第一二大隊を派遣した。第一二大隊は「ブラック・ウォッチ」よりも多くの人的損耗を蒙りながら、敵がガチガチに固めたこの村の確保に見事成功し、おかげでオルヌ川東岸の外辺部は安全になった。戦意喪失に陥った「第五一師団」の面々は、本来の目標の手前にあるサントノリーヌ村さえも、確保できなかった。その村からさらに南方五マイルのカニまで、一気に突破せよというのが、モントゴメリーが与えた命令だったのだが。かくして、この計画は沙汰やみとなった。〝モンティ〟にとっても、この結果は予想外だったろう。だが見方を変えれば、この程度の失敗で終わって良かったのかもしれない。なにしろ当初計画では、これに空挺部隊の降下が加わるはずだったのだから。危険度がさらに高い当初計画を頓挫させてくれたのだから、モントゴメリーはむしろリー＝マロリーに感謝すべきなのかもしれない。カーン－ファレーズ間の平地にイギリス「第一空挺師団」をパラシュート降下させても、それと連絡をつけ、増強部隊となるはずの肝心の「第五一師団」が降下地点までたどり着けなかったとしたら、この計画は画餅に帰してしまう。その場合、映画『遠すぎた橋』で有名な「マーケット・ガーデン作戦」のアーネム（アルンヘム）攻略と同様の惨事におそらくは至っていただろう。アメリカ陸軍のブラッドリー将軍は、当時は何も言わなかったけれど、空挺部隊を戦術的に用い

る戦法には、リスクが常につきまとうと見ていた。その後、ドイツ軍の戦線に一大突破攻撃を仕かけるさいも、ブラッドリーはそのような戦法を敢えて取ろうとはしなかった［後述／第二十一章参照］。

　アメリカ「第一歩兵師団」の側面からカーンに向けて〝右フック〟をくり出すという今回の修正案に対し、モントゴメリーは大きな期待感をいだいていた。実動部隊の指揮を担当するイギリス「第二軍」司令官サー・マイルズ・デンプシー中将は〝モンティ〟に輪をかけて楽観的だった。彼の性格は、多くの点で、モントゴメリーの対極にあるといってよい。〝おまぬけ《ビンボー》〟なんて、有り難くないあだ名を賜っていたが、デンプシー中将は、感情を剝きだしにすることが余りない、寡黙な好人物で、風雨にさらされた味のある顔には、軍人によく見られる口ひげがのっていた。初めてデンプシーと顔合わせをしたあと、パットン将軍はその日記に「大して印象的でない風貌をしており、こいつはイエスマンだなと判断した」とニベもないことを書いている。事実、モントゴメリーは「第二一軍集団」だけでなく、デンプシーの率いる「第二軍」についても、私が動かすと主張したくらいである。他人に仕事を任せることのできないモンティは、しばしば一級跳ばして、デンプシーの頭越しに、その下の軍団長たちを直接指揮したりもした。実態は司令官というより、参謀長といったところだろう。デンプシーとしては甘受するしかなかった。ただ、彼の場合、こうした立場は、多くの点で、ある種はまり役だったように思われる。デンプシーは疑似参謀長として、その持てる力量をいかんなく発揮したからである。彼は途方もない記憶力の持ち主で、かてて加えて、地図を見ただけで地形を視覚化できるという超人的な技を持っていた。しかもデンプシーは、モントゴメリーが手柄を独り占めにしても、決して文句を言わないのだ。

　カーンを左右から挟撃するとともに、空挺部隊をパラシュート降下させるという当初計画は、そも

そもデンプシーの発案だった。彼はDデイの前から、「オーヴァーロード作戦」全体が、その計画どおりに進むのか、疑問をいだいていた。きわめて困難な敵前上陸を成功させたあと、さらにその日のうちに、カーン占領まで果たして行けるものだろうか。そもそも、あれほどの都市を正面攻撃で落とせるものなのだろうかと。その一方で、海岸堡の拡張スピードが鈍ると、ひどく危険な状況に陥ることも十分承知していた。デンプシーの元々の修正案は、そうした認識のもとに考案され、基本的には手堅いものだった。だが不運なことに、「第七機甲師団」は悪天候のせいで上陸に手間取ってしまった。とりあえず「第五〇師団」と「第八機甲旅団」が、攻撃開始線を確保すべく、スール川渓谷をすんだものの、こちらも思ったほど行程を稼げなかった。ドイツ「装甲教導師団」が突如として出現し、行く手を阻んだためである。ただ、この動きによって、逆に敵方の戦線に穴ができた。そのおかげでイギリス「第七機甲師団」は、アメリカ「第一歩兵師団」がコーモンにむけ前進したとき、アメリカ側の戦区を横切る形で、「装甲教導師団」のさらに外側を迂回し、左に転進、この穴を突くかたちで、「装甲教導師団」の背後にうまく回りこむことができた。「第七機甲師団」が抜けたあとは、「第五〇師団」の歩兵たちが穴埋めした。

この「第七機甲師団」を率いるのは、〝ボビー〟の愛称で知られるジョージ・アースキン少将である。「第二軍」司令官デンプシー中将が六月十二日の朝、師団司令部にやってきたとき、少将はこの機を逃さず、自己アピールに努めた。わが師団の行く手を阻めるものがこの世に存在するとは、到底信じられませんなとアースキンは豪語した。なにしろ同師団は、世上名高い、かの〝砂漠の鼠〟である。そうした自負があまりに強いため、彼らは北アフリカとはおよそ異なるこの戦場でも、能天気を決めこんでいた。だが、起伏のある大地の上に、延々と見渡す限り畑が広がるカーン戦区とは違って、彼らがこれから挑もうとしているのは、ノルマンディー地方特有の田園地帯、〝ボカージュ〟

だった。戦車が通れる道路は、周囲から一段低いところを走り、その両脇には背の高い土手があり、その土手の上にはさらに生垣や樹木があって、視界を遮っていた。「砂漠のあとに、ここにやって来ると、相当なショックを受けるだろう」と到着間もないころ、先にやってきた第八機甲旅団「シャーウッド・レインジャーズ連隊」の戦車兵が警告してくれた。「砂漠では敵がよく見えたし、敵もこちらがよく見えた。この土地でも敵はこちらがよく見えるが、こちらはたとえ敵が見えたとしても、やられちまうんだ」。緑のトンネルを抜けていくような攻撃は、まるで「流血の匍匐前進」みたいだぜ、とその先輩戦車兵は付け加えた。侵攻に備えて、彼らはたしかに何カ月も訓練を積んできた。それにもかかわらず、イギリス兵もアメリカ兵も、この美しいが、閉所恐怖症に襲われそうな独特の地形に、心の準備ができていなかった。小さな畑や牧草地をモザイク状に囲み、あらゆる道路、あらゆる小径を縁取るようにつづく生垣は、イギリスのそれと比べると、土手の高さは少なくとも三倍あるし、勾配もきつく、生垣や樹木が密集しているため、たとえ戦車でも、力ずくの突破がなかなかに難しい代物なのだ。

一日の長のあるデンプシー軍司令官はそこで、アースキン師団長にしかるべき指示を与えた。「第一一軽騎兵(機甲偵察)連隊」を戦線の先へと送りだし、そのうえでヴィレル=ボカージュまで押しだせと。だがしかし、アースキンはこの偵察部隊を、師団の脇を固める任務につけてしまった。これはやがて、きわめて深刻な判断ミスだったことが明らかとなる。悪天候ですっかり遅れをとってしまったが、アースキンは本来、二十四時間前には攻撃に着手したいと考えていた。そのせいか、いささか気が急いたのだろう。そもそもこんなハメに陥ったのには理由《わけ》があった。すべては直属の上官、「第三〇軍団」司令官、ジェラルド・バックナル中将のせいなのだ。

バックナル中将はシチリア島やイタリア本土の上陸作戦において、それなりの働きぶりを見せ、モ

ントゴメリーに感銘を与えた。ただ彼は、戦車部隊をみずから指揮した経験がほとんどなかった。ちなみに、イギリス陸軍参謀総長サー・アラン・ブルック元帥が、バックナルに対し、なんら感銘を受けていなかったことは明らかである。Dデイの二カ月前、元帥はその日記に書いている。「バックナルは非常に弱く、軍団の指揮にはまったく不向きであると確信した」と。バイユーを無事占領したことで、バックナルの株はさらに上がった。だが、当人を知っている人間のあいだでは、彼はあまり高く評価されなかった。直属の上官であるデンプシー中将もまた、バックナルの能力には疑問を抱いていた（もっとも具体的対策はなんら講じようとはしなかったけれど）。アメリカの空挺部隊を率いるマクスウェル・D・テイラー少将は言っている。イギリスの上級司令官たちは、任務に向けて部下をとことん追いこむ伝統をいっさい持たずに来たと。イギリス軍の相方について、アメリカ側の将軍たちは思っていた。彼らの中庸精神は、ちょっと度が過ぎているのではないかと。

　アースキン少将が側面ばかりにかまけて、前方に斥候を送らなかったことは、やがてイギリス陸軍史上でも類をみない壊滅的な奇襲を招来することになる。先鋒を託された第七師団「第二二機甲旅団」を率いるのは、勇猛果敢ではあるが、同時に〝いかれ者《ルーニー》〟というあだ名で呼ばれるほど、奇矯な言動が目立つロバート・ハインド准将だった。同旅団の戦車部隊はこの日、突撃を敢行し、敵戦線の間隙を一気に抜いた。夕刻には、旅団長が陣頭指揮する「カウンティ・オブ・ロンドン・ヨーマンリー（義勇騎兵）連隊」——通称「シャープシューターズ」——第四大隊が、ヴィレル＝ボカージュの町から五マイル足らずのコーモン街道まで見事進出を果たしている。その夜、「シャープシューターズ」は、「第二二機甲旅団」直属の「ライフル・ブリゲイド」——部隊名には「旅団《ブリゲイド》」とあるが、伝統ある歩兵連隊——の第一大隊を周囲にぐるりと巡らせ、戦車の守りとした。

　夜明けとともに、「シャープシューターズ」の戦車兵は「ライフル・ブリゲイド」の歩兵たちと

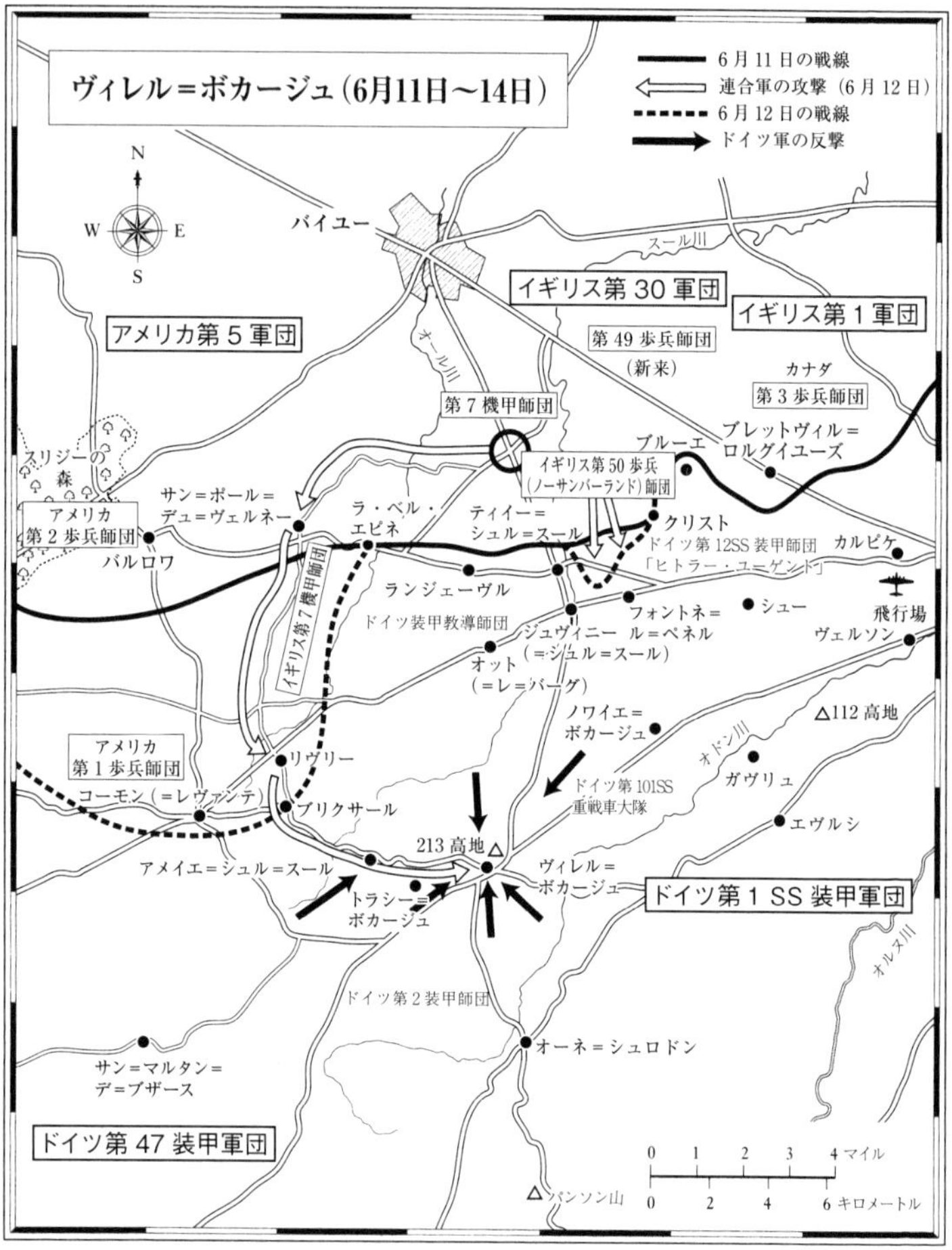

ヴィレル＝ボカージュ（6月11日〜14日）
6月11日の戦線
連合軍の攻撃（6月12日）
6月12日の戦線
ドイツ軍の反撃
N
W
E
S
バイユー
スール川
イギリス第30軍団
イギリス第1軍団
アメリカ第5軍団
オール川
第49歩兵師団
（新来）
カナダ
第3歩兵師団
第7機甲師団
ブルーエ
ブレットヴィル＝
ロルグイユーズ
スリジーの
森
イギリス第50歩兵
（ノーサンバーランド）師団
サン＝ポール＝
デュ＝ヴェルネー
ラ・ベル・
エピネ
ティイー＝
シュル＝スール
クリスト
アメリカ
第2歩兵師団
バルロワ
ドイツ第12SS装甲師団
「ヒトラー・ユーゲント」
カルピケ
イギリス第7機甲師団
ランジェーヴル
フォントネ＝
ル＝ペネル
シュー
飛行場
ドイツ装甲教導師団
ジュヴィニー
（＝シュル＝スール）
ヴェルソン
オット
（＝レ＝バーグ）
ノワイエ＝
ボカージュ
112高地
アメリカ
第1歩兵師団
リヴリー
オドン川
ガヴリュ
ドイツ第101SS
重戦車大隊
コーモン（＝レヴァンテ）
ブリクサール
エヴルシ
213高地
アメイエ＝シュル＝スール
ヴィレル＝
ボカージュ
ドイツ第1SS装甲軍団
トラシー＝
ボカージュ
オルヌ川
ドイツ第2装甲師団
オーネ＝シュロドン
サン＝マルタン＝
デ＝ブザース
ドイツ第47装甲軍団
0 1 2 3 4 マイル
0 2 4 6 キロメートル
パンソン山

道なりにすすみ、目標へと向かった。六月十三日〇八〇〇時（午前八時）、一行はヴィレル＝ボカージュに入り、地元住民から大歓迎を受けた。一張羅の制服をきこんだフランス人警官が、殺到する群衆を必死に押さえるなか、住民たちは〈クロムウェル〉戦車に花を投げたり、イギリス兵にリンゴ・ジュースやバターをふるまったりした。その浮きたつような雰囲気の中にいると、この町の確保など、しごく簡単な仕事のように思われた。だが、ヴィレル＝ボカージュという町は、スール川がつくりだす渓谷の中にあり、またオドン川からたった一マイルのところに位置し、さらに町から一〇余マイル離れた場所には、この一帯を見下ろすパンソン山が聳え、しかもカルヴァドス県の県都カーンが東方八マイルに控えるという、紛れもない戦略要地なのだった。

ドイツ軍のすがたは、ほとんど見なかった。町に入る途中、八輪装甲車一輛をちらりと見かけたくらいで、そいつも一番近くの〈クロムウェル〉戦車が砲塔を旋回する前に消えてしまった。偵察車に乗って、先頭グループに同行していたハインド旅団長は、この町をしかるべく確保するには、北東にある丘、「二一三高地」を押さえておく必要があるなと判断した。すると、「シャープシューターズ」の連隊長で、子爵でもあるクランリー中佐から、付近一帯の徹底的な偵察をやっておきたいとの具申があった。すでにドイツ軍の装甲車輛にかんする目撃報告もちらほら入っていたからだ。だがしかし、〈ルーニー〉・ハインド准将は、進軍スピードを遅くするような提案は、すべて門前払いだった。〈スチュアート〉軽戦車からなる威力斥候部隊をくり出したい――というクランリー中佐の願いはかくして叶わなかった。中佐は仕方なく、〈クロムウェル〉戦車で構成されたA大隊――名称は大隊だが、規模は中隊――を前方に押しだすとともに、指揮下にある残りの戦車はすべてヴィレル＝ボカージュに残し、みずからは偵察車に乗りこむと、「二一三高地」の実地検分に向かった。

〈クロムウェル〉戦車がすすんでいく道路のわき、その小さな森にはドイツ「第一〇一SS重戦車

大隊」の〈ティーガー〉戦車が隠れていた。同SS大隊の先発部隊は、パリ北方のボーヴェー付近から、長く複雑な経路をたどり、ようやくこの地に到着したばかりだった。その第二中隊を率いるミヒャエル・ヴィットマンSS中尉は、すでに戦車戦の「エース」としてその名を轟かせていた。東部戦線では、じつに装甲車輌一三七輌を「仕留め」、これにより「柏葉付き騎士鉄十字章」を授与されていた。ヴィットマンは、ドイツの諸都市を見舞った、連合軍による空爆に怒りをたぎらせており、「われわれの合い言葉はただひとつ、『復讐』だ！」と部下に発破をかけていた。

ヴィットマン率いる〈ティーガー〉たちは、ドイツ側の戦線にあいた穴を埋めるべく、前方に送りだされた増強部隊の第一陣である。この戦区には、「第二装甲師団」の先鋒部隊もこの日のうちに到着していた。ドイツ軍の増強部隊が到着しつつあることを最初に突き止めたのは、やはり「第一一軽騎兵連隊」であった。デンプシー中将のアドヴァイスも虚しく、「第二二機甲旅団」の側面を固めることになった威力斥候の専門部隊である。この日、同連隊所属の、軍曹一名に率いられた小グループは、ドイツ軍の狙撃兵を偶然見かけ、そっと忍びよっていった。だが、彼らは気づくと、ハーフトラックに乗ったドイツの装甲擲弾兵に取り囲まれていた。イギリス兵たちは隊列をつくらされ、見張りの監視のもと、ドイツ軍の後方へと送られていった。しかし、装甲擲弾兵のすがたが見えなくなったとたん、一行は引率するドイツ兵に襲いかかり、その小銃を奪うとともに、逆にそのドイツ兵を捕虜にして、見事に原隊復帰を果たした。ドイツ人捕虜は給与通帳を所持しており、それにより、彼が第二装甲師団「第三〇四装甲擲弾兵連隊」の所属であることが判明した。「第二装甲師団」がこの地に到着していることは、すでに「ウルトラ」の傍受により把握され、警告も受けていた。とはいえ、それが「第七機甲師団」の南側面にいるという事実が、こうして実際の証拠とともに突きつけられると、アースキン師団長も、さすがにショックを隠せない様子だった。

そのころ、ヴィットマンは、〈クロムウェル〉戦車の一個大隊を発見していた。見ると、背の高い土手に挟まれた道路上で、暢気に停止しているではないか。その瞬間、こいつは殺れると判断した。「シャープシューターズ」の一部乗員は愚かにも、このとき戦車から降りていた。照準器越しにその光景を目にしたヴィットマンの砲手は、連中、すでに戦争に勝った気でいるみたいですな、と口にしたほどである。残りの〈ティーガー〉が追いついてくるまで漫然と待ったりはせず、ヴィットマンはすぐさま森を飛びだした。車体を大きくふって、敵と相対する位置に向きを変えると、その場ですぐに射撃を開始。〈ティーガー〉の八八ミリ砲が、縦にならぶ〈クロムウェル〉戦車を次々と撃破していく。元々がひどい設計で、しかも装甲でも火力でも、〈ティーガー〉にまったく及ばない〈クロムウェル〉にとって、そもそも勝ち目などなかったし、この危機的状況から抜けだすことも難しかった。〈クロムウェル〉の後進速度は、時速二マイル（約三・二キロメートル）がやっとなのだ。

A大隊を大混乱に陥れたあと、ヴィットマンの乗る〈ティーガー〉は轟音とともに丘を下り、ヴィレル＝ボカージュに突入した。〈ブレン装甲車〉一台を、軽く道路わきに弾《はじ》きとばすと、この重戦車は単騎、町の大通りを下っていった。まずは「シャープシューターズ連隊」の本部をまもる戦車たちとわたり合い、次いでB大隊の攻撃に移った。イギリス側は、多くの兵士が戦車から降りていたため、突然の敵襲来に十分反応できなかった。かろうじて〈ティーガー〉に直撃弾をあてた場合でも、低速の七五ミリ主砲では、ほとんど効果がなかった。ヴィットマンはこのあと「二一三高地」にとって返し、改めてA大隊および「ライフル・ブリゲイド」分遣隊との勝負を決着させた。

さらに、ヴィットマンは同日午後、今度は「第二装甲師団」の先鋒部隊を率いて、ふたたびヴィレル＝ボカージュへと戻ってきた。だが今回は「シャープシューターズ」の戦車も、「ライフル・ブリゲイド」の対戦車砲も、しっかり準備を整えており、午後の攻撃はなんとか撃退することができた。

だが、師団長のアースキン少将は状況を憂慮していた。前方に十分な支援部隊を送らなかったことが悔やまれたし、しかもいまや「第七機甲師団」の延びきった南側面が、ドイツ「第二装甲師団」に叩かれる可能性すら出てきた。アースキンはここで、前方に増強部隊を送るかわりに、「第二二機甲旅団」そのものを、現在の不安定な位置から後退させる決断をする。かくして同機甲旅団は、その日の午後には、ヴィレル＝ボカージュから撤退を開始した。イギリス軍の砲兵たちが大規模斉射をもって、この撤収を支援した。乗っていた戦車を撃破された多くのイギリス兵は、田園地帯を徒歩で横切り、味方の戦線まで逃げ帰らざるを得なかった。

師団長が下がれと言うのだから、仕方がない。〈ルーニー〉・ハインド旅団長は、トラシ＝ボカージュとアメイエ＝シュル＝スールの間にある「一七四高地」の防御陣地まで退くことにした。上級の「第三〇軍団」を率いるバックナル中将は、ハインドの当面の判断にいちおう同意はしたものの、あとはドイツ「装甲教導師団」への攻撃を継続せよと「第五〇師団」の歩兵に命じたこと以外、さしたる手を打たなかった。ハインドの戦車兵と協同すべく、歩兵部隊を支援に向かわせなかったため、「第二二機甲旅団」は以後、ドイツの二個戦車師団――「装甲教導師団」と「第二装甲師団」――の中間で、孤独な戦いを強いられることになった。

六月十四日午後、「第七機甲師団」を率いるアースキン少将は、こうなっては全師団をいったん「コーモン突出部」まで下げるしかあるまいと思うにいたった。なにしろドイツ「第二装甲師団」の装甲擲弾兵があたるを幸い、ところ構わず、攻撃を仕かけてくるのだ。イギリスのある砲兵連隊などは、ふと気づくと、最前線にいるという有り様だった。かれら砲兵は、二五ポンド榴弾の空中炸裂による曳火砲撃で、押し寄せてくる敵部隊をからくも撃退した。「第七機甲師団」も戦線を離脱した。本来は「第一歩兵師団」の援護をもっぱらとするアメリカ陸軍の砲兵部隊が、身の毛もよだつような

一斉射撃をくり返し、イギリス軍の撤退を助けてくれた。そしてその夜、イギリス空軍がやってきた。彼らはヴィレル＝ボカージュを叩き、空爆によって、文字通りこの町を瓦礫の山に変えてしまった。歓喜の表情をうかべ、「シャープシューターズ」のイギリス兵を出迎えた、あの人々は、いまや殺され、負傷し、家をなくした。からくも命を拾ったのは、町長であるリュジ子爵が保有する近くの城の地下室に、たまたま避難していた人々ぐらいだった。

その南に四マイル行ったオーネ＝シュロドンも、幹線道路がまじわる交通の要衝だったため、ここもまた、イギリス空軍の波状攻撃にさらされた。最初の爆撃は、ミサの真っ最中に始まった。アンドレ・ポール修道院の司祭が、その時のようすを時系列で語っている。まずは頭上で飛行機のエンジン音が聞こえた。その後すぐに爆発音がつづき、教会を揺らし、会衆たちはパニックに陥った。多くのものが身を守ろうとして、ひっくり返った祈禱椅子の下に潜りこもうとした。ようやく爆撃が終わった。修道院側は会衆たちに、小グループに分かれて、直ちにここを離れるようにと指示した。教会から表にでた人々は、「最後の審判」を思わせるような光景に出くわした。爆弾によって、教会付属の墓地にねむる死者たちの骨が、剝きだしのまま、辺りに散乱していたのだ。くり返しおこなわれた空爆によって、一六一人の住民が亡くなり、この町も瓦礫の山と化した。ノルマンディーの戦いの終盤、オーネ＝シュロドンにようやく到着したイギリス軍部隊は、その惨状にショックを受けた。ティイー＝シュル＝スールという小さな町も、ほぼ同様の目に遭わされた。民間人の治療にあたった地元医師は言う。第一次世界大戦の激戦地、あのヴェルダンにおいてさえ、こんなひどい傷は見たことがないと。

イギリス軍がヴィレル＝ボカージュから撤退した翌日の六月十五日、ドイツ「第二装甲師団」のある下士官はようやく、故郷に手紙を書くだけの空き時間ができた。「西方の戦いがいま始まりました。

われわれには実に多くのことが求められており、手紙を書く時間さえ、ほとんど残らないことは、ご想像いただけると思います。状況はまさに、すべてを失うか、われわれの生存はなるのか、愛する祖国は消えるのかといった土壇場にあります。こうした状況のなかで、われわれ兵士がどうなるかは、まったくどうでもいいことです。大切なのは、われわれが将来にわたって、正当にして永続する平和を、なんとか獲得できるのかどうかなのです……われわれは、自分にまつわる事々や、未来にかんする一切を、なんら考慮せずに生きることを学び、みずからの死すべき運命と、しばしば折り合いをつけてまいりました。それでも、人は、みずからの切なる想いを、いまだ求めるものであり、そうした想いは、われわれの信念、われわれの忍耐力を支えています。でも、次の砲弾の炸裂により、人の全生涯は消滅し、永遠なる無だけとなるかもしれません。われわれは至高の戦いにむけて、高みを目指して、歩んでおります」

ノルマンディーの膠着状態を一気に打開しようとしたイギリス軍の試みは、大恥をかいたすえに、作戦の失敗によって終わりを告げた。ヴィレル＝ボカージュをめぐる大失態について、仮定にもとづく実りない議論に耽《ふけ》ることは、むろん可能である。当初の遅れがなければとか、「シャープシューターズ」がヴィットマン到着前に「二一三高地」を押さえていればとか、どうしてバックナルはあのとき増強部隊を送らなかったのかとか、どうして偵察部隊を前方に進出させておかなかったのかとか……。ただ、ヴィレル＝ボカージュの戦いで重要なのは、この失敗が、戦術的にみて、大きな後退だったということに留まらない点にあった。この失敗によって、当の「第七機甲師団」だけでなく、イギリスの戦車部隊全体の士気が、壊滅的なダメージをこうむったのである。数日後、「第七機甲師団」のある情報将校は、その日記に書いている。「第一三一機甲旅団には、戦争神経症にかかった兵

士が数多く存在する。第七機甲師団は、名ばかり高いが、第二二機甲旅団も、第一三一機甲旅団も、一線級の部隊ではなく、彼らはイタリアであまりにも楽な戦いをやってきた」

イギリス「第二軍」司令官デンプシー中将は、アースキンと彼の師団のふがいない戦いぶりに激怒した。八月にアースキンの後任として「第七機甲師団」を引き継いだ人物は、こう書いている。この部隊は「ノルマンディーにおいて、極めてお粗末な仕事しかやらなかった」と。だが、すべての連隊が無能の烙印を押されたわけではない。「シャーウッド・レインジャーズ」の新連隊長に就任した人物は書いている。「世上名高い〝砂漠の鼠〟は、途方もない評判――まあ、認めないわけにはいかない――とともにノルマンディーに上陸したが、その名声を保つことが非常に困難であることを思い知らされた。ただ、こうも言えるだろう。この名門師団にあって、最初からずっと戦い続けてきた部隊は、実際のところ、第一一軽騎兵連隊のみなのだと。あらゆる機甲偵察連隊のなかでも、最も有名な彼らは、比類なき名声をみずからの手でかちとり、そして決して失うことはなかった。第一一軽騎兵連隊が前線に出たとき、いかなる敵も、彼らに発見されることなく、また報告されることなく、師団本隊の数マイル以内に近づくことは断じて不可能だった」

事前偵察の不足から、敵の待ち伏せ攻撃に遭い、散々に叩かれたことは、なるほどショックだったろう。ただ、ヴィレル＝ボカージュの戦いにおいて、最も心穏やかならざることは、砲弾を至近距離で命中させたのに、〈クロムウェル〉の主砲では〈ティーガー〉重戦車に歯が立たなかったという点である。たしかに上陸前から、このイギリス製戦車が〝使えない〟ということについては、ぶつぶつと不満の声があがっていた。この戦車をもっぱら運用する麾下の「シャープシューターズ」に対し、連隊長のクランリー卿もわざわざ訓辞をおこなっているほどである。やはり、一言あってしかるべきと判断したのだろう。この戦車のかかえる各種の欠点については、連隊長たる私もはっきり気づ

いている。だがしかし、「グチを言ったからといって、他の戦車が手に入るわけではない。われわれは、いまあるものを最大限に活用するしかないのだ！」と。〈クロムウェル〉は前進スピードが速く、視認性が低い。ただ、車体の前面がまっ平らで、攻撃には弱く、搭載する主砲はあまりに非力だった。〈チャーチル〉や〈クロムウェル〉といったイギリス製戦車について、パットンは鼻も引っかけなかったし、イギリスの将軍たちだって、〈クロムウェル〉の〝設計上の欠陥〟については、十分に気づいていた。

六月十二日付のド・ギンガンド「第二一軍集団」参謀長宛ての手紙の中で、モントゴメリーは書いている。たとえそれが真実であろうと、戦車の性能がそもそも劣るといった発想は、このさい捨ててほしいと。モントゴメリーは、麾下の戦車部隊が「ティーガー／パンター・コンプレックス」とも呼ぶべき、一種の負け犬根性に陥ってほしくなかったのだ。とはいえその前年、一九四三年八月には、当のモントゴメリー自身、イギリス製戦車の設計について批判を加えているのだが。これでは「われわれは、ドイツの戦車に撃ち負けてしまう」とモントゴメリーはそのとき言明したはずだ。それからわずか一年ほどである。かつて自分が抱いたような懸念の広がりを、なんとか抑えようと陰で画策するのは、一種の現実逃避ではないだろうか。ドイツ製の八八ミリ砲は、戦車砲にも高射砲にも使われ、連合軍側の戦車が発砲する前に、その射程外から攻撃を仕かけ、かつまた敵を撃破することができた。トラシ＝ボカージュ付近で破壊されたある戦車の中から、「ハインド旅団」に所属するイギリス人将校の日記が見つかっている。その最後から二番目の記述、六月十一日日曜日のページには、こう書かれている。「大隊は、ある陣地を確保せんと出撃したが、たちまち戦車四輌を破壊され、戻ってこざるを得なかった。侵攻まで四年の準備期間をかけておきながら、どうしてわが国の機械は、こうも劣っているのだろうか？」

自国の技術力を誇ることでは人後に落ちないアメリカ軍も、ドイツ軍の兵器には一目置いていた。ドイツ軍は小火器でさえ明らかに優位にあり、特に「MG42」機関銃のすごさは、まさに衝撃的だと評している。ドイツ軍の戦車砲がいかに優れているかという話は、アイゼンハワー最高司令官の耳にも届いていた。だがしかし、そう聞かされたときの反応は、問題の口封じをはかろうとしたモントゴメリーとは、およそ違っていた。アイゼンハワーは、ジョージ・C・マーシャル陸軍参謀総長にすぐさま手紙を書き、戦車関係の上級専門家をアメリカ本土に送り返し、アメリカ製徹甲弾を改良するうえで、何が可能かを議論させたのである。つまり、モントゴメリーはチャーチル首相に手紙を書き、すばらしい一七ポンド砲を備えた〈ファイヤーフライ〉戦車の大規模増産を要求すべきだったのである。かつて騎兵部隊に在籍した経験のあるウィストン・チャーチルならば、首相の権限のおよぶ範囲で、可能なことはすべてやったはずである。

ヴィレル＝ボカージュの戦いの直前、チャーチル首相はひどく上機嫌だった。ドイツ軍が占領していたかの地に、みずからの第一歩を記すべく、彼はフランスへと向かった。スターリンからも、勇気づけられる内容の知らせが届いていた。さっそく「こんなメッセージを、UJからもらいましたよ」とローズヴェルトに公電を送り、報告している（ちなみに「UJ」とは「アンクル・ジョー」の略である。つまり、〝ヨシフおじさん〟という、スターリンのファースト・ネームに由来する一種の符丁である）。「なかなか順調に行っているようです。『テヘラン会議の合意にもとづいて組織されたソ連軍の夏季攻勢は、前線の重要戦区のひとつにむけ、六月半ばに開始された』とありますから」。おそらくこれは第二次世界大戦でも最も効果的な大反攻のひとつ、いわゆる「バグラチオン作戦」にかんする言及だろう。

専用列車で一晩過ごしたチャーチルは翌六月十二日、ポーツマスで英駆逐艦「ケルヴィン」に乗りこんだ。スマッツ、サー・アラン・ブルックの両元帥が同行した。イギリス海峡を横断するさい、ブルック元帥は次のような情景を記録している。われわれは「上陸用舟艇、掃海艇、曳航される浮き防波堤〈フェニックス〉、浮き桟橋〈ホエール〉の一部などで構成された、大船団のかたわらを通過した」と。一一〇〇時（午前十一時）、一行はクールスール＝シュル＝メールの浜辺が目に入るところまでやってきた。「ことばに言い尽くせないような光景がそこにはあった」とブルック元帥は書いている。「海にあるすべてのものに、あらゆる大きさ、あらゆる形状の艦船がはりついて、休みなく活動を続けていた。われわれは並んで投錨するLST（戦車揚陸艦）の脇をすり抜けてすすみ、ついにグースベリーに到着した。それは老朽艦船を、半三日月状に並べ、海へと沈めて造った一種の人工港である」

チャーチル首相一行は、ヴィアン提督と彼の将官艇で顔合わせをおこなったあと、水陸両用トラック〈DUKW〉に乗りかえ、そのまま海岸まで海を往った。「ほぼ四年前、フランスから放りだされたこの自分が、ふたたびかの地に入っていくことになろうとは、じつにすばらしい瞬間であった」。ブルックはさらに続ける。「前回のわが絶望の旅や、四年の長きにわたる活動、不安の記憶が洪水のように押し寄せてきた」と。モントゴメリー将軍が、ジープの短い車列とともに、海岸で待ちうけていた。チャーチル一行は大人数だったが、みなジープに分乗し、クルーイ城の敷地内に置かれた「第二一軍集団」司令部にむけ、バイユー街道を進んだ。いかにも〝モンティ〟風なブリーフィングを受けたあと、チャーチルたちはデンプシー中将を訪ねるため、今度は「第二軍」司令部へと向かった。破壊を免れた、田園地帯をぬけるルートをたどる。チャーチルがブルック元帥のほうを向いて、「どうやらわれわれは、蹄《ひづめ》を交差させ、緑したたる田園に横たわる、肥えた牛どもに包囲されておるな」

と言った。だが、ブルック元帥の目は、別のものを見ていた。「フランス人たちは、われわれの姿を認めても、いっこうに嬉しそうではありませんな」と。じつは、フランス人の女狙撃手がいるそうですよという話を小耳に挟んだチャーチルは、さっそくイーデン外相宛ての返信の中でこの話題に触れている。「ここには相当数の女狙撃手がいるそうです。われわれやアメリカ人は、女たちに狙われているのですよ」と。

ようやくクールスール＝シュル＝メールに戻ったとき、一行はドイツ軍爆撃機による空襲（成功しなかったが）を実体験した。そのあとふたたび、ヴィアン提督のバージに乗りこみ、彼らは「ビーチ」に沿って進みながら、今度は海側からの視察をおこなった。一隻のモニター艦がその一四インチ主砲で内陸部の標的を叩くと、チャーチルは恍惚の表情をうかべた。じつを言うと、「国王陛下の《ヒズ・》艦船《マジェスティーズ・シップス》（英国海軍）が敵と交戦するさまを、この目で見たことがこれまで一度もなかったのだ」と口にしたチャーチルは、さらに続けて力をこめて言った。これは是非とも乗艦しなくてはと。幸いなことに、海上の平底船から、モニター艦にあがることはあまりに難しく、頭に血がのぼった総理閣下もさすがに「危険なお遊び」を許してもらえなかった、とブルック元帥は日記に書いている。とはいえ、「あのフン族（ドイツ野郎）どもに、わが駆逐艦から砲弾を見舞ってやりましたよ」とローズヴェルト宛てに自慢できるくらいには、それなりの戦争体験ができたのだが。現地視察からイギリス本土にもどる途中、チャーチルは英駆逐艦「ケルヴィン」の艦長を説得し、僚艦の「スカージ」とともに、距離六〇〇〇ヤードにある、ドイツ軍がいまだ抵抗をつづける地域にむけ、艦砲射撃を命じたのだった。かくして無事帰国を果たしたはずのチャーチル首相だったが、じつは依然として敵の射程内にいたのである。彼がロンドンに戻ったその日の夜、大英帝国の首都は、ドイツの〈V1〉飛行爆弾による初の空襲を経験することになる。

国王陛下の艦船は、その後も攻撃の手を緩めなかった。六月十三日には、英戦艦「ラミリーズ」がもてる弾薬を撃ちつくし、ポーツマス軍港に補給のため、急遽戻らざるを得なかったほどである。翌十四日には、英戦艦「ロドニー」が放った砲弾が、ドイツ第一二SS装甲師団「ヒトラー・ユーゲント」の司令部を直撃し、師団長のフリッツ・ヴィットSS少将とその後任将校を葬っている。師団司令部のトップがまとめて戦死してしまったため、師団長代行には、かの精力的な戦車指揮官、〝パンツァー・マイヤー〟が就任することになった。

六月十四日の朝、ド・ゴール将軍は側近の大部隊を引きつれて、六台の車に分乗すると、ロンドンのコノート・ホテルから車列を組んで、ポーツマス軍港へと向かった。「自由フランス」の現地視察団は、同港のキングズ・ステアーズ桟橋から出航する手はずになっていた。予定の刻限までは、だいぶ間《ま》があったけれど、ポーツマス軍港の海軍司令は将軍たちを慇懃に出迎えた。漫然と待たされることや、その結果、意味のないおしゃべりを強いられることは、ド・ゴール将軍の本意ではなかったけれど、一行が乗りこむはずの、自由フランス海軍駆逐艦「ラ・コンバタン」の到着が遅れたため、待ち時間はさらに延びてしまった。イギリス海軍の連絡将校が記している。この遅延によって将軍閣下の「不機嫌さのかすかな兆候」は、いっそう露わなものになったと。イギリスの海軍司令は、将官艇として、一隻のバージを用意して待っていた。だが、ド・ゴール将軍ご一行様は、たった一日の小旅行としては驚くほど大量の手荷物をかかえており、その手荷物用にさらに一隻、港湾警備艇をよぶ必要が生じたほどである。明らかに、イギリス側に無断で、随員の一部をフランス本土に居すわらせる所存のようだった。ようやく出航とあいなったが、「メインマストの先端に掲げられたド・ゴール将軍の将旗は、閣下が乗艦するとき、破れてしまった」という。

フランスの海岸線が視界に入ってきた。随員のひとりが、われらが指導者に声をかけた。

「将軍閣下《モン・ジェネラル》、ドイツ軍がパリに入城して四年、こんな日がやってくると思っていましたか」と。

「まあ、連中はミスをおかしたんだろうな」と比類なきお答えが返ってきた。

海岸で一行を出迎えたモントゴメリーの参謀たちは、フランス視察団の随員の、尋常ならざる数の多さと、彼らが陸揚げする大量の荷物を見て、信じられない思いを味わった。モントゴメリー将軍との昼食会ですが、閣下の同行者は、ふたり程度にしていただけませんかと懇請したが、君子然としたこの来賓は、ホスト側の要請など歯牙にもかけなかった。とは言うものの、イギリス「第二一軍集団」が提供したジープでは、物理的に乗れる人数に限りがあった。こうした現状ですので、ド・ゴール閣下のほか、ヴィノ駐英大使、およびケニーグ、ベトゥアールの両将軍のみ、ジープに乗っていただき、残る一五名の随員の方々と、その大量の手荷物は、バイユーまで送りとどける輸送手段が見つかるまで、「ビーチ」で待機していただきたいと言われてしまった。すると、ド・ゴール将軍はここでまた、斜め上の要求を出された。では、ジープの運転手をすべて、私が連れてきたフランス人に変えてもらおうと。

モントゴメリー将軍のたばこ嫌いはつとに有名である。だが、ド・ゴール将軍とその随員たちは、モンティの移動住宅《キャラバン》に、部屋いっぱいの紫煙を残して、帰っていったようだ。フランス視察団に同行するイギリス海軍の連絡将校によると、こうしたふるまいによって、「キャラバンの主が、彼らに好感情をいだいた形跡は、微塵もなかった」という。このときの昼食会は、外交官ならざるモンティにとって、難行苦行だったかもしれない。ただ、ド・ゴール側も、食事を楽しんだ形跡はほとんどない。随員によると、将軍閣下がようやく緊張を解かれたのは、「第二一軍集団」のジープがその後海岸に向かい、「ビーチ」の居残り組をバイユーまで連れてきてくれ、「自由フランス」の面々がふたたび合流できた後のことだったという。ド・ゴール将軍が、フランスに上陸されたぞ――というニュー

スは、たちまち一帯に広がった。その第一報を耳にすると、地元の主任司祭《キュレ》であるパリ神父は、さっそく馬を駆って、推参してきた。パリ神父はそこで、冗談半分に拗《す》ねてみせた。どうして近づいて、握手してくださらないのですかと。するとド・ゴール将軍はジープを降り、無限とも思える長い腕を広げて、こう言った。「ムシュー・ル・キュレ、きみとは握手などしない。抱きしめてやるのさ」

　バイユー入りしたド・ゴール将軍は、すぐさま郡庁にむかった。三色旗の飾り帯をつけて、偉そうに立っている郡長が将軍閣下を出迎えた。とそのとき、突然、郡長は恐怖心に駆られた。壁に依然として、ペタン元帥の肖像画がかかったままになっていたのだ。政治的象徴性にかんしては、しばしば神経過敏なド・ゴール将軍だったが、彼はまた、〝意図せざる〟侮辱などは、さらりと受け流すスマートさも兼ね備えていた。困惑する郡長を相手に、将軍閣下は何事もなかったような顔つきで、会話をつづけた。さらに、この同じ日、彼はさりげない機知も披露してみせた。群衆が歓呼の声をあげるなか、ひとりの老嬢がちょっと混乱して、「元帥閣下、万歳《ヴィヴ・ル・マレシャル》！」と絶叫したときのことである。元帥ならざる将軍であるド・ゴールは、かたわらの随員に小声でぼそりと言った。「新聞を読まない人がまた出たね」と。ただ、この老嬢はバイユー郊外に暮らす農民だったという可能性もある。アメリカ陸軍の従軍歴史官フォレスト・ポーグ博士は、この地域に特有のとある住民感情について書いている。田園地帯に暮らすノルマンディー住民は、ヴィシー政権の首相だった「ラヴァルは大嫌いだが、ペタンはそうでもない」と感じていた。私はそうした事実にしばしば遭遇したし、かれら農民はド・ゴール将軍に対しても、ある種の不信感を持っていたという。だとすると、〝マレシャル〟は別の意味かもしれない。

　いずれにしろ、ド・ゴール将軍に対するバイユー市民の接し方は、間違いなく熱狂的だった。ド・ゴールは可及的速やかに、自前の行政組織を立ち上げようと目論んでいたので、この点は特に重要

だった。「自由フランス」の視察団が今回現地入りにするにあたって、チャーチル首相はその条件として、ひとつの縛りをかけていた。すなわち、いかなる形でも、公的な集会はいっさいおこわないという言質をとったのだ。だがもちろん、ド・ゴールはそんな約束に頓着しなかった。彼は郡庁外の広場に仮設ステージを造らせると、群衆にむけて演説をおこなった。演説は次のような宣言で締めくくられた。「フランス政府はバイユーに敬意を表する《ル・グヴェルヌマン・フランセ・サリュ・バイユー》。フランス初の都市がここに解放されたのだ《ラ・プルミエ・ヴィル・フランセズ・リベレ》」と。ただ、ド・ゴール将軍はその〝政府《グヴェルヌマン》〟なるものが、〝臨時《プロヴィズワル》〟であることには一切言及しなかったのだが。演説を終えたド・ゴールは、みずから音頭を取り、群衆とともに「ラ・マルセイエーズ」を合唱した。ド・ゴールにとって、見通しは明るかった。ただ一点、地平線のうえに、暗雲が漂っていることを除けば。その〝暗雲〟にかんする報告は、チャーチル首相のもとにも届いていた。つまり、ド・ゴールがかつて〝偽札《ユヌ・フォス・モネ》〟呼ばわりした、連合軍発行の軍票を、ノルマンディーの住民が喜々として受けとっているという内容だった。

ド・ゴールはさらに、イジニとグランカンにも足を延ばした。そのため、所定の刻限までに戻ってこれず、仏駆逐艦「ラ・コンバタン」は出航を足止めされた。ドイツのEボート（高速魚雷艇）に襲われるリスクがあるため、辺りが暗くなる時間帯には、いかなる艦艇もその泊地を離れることが不可能になります――と事前警告を受けていたはずなのだ。にもかかわらず、ド・ゴールは、イギリス海軍当局は事もあろうに、フランスの駆逐艦長の出航要請を拒否してきた、と大げさに言い立てた。とはいえ、将軍閣下は、レセプションのあと、ことのほか上機嫌であらせられた。イギリス海軍の連絡将校が指摘するように、視察団の随員のうち四名を、フランス国内に常駐させることを連合軍側に呑ませてやったことが「満足感につながった」のだろう。なお、今回の視察旅行にかんし、チャーチル首相に宛てて、モントゴメリーから二本の電報が送られている。ド・ゴール将軍のわが司令部に対す

る訪問は「大成功であった」とするものが一本。バイユーなどの現地住民の間における、ド・ゴールへの反応は「きわめて低調だった」とするものがもう一本である。いずれも、なんら根拠を示すことなく、ただそう主張するだけの内容である。モントゴメリーの電報はさらに、ド・ゴールは「民間人の行政官一名と佐官級の軍人三名をバイユーに残していったが、彼らの役割については不明である」とも付け加えていた。[*1]

臨時政府の首班を名乗る、このド・ゴールなる人物にかんし、ローズヴェルト大統領の態度に変化は見られなかった。この同じ日、ローズヴェルトはチャーチル宛てに次のような公電を打っている。「私見だが、それなりの効果があるなら、あらゆるものを十全に活用すべきであると思う。われわれの武力によって、彼らの政府だとフランス国民に押しつける必要がなく、もしくは彼の組織を『フランス臨時政府』として承認する必要がない、という限りにおいて、この人物は有用である」

チャーチルは当初、このド・ゴールなる人物を、臨時政府の首班として認めることに吝《やぶさ》かでなかった。だがDデイ直前、ド・ゴールが英米両軍に配属されたフランス人連絡将校の引きあげを突如持ちだし、これを交渉材料に使った手口に接し、その結果激しい口論となって以来、見る目が変わった。こいつだけは許せないという感情をいだくに至ったのだ。チャーチルは、フランスを訪問する直前、イーデン英外相に宛てた手紙のなかでこう書いている。「この一大作戦において、フランスの救済者というポーズを取ることしか関心のないくだんの人物は、まったく度量の欠片すら持たないようです」と。だが悩ましいことに、イギリスのマスコミと国会議員の大半は、ド・ゴール将軍を強く支持していたのである。たとえば、ロンドン・タイムズ紙はその朝、フランス臨時政府に対する連合軍の態度について「寛容さに欠ける」と論評している。[*2] チャーチルのいう「この間違っても決して改めることのない、野心満々の、唾棄すべきアングロ・サクソン恐怖症男」との関係は、いざとなれば首相

の職を賭するような問題へと発展しつつあった。「もし、イギリス政府のこれまでの政策が批判の対象となるのであれば、私はこれまでの経緯のいっさいを議会でぶちまけるつもりでいるし、その結果は、新たな政府の組閣につながるかもしれない。なぜなら、私はすべてを明らかにするつもりだし、そうなれば議会も、もし気に入らなければ、私をクビにできるのだから」

だがド・ゴールは、正面攻撃よりも、裏から手を回すことで、より多くのものを獲得する道を選んだ。フランス本土にかろうじて残すことができた「トロイの木馬」の面々がその主役だった。かれら四人組は、かの地で合流した同志たちと協力して、すでにバイユーを「自由フランス」の臨時首都へと変えつつあった。現場にいる連合軍の将校たちも、彼らと連携するほうがより現実的だと気づくようになり、ロンドンの政治家から下りてくる時代遅れの指示など、さりげなく無視するようになっていった。

バイユーが平和と豊穣の都市でありつづける傍らで、カルヴァドス県の県都カーンは引きつづき容赦ない砲爆撃にさらされていた。六月九日の朝、格好の目印とされてきたサン・ピエール教会の鐘楼が、英戦艦「ロドニー」の砲弾を受け、ついに倒壊した。「東側の眺望が完全に変わってしまった」とある市民は悲しげに書いている。さらなる空爆を受けて、建物が次々と炎上した。空は晴れているのに、なぜか雨が降っているような気配がした。それは屋根からしたたり落ちる、溶けた鉛が立てる音だった。

「ボン・ソヴール（よき救い主）女子修道院」の仮設病院では、外科医もそれ以外の医師たちも、山のような仕事のせいで、クタクタに疲れていた。犠牲者が救急車や担架、あるいはわずか一例だが、ドイツ軍の戦車によって運ばれて、仮設病院にやってきた。患者が到着すると、ホイッスルが

鳴って、そのことを皆に告げた。ある野戦病院では、一人の軍医が、助かる可能性をもとに、だれを真っ先に手術するか、その優先順位を瞬時につける、いわゆる「トリアージ」を実施していた。医師たちの懸命の努力は、ある意味で限界を超えつつあった。「私はもうこれ以上、血を見ることに耐えきれない」とある医師は語った。すると、別の軍医がつぶやく。「もう十分だ。これ以上、だれかが運びこまれて来ても、自分にはもう手術はできない」といった具合だ。医師たちは、きょうが何曜日なのか、そうした時間感覚さえ失っていた。

上陸の最初の数日間に重傷を負った、カナダ軍の空挺隊員三人が、トロアルンから移送されてきた。三人のうち一人は中尉だったが、彼は気づくと、ちょうど右腕が切断されるところだった。驚いた中尉はとっさに大声をあげ、呼ばれてきた通訳に説明した。自分はもともと画家なのだと。担当の外科医はそれを聞いて、こう言ってくれた。ならば、きみの右腕を救うため、できる限りのことをやってやろうと。手術中にあわや死にかけたものの、とある看護婦が腕から腕への輸血を申しでてくれたおかげで、その中尉は救われた。

病院中に衝撃が走るような〝事件〟も起きていた。その日、大腿部に銃創を負ったカフェのオーナーが運びこまれてきた。その傷は、カフェで略奪行為を働こうとした「ヒトラー・ユーゲント」師団の兵士数名（よくあることだった）に向けて、そのオーナーが発砲したさいに出来たものだった。医師がオーナーの手術をしていると、親衛隊の将校が一人、片手に短機関銃を持って現れた。その将校は手術台に横たわるオーナーを殴りながら、うちの兵隊に発砲したのはきさまかと詰問した。オーナーが口を閉じ、返事をしなかったところ、その親衛隊将校は手にした短機関銃で、オーナーの胸に銃弾を浴びせ、医療スタッフ全員が見ている目の前で、そのオーナーを殺害した。

「ボン・ソヴール女子修道院」と「男子修道院」に助けを求めた人の数はまさに膨大で、推計では

優に三〇〇〇人を超えていた。「サンテティエンヌ教会」もまた、避難民で溢れかえり、彼らはまるで「中世のように」床に敷いた麦藁のうえで睡眠をとった。古井戸の現役復帰がはかられ、それが唯一の水源となった。若者たちは、男女を問わず、糧食徴発部隊に参加し、瓦礫となった住宅の食料貯蔵室を当たっては、食べられるものを見つけてきたり、ドイツ兵の巡回を避けつつ、郊外の農村にまで足を延ばしたりした。砲弾や爆弾によって命を落とした家畜たちは、肉を確保するため、みな解体された。乳製品は簡単に手に入ったが、それは農家が市場に出荷する手段を無くしたためだった。オルヌ川の南東にある「ボン・ソヴール女子修道院」は、カーン市の主要避難所となったが、ここに身を寄せる五〇〇人の避難民たちは、乳製品の豊富さに驚きの声をあげた。ねえ、ちょっと、ここのパンはバターを厚く塗りすぎじゃないかしら、と文句のひとつも言いたくなるような潤沢さだった（この時期のパリの闇市場では、バターは目の玉が飛びでるような高額商品だったのだ）。だが、そうした天国から一歩外に出ると、カーンの町はすでに不気味な死体置き場と変わりつつあった。地下に埋まった死体のおかげか、ネズミたちは丸々と太り、瓦礫から突きだした腕やら脚やらを、野良犬が探し回っていた。

カーン救済には、パリのヴィシー政権もそれなりに努力した。食料や毛布、野外調理器具を積んだ二台のトラックが、グイノー氏の指示のもと、「国民救助隊」によって派遣された。それは危険に満ちた旅だった。なにしろレジスタンス組織の〝テロリスト〟に対し、目いっぱい猜疑心を抱えたドイツ軍兵士が、途中のリジウーに駐屯していたからである。ベルトに軍用拳銃をさしていたという、ただそれだけの理由で、通りを歩いていた警官が射殺されたほどである。カーンの銀行が軒並み破壊されたことも分かっていたので、そちらの対策も講じられた。救助隊を率いるグイノー氏には、リジウーの銀行で一億フランまで引きだす権限が与えられた。紙幣をきちんと数えているような時間的余

裕はなかった。グイノー氏は目をつぶって、えいやっと受領書にサインをすると、そのままカーンに急行した。連合軍の戦闘機が現れたときは、必死になって白旗をふった。その飛行機は方向転換してくれた。

ともあれ、現金と援助物資の配布は終わった。だが、帰路はもっと大変だった。カーンに駐留するドイツ軍の管区司令官から、いちおう通行許可証はもらってきた。だが、そんな紙切れ、親衛隊のやつらには通用しないよ、と警告されてしまった。そして確かに、リジウーを過ぎたところで、ドイツ軍の偵察部隊から銃撃された。輸送トラックがレジスタンス側のものと疑われたのだ。グイノー氏ほか数名が負傷した。それにもかかわらず、これを皮切りに、援助物資のピストン輸送が開始され、合わせておよそ二五〇トンもの物資が、カーンへと送り届けられたのである。

連合軍の戦線が南下したことで、その背後に組みこまれたフランス人は、少なくとも幾分かは、生活が楽になった。リオン＝シュル＝メールのある住民は書いている。「イギリス人たちはこの地に到着して以来、チョコレートや菓子やたばこを、あっちでもこっちでも配りまくっている」と。ただ、〝楽になった〟とはいえ、電気も水（井戸は別にして）もない生活がなんとかなるわけもなく、大半のものは家庭菜園に頼って、日々を生きるのがやっとだった。途方もない噂が流れることもある。あの水陸両用戦車は、じつはイギリス海峡を横断してフランスまでやって来たそうだ――などといった話だ。そうだ、きっと、潜水艦に曳航されながら、ずっと海底を走ってきたにちがいないと言うものがいて、なるほどそうかと妙に納得したりした。菓子やたばこの配布が、無料《ただ》でないこともしばしばだった。そんなときは、物々交換の対価として、牛乳やたまご、死んだ家畜の肉が供された。非公式の交換レート――物々交換を意味するフランス語から「ル・トロク」と呼ばれていた――が短期間の

うちにそれなりに確立し、たとえばコンビーフ一缶の相場は、たまご二個だった。

やがて物々交換は、ものすごいスピードで、他の分野にも広がっていった。「第二野戦包帯所」に詰める、とある軍医は六月七日にこう書いている。「憲兵隊の先任将校が、ジープに医療機関向けの慰問物資を満載して、包帯所に到着した。負傷者たちに対して、軍支給のチョコレートや菓子類、たばこなどを配ってくれるという。なんと三人のレディーたちが、Dデイ（六月六日）の夜に、破壊された上陸用舟艇を使って、さっそく売春宿を開店したそうだ。そこで、その日の午前、その〝売春宿〟を急襲し、これらの物資を押収してきたそうだ。こうした品々は、すでに地域の〝実質的な通貨〟になっていた」と。また、イギリス海軍の水兵の中には、酒を飲んだあとも、まだまだ飲み足りず、アルコール類となんとか交換してもらおうと、海岸沿いの住宅を一軒また一軒と訪ね歩き、地域住民に迷惑をかける輩も出てきた。

イギリス軍が最も初期に建設した臨時飛行場のひとつに、ル・フレヌ・カミーイ郊外の「B－5」飛行場がある。滑走路を金網塀で囲っただけの、じつに簡単なものだが、軍隊にかんするものなら、どんなことにも目のない少年たちが、当然ながら見物に集まり、空軍や陸軍の兵士たちに可愛がられていた。六月十五日、戦闘爆撃機〈タイフーン〉の一個航空団が到着した。ヴィレル＝ボカージュ付近の城に置かれた、ドイツ軍装甲部隊の司令部を空爆するのが目的だった。パイロットが地上に降りかけたとき、「B－5」飛行場はいきなり砲撃にさらされ、彼らは急いでたこつぼ壕に飛びこんだ。自分たちがドイツ軍にいかに憎まれているか、当人たちも重々承知していたので、パイロットの中には、うっかり目撃されて報復されないよう、カーキ色の戦闘服を着用するものも出てきた。イギリス空軍のパイロットは陸軍の相方を、その軍服の色から「泥まみれの仕事《ブラウン・ジョブズ》」と呼び、どこか庇護者然とした目線で日ごろは接していた。そのパイロットが、地上部隊の軍服を借りるハメになるとは、いか

にも皮肉であった。

医療部隊の軍医将校は、負傷した民間人に対しても、できるかぎりの手当てをおこなった。ある日、ラ・デリヴランドの要塞化されたドイツ軍レーダー基地にほど近い村で、砲弾が一発、学校の庭に落下するという事件が起きた。その学校の教師の十八歳になる娘が、爆発のあおりを受けて、片腕を丸ごと失った。だが、そんな大けがを治療できる医師など、その村にはいなかった。それが何と、「その日の午前中に、イギリス軍がこの村を占領したのだ。イギリス兵がいちばんに気にかけてくれたのは、負傷者の手当てだった」。大隊付きの軍医が助手二名と協力して、その娘の治療をおこなった。エルマンヴィルには「犠牲者治療・後送所」が設けられていたが、彼女はそこに真っ先に送られ、さらにイギリス海峡を越えて、本格的治療のためノースウッドへと転送された。イギリス本土の治療施設へは、これ以外にも、負傷したフランス民間人が何人も運ばれている。

このままでは、戦線が膠着するぞ――。イギリス「第二軍」司令官サー・マイルズ・デンプシー中将の不安は、見事に的中してしまった。カンブ村を確保した「ロイヤル・アルスター・ライフルズ連隊」第二大隊の歩兵たちは、もう一カ月あまりもこの村にとどまっていた。小隊長の一人、シリル・ランド中尉は日々の兵隊暮らしを「椅子取りゲーム」に喩えている。音楽がとまると、手近の椅子に慌てて腰をおろす、あれである。つまり、敵の砲撃が始まると、イギリス兵はだれもみな、手近のたこつぼ壕に慌てて飛びこむというわけだ。大隊付きのジョン・オブライエン従軍神父は、前線の陣地を訪ね歩いていた。補給係将校からせしめたラム酒を手に、待避壕にいる兵士たちとひとしきりポーカーをやったりもした。暇なのかといえば、さにあらず。オブライエン神父はとにかく忙しい方だった。なにしろ、生きとし生けるものだけでなく、死者の面倒まで見なければならないのだ。そんな折り、土をかぶせる前の、墓穴《はかあな》のかたわらで、短い告別の儀式をとりおこなっていたとき、着任したば

かりのある将校が、オブライエン神父のすぐ脇で、いきなり立ちくらみを起こすという珍事が起きた。その将校はがっくりと膝を折ると、そのまま墓穴に滑り落ちそうになった。将校の戦闘服をすかさず摑んで、オブライエン神父が言った。「おいおい、そんなに急ぎなさんな。物事には順序ってものがあるんだから」

ブラック・ユーモアが流行るのはたぶん、それ以外に手近な娯楽が少ないせいだろう。「ロイヤル・アルスター・ライフルズ」には、かれら歩兵を支援するため「ロイヤル砲兵連隊」の前方観測将校がひとり同行していた。この人物は、ちょっとお茶目で意地悪な趣味を持っていた。ドイツ兵が用足しのため、こっそりトイレに行くのを見かけると、敵陣地にむけて必ず、砲弾を二、三発お見舞いしてやるのだった。「アルスター」の歩兵たちは、泥のこびりついた戦闘服をずっと着ており、なんとかこいつを洗濯する機会はないものかと常々狙っていた。そんなある日、ぽっかりと時間が空いた。ランド中尉はチャンス到来とばかりに、空き家に設けられた仮設風呂へと出かけた。その風呂でオーデコロンのビンを偶然発見したランド中尉は、たっぷりと身体に振りかけてきた。小隊に戻ると、准将閣下が副大隊長を従えて、視察にやってくると聞かされた。准将はあちこち見てまわり、なかなかに満足そうだった。ただ、ランド中尉には奇妙な一瞥をくれた。小隊付きの軍曹が、ランド中尉に小声で耳打ちした。「中尉どの、たぶんあの偉いさんは、気づかれたと思います」

「気づかれたって、何を?」

「中尉どのの臭いであります。中尉どのは女郎屋みたいな臭いがしますから」

イギリス兵の糧食もまた、十年一日、単調きわまりない代物だった(油を染みこませた土を、薄茶色のブリキ缶に詰め、それに火をつけて、料理を温める方式が取られていた)。携帯口糧は二週間分が一セットとされ、パック詰めの形で届けられた。中身は乾パン、マーガリン、ジャム、ミックス・

ベジタブル、ひき肉とレバーのプディング、M&V（肉と野菜）の缶詰、プラム・プディング、トイレット・ペーパー、スープ、菓子、たばこ（ひとり一日あたり七本）、マッチ、そして紅茶とミルクの混合粉末と砂糖（これならすぐに、その場でお茶の小休止がとれる）だった。固形のオートミールは、お湯でとけば、朝食用の粥になった。ただし、毎日それだと飽きるので、塩気がききすぎた、ネバネバの〝ベーコン〟や、粉状をした〝卵〟で変化をつけるという小技も用いられた。物々交換によって是が非でも新鮮な農作物を手に入れたいと、兵隊たちが一種の強迫観念に駆られるのも、宜《むべ》なるかなである。

　塹壕戦がつづき、死と隣り合わせの日々を送っていると、さまざまな迷信が流布するようになる。「今度あれをやるつもりだ」とか、「俺が帰国したら」などとあえて口にして、運命をわざわざ危険にさらすようなバカはほとんどいなかった。最も献身的なものを別にすれば、大半の兵士にとって、〝軍務休暇を得たい〟――堂々と帰国でき、しかも傷痍軍人として余生を送らずに済むような、適度の戦傷を負うことを意味する兵隊スラング――という願いは、宝くじの当選を夢見る庶民感覚に近いものがあった。勲章をもらうことは、もちろん大歓迎だったが、「腕一本をなくして、戦争に勝利する」ようなヒーロー役は、誰かほかの人に演じてもらいたいというのが兵隊たちの本音だった。唯一の望み、それは生きて故郷に帰ることだった。

　大半が徴集兵からなる軍隊における、ほとんどすべての歩兵小隊において、リスクを負ったり、攻撃に参加する気構えのある兵士が、指折り数えて片手分に達することは、きわめて稀である。その一方で、その対極ともいえる、危険を避けるためなら、どんなことでも敢えてやるような兵隊の数も、同様にそんなものである。その中間をしめる大多数の兵士は、勇敢なものに従ってつられて動くけれど、突然の惨事に遭遇すると、今度はいちばんの臆病者に従って、たちまち総崩れを引き起こすので

ある。交戦下の人間行動にかんする最初の調査研究は、一九四三年にシチリアで実施された。報告書を読んだモントゴメリーは、その結果に怯え、この内容が公表されると、部隊の士気に悪影響が及ぶと判断、これを握りつぶした。問題の報告書を作成した将校の、その後のキャリアたるや、ひどいものだった。だがその後、この将校の主張を裏づけるような、さらなる証拠が挙がってきた。[*3] ソ連赤軍においても、事情は似たようなもので、戦闘中、兵士の一〇人に六人は、手にした小銃を一度も発砲しなかったことが、将校たちによって確認されている。このことが各指揮官に対し示唆しているのは、戦闘後には必ず武器の状態を改め、銃身が汚れていない兵士は全員、義務を放棄したものと見なし、しかるべき処分を下す必要がある——ということである。

このような歩兵小隊をめぐる行動パターンは、ドイツの平均以下の歩兵師団においても、同じことが言えるように思われる。ただ、エリート部隊である装甲擲弾兵師団とか、空挺師団、あるいはナチ流のイデオロギーを徹底的に吹きこまれた武装親衛隊の師団については、まずあり得ないと言わざるを得ない。かれらエリート兵士は、ドイツによる正当なる世界支配と、そのドイツの「最終的勝利」を心底確信していたから。わが祖国を滅亡から救うことは、彼らにとって、責務だったのである。民主主義体制をとる国家と、独裁体制をとる国家における兵士の違いについて、明確な一線を引くことはほとんど不可能であるが、ノルマンディーに展開するドイツ軍の〝一般兵士《ランツァー》〟の士気が、きっかけしだいで容易に傷ついてしまうことだけは確かであろう。だからこそ、ドイツ宣伝省や、現場の指揮官たちは、ランツァーたちに多くのことを約束してきた。上陸作戦が実際に始まったとき、多くのドイツ兵がむしろ歓迎の意を表したのは、そういうわけである。いまぞ好機到来、と彼らはすなおに信じた。わが祖国への都市爆撃の借りを、今度こそきっちり返してやるぞと彼らは考えた。そして、連中を粉砕するのだ、そうすればこの戦争に、ようやく決着をつけられるのだと。

「全世界がいま、侵攻の今後のなりゆきに注目している」と第九SS装甲師団「ホーエンシュタウフェン」のあるSS少尉は、Dデイの当日（六月六日）、そう書いている。「本日正午、このニュースに接したとき、私は正直、うれしかった。なぜならこれにより、わが軍が戦争の早期終結を実現することが、極めて確実だからである」と。「ホーエンシュタウフェン」師団は「第二SS装甲軍団」の一部をなし、このあと東部戦線を離れ、イギリス軍に反撃をおこなうべく、ノルマンディーに向かうことになっていた。四日後、連合軍が無事上陸を果たしたことが明らかになると、このSS少尉は書いている。「もし仮に、侵攻軍の撃退が、一部のものが信じているような迅速さで達成できなかったとしても、まだまだ希望はある。なぜなら、状況はつねに変化しているからだ。しかも、われわれにはいまだ、報復の手段が残されているのである」

ドイツ宣伝省は、安請け合いをくり返してきた。後日それが間違いだったと判明すると、宣伝省はそのたびに、またぞろ新たな安心理論を考案するのだった。ドイツが築いた「大西洋の壁」は盤石である。連合軍があえて侵攻作戦に出ることはない。侵攻部隊はドイツ空軍とUボートによって粉砕される。大規模な反撃により連合軍は海に叩き落とされる。じつは超機密の〝報復兵器〟があって、それによりイギリスは膝を屈し、むこうから和平を願いでてくる。わが新型のジェット戦闘機は、連合軍の航空機を空から一掃してしまうだろう――等々。状況が絶望の度を深めるたびに、それに伴ってつかれる嘘のレベルは、いっそう恥知らずなものになっていった。ゲッベルスの留まるところを知らない発明の才は、前線の兵士たちの戦意をかきたてる覚醒剤とはなり得たが、薬が切れると、あとには徒労感だけが残った。なるほど、特に武装親衛隊の兵士の場合、覚醒剤に勝るとも劣らぬ〝必勝の信念〟という薬があった。だが、ドイツ軍のより一般的な将校や下士官兵にとって、ノルマンディーにおける戦いは、彼らがこの戦争の行方として、心中もしやと考えていた展開のなかでも、最悪の結

果を招来することになるのである。

原注

348頁「砲兵による猛攻」：Vernon Scannell, *Argument of Kings*, London, 1987, p.165.

349頁「その頭のよい、明敏な若者」：ibid., p.156.

349頁「私にとって衝撃的だったのは」：Major Peter Griffin, 1st Canadian Parachute Battalion, NAC/ANC R5067-0-0-E.

350頁「虚脱状態」：Lieutenant Colonel Terence Otway, SWWEC T689.

351頁　デンプシー：see Carlo D'Este, *Decision in Normandy*, New York, 1983, p.60.

351頁「大して印象的でない風貌」：Martin Blumenson (ed.), *The Patton Papers, 1940-1945*, New York, 1974, p.461.

353頁「ショックを受けるだろう」：Arthur Reddish, *A Tank Soldier's Story*, privately printed, undated, p.29.

354頁「バックナルは非常に弱く」：Field Marshal Lord Alanbrooke, *War Diaries 1939-1945*, London, 2001, p.538(7 April).

354頁　バックナルとバイユー占領：LHCMA, Liddell Hart 11/1944/36.

354頁　マクスウェル・D・テイラー少将：General Maxwell D. Taylor, SODP.

356頁　ヴィレル＝ボカージュに入り：M. Diguet, MdC TE220.

357頁「われわれの合い言葉は」：Patrick Agte, *Michael Wittmann*, Vol.1, Mechanicsburg, Pa., 2006, p.354.

357頁　イギリス「第一一軽騎兵連隊」とドイツ「第二装甲師団」の捕虜：Dudley Clarke, *The Eleventh at War*, London, 1952, p.339; and Myles Hildyard, who says in his diary that they strangled one guard and seized the other Ultra on 2nd Panzer-Division, TNA KV7707.

359頁　空中炸裂による曳火砲撃：NA II 407/427/24170.

360頁　オーネ＝シュロドン：Abbé André Paul, MdC

TE21.

360頁「西方の戦い」：15 June, Unteroffizier Leopold L., 25 644=5.Kp/Pz.Rgt.3,2.Pz.Div., BfZ-SS.

361頁「第七機甲師団」のある情報将校：Myles Hildyard diary, 19 June.

362頁「極めてお粗末な仕事」：Major General G. L. Verney diary, quoted in D'Este, pp.272-4.

362頁「世上名高い〝砂漠の鼠〟」：Stanley Christopherson diary.

363頁「グチを言ったからといって」：J. L. Cloudsley-Thompson, *Sharpshooter*, Fleet Hargate, 2006, p.109.

363頁〝設計上の欠陥〟：Lieutenant General Richard O'Connor to Churchill, 5 May, LHCMA O'Connor 5/2/39.

363頁「ティーガー／パンター・コンプレックス」：letter, 12 June, TNA WO205/5B.

363頁「われわれは……撃ちまけて」：Algiers, 23 August 1943, Harry C. Butcher, *Three Years with Eisenhower*, London, 1946, p.339.

363頁「大隊は……出撃し」：anonymous diary entry, 11 June, MdC TE396.

364頁アイゼンハワーからマーシャル将軍への手紙：Eisenhower to Marshall, Brigadier Joseph A. Holly, 5 July, PDDE, p.1973.

364頁「こんなメッセージを」：No.695, Prime Minister to President, 9 June, TNA PREM 3/472.

365頁「われわれは並んで投錨するＬＳＴ」：Alanbrooke, pp.556-7(12 June).

366頁「相当数の女狙撃手」：Churchill to Eden, 12 June, TNA PREM 3/339/7.

366頁「あのフン族（ドイツ野郎）どもに」：TNA PREM 3/339/7.

367頁英戦艦「ラミリーズ」：HMS *Ramillies*, Admiral G. B. Middleton, IWM 01/2/1.

367頁「かすかな兆候」と「ド・ゴール将軍の将旗」：report of British Naval Liaison Officer, 16 June, TNA ADM 1/16018.

368頁「将軍閣下《モン・ジェネラル》」：quoted in Henri Amouroux, *La grande histoire*, Vol.VIII, p.546, and Robert Aron, *Histoire de la Libération de la France*, Paris, 1959, p.78.

368頁「キャラバンの主が」：report of British Naval

Liaison Officer, TNA PREM 3/339/7.
369頁　「ムシュー・ル・キュレ」：Jean Lacouture, *De Gaulle — Le Rebelle*, Paris, 1984, p.779.
369頁　「ラヴァルは大嫌いだが」：Forrest C. Pogue, *Pogue's War*, Lexington, Kentucky, 2006, p.115.
371頁　「バイユーに残していったが」：Montgomery to Churchill, 14 June, TNA PREM 3/339/7.
371頁　「私見だが」：No.561, President to Prime Minister, 14 June, TNA PREM 3/339/7.
371頁　「度量の欠片すら持たない」：Churchill to Eden, 12 June, TNA PREM 3/339/7.
372頁　「トロイの木馬」：Aron, p.77.
372頁　「東側の眺望が」：MdC TE195.
373頁　「私はもうこれ以上」：André Heintz diary, MdC TE32(1-4).
373頁　カフェのオーナー：Dr Robert Chaperon, MdC TE42.
374頁　「中世のように」：MdC TE42.
374頁　「国民救助隊」：Secours National, Céline Coantic-Dormoy, MdC TE281.
375頁　「イギリス人たちは」：Le Dily diary, 11 June, MdC TE143.
375頁　「ル・トロク」：Claud Guillotin, 1944, 'L'aventure de mes quinze ans', Le Fresne-Camilly, MdC TE397.
376頁　「憲兵隊の先任将校」：Dr Ian Campbell, RAMC, 2nd Field Dressing Station, SWWEC 2000.477.
376頁　「その日の午前中」：MdC TE144.
377〜378頁　「椅子取りゲーム」と「おいおい、そんなに急ぎなさんな」：Lieutenant Cyril Rand, 2nd Battalion Royal Ulster Rifles, MdC TE499.
380頁　ソ連赤軍においても：see Antony Beevor and Lyuba Vinogradova (eds.), *A Writer at War: Vasily Grossman with the Red Army, 1941-1945*, London, 2005, p.109〔邦訳は、アントニー・ビーヴァー／リューバ・ヴィノグラードヴァ・編／川上洸・訳『赤軍記者グロースマン―独ソ戦取材ノート１９４１-４５』（白水社）〕
381頁　「全世界がいま」：SS Untersturmführer Herbert E., 2.Kp./Nachr.Abt.SS.Pz.Div. *'Hohenstaufer'*, 6 June and 10 June, 24 742C, BfZ-SS.

章末注

＊1　ド・ゴールがフランス本土に残していった四人の顔ぶれは次のとおり。ド・シェヴィニェ大佐(ノルマンディー地区臨時政府の軍代表に任命)、ド・クルセル少佐(一九四〇年以来のド・ゴールの個人副官)、フランソワ・クゥレ氏(ド・ゴールが前夜、ノルマンディー地区の臨時政府弁務官に正式任命)、そしてラロケ少佐(その参謀長)である。

＊2　一方、アメリカの一部の新聞は、ホワイトハウスからの働きかけもあって、イギリス側とははっきり違う論調を張っていた。アメリカの若者がフランス解放のために命を落としているのに、ド・ゴール将軍は自分自身の権力掌握のため、政治遊戯にふけっている——などといったことが書かれていた。

＊3　この問題にかんするイギリス国防省作成の素晴らしい研究については、デイヴィッド・ロウランドの「戦闘におけるストレス」(David Rowland, *The Stress of Battle*, London, 2006, pp.48-56)を参照。このテーマをめぐる、最もよく知られた仕事としては、アメリカの従軍歴史官、S・L・A・マーシャル陸軍准将が戦後に書いた「戦闘下の男たち」(Men Under Fire)がある。マーシャルのデータ処理の手法には、批判の声(特に、ロジャー・スピラー教授が *RUSI Journal* 誌の一九八八年冬号に書いたもの)があるけれど、彼の示唆は、その大枠において間違いなく正鵠を射ている。

第14章　コタンタン半島のアメリカ軍

過去七日間のイギリス軍と同様、アメリカ「第一軍」もまた、ドイツ軍が南から大反攻を仕掛けてくるのではないかと、じつは戦々兢々だった。空軍による爆撃と対地攻撃、レジスタンス組織による破壊活動のせいで、ドイツ軍増強部隊の到着は見事なまでに遅れていたが、連合軍の情報部門はそうした現状をきちんと評価できずにいた。しかもドイツ軍上層部は、その持てる装甲師団をイギリス「第二軍」に集中投入していたのだが、この事実もまた、情報部門は把握しきれていなかった。

イギリス軍がヴィレル＝ボカージュにむけて押しだす直前、アメリカ「第一歩兵師団」は、コーモン＝レヴァンテ周辺で大きく突出しており、ゆえに同師団はその東側面を突かれることを恐れていた（そろって押し出すはずのイギリス「第五〇師団」はティイー＝シュル＝スール付近で精鋭のドイツ「装甲教導師団」と当たってしまい、アメリカ軍の動きに追随できずにいた）。そんな時、「第一歩兵師団」のヒュブナー師団長の元に、思わぬ知らせが届いた。同師団の支援にあたるはずの戦車部隊を、ほかに回すことに決まったというのだ。ヒュブナー少将はすぐさま「第一軍」司令官ブラッドリー将軍に猛然と抗議した。ブラッドリーはこの戦車部隊を使って、ドイツ第一七SS装甲擲弾兵師団「ゲッツ・フォン・ベルリヒンゲン」のカランタン攻撃を粉砕しようという腹づもりだったが、

ヒュブナーがなかなか納得しないため、こう言って請け合った。大丈夫だ、東側面にはモントゴメリーが精鋭のイギリス「第七機甲師団」を持ってきてくれるはずだからと。

「第一歩兵師団」の右手（西方）には、第二陣として「オマハ・ビーチ」に上陸したアメリカ「第二歩兵師団」が控えていた。そのさらに右手には、いまやサン＝ローにむけ戦線を押しあげつつある「第二九歩兵師団」がいた。この両師団はいずれも、自分たちがいま対峙しているドイツ軍部隊が、いかに弱体か、まったく気づいていなかった。そして、その脆弱さにようやく気づいた頃には、すでにノルマンディー地方の西方、ブルターニュ地方から増強部隊――ドイツ陸軍「第二七五歩兵師団」とドイツ空軍「第三降下猟兵（空挺）師団」――が到着を始めていたのである。結果、マンシュ県の県都サン＝ローをめざすアメリカ軍部隊は、このあと一カ月余りのあいだ、生垣に囲まれた小さな地面をドイツ軍と争奪しあう、苛酷な〝ボカージュ〟戦をくり広げ、しかもなおサン＝ローを確保できない事態へと陥るのである。

そのさらに西方に目を転じると、「ハイテ連隊」――ドイツ空軍「第六降下猟兵連隊」――と「ゲッツ・フォン・ベルリヒンゲン」が視野に入ってくる。両部隊はすでに、カランタン－ペリエ街道にそれぞれ防衛線を敷き、敵軍の襲来に備えていた。こんな防衛線など、このままでは突破されてしまうのではないか、とドイツ側は懸念していたが、これは杞憂に終わった。なぜなら、連合軍にははるかに優先度の高い当面の目標、すなわちコタンタン半島先端にあるシェルブール港の確保があったからである。ここの港湾施設を押さえれば、連合軍は以後、シェルブールを陸揚げの拠点にし、補給のテンポを格段にアップできるはずだった。

とはいえ、連合軍側の兵力増強は、すでにそのテンポをあげつつあった。まさにアメリカの組織力と工業力の勝利であり、「オマハ・ビーチ」の改造は瞬く間にすすんだ。その賑わいについて、アメ

リカ海軍のある士官は、ニューヨーク市民が休日に集う浜辺の行楽地に喩えている。「Dデイから一週間で、ビーチは夏の日曜日のコニー・アイランドみたいになった。そこでは数千人の男たちが働いていた。海軍設営隊員、陸軍の工兵、フランス人労働者。大型、小型のブルドーザーが忙しそうに道幅を広げ、地ならしをし、瓦礫を片づけていく」と。「オマハ・ビーチ」のアメリカ軍司令部は六月末には、二万人以上の将校・下士官兵を擁する大所帯に成長していた（そのかなりの部分は「第五工兵特殊旅団」と「第六工兵特殊旅団」で構成されていた）。水陸両用トラック〈DUKW〉が、海と陸のあいだを往復しながら、物資や兵員を運んでいた。「オマハ・ビーチ」一帯がドイツ軍砲兵の射程から外れると、LST（戦車揚陸艦）が干潮時に浜辺に乗りあげて、艦首のランプ（開閉扉）を開き、多数の車輌をどっと吐きだすようになった。その奇妙な灰色の船は、まるでジンベエザメのように見えたという。「参謀たちをはこぶジープは、ニューヨーク中心部を走るタクシーと同じく、イエローに塗られていた」と上記の海軍士官は書いている。そして「ドイツ人捕虜の大集団がそここにいて、LSTによってイギリス本土に移送されるのを待っていた」と。

「ビーチ」では別のことも起きていた。アメリカ「第六工兵特殊旅団」のある軍曹がふり返る。工兵たちが一部の捕虜を営倉まで引率していったところ、アメリカ「第一〇一空挺師団」のパラシュート降下兵がいきなり大声をあげた。「その捕虜を、俺たちに引きわたせ！　いいから引きわたすんだ！　こいつらの扱いは、よーく分かっているから！」と。海軍「戦闘爆破班」の班員も、これと同じか、これによく似た光景を目にしている。「その負傷した空挺隊員は、ドイツ人捕虜を手に入れるためなら、何でもやってやるといった感じだった。あのドイツ人捕虜たちは、後方において、改めてひどい虐待を受けたのだろうか。限度を超えた扱いが為されたのかどうか、それは分からない。ただ、空挺隊員たちは負傷してもなお戦意が衰えず、もしドイツ人が手に入るならば、まだまだ十分に

戦う気でいた」

　不幸なことに、負傷したアメリカ人空挺隊員は、捕虜たちと同じ船でイギリス本土へと後送された。「LST134」の海軍士官は記録している。「ちょっとした事件が起こった。数人の空挺隊員と捕虜が乗りこんできて、具体的詳細については分からないが、ドイツ人が一人か二人、殺されていたことだけは確かである」と。「LST44」でも、海軍の軍医助手がこれと似た、緊迫した場面に遭遇している。「そのとき、私は艦内のある区画で、戦争神経症にかかったり、あるいは負傷したアメリカ兵の治療を手伝っていました。すると、うちの艦のある士官が、捕虜たちを連れてきたのです。患者たちはたちまち、怯えや敵意といった、激しい感情を剝きだしにしました。状況はまさに一触即発でした。そんなことをするのは、初めての経験だったし、本当を言うと、このとき一回だけだったのですが、私は引率の士官に強い口調で意見をしてしまいました。この区画に捕虜を入れないで下さいと。その大尉は、びっくりした表情をうかべ、ひどくご立腹ではありましたが、私の言葉には、渋々応じてくれました」

　復路に病院船に早変わりするLSTには、特殊な装備が施されていた。「戦車甲板の隔壁の腕木には、担架が置かれており、それが何層にも重なっていました」と上記の軍医助手は記している。負傷した捕虜の一部はひどい状態だった。「あるドイツ人捕虜は、足首から胸までギプスで覆われていました。そのドイツ人は、私と軍医に、助けてくれと懇願しました。私たちのことを『同志、同志』と呼んでいました。私も手を貸して、軍医がそのギプスを切開しましたが、その哀れな人間は、びっしりとたかったウジどもに喰われていました。私たちはギプスを外し、ウジを除去し、身体をふいてやり、痛み止めを与えました。しかし手遅れでした。彼はその夜、静かに息をひきとりました」

「ユタ・ビーチ」でも「オマハ・ビーチ」でも、後方勤務の兵士たちは、陸海軍の別なく、前線で

戦う兵士と同様、戦場の記念品を絶対手に入れるぞと意気込んでいた。米攻撃輸送艦「ベイフィールド」に乗っていた、ある沿岸警備隊のオフィサーによると、戦利品ハンターは、特にドイツ軍の勲章や階級章に狙いをつけて、物々交換を激しく迫ったという。ドイツ軍の捕虜たちは、所属部隊の指揮官から、連合軍に捕まると、きさまらたちまち殺されるぞと脅されていたため、ほとんど抵抗の姿勢も見せず、そうした品々を差しだしたという。戦利品ハンターが最も手に入れたがったのは、ドイツの軍用拳銃〈ルガー〉で、その争奪戦は熾烈を極めたという。ある将校が言う。本気で〈ルガー〉が欲しかったら、「ドイツ兵自身を撃たねばならず、しかもそいつが地面に倒れる前に、身柄を確保しなければならない」と。一方、「ビーチ」では、水兵たちが一三五ドルも払って、〈ルガー〉を買っていた。中には二五〇ドル要求されたという話も伝わっている（当時としては相当な金額である）。アメリカ「第二機甲師団」に所属する、商才にたけたある軍曹は、鹵獲したドイツ軍兵器を満載したトラックで「ビーチ」に乗りつけると、それらをインスタント・コーヒー（アメリカの戦車部隊にとって、兵士の肉体を動かす〝燃料〟そのものだった）一〇〇ポンド（約四・五キログラム）と交換すると、ふたたび戦場に戻っていったという。

「オマハ・ビーチ」の責任者をつとめる将校も言っているように、海岸部では「規律の緩みが蔓延」していた。「ビーチ」の工兵を束ねるウィリアム・ホウグ准将は、地元民の家財に対する略奪行為を何とか止めさせようと、可能なことはすべてやった。准将はある会議の席上、こう言って、現状を憂慮した。略奪行為は「ドイツ軍がここにいた時よりもさらに悪化した、とフランス人から非難されている」と。Kレーション、Cレーションといった代わり映えのしない携帯口糧に飽きあきした多くの兵士および「ビーチ」関係者は、食生活に彩りを加えようと、家畜泥棒に励んでいた。たとえば、海軍「戦闘爆破班」のある潜水夫は、豚を一頭捕まえてきて、そいつにヘルマン・ゲーリングと命名

し、大型ハンマーで引導を渡してやろうとした。ところが、殴られた豚は、ただ悲鳴をあげるだけでビクともしない。結局、射殺するハメになった。そのあと、砂に穴を掘り、彼らはヘルマン・ゲーリングをあぶり焼きにした。フランスの民間人もまた、略奪行為を働いていた。狙った獲物はなんと、アメリカ軍の携帯口糧だった。別段、驚くべきことではない。フランス人に対する食料品の配給は、一人当たり、一カ月に肉が七二〇グラム、バターが一〇〇グラム、チーズが五〇グラムというかなり低い水準に固定されていたのだ。

兵士による略奪行為にもかかわらず、地元住民との関係は、しだいに友好の度が増していった。「[フランス人の]態度は、油断なき様子見気分といったところだ」とある報告書は書いている。ヴィレル＝ボカージュの住民のように、支配者がほんの短期間に劇的に変わった例はほとんどない。だから多くの地元民は、ドイツ軍がまた戻ってくるかもしれないと、いまだ不安が消えなかった。住民対策にあたる民政部は、医師の派遣に際しては自前のガソリンを携行させたし、医療部隊も、傷ついた民間人の手当てのため、最善を尽くした。イジニの民間病院は、犠牲者のあまりの多さに、すでに対応しきれなくなっていたのだ。

民生部の将校たちは、席の暖まる暇《いとま》もなかった。じつは獣医関係で必要な物資があるので、バイユーまでの通行許可証がほしいと言ってくる農民がいたかと思うと、放牧地の囲いをなんとかしてくれと苦情を言ってくる農民もいた。うちの土地を横切って、新しい軍用道路ができたため、その辺をうろつく牛が危なくて仕方がないというわけだ。サン＝ローランの村長は、アメリカ軍のトイレが、村の水源を汚染していると文句を言ってきた。民政部の将校たちはまた、労働力を確保するため、地元住民の募集もおこなった。そしてアメリカ軍は、勤務時間にかんするフレンチ・スタイルに愕然とした。拘束時間はあらかじめ、午前七時から午後七時までとされていたが、昼食時に一時間、また午

前九時と午後四時にも十分間の小休止が挟まり、しかもフランス人労働者はその小休止にも、グラスに一杯か二杯、ワインを嗜むのだった（その後、イギリス軍が担当する東側の戦区では労働争議めいたものまで発生している。イギリス軍は資金不足で、アメリカ軍より、安いカネで人をこき使っている――という噂が立ったためである）。徴発がらみで問題が発生したとき、現場の調整に乗りだす将校は、まさにうってつけの〝ビリオン（十億）〟という名の大佐だった。上級将校が利用できるよう、ヴィエルヴィル城の一部を接収することになったときも、ド・ロワ伯爵夫人との交渉役を任されたのは、ビリオン大佐だった。

フランス人の中には、対独協力にはげむような輩がいる、とアメリカ側は強い疑念をいだいていた。しかも当のフランス人の中に、そうした疑念を煽るようなことを言ってくる者もいた。たとえば、「オマハ・ビーチ」にいる「対敵防諜軍団」の分遣隊に対して、「コルヴィルの町長は、わが町には怪しい女たちが存在している。この地に敢えて居残り、ドイツ軍といまも通じている疑いがある」と通報してきた。例のフランス人女狙撃手をめぐる噂も、依然として拡大を続けていた。

この間も、アメリカ軍の海岸堡はコタンタン半島にむけ、順調に拡大を続けていた。ただ、「オマハ・ビーチ」全体がドイツ軍砲兵の射程から外れたあとも、ドイツ空軍の夜間爆撃は続いており、アメリカ側は依然、緊張を強いられていた。アメリカ海軍の水兵や「ビーチ」で作業する面々は、ドイツ空軍のことをその総司令官ゲーリングのファーストネームに因んで「ヘルマンの害虫」と呼んでいた。沖合いに投錨する連合軍の大艦隊には「文字どおり数千門」の高角砲があるとしきりに喧伝されていたけれど、その高角砲はドイツ軍機はもとより、それを邀撃《ようげき》するため飛来する連合軍側の航空機にとっても、ひどい頭痛のタネだった。ある報告は次のように記している。六月九日の夜、いまだ昼間の光が残っている時間帯だったが、わずか二時間足らずのあいだに、「ユタ・ビーチ」沖の艦艇は

〈マスタング〉四機を撃墜し、〈スピットファイア〉四機に発砲し、さらに別の哨戒任務で飛んできた複数の〈スピットファイア〉にも発砲し、〈タイフーン〉二機にダメージを与え、また別の〈スピットファイア〉二機にも攻撃を加えた――と。もっぱら輸送任務にあたる民間の船舶は、防空監視の特別訓練をつんだ見張り員を八〇〇人もかかえていたが、アメリカ海軍の各艦がかかえる見張り員の練度は、民間に比べると、明らかに劣っていた。

イギリス空軍のリー＝マロリー大将は書いている。あらゆる予防措置が講じられ、かつまた「明白な航空優勢を確保したにもかかわらず、海軍による友軍機への破廉恥な攻撃は、やはり起こってしまった。もし仮に、こうした事態が今後も続くようなら、戦闘機による上空援護は、より高高度での飛行を強いられ、それは低空侵入してくる敵機に対して、十分な保護が提供できないことを意味する……妙な噂が流れているが、敵機がわが方の特殊マーキングを模倣しているという話に、なんらの根拠も存在しない」[*1]。リー＝マロリーはさらに指摘する。アメリカ海軍の艦艇には「訓練をつんだ機種識別員」が乗りこんでいるが、「彼らが得意なのは、アメリカ軍機の識別のみであることは、明々白々である」と。翌日の夜も、状況は前夜と変わらぬひどさだった。ドイツ空軍のごく小規模の夜襲に反応して、連合軍の各艦艇が空に放った対空砲火があまりに激しかったため、邀撃任務にあたった味方の戦闘機が六機も撃墜されたのだ。そのうちの一機のパイロットは、かろうじて海から引き揚げられたものの、その後四時間、絶えることなく、あの海軍のバカどもめがと罵りつづけたという。

六月九日、上陸作戦開始から四日目、ブラッドリー将軍は、アメリカ「第七軍団」の軍団長、J・ロートン・コリンズ少将に対し命令を発した。コタンタン半島を縦断し、先端のシェルブール港にむけ北上すべく、しかるべき準備に取りかかれと。その二日後、ブラッドリーはモントゴメリーとの会

談をキャンセルした。翌朝、アメリカ軍のお歴々が彼の司令部を訪問することになったからだ。文字どおりの米軍トップで、SHAEF（欧州連合国派遣軍最高司令部）を率いるアイゼンハワー将軍だけでなく、陸軍参謀総長のジョージ・C・マーシャル大将と、合衆国艦隊司令長官兼海軍作戦部長のアーネスト・キング提督という錚々たる顔ぶれだった。一行は六月十二日早朝、「オマハ・ビーチ」に上陸した。そのすぐ沖合いには、各種機材や物資陸揚げのために建設された洋上の人工港「マルベリー」の一部がそのすがたを現しつつあった。

ブラッドリー将軍はまず、彼らをイジニに案内した。現地視察団の一行は、装甲車輛に護衛された軍用自動車で移動し、海軍の艦砲射撃がどの程度の効果をあげているのか、実地検分した。これほどの上級幹部が一カ所に集中している状況に、ブラッドリーは心中穏やかではなかった。のちに「敵の狙撃手がいれば、彼は第三帝国の英雄として、不朽の名声をかちとっていただろう」と語っている。米戦艦「テキサス」の巨大な主砲が、カランタン南方の「ゲッツ・フォン・ベルリヒンゲン」に打撃を加えるのを見物したあと、一行はアメリカ「第一軍」司令部で、Cレーションによるランチを楽しんだ。ブラッドリー将軍はそのあと、コリンズの「第七軍団」がシェルブール確保にむけて、どのような作戦を展開するのか、お歴々に概要を説明した。

J・ロートン・コリンズ少将は、四八歳の若き将軍である。きびきびと動きまわり、活力に満ちていることから「稲妻《ライトニング》のジョー」という愛称で呼ばれていた。太平洋戦域における、ガダルカナルの掃討戦でその実力をいかんなく発揮し、ブラッドリー将軍の全幅の信頼を得ていた。コリンズ少将もまた、直属の上官であるブラッドリーを心底信頼していた。

メルデレ川の橋頭堡拡大を目指した、アメリカ「第九〇歩兵師団」による最初の試みは、すでに述べたように、完全な失敗に終わった。同師団の面々は、最初から腰が退けていた、と兵士のひとり

も認めている。彼らは、何かというと、上級者の指示を仰ごうとした。ドイツ軍の観測員が目に入っても、ただちに発砲せず、まずは指示を待った。彼らはまた、死んだドイツ兵から何かを奪うことは、相当に危険な行為であることも、身をもって体験した。ある師団の兵士が偶然、「第九〇歩兵師団」に所属する少尉の死体を発見した。見ると、後ろ手に縛られており、どうやら、のどをドイツ製拳銃〈P－38〉で撃たれたらしく、後頭部が吹きとんでいた。革のドイツ製ホルスターだけは、いまだ少尉のベルトに付いたままだった。「その現場を見た瞬間」とその兵士は語る。「自分は戦場の記念品なんか要らないと口走ってしまった。でも逆に、もしアメリカ製たばこを持っていたり、アメリカ製の腕時計をしているドイツ兵がいたら、自分もきっと、相手のドイツ兵に同じことをするだろうなと思った」

「第九〇歩兵師団」の戦闘能力が今後、劇的に改善される見込みはあるまい――そう見切りをつけたコリンズ少将は、「第八二空挺師団」とともにコタンタン半島を北へと力押しする任務を、新来の「第九歩兵師団」に任せることにした。攻撃は六月十四日に開始された。〈シャーマン〉戦車と対戦車自走砲の支援を受けながら、「第九歩兵師団」はドイツ「第九一空輸歩兵師団」の残余のかたわらを強行突破し、四日後にはシェルブールに近い、浜辺の小さなリゾート地、バルヌヴィルまで辿りついていた。

ヒトラーはきわめて厳しい命令を発していた。コタンタン半島のドイツ軍部隊は、可能な限りの兵力を保ちつつ、戦いながらシェルブールまで後退せよというのである。だが、ドイツ「第七七歩兵師団」の師団長は、この命令に背くことを決めた。彼の部隊は当時、フォン・シュリーベン中将の指揮下に入っていたが、こんな雪隠詰めになり、全滅を免れないところに留まっていても、軍事的意味は皆無であると判断したからだ。このドイツ人師団長は、アメリカ「第九歩兵師団」がまさにバルヌ

ヴィルに到着したころ、麾下の部隊の一部をなんとか逃すことに成功した。一方、Dデイ以来、装備の大半と三〇〇〇人近い兵員を失ったドイツ「第九一空輸歩兵師団」もまた、北方のシェルブールではなく、南方へと撤退していった。

「わずか数日でわれわれはすべてを失った。すると命令が届いた。軍需品の輸送部隊に接触し、補充を受けてこいというのだ」と「第九一空輸歩兵師団」のある上等兵は書いている。「われわれは着たきり雀の状態だった。最悪な状況はまだまだ続き、頭上には敵機がいるため、すべては夜間におこなわなければならなかった。あいつらと来たら、一人ひとりに狙いを定めて、機関砲をぶっ放すのだ。われわれには対空砲と友軍機が必要だった。だが、そんなもの、見渡すかぎり、どこにも存在しないのだ。想像できるだろうか。こうした状況は、士気をおそろしく低下させるのだ。なにしろわれわれは、ずっとこう聞かされてきたのだから。数日中には、現在待機中の数多《あまた》の友軍機が、大規模反攻に打って出ると」

海岸部と内陸部をつなぐ回廊地帯に展開するアメリカ軍部隊の南側面は、「第八二空挺師団」と、武運つたなき「第九〇歩兵師団」が守っていた。視察を終えたブラッドリー将軍は、この戦区を託すに足るのは、手駒のなかでも最も優れた将官のひとり、トロイ・H・ミドルトン少将をおいてないと判断し、彼を「第八軍団」の軍団長に据えた。イタリア戦線でその名をあげたミドルトン少将は「スティール・フレームの眼鏡をかけ、筋肉質の大学教授といった風情」だった。

これに対峙するドイツ「第八四軍団」に新軍団長がようやく着任したのは、六月十八日のことである。ディートリヒ・フォン・コルティッツ中将は、「ナイトクラブのコメディアンのような風貌をした、丸々した体形の人物」である。同中将は、東部戦線、特にクリミア半島の軍港都市、セヴァストポリの攻防戦で戦い方を実地に学んだ野戦指揮官である。着任する直前、コルティッツはル・マンの

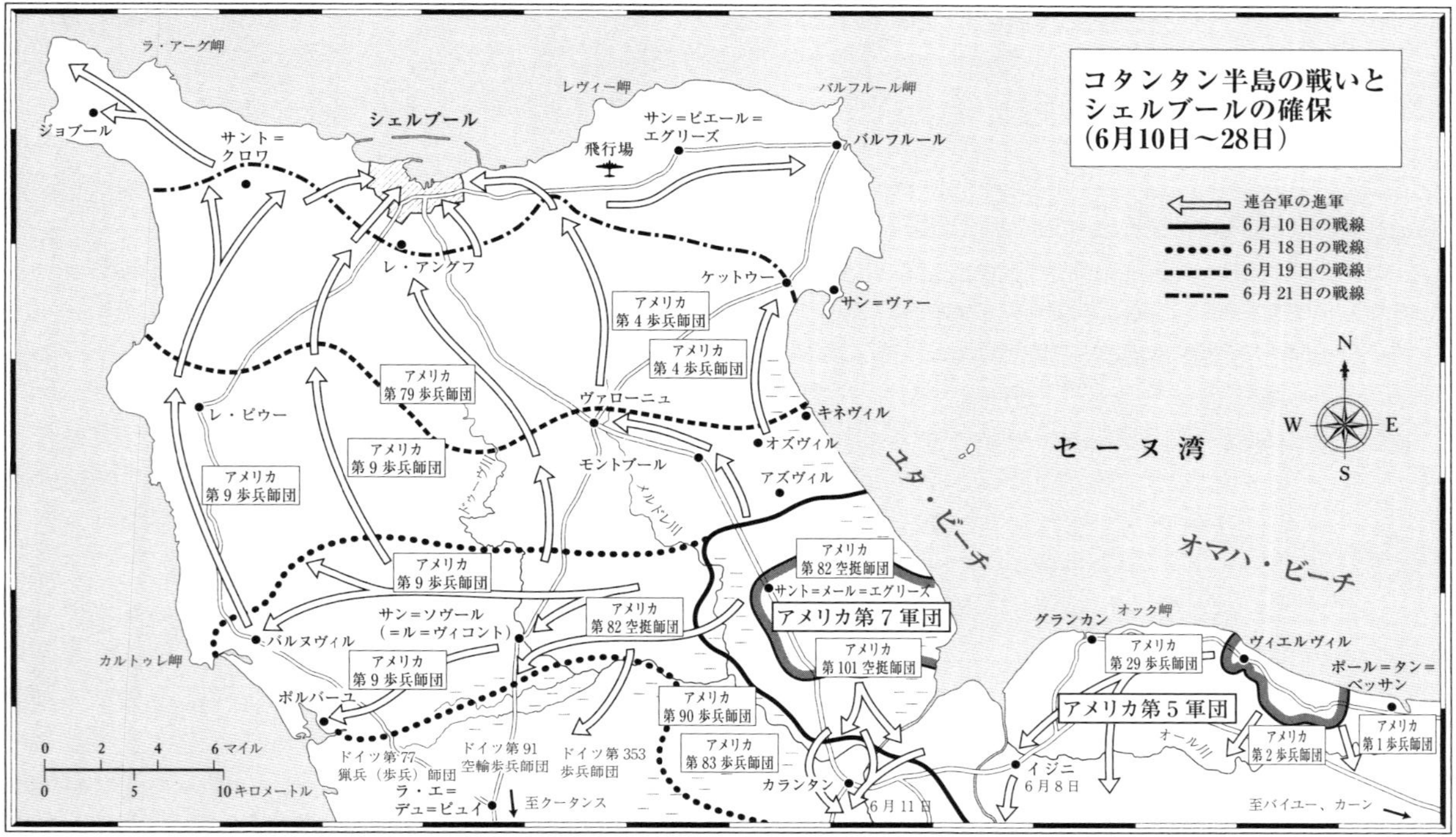

コタンタン半島の戦いと
シェルブールの確保
(6月10日〜28日)
連合軍の進軍
6月10日の戦線
6月18日の戦線
6月19日の戦線
6月21日の戦線
N
S
W
E
ラ・アーグ岬
ジョブール
サント＝
クロワ
シェルブール
レヴィー岬
サン＝ピエール＝
エグリーズ
飛行場
バルフルール岬
バルフルール
レ・アングフ
ケットウー
サン＝ヴァー
アメリカ
第4歩兵師団
アメリカ
第4歩兵師団
アメリカ
第79歩兵師団
レ・ピウー
ヴァローニュ
キネヴィル
オズヴィル
モントブール
アズヴィル
アメリカ
第9歩兵師団
アメリカ
第9歩兵師団
ドゥーヴ川
メルドレ川
セーヌ湾
ユタ・ビーチ
オマハ・ビーチ
アメリカ
第9歩兵師団
アメリカ
第82空挺師団
サント＝メール＝エグリーズ
アメリカ第7軍団
サン＝ソヴール
(＝ル＝ヴィコント)
アメリカ
第82空挺師団
バルヌヴィル
カルトゥレ岬
アメリカ
第9歩兵師団
アメリカ
第101空挺師団
グランカン
オック岬
アメリカ
第29歩兵師団
ヴィエルヴィル
ポール＝タン＝
ベッサン
ポルバーユ
アメリカ
第90歩兵師団
アメリカ第5軍団
アメリカ
第2歩兵師団
アメリカ
第1歩兵師団
オール川
0 2 4 6 マイル
0 5 10 キロメートル
ドイツ第77
猟兵（歩兵）師団
ドイツ第91
空輸歩兵師団
ドイツ第353
歩兵師団
アメリカ
第83歩兵師団
カランタン
6月11日
イジニ
6月8日
ラ・エ＝
デュ＝ピュイ
至クータンス
至バイユー、カーン

「第七軍」司令部を訪れ、状況説明を受けたが、軍司令官のドルマン上級大将に対し、特段の感銘は受けなかった。「司令官は疲労困憊し、ほとんど、心ここにあらずという体だった」とコルティッツは戦後書いている。「装甲教導師団」を指揮するフリッツ・バイエルライン中将などは、ドルマンを軽蔑し切っていた。あいつは全くの〝ヌル（役立たず）〟で、「贅沢な暮らしを続けたせいで、すっかり鈍《なま》ってしまった」と。

コルティッツはまた、「第八四軍団」の参謀たちが、完全に戦意を喪失していることにも否応なく気づかされた。カーン西方において、戦車部隊を大規模に投入した最初の反撃に失敗したあと、前任の軍団長エーリヒ・マルクス大将は「この戦争は負けだ！」と反逆罪に問われかねないようなことを公然と口にしたという。「第八四軍団」に所属する師団長の損耗率があまりに高かったことも、どこかでこうした見方につながっているのかもしれない。マルクス軍団長自身が、まずもって負傷者のひとりであるし、「第九一空輪歩兵師団」を率いるヴィルヘルム・ファライ中将は開戦の劈頭に戦死、六月十日には〝東方兵部隊〟のハインツ・ヘルミヒ中将が戦死、第一七SS装甲擲弾兵師団「ゲッツ・フォン・ベルリヒンゲン」師団長のヴェルナー・オステンドルフSS少将も六月十六日に重傷を負っている。アメリカ軍の動きがあまりに急なため、コルティッツは「第七〇九歩兵師団」を率いるフォン・シュリーベン中将と連絡を取るため、わざわざチャンネル諸島とシェルブールを経由してメッセージをやりとりしなければならず、それがまた状況をより複雑にしていた。

アメリカ軍はコタンタン半島の封鎖にとりあえず成功した。だが、「第七軍団」を率いるコリンズ少将は、ここで漫然と時を過し、ドイツ軍に戦線建て直しの余裕を与えてはならないと考えた。そこで、第七軍団「第九歩兵師団」を率いるマントン・エディー少将に対して、麾下の全部隊を大きく方

向転換させ、半島の西海岸を北上せよと命じた。半島中央部には「第七九歩兵師団」を配し、またモントブール、ヴァローニュ周辺でいまだ激戦をつづける「第四歩兵師団」に向けては、半島東部を制圧後、右手からシェルブールに急迫せよと指示した。「第四歩兵師団」を率いるレイモンド・O・バートン少将は、一部の野戦指揮官に比べ、積極果敢さに欠ける点があったが、かのリデル・ハートは、バートン少将に好印象を持っていた。少将は「気持ちがいいくらい偏見のない」人物だ、とリデル・ハートは述べている。

「第四歩兵師団」は、北方に集結する敵勢を相手に、前進をつづけた。モントブールやバローニュ周辺、およびその沿道にある町々につくられたドイツ軍の防御陣地を、沖合いの軍艦や陸軍の砲兵が、順次叩いていった。その戦いぶりについて、モントゴメリーはド・デギンガンド参謀長宛ての手紙のなかで、悪趣味きわまる、およそ笑えないジョークを飛ばしている。「モントブールも、ヴァローニュも、わが第二一軍集団の最良のスタイルで〝解放〟された。すなわち、どちらの町も完全に破壊され尽くされたわけだ!!」。逆に、このジョークは、モントゴメリーがいかに砲爆撃に依存した戦いを続けているか、その現実をはしなくも露呈した証拠と見ることもできる。

北へ北へと、シェルブール軍港にせまるアメリカの三個歩兵師団は、近接航空支援部隊があることのメリットを、十二分に感じていた。そのおかげで何かあれば、陸軍航空軍の戦闘爆撃機に、地上にいる敵を叩いてくれと適宜要請することができたのだ。ただ、まだ目新しいこの空陸協同は、いまだ試行錯誤の段階にあり、緊急要請が具体的な形になって返ってくるまでに、少なくとも三時間は待つ必要があった。それでも稀に、比較的短時間で要請が叶うこともあった。六月十六日、「一機の〈パイパー・カブ〉が、師団砲兵に対して連絡してきた。兵員が隊列を組んで、橋を渡りつつあると。この情報を、砲兵部隊が電話経由で伝達すると、「第七軍団」は当該戦区を担当する戦闘爆撃飛行隊に

そのむね伝え、問題の縦隊へと向かわせた。一五分後、機銃掃射を加えたとの第一報が入り、その後いくつかの報告が寄せられた。それらを総合して、実際の状況が判明した。ドイツ兵に引率されたアメリカ人捕虜の隊列が行軍しているところへ、いきなり友軍機が飛んできて、機銃掃射を浴びせたというのだ」。それでも、この草創期における空陸一体運用は、侵攻作戦がすすむにつれて、怖いほど効果的な組み合わせになっていく。

コリンズ少将のシェルブール攻略は、ほぼ順調にすすんでいた。ただ、思いもかけない災難がそのころ、連合軍の主力を襲っていた。六月十九日、過去四十年でも最大級の暴風雨がイギリス海峡を吹き荒れたのだ。これに大潮が重なったものだから、たまったものではない。地元住民でさえ、こんな悪天候、見たことがないと言っているくらいだ。海岸一帯を見舞ったその強風は、ノルマンディーの人間に言わせると、「牛の角をもぎ取るほど」激しいものだったそうだ。気温は厳寒の十一月なみに低下した。「オマハ・ビーチ」のすぐ沖合いに設営された組み立て式人工港、通称「マルベリー」は、修理も叶わぬほどの大打撃を受けた。建設のさいに出来たヒビのせいで、構造的に脆くなっていたのだろう、と分析する専門家が何人かいたが、設営場所がなんら遮蔽物のない剝きだしの海岸だったことが、この脆弱性につながったと思われる。なぜなら、イギリス軍がアロマンシュ沖に設営した、同様の人工港施設のほうは、珊瑚礁や岩場によって一部保護されていたため、のちの再建が可能だったからである。

高波のせいで、上陸用舟艇は海岸に叩きつけられ、衝突しあい、あちこち破損したし、〈ライノー〉フェリー——車輌輸送用の自走式バージ——などは、あっさりバラけてしまった。大型のLST（戦車揚陸艦）でさえも、浜辺にうちあげられる始末だった。「ともかく各種の揚陸用艦艇の破壊を免れる唯一の手だては」と米海軍のある士官は書いている。「はるか沖合いの、イギリス海峡に避難させ、

この嵐をやり過ごすことぐらいだった」。方向は逆だが、イギリス本土に向かう艦船にとっても、このときの海峡横断は忘れがたい記憶を残している。「ひどく荒れた海のなか、サウサンプトンまでの八〇カイリを越えるのに、およそ四日間を要した」とLSTのある士官は書いている。「海があまりに荒れるので、船体がまっぷたつになることを恐れた艦長は、艦首と艦尾のあいだに係留索を張りわたし、ウインチで引っぱりあげ、さらに二枚のデッキ・プレートにも補強材を追加するよう命じた。わが艦は、どこぞの山岳民族の弦楽器みたいな有り様だった」

暴風雨は六月二十二日木曜日の夕刻まで続いた。各「ビーチ」は信じられないほどの惨状を呈していた。この嵐によって、上陸時を上回る艦船と機材が失われた。とはいえ、Dデイの計画立案に参画した人々は、ほっと胸をなで下ろしていた。六月五日の深夜に、思い切って作戦開始を決断しておいて、本当によかったな——というわけだ。もし仮に、開始時期を二週間延期（その可能性は十分にあった）していたら、連合軍の〝無敵艦隊〟は、イギリス海峡でも史上最大級の暴風雨に、もろに突っ込んでいたはずだからだ。海岸部の現状視察を終えたあと、アイゼンハワー将軍はわざわざそのための時間をとり、かの主任予報官、イギリス空軍のスタッグ大佐に宛てたメモを作成し、大佐に送っている。「あのとき、作戦開始を決断できたことに、私は戦さの神さまに感謝しています」と。

暴風雨が残した爪痕から回復するには、暴風雨の通過にかかった以上の時間が必要だった。浜辺に乗りあげたLSTをふたたび海に浮かべるには、次なる潮位の高まりを期待しつつ、ブルドーザーで大きな穴を掘ってやらなければならなかった。「そもそも〈マルベリー〉なんて、端《はな》から信用していなかった」アメリカ軍は、沖の人工島の残骸のうち、撤去可能なものはすべて一掃し、「平底のバージと上陸用の各種艦艇を干潮時に接岸させれば、驚くほど大量の物資が陸揚げできる」ことを、実際行動によって証明してみせた。*2

このときの暴風雨のせいで、連合軍側は部隊の増強がいちじるしく遅れ、犠牲者のイギリス本土後送は滞り、航空作戦は中止に追いこまれた。連合軍の戦闘爆撃機がやってこないため、ノルマンディー戦線のドイツ軍は、兵力の増強をスピードアップさせた。連合軍の多くの師団はそのころすでに、フランス行きの輸送艦に乗りこみ、あるいは海峡横断の準備に取りかかっていた。だが一週間、もしくはそれ以上の期間、彼らはイギリス側のそれぞれの港で足止めを喰らわされた。最も直接的な影響は、補給物資の面、特に砲兵用の弾薬不足に顕著だった。ブラッドリー将軍はそこで、ある困難な決断をした。コリンズのシェルブール攻略に対する全面支援を、このまま継続すると決めたのである。この決断により、その他の二個軍団――南東にむかうジェロウの「第五軍団」と、コタンタン半島の南方にいるミドルトンの「第八軍団」――は、最低限の砲弾しか受け取れなくなった。結果的にそれは、ドーヴ川湿地帯の南方にいるドイツ軍に、防備を固める時間的猶予を与えることを意味した。そうしたことは十分承知したうえでの、ブラッドリーの決断だった。

激しい嵐にもかかわらず、コリンズ少将は手持ちの三個歩兵師団を駆使して、半島先端部の包囲を成功させつつあった。対するフォン・シュリーベン中将は、現下の崩壊しかけているわが軍では、このアメリカ軍と正面きって戦うことは不可能だと判断し、シェルブール周辺にずらりと並ぶ防御陣地まで全部隊を引きあげさせた。「シュリーベン師団」には、いまやじつに雑多な部隊が編入されていた。グルジア兵で構成された一個大隊や、五個騎兵大隊で構成されたコサック連隊等々。コサック連隊のロシア人大佐などは、酔っぱらったとき、「軽く一発、略奪行為」をやらせてもらいたいものだとつい本音を漏らしたりした。「これぞ戦争の醍醐味ってわけだ」とドイツ人佐官の一人が、揶揄するような口調で感想を述べた。

シェルブールに押し寄せるアメリカ軍の勢いを阻もうにも、ドイツ軍は散発的抵抗を示すのがやっ

とだった。ただ、半島中央部を北上するアメリカ「第七九歩兵師団」の場合は、ちょっと違っていた。同師団は到着したばかりの部隊であり、今回の戦いが実質的な初陣だった。「部下たちは疲れていた」とある小隊長は書いている。「そして疲れてくると、彼らはますます、特に行軍の折りなどは、一ヵ所に固まる傾向があった」。各人が散開し、互いに安全な距離を保つことができなかったせいで、「第七九歩兵師団」は最初の数日間に、不必要とも思える人的損耗を出すことになった。時おり、落後兵に遭遇した。そうした兵士は、わが中隊はほぼ全滅しましたと訴えた。だが、それはおよそ実態とかけ離れた主張だった。〝ボカージュ〟戦は、生垣で視界が極端に遮られるため、自分がいまどこにいるのか、完全に分からなくなる時すらあるのだ。各小隊長は、行方の知れぬ兵士や、あるいは行方の知れぬ分隊を探そうと懸命に走りまわるため、ひどく狙われやすかった。「第七九歩兵師団」はついに、シェルブール東方五マイル付近で立ち往生した。そこは点在するトーチカと〝抵抗巣〟からなるドイツ軍の前哨線の真正面だった。第七九師団「第三一四歩兵連隊」の「K中隊は、ほぼ丸々一個小隊を失うハメになった。実戦経験に乏しく、しかもパニックに駆られた兵士たちが、ついつい身を寄せあった結果、敵砲兵や機関銃手の格好の餌食となった」。だがその後、彼らはなんとかトーチカを迂回し、背後からバズーカ砲を一発見舞ったところ、敵はあっさり降伏してしまった。

六月二十二日午前、アメリカ軍はシェルブール港に対する大規模空爆を敢行した。ドイツ軍の対空砲陣地には警報が鳴り響いた。対空砲を任されたのはRAD（国家労働奉仕団）に所属する十代のドイツ人だった。本来は建設工事の要員として徴集された若者たちで、正規軍の兵士ですらなかった。彼らが持ち場に駆けつけるなか、戦闘爆撃機の第一陣がシェルブールに飛来した。「ぼくらは狂人のように撃ち返した」とRAD団員の一人は書いている。するとその時、空気を震わせるような爆音が、イギリス海峡のほうから聞こえてきた。アメリカの重爆撃機が、太陽を浴びてきらきら光りなが

ら、編隊を組んでやってきたのだ。「空から地獄が降ってきた。唸り、砕け、揺れ、崩れる。そして静寂。土ぼこりや灰や粉塵が、空を暗く染めていく。ぼくらの砲兵陣地のうえに、怖いような静けさが降りてきた」。何発か、爆弾の直撃もあった。少年たちの死体はその後、トラックに載せられ、撤去された。

シェルブールが近づくにつれ、より規模の大きな砦や、さらに密集度を増したトーチカ、あるいは防衛陣地群に出会うようになった。どの陣地もゆるがせにはできず、ひとつまたひとつと対処せざるを得なかった。第七九師団「第三一五歩兵連隊」のバーナード・B・マクマホン大佐は、レザングフにおいて数百人規模の守備隊がこもる、巨大な防御陣地らしきものと遭遇した。ポーランド人脱走兵の案内で、大佐と偵察チームがその砦に接近すると、空爆によるものか、あるいはドイツ軍自身によるものかは判然としないが、そこにある火砲は破壊されているように見えた。さっそく到着したばかりの拡声器付きトラックを持ってこさせると、マクマホン大佐は、砲兵に対して砲撃要請を事前におこなったうえで、拡声器を使ってドイツ語で、これから一個師団をすべて投入した総攻撃をおこなうと通告した。十分間だけ、降伏のための猶予を与えるが、その十分間が過ぎたあとは、「勧告に応じなかったものとして、この要塞を跡形もなく吹き飛ばす」所存であると。そんな内容のメッセージをくり返しながら、マクマホン自身は、自分が「いささか間抜けに思われた。言葉なんかで、なんらかの結果が生じるとは思えなかった」と感じていたという。ところが突然、「やつらが来ます！」と誰かが叫んだ。そして、多くのドイツ兵がこちらに向かって歩いてくるのが見えた。数人が白旗を掲げ、他のものは両手を挙げていた。ただ、守備隊の規模からして、投降者の数はごくわずかだった。

次に、五人の将校からなる一団がすがたを見せた。その五人は、要塞の司令官が送ってきた軍使だった。一行はマクマホンに告げた。おたくの大砲で、白燐砲弾をこちらの指定する地点に一発ぶっ

ぱなしてくれないか。そうすれば、いちおうの面目が立つので、司令官は「これにて総統閣下への義務はひとまず果たし終えたと判断し、降伏勧告」に応じられるからと。これに対して、マクマホンは、じつはうちには白燐砲弾が一発もないのだと認めざるを得なかった。そこで、白燐手榴弾を五発投擲した場合でも、「ドイツ側の名誉は守られるものだろうか」と逆に質問してみた。これを聞くと、ドイツ側の先任将校はマクマホン大佐に敬礼し、この逆提案は受理された。では、さっそく投擲するかと確認すると、かき集めても、中隊全体で白燐手榴弾は四発しか見つからなかった。仕方なく、さらなる値切り交渉がおこなわれた。結局、四個の手榴弾を、相手の指定した畑にむけて投擲することになった。ドイツ人将校たちは、その様子をしかと検分し、確かにそれは白燐弾であったという合意に達し、戻って司令官に報告をおこなった。こうした手順を経て、ドイツ軍の司令官は、要塞の残りの部分と、付属野戦病院にかんし、ようやく降伏を受け入れることができたのである。

捕らえてみれば、捕虜の数は二〇〇〇人にも上ることが判明した。そのあと、マクマホン大佐は師団長とともに、ドイツの野戦病院を視察した。すると、そこにいたドイツ軍の上級将校がじつは頼みがあるのだがと打診してきた。小銃八挺を、引きつづき保持することを認めてほしい。病院で医療助手をつとめるロシア人とポーランド人の〝志願兵〟は、しっかり監視していないと、働こうとしないのだとドイツ側は説明した。この要請に対し、師団長が言い返した。ロシア人とポーランド人は、いまやアメリカ軍の庇護下にある。ドイツ人は、自分のことは、自分でやるべきだと。

シェルブール港をまもる最も強力な防御施設は、重砲をずらりと並べた沿岸砲台だった。その鉄筋コンクリート製の砲台は、重爆撃機でも叩けなかったため、ブラッドリー将軍は、シェルブール制圧を早めるためだと力説し、米海軍のアラン・カーク提督に支援を要請した。まったくブラッドリーのやつ、海軍の助力を事もなげに求めてくるじゃないかと思ったけれど、それでもカーク提督は、この

要請をいちおう受理してくれた。米戦艦「ネヴァダ」、同「テキサス」、および巡洋艦数隻からなる砲撃戦隊が岬を回り、シェルブールへと向かった。ちょっとした遠足気分に浸っているものが多かった。「八時三十分、われわれは戦闘配置についた」と米巡洋艦「クインシー」に乗っていた航空管制士官は書いている。「雲はほんのわずか、積雲がいくつか浮かんでいるだけで、空は明るかった。空気は冷えたワインのような感じだった」と。「テキサス」座乗のカールトン・F・ブライアント海軍少将によると、「美しい光にみちた日曜日だった。海面はさざ波が立って、きらきらと光り、われわれは掃海艇のあとを追いながら、シェルブールへと向かった。根拠はいっさいなかったが、どこか安心しきった気分だった」という。一三〇〇時（午後一時）前後に、砲撃戦隊は敵砲台を破壊すべく、所定の位置についた。

と突然、沿岸砲台が火をふいた。ぼんやりと見ていると、初弾のうちの一発が戦艦「テキサス」の司令塔に見事に命中し、艦長甲板と将官甲板に甚大な被害を与えた。「こちらも即座に砲撃を開始した」とある士官は書いている。「うなりを上げて飛んでくる［沿岸砲台からの］最初の全門斉射で、こちらは夾叉《きょうさ》（水柱により位置をしっかり把握）されてしまった」。「ネヴァダ」はかろうじて免れたものの、「テキサス」に続き、今度は英巡洋艦「グラスゴー」など他の数隻も被弾した。航行に支障のでた艦艇こそなかったものの、ブライアント少将は、時には敢然と退くことこそ勇気である――と適切な判断を下し、煙幕を張り、そのまま戦場を離脱した。

陸上では、歩兵部隊の一部が、容易に抜けない堅牢な防御陣地に遭遇しており、それに対して尋常一様でない勇気が示される場面もあった。交戦中の補給には、装甲ブルドーザーの存在が不可欠だった。工兵と歩兵は、梱包爆破薬やその他の爆発物を仕掛けたり、敵陣地の通気シャフトから落としたりした。時にはあまりの猛攻に、こいつには絶対叶わないと、ドイツ軍守備隊の指揮官が降伏する場

面もあった。やや眉唾もののこんな報告も残っている。「第七九師団」に所属する、スミスという名の一等兵は「カルヴァドスをしこたま呑んで、もう怖いものは何もない」という大きな気分になり、とある防御陣地に敢然と乗りこみ、これを落としてしまったというのだ。

スミス一等兵が手にした武器は、四五口径の自動拳銃一挺で、彼はやはりしどどに呑んで、すっかり気の大きくなった戦友ひとり（なんとこちらは丸腰だった）を伴うと、「砦の入口まで千鳥足で突進した」という。スミス一等兵とその戦友は、鋼鉄製のドアが半開きになっていることに鋭く気づき、するりと陣地内に潜りこむと、まずは入口付近に立っていたドイツ兵たちを次々に射殺した。スミス一等兵は「実際のところ、限界まで呑んで」おり、部屋から部屋をめぐりながら、「撃っては叫び、撃っては叫びした。ドアというドアに、彼のすがたが現れたため、内部にいたドイツ兵は、アメリカ軍が全軍をあげてこの砦を襲ってきたと勘違いし、ついに抵抗を断念した」という。捕虜を駆り立てると、スミス一等兵は彼らを行進させて、砦の外にいったん連れだし、所属大隊に引き渡した。そのあと、スミス一等兵は砦にとって返した。負傷したドイツ兵のいる部屋を発見した。「よいドイツ人は、死んだドイツ人だ」とそこにいた全員に通告すると、彼は仲間に制止されるまで、負傷者をよいドイツ人に変えるため、一意専心した」という。

防衛の要《かなめ》であるルゥール要塞が陥落したことで、フォン・シュリーベン中将は、苦しみをこれ以上引き延ばすことになんの意味もないと考えた。部下たちはほぼ全員、陣地の地下で身動きがとれず、負傷者の数は数千人に及んでいた。地下司令部に通じる通気シャフトを、アメリカ軍の工兵が吹き飛ばしたとき、シュリーベンは降伏を決意した。なにしろ負傷者はほとんど息ができず、酸素はあまりに乏しかったから。将校団はおおむね賛成したが、シュリーベンの「まっとうな常識」に対し、カイル中佐という人物だけは、異を唱えた（同中佐は、コタンタン半島の北西端にあるジョブール半島

を六月いっぱい死守したとして、のちにナチ当局からお褒めの言葉をもらうことになる)。「要塞都市シェルブール」の司令官として、自分は死ぬまで戦いますとヒトラーに誓ったことは事実だが、シュリーベンは部下のこれ以上の犬死は望まなかったのである。

六月二十五日、一九三二時(午後七時三十二分)、幕僚のひとりが無線でメッセージを送っている。「シェルブールをめぐる、最後の戦いの火ぶたが、いまや切って落とされた。将軍閣下も戦いに参加した。総統万歳、ドイツ万歳」。後日、そのメッセージについて聞かされたシュリーベンは、困惑の表情をうかべた。なにしろ翌二十六日、彼は司令部にいる八〇〇名の部下とともに、アメリカ軍に投降したのだから。「若い兵士《ボーイズ》の中には」とアメリカ「第四歩兵師団」のある将校は書いている。「ドイツ側がどうしてああもあっさりと諦めたのか、その理由が理解できないものもいた」と。フォン・シュリーベン中将はかなりの美食家らしく、アメリカ側から出された携帯口糧「Kレーション」はそのお口に合わなかったようだ。ブラッドリーの幕僚のひとりは、その話を聞いて、それはそれは楽しみなことで、と期待に胸をうち震わせた。このあと捕虜として送られる、海峡の向こうのかの国で、イギリス式食生活に接せられたとき、将軍閣下はさぞかし愉快な体験をなされることでしょうと。

シェルブールは瓦礫の山と化していた。特に港湾施設は、ドイツ軍工兵によって徹底的に破壊されていた。アメリカ兵はとりあえず、あちこちで散発的な抵抗をつづけるドイツ軍部隊の掃討に取りかかった。ここでもまた、真偽定かならぬ、小銃をもったフランス女にかんする報告があがっている。「われわれは二、三人の女狙撃手を目撃した」と「第四歩兵師団」のある軍曹は述べている。「彼女たちは平服を着ていた。ある日、二〇人のドイツ兵の身柄を拘束したところ、中のひとりは女だった」と。ドイツ人に対する報復行為は、シェルブールでも起きていた。アメリカ軍の野戦病院に砲弾が一発落ちたあとは、特にひどかった。このときは、土木工事や軍事施設の建設をもっぱらおこなう

「トート機関」の非戦闘員が、報復の対象とされ、殺害されたと言われている。

六〇〇人を超えるドイツ人の負傷者が、パスツール病院で発見された。アメリカ「第二二歩兵連隊」所属の大隊付き軍医で、ドイツ語が堪能なケーラー大尉が、ドイツ医療チームを担当する責任者になった。ドイツ軍の大佐や医療スタッフとの協同作業は円滑に進んだが、その死亡率の高さに、ケーラー軍医大尉は愕然とした。おもに手術前の準備不足が原因だった。不必要と思える場合でも、手足をあっさり切断してしまうやり方も、ケーラーには衝撃的だった。「外科手術におけるゲルマン的傾向と、その後の患者の人生にもたらす結果への配慮不足が、きわめて顕著だった」と彼は書いている。

アメリカ「第一〇一空挺師団」付きの工兵が、防御陣地の解体・撤去を支援するため、シェルブールに投入された。かれら工兵は、ひとつの町が元のすがたを取り戻す過程でみせる、勝利のお祭り気分を、その現場でともに味わうことができた。「何ともいえない経験でした」と工兵の一人は書いている。「なにしろ、娼館が再開され、酒場が再開され、憲兵がそこここに立ち、占領軍の軍政府関係者が、レインジャー隊員が、パラシュート降下兵が、やくざな歩兵どもが、砲兵将校が、そしてわれわれ工兵が、みなこぞって、口開けの順番待ちを経験したのですから」。従軍歴史官のフォレスト・ポーグ博士は、一〇〇人近いアメリカ兵が、かつてドイツ国防軍の売春宿だった建物の外で、行列をつくっているさまを目撃している。一人のフランス人男性が、当時軍曹だったポーグ博士にそっと忠告してくれた。気をつけたほうがいいよ。「ドイツ人たちはいっぱい病気を残していったからね」

すべてのアメリカ軍部隊と同様、シェルブールのアメリカ兵も、ドイツ軍がそのコンクリート製掩蔽壕に保管していた、途方もない量の収奪品に、思わずため息をついた。彼らの〝防御陣地〟なるものは「巨大な地下ワイン貯蔵庫」であった、とブラッドリー将軍は書いている。戦利品はすべて、前

線の各師団で分配するように、とブラッドリー将軍は指示された。後方にいる控えの部隊や、復興に従事する兵隊、つまり実戦に参加しなかった者たちに、わざわざ送ってやって、飲ませてやる必要など断じてない――という判断だった。

フォン・シュリーベン中将が降伏したと聞いて、ヒトラーは激怒した。彼はその四月、各地の港湾都市を担当する司令官全員をベルヒテスガーデンに呼び集め、その面魂《つらだましい》を実際に確かめ、勝利にむけた覚悟のほどを検分していた。決意が足りないと判断した数人は、解任の憂き目をみたが、シュリーベンはその中に入っていなかった。そういえばシュリーベンという男は、しかるべき胆力に欠けていた、とヒトラーはのちにクドクドと文句を言った。ヒトラーの怒りは途方もなく激しく、スターリングラードでソ連軍に無様な降伏をしたパウルス陸軍元帥の時と、勝るとも劣らぬ激情を爆発させた。シェルブールでドイツ軍守備隊が降伏した二日後、ドルマン上級大将がル・マンに近いドイツ「第七軍」司令部の浴室で死んでいるところを発見された。ドルマンの死因にかんする公式発表は、心臓発作であったが、ほとんどの上級将校は、閣下はシェルブール陥落を恥じて自殺したのだと信じた。

原注

388頁「1週間で」：Lieutenant (MC) Alfred A. Schiller, USN, CWM/MCG 58A.

388頁「オマハ・ビーチ」のアメリカ軍司令部：Omaha Beach command, NA II407/427/212.

388頁「その捕虜を、俺たちに引きわたせ！」：Barnett Hoffner, 6th Engineer Special Brigade, NWWIIM-EC.

388頁「その負傷した空挺隊員は」：Orval Wakefield (Naval Combat Demolition Unit), NWWIIM-

EC.

389頁「ちょっとした事件が起こった」：Charles C. Zalewski, LST 134, NWWIIM-EC.

389頁「私は艦内のある区画で」：Ralph Crenshaw, LST 44, NWWIIM-EC.

390頁〈ルガー〉争奪戦：Major John C. Geiglein, Forrest C. Pogue, *Pogue's War*, Lexington, Kentucky, 2006, pp.127-8.

390頁 トラック1杯の兵器と交換：T/Sgt Eugene W. Griffin, 2nd Armored Division, WWII VS.

390頁「規律の緩みが蔓延」：Pogue, p.87.

391頁 豚のあぶり焼き：Angelos Chatas (Naval Combat Demolion Unit), NWWIIM-EC.

391頁「[フランス人の]態度は」：NA II 407/427/212.

392頁「コルヴィルの町長は」：NA II 407/427/212.

392頁「ヘルマンの害虫」：Cyrus C. Aydlett, USS *Bayfield*, NWWIIM-EC.

393頁「明白な航空優勢」：Leigh-Mallory, 1 July, Headquarters Allied Expeditionary Air Force, TNA ADM 1/16332.

394頁「敵の狙撃手がいれば」：Omar Bradley, *A Soldier's Story*, New York, 1951, p.292.

395頁「その現場を見た瞬間」：John Troy, 8th Infantry, NWWIIM-EC.

396頁 ドイツ「第九一空輸歩兵師団」：Oberst Eugen König, FMS B-010.

396頁「補充を受けてこい」：Obergefreiter Hans S., 9.Kp./Gren.Rgt.1058, 91. (LL.) Inf.Div., 13 273 B, 7 July, BfZ-SS.

396頁「筋肉質の大学教授」：Martin Blumenson, *The Duel for France*, New York, 2000, pp.20-21.

396頁「丸々した体形の人物」：ibid., p.11.

398頁「司令官は疲労困憊し」：Generalleutnant von Choltitz, LXXXIV Corps, FMS B-418.

398頁「贅沢な暮らしを続けたせいで」：Generalleutnant Fritz Bayerlein, Panzer Lehr Division, ETHINT 66.

398頁「この戦争は負けだ-!」：Genealleutnant von Choltitz, LXXXIV Corps, FMS B-418.

399頁「気持ちがいいくらい偏見のない」：LHCMA Liddle Hart 11/1944/7.

399頁「モントブールも」：TNA WO 205/5B.

399頁「一機の〈パイパー・カブ〉が」：operation of

air support parties, NA II 407/427/24204.

400頁「マルベリー」と突風：'Artificial Harbours in Operation Overlord', TNA ADM 1/17204.

400頁「唯一の手だては」：Dean Rockwell, US Navy, NWWIIM-EC.

401頁「およそ四日間を要した」：Werner Hugo Saenger, LST 27, NWWIIM-EC.

401頁「戦さの神さまに感謝」：J. M. Stagg, *Forecast for Overlord*, London, 1971, p.126.

401頁「そもそも〈マルベリー〉なんて」：Colonel Thomas Bigland, Montgomery's personal liaison officer to First US Army, then 12th Army Group, SWWEC 99-10.

402頁「軽く一発、略奪行為」：Oberst a.D. Dr Hans Kessler, BA-MA MSg 2/249.

403頁「部下たちは疲れていた」：Lieutenant William Priestman, 315th Infantry, NA II 407/427/24242.

403頁「K中隊は」：Lieutenant John E. Cunningham, 314th Infantry, 79th Infantry Division, NA II 407/427/24242.

403頁「ぼくらは……撃ち返した」：Karl Hohmann, RAD, MdC TE 506.

404頁「この要塞を跡形もなく」：Colonel Bernard B. MacMahon, 315th Infantry, 79th Division, NA II 407/427/24242.

406頁「八時三十分」：Lieutenant John R. Blackburn, Sky Control Officer, USS *Quincy*, NWWIIM-EC.

406頁「美しい光にみちた日曜日」：Rear Admiral Carleton F. Bryant, USN, Commander Battleship Division 5, MdC TE 173.

406頁「こちらも即座に砲撃を開始」：K. Jump, SWWEC T 1823.

406頁 装甲ブルドーザー：Lieutenant Colonel H. A. Dole, 346th Engineers, NA II 407/427/24242.

406頁 あまりの猛攻に：Lieutenant Ralph Powell, Cannon Company, 47th Infantry, 9th Division, NA II 407/427/24241.

407頁「カルヴァドスをしこたま呑んで」：NA II 407/427/24242.

407頁「まっとうな常識」：Oberstleutnant Keil, FMS C-018.

408頁「シェルブールをめぐる」：Generalleutnant

Karl-Wilhelm von Schlieben 709th Infantry Division, FMS B-845.

408頁「若い兵士《ボーイズ》」：Lieutenant John A. Le Trent, 8th Infantry, 4th Infantry Division, NA II 407/427/24242.

408頁「二、三人の女狙撃手を目撃した」：Sergeant Walter M. Hedrick, 22nd Infantry, 4th Infantry Division, NA II 407/427/24242.

409頁「トート機関」の労働者：BA-MA RH 19 iv/132, quoted in Peter Lieb, *Konventioneller Krieg oder Weltanschauungskrieg?*, Munich, 2007, p.168.

409頁「ゲルマン的傾向」：Captain Elmer G. Koehler, Battalion surgeon, 12th Infantry, 4th Infantry Division, NA II 407/427/24242.

409頁「何ともいえない経験」：Clayton Storeby, 326th Airborne Enginner Battalion, NWWIIM-EC.

409頁「ドイツ人たちはいっぱい病気を残していった」：Pogue, p.135.

409頁「巨大な地下ワイン貯蔵庫」：Bradley, p.314.

410頁 ヒトラーとシュリーベン：General Warlimont, ETHINT 1.

章末注

＊1 そもそもこうした事態を避けるため、下からみて識別しやすいように、連合軍の航空機は、胴体と主翼を、黒と白のストライプに塗りなおしたのだ、とリー＝マロリーはこの機をとらえて、大いに強調してみせた。

＊2 シェルブール港を占領し、ドイツ軍に破壊された港湾施設の再利用が可能になったあとも、アメリカ軍はシェルブール経由よりも、はるかに多くの物資を「ビーチ」経由で陸揚げしている。一九四四年八月の一カ月間に、シェルブールの貨物取扱量は二六万六八〇四トン、車輛は八一七輛だったのに対し、「ユタ・ビーチ」は一八万七九七三トン、三九八六輛、「オマハ・ビーチ」は三五万一四三七トン、九一五五輛の陸揚げを実現している。一方、イギリス軍は既存の港湾施設をさかんに利用していた。アロマンシュ港経由では、一日平均九〇〇〇トンの物資を陸揚げしているし、ノルマンディー地方の沿岸に点在する漁港も、ドイツ軍守備隊を一掃したあとは、物資の陸揚げに活用している。

（章末注2に対する原注）

八月に陸揚げされた物資と車輌： tonnage and vehicles landed in August, Normandy Base Section Communications Zone, 8 September, Com Z, NA II 407/427/24133.

第15章 「エプソム作戦」

ヒトラーが最後のフランス訪問をおこなったのは、シェルブール陥落の直前だった。彼は言い訳など断じて赦すものかという気分で帰ってきた。敵をただちに海に叩きおとせと厳命したのに、命令は結局実行されなかった。総統閣下はいまや、西部戦線の司令官どもは、どいつもこいつも敗北主義者だと見なしていた。OKW（ドイツ国防軍最高司令部）でも、あからさまに不満のことばを口にした。「ロンメル元帥は、勝利のさなかにあっては、偉大にして、人々に霊感を与えるようなリーダーだが、ごくわずかでも困難が生じると、完全な悲観主義者に豹変してしまう」と。

ロンメルのほうも、戦いのさなか、現場の指揮官である自分が与えた指示に、いちいち干渉してくるヒトラーのやり方には大いに不満であったし、そうした感情を隠そうともしなかった。より従順なOKWの上級指揮官でさえ、まるで強迫観念に駆られたように、枝葉末節にこだわるヒトラーのせいで、集中力をかき乱されていた。砲兵陣地のありかは、二万五〇〇〇分の一の地図にすべて記入せよ、と総統閣下は主張された。あるとき上がってきた報告書のなかで、チャンネル諸島に配備された対空砲陣地の数が、明らかに二カ所減っていることに、総統閣下は気づかれた。私に断りもなく、島の防備を弱めるとは、いったい何事か、こんな決定をおこなった将校はただちに処罰せよとヒトラー

は要求した。だがそれは、たんに最初の調査時に、実際より二カ所多く、数え違いをしただけの話だった。また、生涯一度もカーン周辺に足を踏み入れたことがないのに、総統閣下は、多連装ロケット砲を備えた二つの部隊――「第七爆発射筒旅団」と「第八爆発射筒旅団」――をどこに配置すべきかについて、横から口出しをおこない、OKWの参謀たちを悩ませた。オルヌ川東岸の具体的一点を指さし、この二個旅団をここに配置すれば、イギリス軍の担当戦区に、決定的結果を生じさせるであろう、と総統閣下は断固主張されたのである。

戦車部隊の運用戦術をめぐって、かつて互いに対立した「B軍集団」司令官ロンメル元帥と、「西方装甲集団」司令官ガイヤ・フォン・シュヴェッペンブルク装甲兵大将だったが、さすがにこの段階までくると、虎の子の戦車をオルヌ川対岸まで後退させたいと共に願うようになっていた。敵海軍の艦砲の射程内で、戦車主体の大規模反撃をおこなうことは無益であるとガイヤもすでに認識していた。そこでガイヤが考えだしたのは、「ジャングルのトラ戦術」だった。装甲部隊を伏兵として用い、敵に不意討ちをくらわせるという戦法だ。それはカナダ軍相手に手ひどい打撃を蒙ったあと、第一二SS装甲師団「ヒトラー・ユーゲント」が編みだした戦法と同工異曲のものだった。ロンメルはさらに進んで、「行動の柔軟性」を求めた。要するに、総統大本営に事前に告げることなく、オルヌ川の背後まで部隊を後退させる権利が欲しいという意味である。もちろんそれは、一インチの土地も失うことなく、現在の持ち場を死守せよ――というヒトラーの命令と相矛盾する要求だった。

ヒトラーがロンメル元帥と「西方総軍」司令官ルントシュテット元帥を、とある会議へと呼びつけたのはシェルブール陥落前のことである。あいつらを見事論破してくれる、とヒトラーは決意していた。ヒトラーは六月十六日、専用機「フォッケウルフ・コンドル」で、ベルヒテスガーデンからメッツ（フランス名メス）まで飛んでいった。ヨードル上級大将とその幕僚たちも同行し、一行は車列を

連ねて、ソアソン近くのマルジヴァルにむかった。マルジヴァルの地下要塞はすぐる一九四〇年、イギリス侵攻作戦の前進司令部としてヒトラーが築かせたものだった。総統のお召し列車のための防空トンネルも完備され、その入口付近まで、長い引き込み線が敷かれていた。

翌朝、指示されたとおり、ルントシュテット、ロンメル両元帥が到着した。「［ヒトラーは］体調が思わしくなく、疲れているように見えたそうだ」とロンメルの参謀長、シュパイデルは記している。その間、両元帥は直立不動だった。目を合わせた人間に暗示をかけるような、ヒトラー独特の感化力は消え失せていた。短く、形ばかりの挨拶をかわしたあと、ヒトラーは大声を張りあげ、連合軍の上陸「彼は眼鏡や色鉛筆を、指で挟んで、神経質そうに玩《もてあそ》んでいた。椅子に腰かけて前傾姿勢をとり、そ成功について激しい口調で不満をぶちまけ、現地司令官の問題点をあれこれと言い立て、シェルブール要塞はいかなる犠牲を払っても死守しなければならないと命じたという」

ルントシュテット元帥がまず口を開き、大状況を簡単に説明したあと、詳細な報告は、ロンメル元帥に譲った。ロンメルは、「陸海空のすべての面で敵が途方もなく優位にある現下の局面において、ただ戦っても、うまくは行かない」と述べた。ロンメルは空軍と海軍による偵察の不備についても語った。ただ、沿岸部に配置したわが師団は、別に不意討ちをくらったわけではなく、「この不平等な戦いのなかでも、わが将校・下士官兵の戦いぶりは超人的であった」と強調した。シェルブールは早晩、陥落するとの見通しを述べたあと、ロンメルは、イギリス海峡に面した各地域、ならびに西隣のブルターニュ地方の沿岸部に配置された、およそ一六カ所の要塞にかんし、これらをすべて死守せよと命じるヒトラーの大方針を取りあげ、批判を加えた。計二〇万前後の兵員と貴重な装備・機材が、そうした固定目標の防備に張りついてしまい、しかも多くの場合、連合軍はそれらの要塞をたんに迂回して済ませてしまうだろうと。連合軍は現在、週に二個ないし三個師団を上陸させており、と

ロンメルは続けた。彼らの動きは一見鈍いが、組織だっている。ドイツ国防軍の陸海空軍は、その圧倒的兵力に対して、よく抵抗し得ないだろうと。そのうえでロンメルは、オルヌ川の東方および南方六ないし一〇マイルまで、一時的に後退すべきだと主張した。そうすれば、各装甲師団を再配置し、大規模反攻をおこなえるからと。ロンメルはさらに、セーヌ川を防衛線とすべく、いまから準備に入ってほしいと要請した。フランス北西部全体を放棄し、ロワール川とセーヌ川を今後の盾にするのだと。

だがしかし、頭に血ののぼったヒトラーは、現実に向き合うことを拒否し、「延々とみずからに暗示をかけるような長広舌」をふるった。まずは、その前日に初めて大量使用された〈V1〉飛行爆弾について触れ、この新兵器は「対イギリス戦の帰趨に決定的効果をもたらす」だろうと〝予言〟した。そこでいきなり議論を中断すると、第三帝国新聞局長代理に向かって、この「V号（報復）」兵器にかんする発表文を口述筆記させた。二人の元帥はその間、直立不動の姿勢で、熱に浮かされたようなヒトラーの独り言を拝聴しなければならなかった。そうした〝報復〟兵器はむしろ、敵上陸部隊の海岸堡や、あるいはイギリス南部の港湾都市を標的にすべきではないかと進言したけれど、却下されてしまった。わが新兵器は、イギリスに膝を屈させるため、首都ロンドンに全弾たたき込まなければならない、とヒトラーは主張した。ロンメルはそこで、ドイツ空軍による効果的な支援が不足していると批判した。すると、ヒトラーは自分もドイツ空軍の指導部には裏切られた思いだと認めた。だがもうじき、ジェット戦闘機の「大群」が、連合軍の航空優勢に引導を渡すはずだ、と総統閣下は力説された。

ロンメルは、だんだんと腹が立ってきた。そこでまずは、OKWの上級幹部たちに迫った。諸君は前線を訪問し、状況のいかんを自分の目で確かめるべきだと。そのあと、矛先をヒトラーに向け、

「あなたは、確信をもって戦うべきだと要求される。だが、われわれはいまや、自分自身が信じられないのだ！」と。この発言に、さすがのヒトラーも顔色を失ったが、彼は何も言わなかった。連合軍の優位性にかんするロンメルの主張を裏書きするかのように、その瞬間、空襲警報が鳴りひびき、一行はいったん防空壕の奥深くに降りていった。

地下に着くと、ロンメルはこの戦争の全体状況について語った。ドイツは孤立し、西部戦線はいまや崩壊の瀬戸際にあり、ドイツ国防軍は東部戦線だけでなく、イタリアでも敗北しつつある。そのうえで、ロンメルはヒトラーに促した。できるだけ早い時期に、この戦争を終わらせるべきだと。だが、ヒトラーは激怒した。ヒトラーの空軍副官がのちに、このときの様子を語っている。「それこそまさに、ヒトラー総統が元帥の口から聞きたくなかった一言」だったのですと。あいつらが交渉になど応じるものか、とヒトラーは言い返した。この点については、ヒトラーのほうが正しかった。連合国の基本的スタンスに対し、ロンメル元帥も、その年の七月にヒトラー暗殺を試みることになる面々も、どうしようもないくらい楽観的な見通しを持っていた。ヒトラーはさらに言葉をつづけた。連中のあいだでは、ドイツを滅ぼすという一点において、すでに合意がなされているのだと。従って、「すべては、狂おしいほどの抵抗ができるかどうか、まさにその一点に係っているのだ」と。退出するロンメルの背中にむかって、ヒトラーは言った。「戦争の遂行にあたっては、御身大事を考えるな。貴官自身のことは心配するな。ただただ、敵侵攻軍の戦線に集中せよ」と。

ルントシュテット、ロンメル両元帥がマルジヴァルを離れるとき、ヒトラー付きの副官を束ねるシュムント中将がそっと耳打ちした。総統閣下は二日後には「B軍集団」司令部のあるラ・ロシュ＝ギュイヨン城を訪問され、現場の指揮官から直接話を聞かれる予定ですと。だが、両元帥がそれぞれの司令部に戻ると、追って知らせが届いた。ふたりが帰還した直後に、一発の〈V1〉飛行爆弾が

ジャイロスコープの不具合のせいで、なんと地下防空壕の真上で爆発したというのだ。これを受けて、ヒトラー総統はその夜のうちに、ベルヒテスガーデンにたちまち戻られてしまったとのこと。そして、ヒトラーはこのあと二度と、ドイツ第三帝国から離れることはなかった。

〈V1〉飛行爆弾が、イギリス本土を初めて襲ったのは六月十二日夜のことである。うち四発が首都ロンドンに命中している。イギリス国民はやがて、この新兵器をさまざまなあだ名で呼ぶようになる（たとえば、〝ドードゥルバグ（アリジゴク）〟）。あるジャーナリストは書いている。「昨今、イングランド南部に暮らす人々をもっぱら悩ませているのは、非論理的で、まるでH・G・ウェルズの小説みたいな、気味の悪い想像だった。つまり、頭上のあいつにはきっとロボットが乗りこんでいて、本来ならナチの若者が押すべき投弾ボタンに指をかけていると……まったく迷惑な話だというのが、イギリス国民の一般的感情に思われる。ただ、さらに本音を尋ねたら、多くのイギリス人は、ノルマンディーにいる若者と、ささやかながら危険を分かち合えて、これはこれで悪い気分ではないと答えたかもしれない」。とはいえ、攻撃の頻度と密度があがるにつれて、人々のあいだには、しだいにピリピリとした空気が漂うようになった。ロンドンに響きわたる「気味の悪い、遠吠えのようなサイレン」は、数年前のドイツ空軍による「ロンドン大空襲」の再来みたいだった。何千人もの人々が、夜はふたたび地下鉄の駅で眠るようになった。

戦時内閣ではさまざまな議論が交わされていた。記録を見ると、六月十六日、チャーチル首相と閣僚たちは、夜間の対空砲はいっそ止めてしまったらどうだろうかという議論をやっている。そうすれば、砲声を聞かない分だけ、国民もいくばくか睡眠が取りやすいだろうと。それに、「ダイヴァー」――〈V1〉飛行爆弾に対し、イギリス政府はそういうコード名を付けていた――の脅威には、対空

砲よりむしろ、高速戦闘機のほうがうまく対処できることが実証されていた。「対ダイヴァー」作戦においていて、最も有効な武器は、イングランド南東端のダンジネス岬に基地をおく単座戦闘機〈テンペスト〉の航空団だった。六月十六日から戦闘待機に入った彼らは、その二〇ミリ機関砲で計六三二基の〈V1〉を撃墜している。これはその後三カ月のあいだに、連合軍の全戦闘機が撃破した〈V1〉の、じつに三分の一強におよぶ戦果である。ベルギー人パイロット、ルネ・ヴァンレアルデなどは、たった一人で、四二基も落としている。「こいつらは」と航空団司令のR・ビーモント空軍中佐は書いている。「夜を切り裂いて進み、喘息にかかったみたいな騒音を響かせ、背後に炎の帯を引いていた」。〈テンペスト〉戦闘機は〈V1〉より高速なので、ビーモント中佐は、弾薬が尽きたあとも、〈V1〉と並行に飛びながら、空気の境界層を利用して、さらにもうひと攻撃、仕かけることを常とした。〈V1〉の主翼の下に、〈テンペスト〉の主翼を持っていき、翼端が直接触れないよう注意しつつ、相手の主翼をふわりと持ち上げてやるのだ。すると、〈V1〉はもんどり打って、そのまま地上へと落下した。もっとも、圧倒的多数のパイロットは、機関砲による攻撃がもっぱらだったが。ただ、巻き添えの危険性もあるので、至近距離からの攻撃には用心が必要だった。わずか数百ヤードの距離で、〈V1〉のアマトール（混合爆薬）一トンが爆発すると、途方もない爆風が襲ってくるのだ。

〈V1〉飛行爆弾は、ヒトラー自身もマルジヴァルで実体験したように、動作にやや不安定なところがあった。ヴィシー政権の憲兵総監の報告が示すように、イギリス海峡に到達する前に、途中で落下・爆発するケースが一日当たり五件に達した。たとえば、ノルマンディーはオルヌ県の県都アランソンの北東、ドイツの「西方装甲集団」が布陣する前線の背後にも、こいつが一発、落下している。ただ、その低い命中精度や連合軍の「対ダイヴァー」飛行中隊の活躍にもかかわらず、この新型兵器はそれなりの数がロンドンまで到達しており、そしてそれはイギリス国民のあいだに不安感を広げる

に十分な数だった。たとえば、バッキンガム宮殿に近い「近衛師団」の礼拝堂に落下した一基は、日曜礼拝の真っ最中だったこともあり、死者一二一人を出している。六月二十七日に開かれた戦時内閣について、陸軍参謀総長サー・アラン・ブルック元帥はこう書いている。会議は「ハーバート・モリソンの、感情垂れ流しの、引きつった声」により終了したと。モリソン内相は「血の気を失っており、まるで人体見本だ。彼は飛行爆弾とそれが国民にもたらす影響について周章狼狽の体だった。五年もの長きにわたる戦争の果てに、国民に対して、さらにこれほどの緊張に耐えろなどとは、もはや言えない状況にあります等々」。モリソンは、対フランス戦略全般を見直す必要さえあるかもしれないと口にした、とブルックは続ける。「われわれは、フランス北部の海岸の確保のみを、唯一絶対の目標とすべきであります」と彼は言う。これぞまさに情緒的な反応だ。ロンドンがこれに耐えられないことを示す兆候など、どこにもありはしない。もし、あるとすれば、国民にはこう言ってやればいい。史上初めて、みなさんは、フランスを駆けめぐるご子息たちと、その危険を分かち合うことができるようになったのです。ロンドンに落ちてくるなら、少なくともその分の爆弾は、ご子息の頭上には落ちないということですからと。ありがたいことに、ウィンストンはモリソンにすぐさま対処した」。

〈V1〉の大半は、ロンドンに到達する前に落下していることから、欺瞞作戦を担当する「XX《ダブルクロス》委員会」に指示がとんだ。ドイツ側に今後もいまの目標設定を継続させるよう、しかるべき手を考案されたしと。イギリス側に寝返ったスパイの一人、コードネーム「レクター」を使って、ひとつのメッセージがマドリード経由で、ベルリンにいる彼の担当者、「ルドヴィヒ」と「ヘロルド」へと伝達された。「ドイツの新兵器の破壊力は圧倒的である」とそのメッセージにはあった。「人心をなんとか宥《なだ》めようとするイギリス当局の宣伝工作にもかかわらず、今回の爆撃は、これまで決して見られなかったようなパニック心理を、イギリス国民のあいだに醸成している……政府および軍の内部で交わ

される意見は、もし仮に、この新兵器が徹底的に用いられたら、われわれは早晩、ドイツ側との妥協的和平を強いられることになるだろうというものである……影響力をもった上層部のサークル内では、明らかに紛れもない平和的傾向が感得され、そうした関連で、仲介者として、ルドルフ・ヘスの名前が取りざたされている」。ここまで書いてしまうと、いささかやり過ぎの感があるけれど、こんな報告が上がってきたら、ドイツ側も当面、現行方式を維持しないわけには行かなくなるので、まあ、この状況下なら、許容範囲といってもよいだろう。いずれにしろ、このメッセージは、わが新型報復兵器がイギリスを必ずや戦闘中止へと追いこむはずだというヒトラーの盲目的確信をまさに強化する内容といえた。かくして総統閣下は、ノルマンディーの土地は、たとえ一片たりとも失うまいとますます決意を固めるのであった。まるで強迫観念に取り憑かれたような、ヒトラーのこうした頑迷さは、六月中にもう一度、ロンメル、ルントシュテット両元帥との衝突をもたらすことになる。いつまでもこんな柔軟性に欠けるやり方を続けていると、ノルマンディーのドイツ軍はいずれ全滅し、フランスを失うハメになるだろう、と両元帥はそのさい揃って予言することになる。

モントゴメリーは依然、体裁を取り繕うことばかりに腐心しており、すべては計画どおり進んでいると主張しつづけた。ヴィレル＝ボカージュ攻略が失敗に終わったあとの六月十四日、彼はチャーチル首相宛ての手紙にこう書いている。「英米両軍が合流するコーモン〜ヴィレル＝ボカージュ〜ティイー戦区における戦いは、総じて順調に推移しております」と。モントゴメリーはまた、イギリス海峡の暴風雨がもたらした諸々の障害・遅延をきちんと評価することもしなかった。結果、暴風雨の悪影響は、直接的ダメージに留まらず、その一週間後、さらに大きな人的損耗へとつながって行く。今回の悪天候は、物資の陸揚げを一時的に停滞させただけでなく、イギリス「第八軍団」の到着をも遅

らせていた。同軍団の到着はひどく待たれていたが、それは「第八軍団」が現下の状況を一気に打開するような大いなる突破力を持っていたからだ。そのころドイツ軍は、相手の動きが緩慢なことを奇貨として、保有する最強の数個装甲師団をイギリス軍の正面に集中させ、攻撃力を増強していった。それだけではない。「ウルトラ」の傍受情報によれば、ドイツ「第二SS装甲軍団」が東部戦線からノルマンディーにむけて移動中だという。砲兵用の弾薬が不足しているため、モントゴメリーに当面やれることは、比較的小規模の攻撃をくり返すことぐらいで、それとても、人命と引き換えに支配地域を拡大することは叶わなかった。とはいえ、アメリカ軍がシェルブール攻略を進めるあいだ、こちらも敵に一泡《ひとあわ》吹かせてやるぐらいの余力は十分に残っていた。そこでモンティは、新たな作戦を実施しようと考えた。

六月十六日、「キングズ・オウン・ヨークシャー軽歩兵連隊」の一個大隊(一/第四大隊)がクリストを攻撃した。保有する〈シャーマン〉をだいぶ減らした一個戦車大隊が同歩兵大隊の支援に当たった。「われわれはある農家の近く、両側を土手に挟まれた小径を、隊列を組んで進んでいた」。腐った牛がはなつ悪臭で、イギリス兵の鼻は曲がりそうになった。一行は小麦畑に出た。またひとつ、開けた土地を横切らなければならない。「すると突然、どこからともなく司祭さまが現れたので、われわれは全員、そこで跪《ひざま》ずき、武運長久を祈願した」。前方にむけ移動を開始すると、砲兵の支援射撃が始まり、頭上を砲弾が越えていく。次の瞬間、ドイツ軍が策を弄した。イギリス部隊の先鋒に迫撃砲弾を叩きこみ始めたのだ。錯覚を誘い、友軍の砲弾が目標より手前に落ちているとの間違った印象を与えるためだった。将校が命令を伝達、一斉射撃が中止されて初めて、イギリス軍は敵側のトリックに気がついた。とそこで、敵はいきなり迫撃砲の「集中砲火《ストンク》」を開始した。慌てて地面に伏せた一人の兵士に、恐るべき運命が襲いかかった。彼のパウチに入っていた白燐手榴弾が、砲弾の破片

にあたって着火したのだ。「彼は数分で、悲惨な死を遂げた」

三日後、嵐がやってきた。雨があまりに激しいため、戦闘は一時中止となり、歩兵たちは塹壕のなかで、気の滅入るような待機を強いられた。ポンチョがわりに羽織っている防水シートからは、雨水が伝わり落ちていた。戦車乗員のほうがまだしも幸運だった。寝るための塹壕を掘ったあと、戦車をバックさせて、屋根替わりにできたから。おかげで彼らは濡れずに済んだ。

六月二十二日、ドイツのソ連侵攻三周年にあたるこの日、ソ連赤軍はいわゆる「バグラチオン作戦」の第一段階を発動した。白ロシアをおさえるドイツ「中央軍集団」の包囲・殲滅を目指す一大反攻作戦である。敵はきっとウクライナ方面から迂回して攻めてくると予想していたドイツ軍は、赤軍が思いもかけぬ真正面からの平押しに出たため、完全に虚をつかれた。巧みな陽動でドイツ軍の注意を逸らした、ソ連の〝マスキロフカ（欺瞞）〟戦術は、西方の「プラン・フォーティチュード」に匹敵するほどの見事さであり、三週間で三五万人のドイツ兵が戦死もしくは捕虜になるのである。「バグラチオン作戦」の成功により、ソ連赤軍は八月の第一週までに、ワルシャワの城門までたどり着く。

目を西に転じると、イギリス軍による大攻勢、いわゆる「エプソム作戦」がようやく発動の準備を終えたところだった。主に悪天候のせいで、作戦発動は若干遅れていた。くり返される口約束がいまだ実行につながらないことから、アイゼンハワー最高司令官は苛立ちを募らせていた。だが、モントゴメリー将軍は、他人から急かされることが大嫌いで、ゆえに「第二一軍集団」司令部は、SHAEF（欧州連合国派遣軍最高司令部）に最低限の情報しか与えず、さらなる怒りを買っていた。モントゴメリーは実際、イギリス「第二軍」司令官デンプシー中将に対し、事あるごとに、「アイクに言う必要はないぞ」と言いつづけていたようだ。〝モンティ〟は目的を曖昧にしておくことが好きで、し

ばしばどちらとも取れるような、クリケットに因んだ比喩を用いた。そのおかげで、思わぬ戦果があがった時は、じつはそれこそ、私の真の目的だったのだと手柄にできるし、もし作戦がうまく行かなくても、ああ、あれはアメリカ軍を支援するため、ドイツ側に一当《ひとあ》てしただけなのだ、と言い訳することも可能だった。

「エプソム作戦」には、合計すると六万人が投入されたが、戦いでもっぱら主力を演じたのは、例の暴風雨のせいで到着の遅れたイギリス「第八軍団」――「第一五歩兵（スコティッシュ）師団」、「第四三歩兵（ウェセックス）師団」、および「第一一機甲師団」――の面々だった。大半の兵士はそれまで実戦経験がなかったが、砂漠の戦争を経験した猛者《もさ》たちの傍らで、自分たちも立派に戦えるところを見せてやろうと、士気だけは高かった。計画によると、イギリス軍はカーン西方に押しだし、オドン川の南岸に橋頭堡を築いたあと、さらにオルヌ川まで兵を進めることになっていた。カーンの南西、敵陣深くに突出部をつくりだせれば、ドイツ軍のすべての拠点を脅かせるはずだとの考えからだった。作戦が展開される、オドン、オルヌの両河川に挟まれた一帯で、戦いのカギを握るのは「一一二高地」と呼ばれる丘陵部だった。

六月二十五日、イギリス軍の右翼をつとめる「第三〇軍団」は、ドイツ「装甲教導師団」に対してふたたび攻撃をしかけた。「第四九（ウェスト・ライディング）師団」の歩兵たちと「第八機甲旅団」の戦車兵は、力押しの攻勢をかけたものの、ドイツ側は多大の損失を蒙りつつも、ロレイ村にかけての戦線をなんとか維持していた。この日、イギリス軍の側面を守るのは、フォントネ＝ル＝ペネル付近にいた機甲偵察連隊だった。「ドイツ側のやり口は」と同偵察連隊に同行したあるカナダ人将校は書いている。「われわれが接近すると、陣地を放棄し、いったん畑に飛びこむというものだった」。逃げたかと思うと、その後陣地にこっそり戻り、ふたたび撃ってくることもままあったが、大抵は「畑

「エプソム作戦」(6月26日～7月1日)
N
W
E
S
連合軍の攻撃
6月30日の戦線
ドイツ軍の反撃
(6月29日と7月1日)
至バイユー
イギリス第8軍団
イギリス第1軍団
イギリス第53師団
カナダ第3歩兵師団
イギリス第11機甲師団
スール川
ブルーエ
ブレットヴィル＝ロルグイユーズ
グリュシー
ビュロン
ドイツ第12SS装甲師団
イギリス第30軍団
イギリス第15歩兵(スコティッシュ)師団
イギリス第43歩兵(ウェセックス)師団
オーティ
アルデンヌ大修道院
クリスト
ノレ
イギリス第49歩兵師団
ティイー＝シュル＝スール
サン＝マンヴュー
イギリス第50歩兵(ノーサンバーランド)師団
飛行場
カーン
至コーモン
フォントネ＝ル＝ペネル
シュー
ドイツ第21装甲師団
ジュヴィニー
オット
テセル
ローレ
コルヴィル
ムーアン
ドイツ装甲教導師団
グレンヴィル
イギリス第11機甲師団、6月30日に撤退
ドイツ第9SS装甲師団
トゥールヴィル
ドイツ第1SS装甲師団
バロン
ノワイエ＝ボカージュ
マルトー
オドン川
ガヴリュ
112高地
エスケ
ドイツ第2SS装甲師団(一部)
ドイツ第1SS装甲軍団
ドイツ第10SS装甲師団
エヴルシ
オルヌ川
ヴィレル＝ボカージュ
ドイツ第2SS装甲軍団
アメイエ＝シュロルヌ
0 1 2 3 マイル
0 1 2 3 4 5 キロメートル

から一斉に飛びだしてくるだけなので、危険性は乏しかった」

フォントネ村の南部は依然として、「装甲教導師団」の手中にあった。翌朝、「シャーウッド・レインジャーズ・ヨーマンリー（義勇騎兵）連隊」の〈シャーマン〉戦車一輛が「村の中心部で角を曲がったところ、向こう側からやってきたドイツ軍の〈ティーガー〉戦車一輛と鉢合わせした。幸いなことに「シャーマンの車長は」その七五ミリ砲に徹甲弾を装塡していたため、距離三〇ヤードでそいつをお見舞いし、立てつづけに六発浴びせたところで、タイガーのやつは爆発した」という。「シャーウッド・レンジャーズ」はさらに次の日、戦車数輛を失ったすえに、ようやくロレイ村の制圧に成功した。最大の戦利品は、敵が放棄していった〈ティーガー〉戦車一輛だった。しかもそいつは無傷で、きちんと走る逸品だった。「シャーウッド」の面々はさっそく車体前面に、彼らが所属する「第八機甲旅団」のシンボル「キツネの仮面」を描いた。だが、上級の「第三〇軍団」司令部からお達しがきて、その〈ティーガー〉はイギリス本土に持っていかれてしまった。じつはその車体は、ノルマンディー作戦において、完璧な状態のまま確保された最初の敵戦車だったのである。

六月二十六日、ヴァッフェンSS（武装親衛隊）は、戦線の背後にある村々から、フランス人住民を一掃する作業に入った。別段、民間人の安全を慮っての措置ではなく、ドイツ側の関心はスパイ対策にあった。そしてその心配は、決して杞憂ではなかった。従来から、「第七機甲師団」などイギリス軍の各部隊は、ひそかに戦線を横切って連合軍側にやってくるフランス人の男女から、きわめて有用な情報を得ていたのだ。

テセル村周辺の戦いもまた、激しいものだった。その肩章から〝ポーラー・ベアーズ（北極熊）〟と総称されるイギリス「第四九歩兵師団」の一個大隊がそこでドイツ「装甲教導師団」相手に至近距離で激戦を演じたのだ。『捕虜はとるな』というその命令は、ちょうどわれわれがテセルの森にいた

ときに下りてきた」と「キングズ・オウン・ヨークシャー」の歩兵たちは主張する。「おかげでわれわれはあのホーホー卿から、血も涙もない北極熊と呼ばれることになった」[*1]。「ウルトラ」が傍受した「装甲教導師団」の報告によると、同師団はこの戦いの初日に「ひどい損耗」を蒙ったという。

　前哨戦はあれこれあったが、モントゴメリーのいう「一泡《ひとあわ》」が本格的に始まったのは、この六月二十六日である。戦いはまず、砲兵部隊と沖の海軍艦艇による大規模な準備射撃で幕を開けた。一晩中、大雨が降ったあとで、雲は低くたれこめており、空軍機の出撃はほとんどなかった。「第一五歩兵師団」のスコットランド兵は勇躍前進し、薄緑色の小麦畑をすすんでいった。兵隊が撃たれると、あとで医療チームが発見できるように、戦友たちがその場所に印をつけた。倒れた男の、銃剣付きの小銃を地面に突き立てて、その銃床にヘルメットをかぶせるのだ。現場でその光景を目撃した人物は「まるで畑に奇妙な菌類が芽を出しているようだった」と書いている。

　いくつかの村々で激戦が展開された。特にシュー村の戦いは熾烈をきわめ、「グラスゴー・ハイランダーズ連隊」第二大隊は、たった一日で兵員の四分の一を失った。左側面のサン＝マンヴィー村では、「第四三（ウェセックス）師団」の歩兵たちと、「第四機甲旅団」の戦車兵が「ヒトラー・ユーゲント」をからくも撃退した。[*2]機甲連隊「ロイヤル・スコッツ・グレイズ」は、森から突如出現した敵の〈パンター〉四輌を撃破した。同機甲連隊には「第四三師団」に所属する、これが初陣の歩兵旅団が付属していたが、ヴェテランの「グレイズ」たちは、同旅団の「歩兵たちを見て、大いに面白がった。連中は明らかにこれが初めての実戦で、すべて教科書どおりに行動していたからだ。みな顔面を黒く塗っていたし、階級章のたぐいはいっさい剝ぎ取っていたし、意志疎通にあたっても、小声でひそひそやっていた」。だが、まったく戦場経験のないこの二個歩兵師団――「第四三歩兵（ウェセックス）師団」と「第一五歩兵（スコティッシュ）師団」――は、ヘタをするとヴェテランたちよりよ

ほど優秀であることが、やがて明らかとなる。辺りが暗くなるまでに、「第一五師団」のスコットランド兵はオドン川にほぼ到達し、その夜は、木々が密生するオドン渓谷に布陣した。同夜、カーン南端のフルリーから戦いの様子を眺めていたあるフランス人が書いている。「まるでダンテの神曲から飛びだしてきたような光景だった。地平線全体がパッと明るくなったのだ」。

渋滞する道路、激しい雨、さまざまな混乱によって、攻撃のテンポは遅れがちだったけれど、第一五師団「アーガイル・アンド・サザーランド・ハイランダーズ歩兵連隊」第二大隊のカナダ兵は、翌日にはオドン川にかかる橋のひとつを確保した。「アーガイル」たちは尋常ならざる積極性を見せ、イギリス式の堅実な歩兵戦術に従うかわりに、支配地域をさらに前方へと押し広げていった。「第一五師団」に所属するスコットランド兵はこの日、だれもが皆、おそるべき勇気を発揮し、敵戦車部隊の反撃を撃退し、橋を次々確保した。おかげでイギリス「第一一機甲師団」は六月二十八日の朝、対岸へと渡河することができた。イギリス「第八軍団」を率いるオコナー中将はさらに押して、その先のオルヌ川まで橋頭堡を延ばしたいと考えた。だがしかし、イギリス「第二軍」司令官デンプシー中将は、ドイツ「第二SS装甲軍団」がすでに東部戦線からこちら側に到着していることを「ウルトラ」情報により知っており、ここでいささか慎重になった。そして、積極果敢に前進するより、次の段階の攻勢に備えて、ひとまずオドン川南岸の橋頭堡を固めることを選択した。

「第二SS装甲軍団」を率いるゼップ・ディートリヒSS大将は、新来の「第二SS装甲軍団」所属の二個師団を、イギリス軍の橋頭堡に丸ごとぶつけることを望んだ。だが、ロンメル元帥は逡巡した。これまでのところ実現には至らぬものの、ロンメルとしては、戦車部隊による大規模反攻を今後実施したいと考えており、虎の子の二個装甲師団――第九SS装甲師団「ホーエンシュタウフェン」と第一〇SS装甲師団「フルンツベルク」――は当面、手元に取っておきたかったのだ。ところが六

月二十八日、肝心のロンメル元帥がヒトラーによって、いきなりベルヒテスガーデンに呼びだされてしまったのである。戦闘のさなかに、およそありえない妨害行為だった。絶望的気分に陥った「第七軍」司令官ドルマン上級大将――この数時間後に浴室で〝自殺〟することになる――は、「第二SS装甲軍団」に命令を発した。北西方向、オドン川の河岸に対して総攻撃をおこない、イギリス軍突出部の西側面を粉砕せよと。新来の二個SS装甲師団に加え、さらに第二SS装甲師団「ダス・ライヒ」から抽出した〝カンプフグルッペ（戦闘団）〟もこの攻撃に参加した。命令を発したドルマンがその直後に亡くなったため、六月二十八日午後、「第七軍」司令官の後任人事が発令された。「第二SS装甲軍団」を率いるパウル・ハウサーSS大将が以後、「第七軍」を指揮することになった。そこでハウサーは「第二SS装甲軍団」をビットリヒSS中将に託し、「第七軍」司令部のあるル・マンへと急行した。

　翌六月二十九日、イギリス「第一一機甲師団」の戦車兵は、戦略要地の「一一二高地」をなんとか確保し、さらに第一SS装甲師団「ライプシュタンダルテ・アドルフ・ヒトラー」（LSSAH師団）の先遣隊による攻撃も撃退した。「LSSAH師団」は現在、多連装ロケット砲を装備した「第七爆発射筒旅団」と、「第二一装甲師団」から抽出された戦闘団によって増強されていた。その前夜、「第二SS装甲軍団」をいきなり託された不運なビットリヒSS中将の元に一一〇〇時（午前十一時）、命令が届いた。一時間後に前進を開始せよとの指示だった。あまりの拙速に、ビットリヒは当初ためらいを見せたものの、その緊急性に鑑み、命令を呑まざるを得なかった。「ホーエンシュタウフェン」に届いた、この任務の重要性を説明する電文にはこうあった。二個SS装甲軍団が挙《こぞ》って当たらねば、「すでにバロンまで突出した敵軍の駆逐は不可能である。このままオルヌ川まで抜かれると、カーンは失われることになろう」と。そのころ、「装甲教導師団」の元にも指示がとんでいた。突撃

を敢行する「第二SS装甲軍団」の左側面を守れというものだった。一方、イギリス側には、棚ぼた式の幸運が転がりこんできた。「第一五師団」のスコットランド兵が身柄を拘束した武装親衛隊のある将校が、この総攻撃の計画書を所持していたのである。おかげで、イギリス軍の前衛に展開する各歩兵大隊は、敵襲に備え、防御陣地をしっかり固めて待っていた。

「第二SS装甲軍団」は正午直後、猛攻を開始した。同軍団の司令部が一六〇五時（午後四時五分）、「西方装甲集団」司令部に上げた報告を見ると、ガヴリュ前方でイギリスの戦車一一輛を撃破したとある。その三十分後、さらなる報告が届き、ガヴリュを占領し、敵戦車二三輛を破壊した――と主張している。その前日、「西方装甲集団」司令部にようやく復帰したガイヤ・フォン・シュヴェッペンブルク大将は同日夕刻、この二個SS装甲師団に対し、さらなる攻撃を促した。いまぞ「千載一遇の好機《ディー・グレーセ・シャーンセ》である」とガイヤは言った。だが、その夜、大金星《だいきんぼし》をあげたのは、イギリス「第一五師団」のスコットランド兵たちだった。陸海軍の強力な援護射撃を後ろ盾に、彼らは「第九SS」、「第一〇SS」の両装甲師団を見事撃退したのである。三八輛のドイツ軍戦車が破壊され、「第九SS装甲師団」などは突撃開始線まで戻らなければならなかった。この挫折が、両SS装甲師団の士気に与えた影響は甚大であった。ただ、間の悪いことに、イギリス「第二軍」司令官デンプシー中将は、この日この時の攻撃こそ、まさにドイツ側の〝大反攻〟であるとの極秘情報をいっさい把握していなかったように思われる。*3 別方面から大規模攻撃のあることを警戒して、デンプシーは、「第一一機甲師団」に増強部隊を送るどころか、これを引き下げてしまったのである。「一一二高地」はたちまちドイツ側に奪取された。これは手ひどいミスだったことが、やがて判明する。このあと「一一二高地」の再占領には、はるかに多くの時間と、そしてこの撤退によってあるいは失われずに済んだかもしれない人命などはるかに凌駕するほどの、数多《あまた》の兵士の命が、浪費されることになるの

である。

翌日、「第二SS装甲軍団」は新たな攻撃を仕かけてきた。からくも撃退したものの、モントゴメリーはここで、力押しの作戦の中止を決めてしまった。イギリス「第八軍団」は五日間で四〇〇〇名以上の兵士を失った。戦死者の半分以上は「第一五師団」のものだった。スコットランド兵は、紛う方なき勇気の持ち主であることを、疑問の余地なく証明してみせた。そしてまた、望んでも得られないような絶好のチャンスを、慎重居士のデンプシーが逸してしまったことも、ほぼ疑問の余地がない。「エプソム作戦」は悪天候のせいで出足がもたついた。それが尾をひき、イギリス「第八軍団」は、「クルスクの戦い」以来、最大級の集中をみせたSS装甲師団と戦わざるを得なくなった。イギリス軍の各兵士は見事な働きをしたが、最後の最後に、かれらの司令官が見せた一瞬のためらいにより、戦いの価値は大きく損なわれた。唯一の慰めは、ドイツ軍がイギリス軍の担当戦区において、あえて大規模反攻に出ることが、このうち二度となくなったことである。

連合軍部隊の地上軍を統括するモントゴメリー将軍の戦争スタイルというか、戦闘全般の〝ハンドリング〟にかんし、アイゼンハワー最高司令官は不満をいだいていた。まあ、無理からぬ話である。今回彼が吹かせると言っていた「一泡」をめぐっても、モントゴメリーは終始、自信に満ちたメッセージをアイゼンハワーに送りつづけてきた。だが、そうしたメッセージと、彼が内々で漏らしていた発言とは、どうも一致しないのだ。イギリス「第七機甲師団」のある情報将校は、六月二十二日付けの日記のなかで、師団長のアースキン少将から聞いた以下のような話を、驚きをもって記録している。その話が出たのは、少将が「エプソム作戦」を前に「第二一軍集団」司令部で開かれた会議から戻ってきた直後のことである。「われわれをめぐる状況は大きく変化した。モンティはアースキン将軍にそう言ったそうだ」とその情報将校は記している。「ただモンティは、そのような判断にいたっ

た論拠を示そうとはしなかったが。第二軍は、敵の全装甲師団を見事に引きつけており、こちらの戦線で目標となるのはカーンぐらいで、アメリカ軍はたぶん、ブルターニュ地方の港湾都市まで、このまま押して行くだろう。従って、第八軍団の攻撃は引きつづきおこなわれるものの、われわれが相手にするのはきわめて限定的な目標にすぎないと。そのあとモンティは、イギリス軍は兵力増強の戦いに敗れてしまったという判断を示したという。悪天候のせいで、当初計画に比べ、五日間の遅れが生じていると」。この話がもし本当なら、デンプシーが「エプソム作戦」において過剰なほど慎重にふるまったのは、じつはモントゴメリーの振り付けに従っただけなのかもしれない。

七月一日、独英両軍が展開した一連の攻防がひとまず終了した翌日、ガイヤの「西方装甲集団」司令部に、ロンメル元帥がやってきた。二人の司令官はいずれも、二〇マイルになんなんとする沖合いから飛んでくる大型砲弾の威力に、衝撃を受けていた。ガイヤはすでに二個SS装甲師団の関係者に、艦砲射撃で潰された戦車の数を報告するよう求めていた。ドイツ側は当面、現在の戦線を維持する以外、ほとんど何もできない状態にあった。さしものヒトラーも、こうした現状を聞かされては、納得せざるを得なかった。それでも、ガイヤの怒りは収まらなかった。せっかくの装甲師団をイギリス相手の反撃にすべて投入させられた結果、今後の作戦立案に大きな支障を来してしまったからだ。

現状への対策として、ガイヤがとりわけ異を唱えたのは、当座の便法《べんぽう》として、部隊を小分けしようとする動きだった。そんなことをすれば、補給面で混乱が生じるだけだとガイヤは主張した。ロンメル元帥に対しても、この持論をぶつけてみせた。戦線を維持する任務は、新来の各歩兵師団にとりあえず任せることとし、戦車部隊はいったん後退させ、再編をおこない、戦車本来の打撃力を回復させるべきでありますと。だが、ロンメルはガイアの提案を却下した。「そんな仕事、いまの歩兵部隊

には無理なのだ。彼らはそのための準備をまったくしていないのだ」というのがロンメルの答えだった。新たに到着した歩兵師団を検分したが、あの兵士たちがイギリス軍の動きを阻止できるとは、到底思えないと。ただ、たんなる偶然の一致ではあるが、小分けした戦車部隊で戦線を維持するというやり方は、一片の土地も敵に渡すなというヒトラーの強迫観念とどこか通底するところがなくもなかった。そのため、ガイヤは納得せず、「ベルヒテスガーデンにいる畳水練《アームチェア》の戦略家ども」や、彼らの「戦車戦に対する無知」にかんして、火をふくような批判を展開した。ヒトラーの側近中の側近、ヨードル上級大将についても、あの砲兵あがりが、とまさに全面否定である。「砲兵という連中は、ブルボン王朝の不幸な性格——何も学ばず、何も忘れず——を発展させたなれの果てであり、多くの点で、あの連中は歩兵よりもさらに後向きである」と。

そうした勢いのもとに作成された報告書は、言葉遣いに気をつけるなどという配慮が微塵も感じられない代物だった。ガイヤは、今回の独英攻防戦の結果に鑑み、柔軟防御の必要性を訴えるとともに、そのうえで連合軍の艦砲の射程外に出るため、装甲部隊は、オルヌ川南岸に後退させる必要があると説いた。「決定は現在、ＯＫＷ（ドイツ国防軍最高司令部）が直接おこなっている」とガイヤは続けた。だが、「ＯＫＷは前線の状況について、一次情報も体感知識もないため、つねに状況を極度に楽観視し、その決定はつねに間違っているうえに、伝達が遅すぎる」と。ロンメルもガイヤの結論を支持し、この報告書をＯＫＷに送付した。ヒトラーは直ちにガイヤの解任を決め、後任にはハインリヒ・エーベルバッハ装甲兵大将を据えることにした。

六月二十八日、オドン川の渡河をめざす連合軍との戦いがまさに佳境という時期に、「西方総軍」司令官フォン・ルントシュテット元帥もまた、ロンメル同様、ヒトラーのベルクホーフ山荘に呼びつけられていた。ルントシュテット元帥は「恐ろしく不機嫌なようすで戻られた」と彼の参謀長、ブ

ルーメントリット大将は書いている。パリ郊外、サン＝ジェルマン＝アン＝レイの「西方総軍」司令部から、ベルヒテスガーデンのヒトラー山荘まで、車で六〇〇マイル以上を走破したあと、朝の三時から夜の八時まで待たされたあげく、「ようやく総統と二言、三言、ことばを交わす機会を与えられた」という扱いだったから、不機嫌になるのも無理はない。元帥は司令部に戻った直後、ブルーメントリットが聞いている目の前で、ＯＫＷのカイテル総長に電話をかけた。元帥は「身も蓋もない口調で、ノルマンディーのドイツ軍全般が、どうしようもない状態に陥っている現状を、淡々と事実だけ列挙する形で伝えた」。連合軍の兵力がかくのごとくでは、わが部隊は「敵を海に叩き落とすどころか、敵の攻撃に耐えることさえ」叶わぬ状況下にあると。

「われわれにどうせよと」

「この戦争全体を終わらせるべきである」と老元帥は返答した。

翌日の正午、カイテル総長が電話をかけてきて、先の電話の内容は、総統閣下にお伝えしておきましたと告げた。次にヒトラーの側近、ヨードル上級大将から電話があり、ヒトラーが「西方総軍」司令官の交代を検討中であると警告を発した。ガイヤが作成した例の報告書に、ルントシュテット元帥も賛意を示したという点が解任を決める決定打となった。ヒトラーは、偉大なルントシュテット元帥が体調不良のため引退されることになったと発表した。さらに将校一名をパリに派遣し、懇《ねんご》ろな内容の手紙を元帥に手渡すとともに、柏葉付き騎士鉄十字章を授与した。後任の司令官にはハンス＝ギュンター・フォン・クルーゲ元帥が就くことになった。

ロンメルもまた、怒り心頭だった。ヒトラーが、自分にいっさい断りもなく、「第七軍」司令官にハウサーＳＳ大将を据えてしまったからである。ヒトラーは陸軍の指揮官より、武装親衛隊の指揮官を信用する傾向が強く、いちばんのお気に入りは相変わらず、ゼップ・ディートリヒＳＳ大将だっ

た。だが、そのディートリヒにおいても、ノルマンディーの戦いを現在の惨状に追いこんだ元凶は、ヒトラーの無用な干渉にある、と今では考えるようになっていた。ヒトラーはこの際だからいっそ、ロンメルも、ルントシュテット元帥と一緒に解任してしまおうと思った。だが、ガイヤの後任として「西方装甲集団」司令官に就任するエーベルバッハの進言もあって、ロンメル解任のほうはとりあえず見送ることにした。エーベルバッハは強い口調でこう訴えた。ロンメル元帥は余人をもって代え難い存在であり、「元帥を解任すると、その影響は前線だけでなく、ドイツ全土の士気低下につながり、かつまた対外的な印象にも逆効果を与えることになるでしょう」と。

六月三十日、エーベルバッハ装甲兵大将は命じられた。フォン・クルーゲ元帥とともに翌日、西部戦線へ飛び、「西方装甲集団」の指揮をとれと。クルーゲ元帥はエーベルバッハに対し、OKWはわれわれに、戦線の安定化ならびに更なる反撃を求めていると告げた。サン＝ジェルマン＝アン＝レイの「西方総軍」司令部に到着したクルーゲはある種の確信を持っていた。ノルマンディー一帯の各戦線があげてくる報告はどれもこれも、悲観的側面ばかりを強調しているにちがいないと。ソ連赤軍が「バグラチオン作戦」でドイツ「中央軍集団」を攻撃している最中、クルーゲ元帥は総統大本営のひとつ、〝ヴォルフスシャンツェ（狼の巣）〟で八日間を過ごしていた。そして、ハンス＝ギュンター・フォン・クルーゲはその八日間、朝から晩まで休みなく、「最高指導層に要求される不屈の精神」を叩きこまれたのだろう――と参謀長として引き続き、新司令官を補佐するブルーメントリット大将は推測していた。それゆえ、西部戦線全体を統括するこの司令部を引き継いだとき、クルーゲに状況を絶望視するような傾向はまったく見られなかった。「賢いハンス」――〝クルーク〟というドイツ語の形容詞が「賢明な」という意味からくる一種の言葉遊び――というあだ名で呼ばれるフォン・クルーゲ元帥は、同輩たちのあいだで、あまり人気がなかった。ロンメルの参謀長、シュパイデル中将

は書いている。クルーゲは「精力的で、頭の回転が早く、自己に対して厳しかった。要求にかんしては容赦がない。その端正な顔についている両眼は冷たく、感情をじっと押し殺し、外に漏らすことがない。クルーゲはヒトラーを憎んでいたが、総統に対する強い絆を断ちきることができなかった。おそらくそれは、総統が彼に与えた名誉と好意をみずから受け入れたことから来ているのだろう」。クルーゲは、ルントシュテットと同様、ヒトラー総統から二五万ライヒマルクの下賜金を受けとっていた。

七月五日午後、クルーゲ元帥はラ・ロシュ＝ギュイヨン城にロンメル元帥を訪ねた。司令官のロンメル、参謀長のシュパイデルとの「若干冷えびえとした挨拶のあと」、城内の「守備兵の間」で「B軍集団」の参謀たちと顔合わせをおこなった。クルーゲはまず、今回のフォン・ルントシュテット元帥の更迭は、西部戦線の軍指導者に対する総統閣下の不満の表明と受け止めなければならないと釘をさした。さらに、ヒトラー総統はロンメル元帥にかんし、「敵の武器の圧倒的効果なるもの」に余りにかまけ、その結果、状況を過度に悲観視する弊に陥っているとお考えであると告げた。クルーゲは居並ぶ参謀たちの前で、ロンメルを真正面から見据えると、自分は嫌々ながらも、これまで怯むことなく、ヒトラー総統の命令を断固実行してきたと告げた。「あなたと雖《いえど》も、ロンメル元帥、今後はいかなる留保もつけず、命令には従ってもらわねばならない！　そしてその時、私はよき助言者になるだろう」。そう言って、クルーゲは所信表明を終えた。

この挑発的な物言いがロンメルを刺激し、そのまま激しい口論に発展したことは驚くに当たらない。ロンメルは、ドイツ軍が現在直面する状況をありのままに述べるとともに、「その現実をもとに、適切な結論を導きだす必要がある」と強調した。言い合いがあまりに激しくなったため、クルーゲは参謀たちに、ちょっと席を外してくれと頼んだ。ロンメルは強く主張した。先ほどの私に対する悪

口雑言を、まずは口頭で、次いで書面をもって、詫びてもらおうと。ロンメルはさらにクルーゲに対し〝助言〟をおこなった。高飛車な態度で他人に偉そうに指図をする前に、実際に前線に足を運び、軍司令官や師団長とじかに話してみることだと。ロンメルがこの程度の反論で矛を収めたのは、じつはクルーゲという人物がドイツ軍内部の抵抗グループと接触を持っている事実を知っていたからである。総統の命令を金科玉条とするクルーゲだったが、じつはヒトラーのカリスマ性にあまり感化されていない点に、ロンメルは期待をいだいていた。

クルーゲは翌日、ラ・ロシュ＝ギュイヨン城を離れ、前線視察へと向かった。すべての野戦指揮官がまったく同じ見方をしており、ブレはなかった。彼は不明を恥じ、ロンメル元帥に謝罪し、ロンメルの大局観を受け入れた。クルーゲは悟った。東部戦線の場合と同様、ヒトラーは現実感覚を失っており、それはつまり、総統閣下の夢想が叶わなかったとき、その責めを負わされる下手人探しが始まるということだった。

エーベルバッハ装甲兵大将もそのころ、前任者のガイヤにかわり、後任司令官に就任していた。だが、「西方装甲集団」司令官という名前はあるものの、そこにはしかるべき司令部機構も、幕僚たちも、いっさい存在しなかった。引き継ぎ報告のなかで、ガイヤはいくつかの要点を掲げて、現状を簡潔に総括している。「ドイツ軍の戦車は、装甲および武装の面で、イギリス・アメリカ両軍の戦車より優位にある」。ドイツ軍兵士の士気は「効果的な宣伝により」依然として「比較的高い」。イギリス戦区において、「彼我の兵力差は、通常の条件下なら、防衛に十分なだけある」し、地形はわが方に有利である。八個装甲師団を集中させ、一個対空砲部隊と二個爆発射筒旅団で側面を固めることで「予想されうる敵の攻撃に対し、重心をつくりだすことは可能である」。ただ、一時は見事な奮戦ぶりをみせた一個歩兵師団は、今後二ないし四週間で摩耗してしまうだろう――と。ヒトラーの側近中の

側近、ヨードル上級大将も戦後、当時の状況について次のように認めている。「歩兵師団によって装甲師団の負担軽減を一刻も早く実現しようとするわが軍にとって、イギリス軍の攻撃は、持続的障害であり続けたし、より多くの兵力を西方にむけて移動せんと企図するわが軍の計画も、持続的な挫折へと追いこまれた。この時点におけるイギリス軍の攻撃は、アメリカ軍が突破口を開くことを容易にするうえで、たしかに実質的な貢献を果たした」と。

ガイヤ前司令官はまた、フランス人は「友好的」であると主張していた。確かに、ノルマンディー地方において、パルチザン型の襲撃はきわめて少なかった。ただ、ドイツ軍当局はいまや強い不安をいだき始めていた。そこで、首都パリの住民に対し、改めてドイツへの畏怖の念を植えつけさせようと、イギリス・アメリカ両軍の捕虜六〇〇名にパリの目抜き通りを行進させたりもした。通行人の中には、連合軍の捕虜を小声で勇気づけるものもいたけれど、その一方で、大声で彼らをあざ笑うものもいた。連合軍の空爆の悲惨さを強調するドイツ側の宣伝工作の〝成果〟なのか、あるいはドイツ軍シンパの小グループが群衆に紛れこんでいたのかは判然としないが、行進中のアメリカ空挺隊員一名に蹴りを入れ、つばを吐きかけるものがいた。蹴られた空挺隊員は「そいつらに一発見舞おうと、列から飛びだした」が、見張りのドイツ兵により、臀部を銃剣で一突きされた。

もっとも、フランス人の住民感情などより、はるかに大きな懸念を、ドイツ国防軍上層部はかかえていた。彼らにとっては、白ロシアにおけるソ連赤軍の攻勢と、ノルマンディーにおける英米の圧力に、今後いかに対処するかが、喫緊の課題だった。「西部戦線と東部戦線における、大規模な衝突がもたらす諸影響は、相互に関連し合っていた」。カイテル同様、戦後に連合軍の尋問を受けたヨードルは、そう語っている。「両戦線のドイツ軍部隊は、どちらも、むこう側の戦線に比べ、われわれは冷遇されていると感じていた」と。SS装甲師団の一方への集中、特に「第二SS装甲軍団」を東部

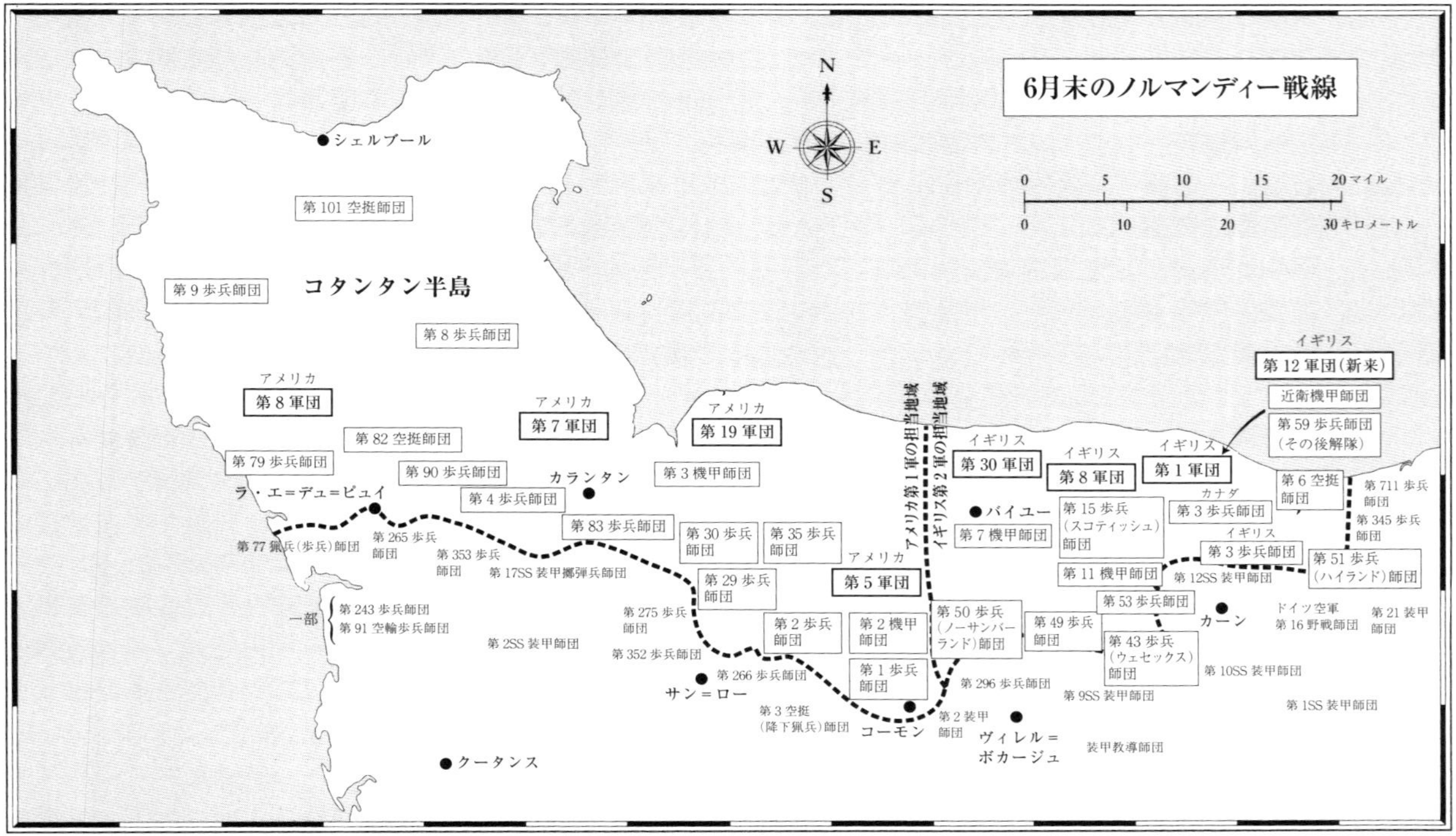
6月末のノルマンディー戦線
N
W
E
S
0 5 10 15 20マイル
0 10 20 30キロメートル
シェルブール
第101空挺師団
コタンタン半島
第9歩兵師団
第8歩兵師団
アメリカ
第8軍団
アメリカ
第7軍団
アメリカ
第19軍団
第82空挺師団
第79歩兵師団
第90歩兵師団
カランタン
第3機甲師団
ラ・エ＝デュ＝ピュイ
第4歩兵師団
第83歩兵師団
第265歩兵師団
第353歩兵師団
第77猟兵（歩兵）師団
第17SS装甲擲弾兵師団
第30歩兵師団
第35歩兵師団
第29歩兵師団
アメリカ
第5軍団
一部
第243歩兵師団
第91空輸歩兵師団
第2SS装甲師団
第275歩兵師団
第352歩兵師団
第2歩兵師団
第2機甲師団
第1歩兵師団
第266歩兵師団
サン＝ロー
第3空挺（降下猟兵）師団
コーモン
第2装甲師団
クータンス
アメリカ第1軍の担当地域
イギリス第2軍の担当地域
イギリス
第30軍団
バイユー
第7機甲師団
第50歩兵（ノーサンバーランド）師団
第296歩兵師団
ヴィレル＝ボカージュ
装甲教導師団
イギリス
第8軍団
第15歩兵（スコティッシュ）師団
第49歩兵師団
第9SS装甲師団
第11機甲師団
第53歩兵師団
第43歩兵（ウェセックス）師団
第10SS装甲師団
カーン
第12SS装甲師団
イギリス
第1軍団
カナダ
第3歩兵師団
イギリス
第3歩兵師団
イギリス
第12軍団（新来）
近衛機甲師団
第59歩兵師団（その後解隊）
第6空挺師団
第711歩兵師団
第345歩兵師団
第51歩兵（ハイランド）師団
ドイツ空軍第16野戦師団
第21装甲師団
第1SS装甲師団

戦線から引き抜き、西部戦線へと移送させたことは、ソ連の「バグラチオン作戦」への対処が十分できていない状況を端なくも示していた。「二正面作戦がかかえる、あらゆる苦難が、やがて現実のものとなっていった」とヨードルは語っている。

ソ連赤軍の連絡将校、ワシリエフスキー大佐が、イギリス「第七機甲師団」の視察にやってきた。主張すべきは断固主張するソ連式外交術の真価を発揮して、大佐は早速、イギリス軍の進軍ペースがきわめて遅いことに批判を浴びせた。すると、あるイギリス人将校が東部戦線の地図を出してきて、あなたの原隊である師団は現在どこで戦っているのか、その場所を示してほしいと頼んだようだ。その結果、その戦区には長さ六〇〇マイルの間に、ドイツ軍の九個師団が展開していることが分かった。そこでイギリス人将校は指摘した。われわれがいま対峙しているドイツ軍部隊は計一〇個師団であり、しかもそのうちの六個は装甲師団であり、しかもそれらは、わずか六二マイルの戦線に展開しているのだよと。

ドイツ軍の最強部隊は「依然としてソ独間の戦線に存在する」というソ連宣伝機関のお得意の主張は、いまや根も葉もないものに変わりつつあった。なにしろイギリス・アメリカ両軍の担当戦区を合わせると、ノルマンディーにはSS装甲師団だけで六個も存在し、さらに精鋭の「装甲教導師団」や「第二装甲師団」といった陸軍の戦車部隊までいるのだから。にもかかわらず、その扇動的な文章で人気の高い、ソ連の作家兼宣伝員、イリヤー・エレンブルークは「われわれは、年若く、強力なドイツ兵が、いまどこにいるのかを知っている」とソ連共産党中央機関紙『プラウダ』に書きつづり、ノルマンディーに展開するドイツ軍部隊はそもそも質が悪いと仄《ほの》めかしてみせた。「われわれは土のうえ、砂のうえ、粘土のうえで連中を相手にしてきた。カルムイクの草原で、ヴォルガ川の河岸で、ウォルホフ付近の湿地で、クリミアの森林地帯で、モルダヴィアで、ルジェフで、ヴェリキエル

キで。われわれ連合軍はいまや、われわれが〝トタルニク（国家総動員）〟とあだ名するドイツ軍のことを、絶滅を運命づけられた、当座の用にしか役立たない、安普請《プレハブ》の軍隊と見なしている」と。ただ、そのエレンブルークでさえも、以下の事実を認めるに、吝《やぶさ》かではなかったようだ。「フランスのフライパンを煽る炎はいまや、ロシアの炎に似てきている」

原注

415頁「ロンメル元帥は」：Wilhelm Ritter von Schramm, BA-MA MSg 2/247.

415〜416頁 チャンネル諸島と爆発射筒旅団：General Warlimont, ETHINT 4.

416頁「ジャングルのトラ戦術」：General Geyr von Schweppenburg, FMS B-466.

417頁「［ヒトラーは］体調が思わしくなく」：Speidel, FMS C-017. この会議における描写は、以下の記述にもとづいている。Speidel, Rundstedt (FMS B-633), Blumentritt, chief of staff OB West (FMS B-284), and Hitler's Luftwaffe adjutant, Nicolaus von Below (*Als Hitlers Adjutant, 1937-1945*, Mainz, 1980).

418頁 六ないし一〇マイルの後退と「延々とみずからに暗示をかけるような長広舌」：General der Infanterie Blumentritt, debriefing 6 August 1945, NA II 407/427/24231.

419頁「それこそまさに……聞きたくなかった一言」：Below, p.375.

419頁「すべては、狂おしいほどの抵抗が」：Blumentritt, Chief of OB West, FMS B-284.

420頁「もっぱら悩ませているのは」：Mollie Panter-Downes, *London War Notes*, London, 1971, pp.330-31.

420頁「気味の悪い、遠吠えのようなサイレン」：Cyrus C. Aydlett, USS *Bayfield*, NWWIIM-EC.

420頁 戦時内閣：War Cabinet, 16 June, LHCMA Liddell Hart 11/1944/38.

421頁「こいつらは」：Wing Commander R. Bea-

mont, SWWEC T537.

421頁　憲兵総監：Director General of Gendarmerie's report, General Martin, AN AJ/41/56.

422頁　「感情垂れ流しの」：Field Marshal Lord Alanbrooke, *War Diaries 1939-1945*, London, 2001, p.562（27 June）.

422頁　逆スパイ「レクター」：Agent 'Lector', TNA HW 40/6.

423頁　「戦いは、総じて順調に推移しております」：Montgomery to Churchill, 14 June, TNA PREM 3/339/8.

424頁　「われわれは……隊列を組んで」：G. Steer, 1/4th King's Own Yorkshire Light Infantry, SWWEC 2002.1644.

425頁　「アイクに言う必要はないぞ」：LHCMA, LHP/1/230/22-23a.

426頁　「ドイツ側のやり口は」：Peter Rubie, CWM/MCG 58A 1 40.7.

428頁　「角を曲がったところ」：Stanley Chiristopherson diary.

428頁　「その命令は」：G. Steer 1/4th King's Own Yorkshire Light Infantry, SWWEC 2002.1644.

429頁　「ウルトラ」が傍受した「装甲教導師団」の報告：Ultra on Panzer Lehr, 27 June, TNA KV 9826.

429頁　「奇妙な菌類」：John Keegan, *Six Armies in Normandy*, London, 1992, p.174.

429頁　「大いに面白がった」：Aidan Sprot, *Swifter than Eagle*, Edinburgh, 1998, p.120.

430頁　「まるでダンテの神曲から」：Félix Drougard, MdC TE 3.

431頁　「すでにバロンまで突破した敵軍」：9th SS Panzer-Division *Hohenstaufen*, BA-MA MSg 2/4831.

432頁　「千載一遇の好機」：Kriegstagebuch Panzer Group West, Fifth Panzer Army, BA-MA MSg 2/4831.

433頁　「エプソム作戦」：この作戦にかんする最も優れた記述のひとつは、以下の書にある。Carlo D'Este, *Decision in Normandy*, New York, 1983.

433頁　「モンティはアースキン将軍にそう言ったそうだ」：Myles Hildyard diary, 22 June.

435頁　「畳水練《アームチェア》の戦略家ども」：General Geyr von Schweppenburg, FMS B-466.

435頁　「恐ろしく不機嫌なようすで戻られた」：Blu-

mentritt, Chief of Staff OB West, FMS B-284.

436頁「身も蓋もない口調で」：Blumentritt, ETHINT 73.

437頁「元帥を解任すると」：Generl der Panzertruppen Eberbach, FMS A-922.

437頁「不屈の精神」を叩きこまれた：Blumentritt, Chief of Staff OB West, FMS B-284.

438頁「精力的で、頭の回転が早く」：Speidel, FMS C-017.

438頁「若干冷えびえとした挨拶」：Spiedel, FMS C-017.

439頁「ドイツ軍の戦車は」：Eberbach, BA-MA MSg 1/106.

440頁「イギリス軍の攻撃は」：General Alfred Jodl, FMS A-913.

440頁「列から飛びだした」：William Oatman, 506th Parachute Infantry Regiment, NWWIIM-EC.

440頁「大規模な衝突がもたらす諸影響」：Keitel and Jodl, FMS A-915.

442頁 ワシリエフスキー大佐の視察：Arthur Reddish, *A Tank Soldier's Story*, privately published, undated, p.56.

442頁「依然としてソ独間の戦線に存在する」：Major General Galaktionov, *Pravda*, 23 June.

442頁「年若く、強力なドイツ兵が」：Ilya Ehrenburg, 'The West Wind', *Pravda*, 11 June

章末注

＊1「ホーホー卿」とは、本名をウィリアム・ジョイスというイギリス人に付けられたあだ名である。この人物は、ちょうど「枢軸サリー」のように、ベルリンからの連合軍むけ宣伝放送にさかんに登場した。

＊2 イギリス「第四機甲旅団」を率いるジョン・カーリー准将はこの日、戦死している。後任の旅団長になったマイケル・カーヴァー准将は、いまだ二十九歳という若さだった。

＊3「第二SS装甲軍団」の襲来を警告する情報は、偶然鹵獲した計画書によって得られたものなのか、それとも「ウルトラ」が六月二十九日に傍受した二本のメッセージ（うち一本は四時間以内にイギリス「第二軍」に伝達されている）によるものなのか、依然明らかでない。ただ、この極秘情報がもし仮に「ウルトラ」経由ならば、デンプシー中将がそれについて

知らされていないということは考えづらい。

（章末注3に対する原注）

「ウルトラ」：Ultra, 29 June, XL 70, see Ralph Bennett, *Ultra in the West*, New York, 1979, p.82.

第16章 〝ボカージュ〟の戦い

六月末のシェルブール陥落のあと、ブラッドリー将軍率いるアメリカ「第一軍」は、南にむかう準備に入った。コタンタン半島の西海岸の付け根には「第七九歩兵師団」、「第八二空挺師団」、そして武運に恵まれない「第九〇歩兵師団」が、湿地帯にずらりと展開していた。彼らに対峙する、コルティッツ中将率いるドイツ「第八四軍団」所属の主だった部隊は、アメリカ軍の南方に広がる、樹木の生い茂る丘陵部に防御陣地を築き、周囲に塹壕をめぐらせ、敵の襲来に備えていた。カランタン南方のアメリカ「第四歩兵師団」、「第八三歩兵師団」もまた、低湿地に展開していた。両師団の前方にいる敵は、第一七SS装甲擲弾兵師団「ゲッツ・フォン・ベルリヒンゲン」と「第三五三歩兵師団」である。

東方のサン゠ロー戦線に展開するアメリカ「第三〇歩兵師団」、「第三五歩兵師団」、「第二九歩兵師団」はすでに〝ボカージュ〟――農地や牧草地が、小高い土手と生垣によってモザイク状に縁取られた独特の田園地帯――に踏みこんでいた。そのさらに東方のコーモン周辺に展開するアメリカ「第二歩兵師団」と「第一歩兵師団」は、いまや隣接するイギリス側の担当戦区まで足を延ばしていた。その東方にあって、アメリカの各師団に対峙するのは、オイゲン・マインドル降下兵大将率いるドイツ

空軍「第二降下猟兵（空挺）軍団」である。師団を小分けすることに、ガイヤやグデーリアンは強く異議を唱えたけれど、ドイツ軍はそうした〝カンプフグルッペ〟――歩兵、突撃砲、工兵を組み合わせた、さまざまな形態・規模をもつ即製の戦闘団――によって、きわめて効率的な防衛戦を展開しつつあった。

七月三日、アメリカ軍が動いた。まずはミドルトン少将率いる「第八軍団」が西側面から攻撃を仕かけた。この年の夏は、異常なほど雨がちで、アメリカ軍はどしゃ降りのなかを進んでいく。数カ月におよぶ訓練期間中、イギリスの天候で凍え、濡れねずみになり、すっかり嫌気がさしていたアメリカ兵は、フランスにわたれば、もっと増しな天候に出会えると期待していたのだが。低くたれこめる雲のせいで、航空部隊の近接支援もままならず、雨がこれほど激しいと、砲兵のための精確な観測も思うに任せなかった。「第八二空挺師団」はその日の午後には、目標とするラ・エイ＝デュ＝ピュイ北方の「一三一高地」を早々と確保していたが、攻勢をかけた残りの部隊は、湿地に足をとられ、遅れをとった。「第八二師団」の面々は、他の二個師団が自分たちに追いつくまで、イライラしながら待つことになった。ドイツ側はドイツ側で、別の問題をかかえていた。ヴォルガ・タタール人からなる一個大隊が「たちまち敵方《てきがた》に逃亡してしまった」のだ。別の〝オスト（東方兵）〟大隊も、チャンスと見るや、「第八二師団」に投降したし、西方に展開するドイツ「第二四三歩兵師団」の一部、およそ三分の一の兵員も、やはり敵方に走った。

翌日、アメリカ「第七軍団」は、セヴ川周辺の湿地帯の東方、サントニー戦区に「第八三歩兵師団」を送った。この日、七月四日はアメリカ独立記念日にあたるため、前方に展開するすべての火砲に対し、命令がとんだ。祝賀花火のかわりとして、正午きっかりに、一斉射撃をおこなうべしと。一部の砲兵部隊は、レッド、ホワイト、ブルーの発煙信号弾をぶっぱなした。開戦以来、ずっと戦いづ

めだった「第一〇一空挺師団」は、六月末に到着したこの「第八三師団」によって、負担軽減の恩恵を多少味わうことができた。「第八三師団」の歩兵たちは、さっそく夜間斥候に出された。「経験を積むことで、自信をつけさせる」ための措置であり、あわせて「神経がたかぶって、なんでもかんでも発砲する」兵隊に、平常心を取り戻させる副次効果が期待された。だがしかし、斥候にでた兵士たちが自軍の戦線に戻ってくると、限界まで緊張感をたかめて待っていた味方の歩哨から、「無差別」発砲を受けてしまった。「第一〇一空挺師団」のパラシュート降下兵が、新米兵士に「戦場の苛酷さや、ドイツ野郎の戦闘能力について、有ること無いこと」散々吹きこんだせいだった。いずれにしろ、サントニーをめぐる戦いは、文字どおり「血の洗礼」となり、「第八三師団」は一四〇〇名の犠牲者を出すことになる。新米のアメリカ兵は、学ぶことがごまんとあるな――そう指摘したのは、その新米兵士に拘束された数名のドイツ兵たちだった。「とらえた捕虜がわれわれに言った」とある軍曹は報告している。「きみらは素人みたいな兵隊だ。おかげですべての動きが丸見えだったよ。たばこに火をつけるのが見えたし、金属と金属がぶつかりあうガチャガチャという音も聞こえた。戦場における基本をきちんと守っていたら、きみらはもっと長生きできたのにな」。一方、ドイツ側は連合軍兵士の身柄確保を重要視していた。なぜなら、自分たちが持っていないような素晴らしい地図を、アメリカ兵は持っていたから。

二日後の七月六日、今度はアメリカ「第四歩兵師団」が南西方面の攻撃に参加した。シェルブール港を目指す激戦の直後、同師団を率いるバートン少将は言った。半島先端の「海岸まで到達したとき、われわれはもはや師団ではなかった」と。残念ながらこれは、少しも大げさな表現ではなかった。ノルマンディー上陸以来、「第四歩兵師団」では五四〇〇名が犠牲となり、四四〇〇名の補充兵を受け入れていた。あまりに多くの指揮官が戦場で倒れたため、師団司令部の幕僚たちがスタッフ業

務をひとまず置いて、部隊の指揮官として前線に赴いたほどである。

アメリカ軍の攻撃は、西方のセヴ川と東方のトート川の両岸に広がる湿地帯のせいで、動きを封じられてしまった。これではドイツ軍陣地を迂回することは不可能であり、また大半の土地は、地盤があまりに軟弱なため、戦車には不向きだった。「ゲッツ・フォン・ベルリヒンゲン」所属の「第三七SS装甲擲弾兵連隊」は、こうした陣地の守備任務を完璧にこなしていた。ただ、降りしきる雨と地下水面の上昇には、さしものSS擲弾兵も音を上げていたけれど。たこつぼ壕の水位は二フィートに達し、病原菌の感染から、足が炎症を起こすものも出ていた。

若いSS装甲擲弾兵はまた、糧食の面でも不足を感じていた。ミルク、バター、肉はたっぷりあったが、パンや麺類がないのだ。アメリカ軍の攻撃が始まるほんの一週間前、彼らは連合軍の侵攻開始以来初めて、郵便物を受けとった。犠牲の大きかったカランタンの戦いのあとなので、多くの手紙が、家族や恋人のもとに、未開封のまま送り返されていた。封筒には「大ドイツ帝国のため戦死」という公印が押されていた。この日はまた、あれこれ苦労しながら北上を続けた第二SS装甲師団「ダス・ライヒ」の先遣隊が、ようやく戦線に到着した日でもあった。

最西端におけるドイツ軍の反撃は、テンポは鈍いながら、当初はそれなりに進んだ。ただ、敵砲兵の容赦ない砲撃をあびて、ドイツ軍は消耗戦を強いられた。七月六日、アメリカ軍が「カストル山の森」へ前進をはかったとき、「ダス・ライヒ」の一部が奇襲攻撃を仕かけたが、敵砲兵によりたちまち粉砕されてしまった。カーン戦線が最優先とされたため、ドイツ「第八四軍団」はその損失分を穴埋めしてくれる、増強部隊も装備の補充も、ほとんど得られない状態だった。ノルマンディーにおけるドイツ国防軍の人的損耗は、六月二十五日までに四万七〇七〇名に達し、その中には六名の将官もふくまれていた。それでも、防衛戦における、彼らのじつに巧みな戦いぶりは、敵ながらあっぱれと

いう気分を連合軍側にいだかせた。「あちらには大したものは残っていない」とあるアメリカ人将校は言った。「しかし、ドイツ人はその〝ありもの〟をいかに使うべきか、恐ろしいくらい熟知していた」

アメリカ軍は間断なく圧力をかけてきた。それは「第八四軍団」を率いるコルティッツ中将にとって、部隊をいったん引き下げ、休息をとらせ、再編を試みる機会がまったく得られないことを意味した。コルティッツの手元に残された唯一の予備兵力は「ダス・ライヒ」とドイツ空軍「第一五降下猟兵連隊」の一部で構成された一個〝カンプフグルッペ（戦闘団）〟のみだった。コルティッツの推計によると、アメリカ陸軍の砲撃と航空攻撃によって「第八四軍団が」失った兵員の規模は、一日あたり一個半大隊に相当した。撤退など罷《まか》りならぬというOKW（ドイツ国防軍最高司令部）の指示を、コルティッツはバカげた命令と見なしていた。それゆえ、「第七軍」のハウサー司令官の同意を得て、ニセの報告をあげながら、ひそかに部隊の小規模な撤退をすすめていった。「第七軍」司令部はロンメル元帥に対し警告を発した。アメリカ軍の砲兵ならびに航空兵力の打撃により、戦線の最西端が崩壊する可能性は、紛れもなき現実に変わりつつあると。鉄道および道路という補給路に、絶え間ない攻撃を受けたことで、ドイツ軍はいまや、大西洋岸を経由する砲弾の補給がきわめて困難になりつつあった。

コルティッツの部下の大半は、この一カ月あまり、休みなく戦いつづけてきたため、疲労の極に達していた。「三日間、不眠不休で戦ったあと」とドイツ「第九一空輸歩兵師団」のある上等兵は故郷に宛てた手紙のなかで書いている。「きょうは十時間も寝ることができました。私はいま、爆撃を受けた農家の跡地にすわっています。こんな運命に見舞われる前は、さぞかし立派な屋敷だったに違いありません。ひどい光景です。家畜や家禽が爆風に殺され、あたりに横たわっています。ここに住ん

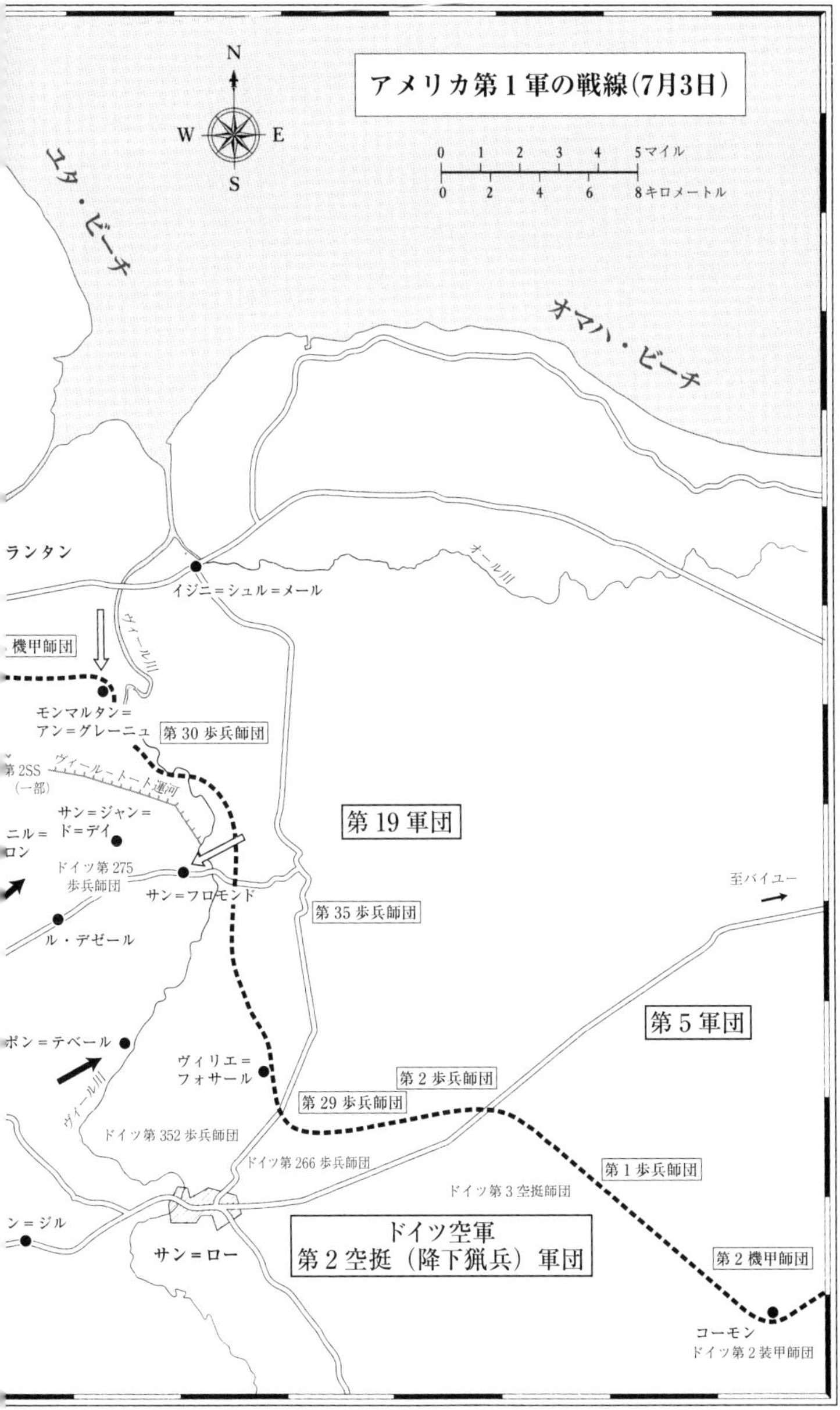
アメリカ第1軍の戦線(7月3日)
N
W
E
S
0 1 2 3 4 5マイル
0 2 4 6 8キロメートル
ユタ・ビーチ
オマハ・ビーチ
ランタン
イジニ＝シュル＝メール
オール川
ヴィール川
機甲師団
モンマルタン＝
アン＝グレーニュ
第30歩兵師団
第2SS
(一部)
ヴィール－トート運河
サン＝ジャン＝
ド＝デイ
ニル＝
ロン
ドイツ第275
歩兵師団
サン＝フロモンド
第19軍団
至バイユー
第35歩兵師団
ル・デゼール
第5軍団
ポン＝テベール
ヴィリエ＝
フォサール
第2歩兵師団
第29歩兵師団
ドイツ第352歩兵師団
ドイツ第266歩兵師団
第1歩兵師団
ドイツ第3空挺師団
ン＝ジル
サン＝ロー
ドイツ空軍
第2空挺（降下猟兵）軍団
第2機甲師団
コーモン
ドイツ第2装甲師団

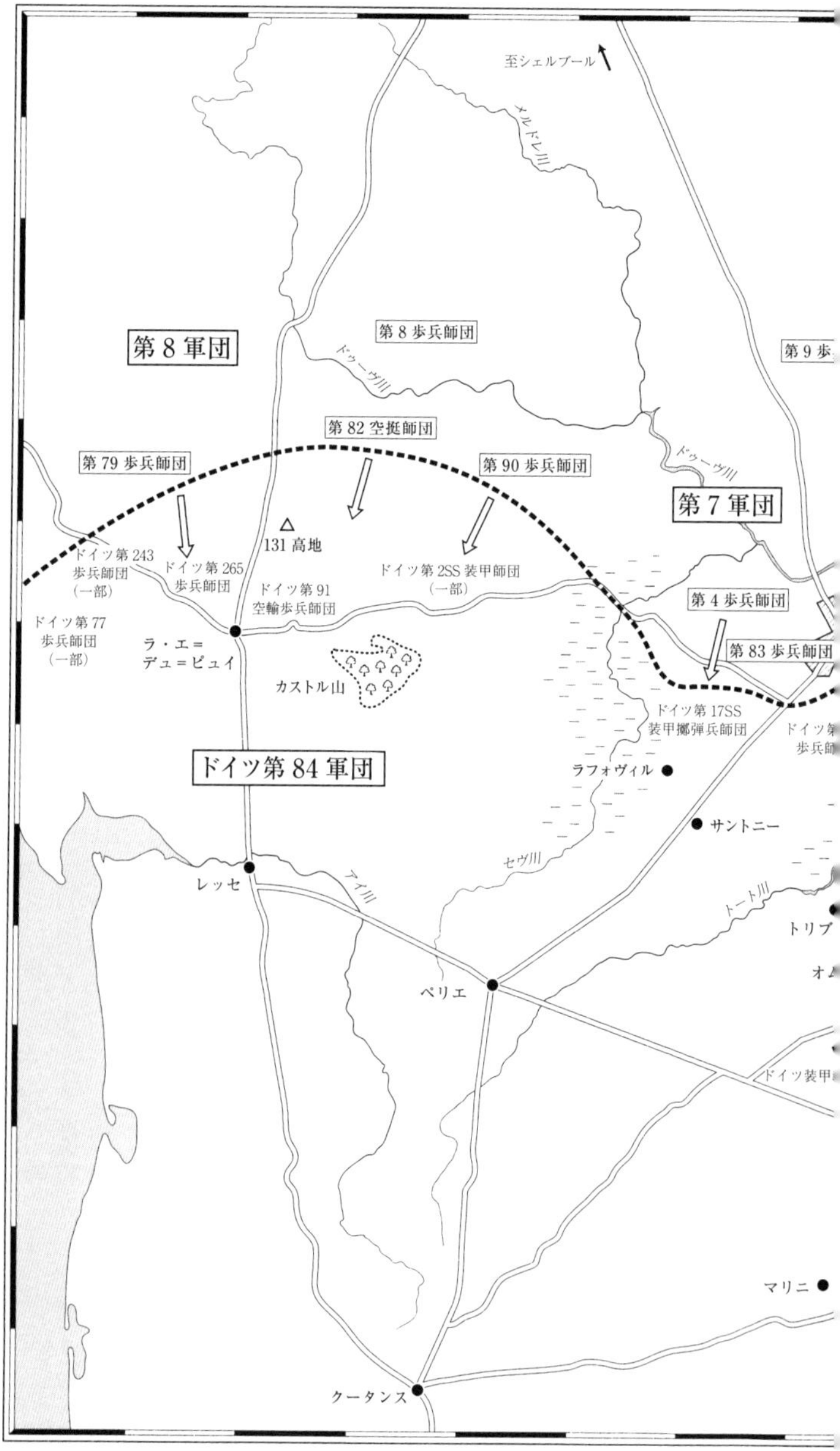

至シェルブール
メルドレ川
第8歩兵師団
第8軍団
ドゥーヴ川
第82空挺師団
第79歩兵師団
第90歩兵師団
ドゥーヴ川
第7軍団
131高地
ドイツ第243
歩兵師団
（一部）
ドイツ第265
歩兵師団
ドイツ第91
空輸歩兵師団
ドイツ第2SS装甲師団
（一部）
第4歩兵師団
第83歩兵師団
ドイツ第77
歩兵師団
（一部）
ラ・エ＝
デュ＝ピュイ
カストル山
ドイツ第17SS
装甲擲弾兵師団
ドイツ第84軍団
ラフォヴィル
サントニー
セヴ川
レッセ
アイ川
トート川
ペリエ
マリニ
クータンス

でいた人たちは、いまは建物の隣に埋葬されています。わが部隊のロシア兵は、瓦礫のあいだに腰かけて、シュナップスを見つけだし、彼らが知っている歌曲だけでなく、〝エス・ゲハト・アレス・フォリューバー（すべては過ぎいく）〟を歌っています。ああ、こんな事はみんなおしまいにして、人類はふたたび、理性を取り戻せないものでしょうか。私はこんな混乱、こんな残酷な戦争を、甘受することができません。東部戦線ではこれほどの気分になりませんでしたが、ここフランスでは、感情を抑えることができません。ここで唯一良いことは、食べ物と飲み物が十分にあって……悪天候が続き、実際、何もできませんでした。ただ、戦争だけは別です。敵機の数がいささか減るぐらいです。ついに対空砲が届きました。これでもうアメリカ軍も、侵攻当初の数週間のような、鼻歌交じりの飛行を楽しむことはできないでしょう。まったく、あれは本当にひどいものでした」

アメリカ軍の主力は、コタンタン半島の西海岸を下ってくる、とドイツ側は予想していた。防備が最も手薄な戦区がそこだからだ。だが、ブラッドリー将軍はマンシュ県の県都サン＝ローを主要目標に定めていた。「コブラ作戦の発動開始線にうってつけの地形を確保する」には、サン＝ロー制圧が不可欠である、とブラッドリーは考えたのだ。「コブラ作戦」とは目の前の〝ボカージュ〟を抜け、ノルマンディー地方の西隣にあるブルターニュ地方へと一気に軍を進める一大突破作戦である。そのためにはまず、作戦発動の開始線になるサン＝ロー―ペリエ街道沿いのあらゆるの障害物を取り除き、バイユー―サン＝ロー街道の南に布陣するドイツ軍部隊を一掃してしまう必要があった。

七月七日、霧がたちこめ、空がどんよりと曇ったこの日、サン＝ローにむけた戦いの火蓋《ひぶた》が切って落とされた。まずは「第三〇歩兵師団」が戦闘を開始した。ヴィール川西岸のドイツ軍防御陣地を一掃することが彼らの任務だった。だが、歩兵たちは傾斜のきついヴィール川の土手だけでなく、湿

地帯や〝ボカージュ〟の生垣とも格闘せざるを得なかった。前進速度の遅さに、ブラッドリーは苛立ち、状況の迅速化をはかるため、「第三機甲師団」の投入を決めた。

かれら戦車兵は同日夜、戦闘に加わった。四五輛の各種車輛とともに一時間でヴィール川を越えると、サン＝ロー西方のサン＝ジルを急襲した。だが翌日、この突撃はいささか野心的すぎたことが明らかとなる。「第三〇師団」の歩兵たちは結局、目指すドイツ軍部隊の一掃に失敗し、しかも互いの動きを事前調整しなかったため、アメリカ側の歩兵と戦車兵は、たちまちごった煮状態になった。「第三機甲師団」の三個〝コンバット・コマンド（戦闘団）〟は、ブラッドリーが想定したような、一気呵成の突進を実現できなかった。彼らは目の前にある牧草地や畑を、一筆また一筆と確保しながら、前進せざるを得なかったのだ。生垣の切れ目から飛びだしたとたん、ほとんど一瞬の間に、一二輛の〈シャーマン〉戦車が撃破された――そんな身の毛もよだつような物語も〝ボカージュ〟戦については語られている。アメリカ軍戦車の弾薬は、敵にくらべ貫通力に劣り、しかもはるかに多くの煙をあげるため、生垣をめぐる争奪戦では、これがひどく不利に働くのだ。それでも、はぐれドイツ兵が、戦車のすがたを見て、顔を歪め、投降してくることもままあった。「第三機甲師団」に所属するある戦闘工兵が、果樹園の端で、濃い茂みにむかって小用を足そうとした。とそこへ、ずぶぬれのドイツ兵一名がすがたを見せた。その工兵はゾッとして、木の幹に立てかけておいた小銃を慌てて手に取った。ところが、そのドイツ兵は財布から妻子の写った写真を取りだし、頼むから撃たないでくれと、アメリカ兵の説得を試みた。「マイネ・フラウ・ウント・マイネ・キンダー！（妻と子供たちです）」。ドイツ兵は何度もくり返し、そう言いつづけていた。

西方から、新たなドイツ軍部隊が襲ってきた。これは第二SS装甲師団「ダス・ライヒ」の戦闘団が、これまでいた戦区を離れたことを示唆していた。また偵察機からの報告によると、サン＝ロー南

東二〇マイル近くのル・ベニー＝ボカージュから、相当規模の装甲部隊が接近しつつあるという。「ウルトラ」の傍受情報によれば、この部隊は、カーン戦線から移動中の「装甲教導師団」の一部に、ほぼ間違いなかった。彼らを迎え撃つため、すぐさまP－47〈サンダーボルト〉の二個飛行隊が送られた。

七月九日は、雨が降ったり止んだりの生憎《あいにく》の天気で、航空偵察も、戦闘爆撃機による対地攻撃も、思ったように捗《はかど》らなかった。あわれな歩兵たちは、泥まみれの濡れねずみと化していた。それでも、彼らは〇七〇〇時（午前七時）、攻撃を再開した。「装甲教導師団」の到着を待って、ドイツ側が一気に反撃にでる計画なのは、もはや明らかだった。「戦車多数」がサン＝ローの西側面を迂回するかたちで、突如として出現したという報告も、朝方から多数寄せられていた。バズーカ砲と対戦車砲がすぐさま前方の部隊へと送られ、軍団砲兵もいつでも撃てるよう準備に入った。だが、アメリカ軍は、敵の勢いを一向に止められなかった。

しかもこの時、アメリカ軍には思わぬ混乱が生じていた。第三機甲師団「B戦闘団」の先鋒をつとめる〈シャーマン〉戦車部隊が、ポン＝テベールに到着後、地図を読み間違えたことがその発端だった。サン＝ローが位置する南方に向きを変えるかわりに、同戦闘団はサン＝ジュアン＝ド＝デイに向かう幹線道路をたどって、北方に戻ってきてしまったのだ。結果、南下してくる「第三〇歩兵師団」と鉢合わせする形になった。間の悪いことに、「第三〇師団」の歩兵たちは、敵戦車部隊による攻撃の可能性があるぞと事前警告を受けていた。とそこに実際、戦車部隊が登場したのである。道に迷った友軍に対し、第三〇師団「第八二三対戦車自走砲大隊」と若干の自走対空砲部隊が、ただちに攻撃を開始したのは、無理もなかった。先頭をいく二輌の〈シャーマン〉戦車がまずやられ、激しい砲撃戦となった。突然の戦闘開始に、不慣れな「第三〇師団」の歩兵たちはパニックに駆られた。ドイツ軍

の装甲部隊が、大規模な突破攻撃を仕かけてきたぞ、という噂がたちまち広がった。「ひどい混乱状態」がようやく落ち着き、「第三機甲師団」が南へと転進し、新たな部隊が投入され、ポン＝テベールにいたる道路の両脇で、戦線の安定がはかられるまでには、相当な時間が必要だった。

この日、アメリカ軍は右翼（西側）でも、思うに任せなかった。敵を待ち伏せ攻撃にかけようと、「ダス・ライヒ」の〈パンター〉戦車部隊と装甲擲弾兵部隊がたくみに張った結界のなかに、アメリカ「第一二〇歩兵連隊」と「第七四三戦車大隊」がまんまと嵌ってしまったのだ。武装親衛隊の擲弾兵たちは、至近距離からアメリカ軍戦車に攻撃をしかけた。一部の擲弾兵は、戦車によじ登ろうとしたため、アメリカ軍の戦車長たちは、砲塔上部の重機関銃を撃ちまくり、彼らを撃退した。「第一二〇連隊」所属のある大隊は、ほぼ完全に包囲され、「比較的経験のあさい兵隊たちのあいだに、パニック心理が一気に広がり」、崩壊寸前になった。後方につづく予備部隊は、恐怖に負け、「あらゆる車輛に飛び乗ると、我先《われさき》に北へと撤退を始めてしまった」。

前方の部隊が、逃げ出すことなく、その場で踏ん張れたのは、ただただ各中隊の将校ならびに下士官の、努力の賜《たまもの》だった。アメリカ側は結局、一三輛の〈シャーマン〉を失った。歩兵の損耗はこの日、ドイツ側の二倍にのぼった。軍団砲兵による並外れた支援射撃（夜明けから開始され、放たれた砲弾は九〇〇〇発近くに達した）があったおかげで、アメリカ軍は、総崩れだけはかろうじて免れた。

七月十日、湿地帯とトート川のあいだに展開するアメリカ「第七軍団」は、カランタン－ペリエ街道の両脇に広がりつつ、南西を目指し、おのおの進軍に努めた。展開の場所によっては、うまく行ったところもあるが、隘路の突破は叶わなかった。「第八三歩兵師団」は、わずか一マイル進むために、

四日間の激戦が必要だった。「第四歩兵師団」のある将校は、当時の様子をこう形容している。「歩兵にとって、ゾッとしない一週間だった。この忌まわしい地方」の湿地帯に点在する島を、ひとつまたひとつと、戦い取っていかなければならないのだ。時には足首まで泥に埋まり、時には小銃を濡らさぬよう、銃を頭上に高々と掲げて、水中を歩いていく。男たちはヘトヘトに疲れた。「腰を下ろすと、ことんと寝入ってしまい、何も感じなくなる」。ドイツ軍はプロ集団なので、アメリカ側は、敵の損耗の程度が見極めづらかった。彼らは戦死者を夜のうちに回収してしまい、遺体とともに撤退するからだ。

「第四歩兵師団」を率いるバートン少将は書いている。「ドイツ軍は、ただ兵士の敢闘精神によってのみ、戦線を維持している。われわれは数で勝り、その比率は歩兵で一〇対一、砲兵で五〇対一、航空部隊にいたっては無限大なのだが」と。少将は各部隊の指揮官に対して命じた。部下を叱咤激励し、腹の底から納得させて、そのうえで戦場に送りだせ。おまえたちは「ドイツ軍に勝るとも劣らぬ力強さで、わが祖国のため、戦わなければならないのだと[*1]」。捕虜を対象にしたある聞き取り調査によると、ドイツ兵は「平均的アメリカ兵の戦闘能力を、まったく評価していなかった」という。ただ、レインジャー部隊と空挺部隊については、それなりに敬意を払っていた。ドイツ軍の兵士は、国家による宣伝が骨の髄まで染みこんでいるようだった。「ゲッツ・フォン・ベルリヒンゲン」のある十九歳のドイツ人捕虜は、ナチの青少年組織「ヒトラー・ユーゲント」に加入していたが、その彼は真顔でこう答えるのだった。アメリカはいま必死になって戦っているが、ドイツ軍はいずれシェルブールを奪還するし、わが大ドイツ帝国はやがて、西方の連合軍を粉砕し、さらに赤軍に対しても敗北を与えてやるのだと。

〝国家社会主義指導将校〟――ソ連軍の政治士官のドイツ版――は兵士の憎悪をかき立てるべく奮

闘していた。部隊内の教宣活動にあたっては、敵の「テロ爆撃」によって、わがドイツの各都市が破壊されたこと、ドイツの女こどもが殺されたことを、特に強調して語った。連合軍は「ドイツ民族」を根絶やしにすることを意図しているのだ――というのがそうした教宣活動の第一テーマだった。敗北は即、祖国の滅亡を意味するというわけだ。連合軍兵士にむけたナチ・ドイツ側の宣伝ビラには、反語調のこうした言葉が並んでいる。「諸君はいったいヨーロッパで何をしたいのだ？　アメリカを防衛するためだと？　……スターリンのために、そしてイスラエルのために、諸君はこんなところで本当に死ねるのか？」。そもそも〝アメリカニスムス（アメリカ愛国主義）〟とは、合衆国の〝ユダヤ系金権政治家〟と、ソ連の〝ユダヤ系ボルシェビキ〟の野合にすぎない――というナチの基本テーゼが、こうした主張の根底にはうかがえた。

いっそ投降したいと願うようなドイツ人兵士でさえ、そうすることに一抹の不安を覚えていた。ナチの宣伝機関はくり返し唱えていた。わが秘密の新型爆弾がイギリス本土に投下されたとき、諸君の身はもはや安全ではなくなるぞと。そして、多くのドイツ兵が、なるほどそうかもしれないと思っていた。「敵の捕虜になることには、悩ましい側面があった」とある上等兵は書いている。「連行されたあと、ドイツのV2号や、あるいはV3号によって、自分がやられるのではないか、という恐怖をかかえていたからだ」。三日後、この上等兵は故郷に宛てた手紙のなかで、そんな思いを連ねている。もし仮に、ドイツが本当にこの戦争に勝った場合、投降者を必ず見舞うだろう運命が、彼の心から消えなかった。「きょう、東部戦線のあるヴェテラン兵士と話をしました。東部戦線はきつかったが、こちらの戦線はそれとはまったく似ていない、と彼は言っていました」。もし、ドイツ兵が「敵方に逃亡した場合……家族はいかなる支援も受けられなくなり、またもし、戦争に勝った場合、その〝ランツァー（兵卒）〟はドイツ側に引きわたされるにちがいなく、そして、その者は、自分のしてし

まった事の結果を思い知ることになるだろうと」

　どこの陸軍でも同じだが、アメリカ軍でもやはり、部隊の戦闘能力は大隊ごとで、大きなバラつきがあった。〝ボカージュ〟戦をつづける中で、ドイツ軍戦車への恐怖心を克服する「GI（アメリカ兵）」も出てきた。第四師団「第二二歩兵連隊」のヒックス一等兵は、彼のバズーカ砲で三日間に三輌の〈パンター〉戦車をなんとか撃破した。ヒックスはその二日後に戦死したけれど、バズーカ砲は対戦車兵器として十分に通用するという確信は、ヒックスの死後も高まりつづけた。「第二二歩兵連隊」を率いるティーグ中佐は、部下のバズーカ兵から、戦闘の状況説明を受けた。「中佐どの、そいつは、どデカい〝クソったれ野郎《サノバビッチ》〟でありました。まるで道路全体が、戦車であふれたみたいでした。どんどんやってきて、全世界を破壊しそうな勢いでありました。私は三発ぶちこみましたが、〝サノバビッチ〟はいっこうに止まりませんでした」。そこで、バズーカ兵がことばを切ったので、ティーグ中佐は、で、どうしたんだいと訊いてやった。「背後に回りこんで、うしろから一発ぶっぱなしてみました。そしたら、止まりました」。〝戦車狩り〟という見立てに、一部の下級将校が過剰なくらい反応したため、ティーグ中佐は、うかうか狩りに行くんじゃないぞと、興奮ぎみの彼らを押しとどめた。

　湿地帯と〝ボカージュ〟で展開された五日間の戦闘で、「第二二歩兵連隊」は七二九名の犠牲を出した。その中には中隊長一名のほか、ライフル中隊の各級指揮官五名もふくまれていた。「G中隊は二週間あまりのあいだ、指揮するものが五人の下士官しかいない状態がつづいた。曹長によれば、五人のうち四人は、連日の戦闘で疲労の極にあり、代行するものがいるなら、下士官役などやらせられる状態ではなかったという。下士官が十分に機能しないため、中隊長と曹長は、交戦中みずから歩き

まわり、兵隊どもを一人ひとり、たこつぼ壕から叩きださなければならなかった。だが、この二人が立ち去ると、兵隊たちはたちまち穴に隠れてしまうのだ」

ティーグ中佐の東方では、「第一九軍団」所属の「第九師団」および「第三〇師団」の歩兵たちが、ドイツ「装甲教導師団」の戦車がいつやってくるのかと、ビクビクしながら待っていた。視界が悪いため、七月十日は航空偵察が叶わず、「装甲教導師団」はその夜、無用な邪魔立てを受けることなく、集合地点から移動することができた。ドイツ側の計画によると、「装甲教導師団」は、アメリカの二個歩兵師団をヴィール運河まで追いつめたあと、当たるを幸い、出会う敵はすべて粉砕し、カランタンに迫ることになっていた。なにしろ、全ドイツでも最も優れた装備、最も高度な訓練を積んで、このノルマンディーの戦いに臨んだ精鋭部隊である。ただ、カーン戦線におけるイギリス軍との戦いで、同師団はすでに兵力の三分の二以上を失っていたのだが。[*2]

装備だけでなく、兵員もずっと戦場に張りついたままで、いっさい休息が取れず、みな疲労困憊の体だった。師団長のバイエルライン中将が「第七軍」司令部に抗議すると、心配は無用だ、アメリカ兵は弱卒だからと言われてしまった。そこで、バイエルラインは、「第八四軍団」を率いるコルティッツ中将に、状況の深刻さを訴えた。わが装甲師団は「反撃をおこなえるような状況にはありません」と。するとコルティッツは、きみは「すべての装甲部隊の指揮官と同じように」ウソつきだと言い返し、いいから攻めるんだと申しわたした。

ただ、イギリス側の担当戦区を離れるとき、バイエルラインは別段、麾下の師団の現状について、泣き言めいたことはいっさい口にしていない。しかし、ガイヤ・フォン・シュヴェッペンブルク装甲兵大将は書いている。「極度の疲労をかかえた装甲教導師団について、第一SS装甲軍団は、すでに

深刻な状況下にあると見なしていた」と。それ以外の選択肢がなかったため、バイエルラインは残存する戦車部隊、装甲擲弾兵部隊、砲兵部隊を三個〝カンプフグルッペ（戦闘団）〟に再編した。最強の戦闘団にはポン＝テベールから打って出ろと命じ、二番目の戦闘団にはクータンスからル・デゼールに、また三番目の戦闘団にはオムの森からル・メニル＝ヴェネロンにむけ、それぞれ攻撃をおこなわせることにした。

七月十日の夜、アメリカ軍の前方に配置された歩兵部隊から、戦車の走行音が聞こえますという報告が届いた。翌十一日未明、「装甲教導師団」所属のある部隊がル・デゼールの南方、樹木の生いしげる丘陵部で攻撃を開始し、ル・ロシェルに近い「九〇高地」に陣取るアメリカ「第一二〇歩兵旅団」に襲いかかった。ドイツの〈Ⅳ号戦車〉はアメリカ軍陣地を各個に突破したけれど、バズーカ砲チームが即座に反応し、それぞれに工夫をこらしつつ、ドイツ軍戦車に対抗した。

ヴィール川の西岸に沿ってポン＝テベールからやってきたドイツ軍部隊も、対戦車自走砲の支援を受けたバズーカ砲チームによって粉砕された。アメリカ「第三機甲師団」の一部が支援のため到着したけれど、こちらの戦車六輛は、ヴィール川東岸から撃ってくるドイツ軍の突撃砲に逆に撃破されてしまった。その西側面では、アメリカ「第九歩兵師団」が各種の増強部隊と、対戦車自走砲をくり出していた。七月十一日〇九〇〇時（午前九時）に、別の任務からこちらの戦区にふり向けられたアメリカの戦闘爆撃機が、ル・デゼールにいたる道路を北東にすすむ「装甲教導師団」の部隊に攻撃を加えた。

西に数マイル行ったところでは、アメリカ軍の別の対戦車自走砲部隊が、接近してくる〈パンター〉戦車に待ち伏せ攻撃を敢行していた。〈パンター〉一輛を完全につぶすには、砲弾が数発必要だったが、対戦車自走砲の乗員は、見事な胆力を発揮し、その数発を次々と叩きこんでいった。この部隊

は、合わせて〈パンター〉一二輛と〈Ⅳ号戦車〉一輛を破壊した。攻勢をかける「装甲教導師団」のうち、中央の戦闘団は、ル・デゼールの南方で発見され、集中攻撃をあびた。アメリカ「第九歩兵師団」の師団砲兵と、P－47〈サンダーボルト〉ならびにP－51〈ライトニング〉による航空攻撃によって散々に叩かれ、この戦闘団は完全に動きをとめた。ドイツ側は七〇〇名近い兵員とともに、戦車、突撃砲二〇輛を失った。

この悲惨な結果について、師団長のバイエルライン中将は、兵たちの疲労度が大きかったうえに、低木の生垣が連なる地形のなかで、〈パンター〉戦車のいちばんの強みである長距離射撃能力が十分に活かせなかったことを、その敗因に挙げている。〈パンター〉は砲身が長いため、このような土地では、移動にさいし、砲塔を旋回させる必要があったのだ。ただ、おそらくそうした物理的原因以上に重要なのは、ドイツ軍の戦車とわたりあったアメリカ兵が、今回は途方もない勇気と決意を示した点だろう。ほんの二日前に見られたような、パニックに駆られて敗走するという無様なマネをする者が、今回はほぼ皆無だったのだ。同様に重要なのは、連日の戦いでひどく消耗した結果、「装甲教導師団」にはもはやイギリス軍と対峙した時の、精鋭師団の面影がなくなっていたことだろう。

ざっと概要に触れただけでは、この〝ボカージュ〟という特異な地形における、戦いの実相を理解することは、おそらく不可能であろう。ドイツ軍はこの戦いを〝シュムルティガー・ブッシュクリーグ〟――「不快な低木戦」――と形容し、自分たち、つまり守る側にとって、この地形は非常に有利に働くはずだと期待していた。〝ボカージュ〟戦は、兵士の心に恐怖を生みだした。そしてその恐怖心は、上陸前の連合軍にまったく存在しなかった憎悪の感情をつくりだした。たとえばそれは、故郷ミネソタの家族に宛てた手紙のなかで、アメリカ「第一歩兵師団」のある兵士が「親愛なるみなさ

ん」という書き出しに続けて、「良いドイツ人というのは唯一、死んだドイツ人のことです」と書くような憎悪だった。「ぼくはこれまで実際、これほど激しく他人を憎んだことがありません。そしてそれは、軍の偉いさんが、激烈な訓辞で煽ったからではありません。ぼくはたぶん、ちょっと気がおかしくなっているのかもしれませんが、そうならない人間がいるのでしょうか。おそらく、いまは、これがいちばん良い状態なのです」。とはいえ、戦いにおける残酷度には、阿吽《あうん》の呼吸で、一種の限界点が存在することも事実である。どちらの側も、殺傷力の高いダムダム弾の製造は手控えていた。そんなことをすれば、相手側が報復措置として、同じことをやると承知していたから。

アメリカ軍は〝ボカージュ〟のもつ密度について、まったく心の準備ができていなかった。低木と聞いていたのに、生垣にあんな高い樹木が植わっているとか、その樹木や生垣の土台になる土手が、あんなに背が高く、しかも石のように固いなんて、夢想だにしなかった。生垣に縁取られた田園地帯の争奪戦にかんして訓練を受けたさい、アメリカ兵はイングランド南部にあるような、本物の〝ボカージュ〟とは似ても似つかぬ生垣を元に、おそらくこんなものだろうと勝手に思いこんでいた。アメリカ「第七軍団」を率いるコリンズ少将は、ブラッドリー将軍に対してこう語っている。〝ボカージュ〟というやつは、私がガダルカナルで出会った最悪の環境に匹敵するひどさですと。ブラッドリー将軍自身も「私がこれまで目撃したなかで、最悪の土地」と呼んでいる。土地勘があるはずのイギリス軍ですら、陸軍参謀総長サー・アラン・ブルック元帥の警告に、十分耳を傾けないまま、戦争に突入してしまった。元帥は一九四〇年の大陸撤退のさい、この特異な田園地帯を実体験しており、攻撃側にとって困難のともなう苛酷な戦いになるだろうという見通しを語っていたのだが。

なかでも実戦に不慣れな新米兵士にとって、この環境はきつかった。周囲を生垣で囲まれたモザイク状の畑や牧草地を横切るとき、新米兵士はふと、自分たちがどこにいるのか、その居場所が分から

なくなるのだ。敵兵のすがたが見えないことで、恐怖心はいっそう募《つの》った。歩兵術の訓練を受けたさい、教官から教わった戦いのABCも、どこかに吹き飛んでしまった。ドイツの火砲や迫撃砲の攻撃にさらされると、兵士たちは本能的に地面に伏せ、安全な場所に逃げ帰ろうとした。だが、本当は前に向かって、敢えて突撃するほうが、はるかに危険度が下がり、かつまたそうしろと教えられたはずなのだ。樹上にひそむ、たった一人のドイツ兵が、たった一発のライフル弾を撃っただけで、一個小隊がまるまる地面に伏せ、格好の標的にされるという事態も頻繁に起きていた。ドイツ軍はこうした戦場の機微をよく心得ていて、遮蔽物のない場所でアメリカ兵が地面に伏せると、すぐさま迫撃砲の集中攻撃を仕かけた。「生き延びたかったら、動きつづけろ」というのがブラッドリー将軍が麾下のアメリカ「第一軍」の全部隊にだした指示だった。将校や下士官に対しては、もっと具体的な指示もとんでいた。いいか、決して地面に伏せるんじゃないぞ、きみらが伏せたら、小隊全体がそうするからな。果敢に行動すれば、犠牲者の数はそれだけ少なくて済むのだ。なぜなら、きみらがそのまま迫ってきたら、今度はドイツ側が動揺するからだと。そして、「前進しつつ撃ちつづける」ことの重要性が、何度もくり返し強調された。標的の有無なぞもたもた確認せずに、粛々と前進しつつ、敵が潜んでいそうな場所には、絶えず銃撃を加えていけ——という意味だった。

兵隊向けには、こんな助言も与えられていた。もし狙撃兵に撃たれたら、そのままじっとして、動くんじゃないぞ。死体にムダ弾は撃たないだろうから。うっかり匍匐前進などで逃れようとすれば、確実にまた撃たれるぞと。樹上にひそむドイツ軍の狙撃兵は、木の幹に自分の身体を結びつけていることがままあった。このため、彼らは負傷しても、地面に落ちてこなかった。憎むべき狙撃兵が、もし仮に投降したとしても、相手側から寛大な扱いを受けられるはずもなく、そのことは連合軍・ドイツ軍双方について言えることだった。よりよい視界が得られるので、木の上とともに愛用された潜伏

場所は、干し草の山のだった。とはいえ、こちらの隠れ場所は、まずは曳光弾を放って干し草に火をつけ、しかるのち、逃走をはかる敵兵に発砲するという対応策が確立してからは、すっかり廃《すた》れてしまったが。

射撃のうまいドイツ兵を見かけることは、めったになかった。いわゆる「大西洋の壁」をつくる土木作業に駆りだされたため、射撃場で訓練する時間がほとんど取れなかったことが、大きな要因であろう。ただ、相手の射撃能力などまったく関係なく、アメリカ兵の恐怖心は高まる一方だったし、現に死者の数も増加の一途だった。じつは、小銃や機関銃よりも、迫撃砲による負傷者、戦死者のほうが三倍も多かったのだ。照準器付きのライフル銃を手にした、本格的な〝スナイパー〟など、大半のドイツ軍部隊にはほとんど存在しなかったが、小銃を手に隠れているものはすべて狙撃兵だという、怯えきった歩兵たちの思いこみは、いっこうに解消しなかった。「狙撃兵の脅威を大げさに言い立てるべきではない」とアメリカ「第一軍」司令部は、回覧文書のなかで主張したほどである。狙撃兵に対しては「やみくもな乱射」ではなく、こちら側の狙撃兵に対処させるべきだと。同様の恐怖心から、ドイツ軍の戦車はみな〈ティーガー〉であり、すべての火砲は〈八八ミリ砲〉であると見なされがちだった。

カーン戦線のイギリス軍と同様、アメリカ軍もやがて、ドイツ軍のいくさ巧者《こうしゃ》ぶりを、改めて認識するようになった。特に、彼らはカムフラージュと潜伏術にきわめて長けていた。ドイツ兵は、木の枝を巧みに利用して、火砲や装甲車輌を、地上からだけでなく、空からも見つけづらいものに変えてしまった。つぶれた草や、倒れた小麦を元に戻すといった小技《こわざ》も駆使して、装甲車輌が通過した痕跡を徹底的に消そうとした。ドイツの歩兵は、単なるたこつぼ壕だけでは、決して満足しなかった。「地中のモグラのごとき」と自称する穴掘り作業にはげみ、砲弾でうち砕かれた樹木の破片が飛びこ

まぬよう、頭上にはりっぱな覆いが備わり、生垣の下をくぐってトンネルが四通八達するような大規模地下壕を構築した。畑や牧草地に向けてあけた小さな穴は、前進してくるアメリカ軍の小グループを、「MG42」[*3]の速射によってなぎ倒す、理想的な開口部となった。

東部戦線においてソ連赤軍の苛烈きわまる砲撃を相手にしたため、ドイツ軍は守勢に回ったとき、損失をいかにして最小限度に抑えるか、さまざまな対処法を実地に学んでいた。その教訓が、ノルマンディーの戦いで存分に活かされたのである。ドイツ軍の最前線というのは、攻めるに難い機関銃座の前衛が延々とつづくような代物だった。そこから数百ヤードさがったところに、より実質的な防御陣地による、第二の前線が用意されていた。そのさらに後方に第三の前線があって、状況しだいで直ちに反撃に移れるよう、実力部隊が控えていた。

ドイツ側は戦機をとらえるのがうまかった。イギリス軍もアメリカ軍も、陣地を確保した直後、兵士たちの気がふと緩み、そこに隙ができることをよく知っていた。目標の確保にいたる過程よりも、いっそう多くの犠牲者が出るのが、そうした瞬間だった。連合軍の兵士たちは、地面に穴を掘るスピードが遅く、しばしばドイツ側が掘ったたこつぼ壕や塹壕をそのまま流用して済ませてしまった。そうした穴には、多くの場合、ブービートラップが仕掛けられていた。だが、ドイツ軍の巧みさはそんな程度で済まなかった。そうした壕の座標はあらかじめ記録されており、毎度毎度、ドイツの砲兵大隊によって標的にされたのだ。砲兵たちは、味方の兵士が撤退した瞬間を狙いすまして、一斉射撃を加えた。そして、連合軍側の兵士たちは、何度もくり返し、この手にやられたのだ。命じられた攻撃をやり遂げる過程で、すでにクタクタに疲れ、さらに目標をいちおう確保できて、それなりの満足感を味わった直後である。ここでさらに、必死になってたこつぼ壕を掘る気になれないのも無理はない。だがその後、長い時間と、多くの不要な戦死者を出したすえに、英米の歩兵たちもようやく、ド

イツ兵の奉じる金言を受け入れるようになった。すなわち、「汗は血を救う」のである。

ソ連赤軍を相手にした戦いは、東部戦線を経験したドイツ軍のヴェテラン兵士に、想像しうるかぎりの、あらゆる戦場テクニックを叩きこんだ。自陣の前方に砲弾のクレーターがあれば、早速その穴の底に、そっと対人地雷を忍ばせておく。機関銃や迫撃砲で攻撃されると、相手方は身を隠す場所を求めて、そうした穴に本能的に飛びこむからだ。陣地を放棄して撤退するときは、壕のなかにブービー・トラップを仕掛けるだけでなく、手榴弾一箱もさりげなく残しておく。そうした手榴弾のうち何発かは、ピンを抜いた瞬間に爆発するよう、手が加えられていた。道路わきの溝に「S地雷」を隠しておくのもうまかった。アメリカ人はこれを〝バウンシング（跳ね上がる）・ベティ〟とか〝キャストレイター（精巣除去人）〟と呼んでいた。この地雷はいったん空中に跳ねあがり、ちょうど股間の辺りで、爆片を周囲にまき散らすからだ。また、道路に差しわたす形で、針金をぴんと一本張っておくという手も、よく使われた。針金が張られているのは、ちょうどジープで通過するとき、のどが来るほどの高さである。不用心にそこを駆け抜けると、乗っている兵士は一瞬で首を切断されてしまうのだ。アメリカ軍はすぐさま、無蓋車輌の前部にL字型の鉄棒を溶接し、そうした針金を引っかけて、断ち切ってしまう対策を講じた。

夜襲を受けたとき、わざと敵兵の頭上高くに曳光弾を撃ちこむというテクニックもあった。油断した相手方が身を屈めず、漫然と立っていると、その直後に、今度はその下を狙って実弾を叩きこむというわけだ。イギリス・アメリカ両軍の歩兵たちは、準備砲撃が終わった直後に、すぐさま攻撃に移るということができなかった。戦場に着いたばかりの新米兵士は、砲爆撃の激しさに目を見張って、あれほどの爆撃、あれほどの砲撃を受ければ、敵はおそらく全滅だろうと思いこむ癖があり、ついつい次の動作が一テンポ遅れるのだ。だが実際には、敵方はただ、地面を揺さぶる砲爆撃に一時的に動

けないか、あるいは多少混乱しているだけという場合が多かった。そして、ドイツ軍はたちまち戦闘力を回復してしまうのだ。本当なら、その一瞬のチャンスを捕らえて、一気に敵陣を確保する必要があるのだが、これがなかなか実行できないのである。

戦車が歩兵部隊を支援してくれるときは、敵の機関銃陣地、中でも畑や牧草地のいちばん奥にある敵陣地に向けて、しばしば高密度の弾幕射撃をやってもらえた。ただ、この援護射撃は、特に戦車の前方にある機関銃を低く構えておこなう際など、自軍の兵士にも若干の犠牲を出してしまううらみがあった。歩兵小隊はしばしば大声で戦車の支援を要請するけれど、時には頼みもしないのに戦車部隊がのこのこ登場し、歩兵の怒りを買うこともあった。すわ戦車到来と、ほとんど毎回、ドイツ軍の火砲や迫撃砲による攻撃を招いてしまうからだ。

〈シャーマン〉戦車はじつにうるさかった。そのエンジン音でいつも、ああ、アメリカ軍がやってくるなと分かったものだ、とドイツ側は主張している。英米両軍の戦車兵にとって、戦場には天敵が数多く存在し、それに対する怯えと警戒心は、常に付きまとった。本来は航空機相手の高射砲として開発された八八ミリ砲だが、これを地上戦で用いると、一マイル離れた標的に対しても驚異的な命中精度をほこる野戦砲に一変した。ドイツ軍は周囲から多少なりと盛り上がっている地形があると、その後方にこの八八ミリ砲を隠すのがじつにうまかった。こうしておけば、生垣越しに、その強力な砲弾を叩きこむことができるのだ。近接戦闘が主体の〝ボカージュ〟では、「パンツァーファウスト（肩撃ち式の携行対戦車砲）」もやはり脅威だった。これを手にした、戦車狩りの専従チームが身をひそめて、アメリカの戦車部隊の車列が通過するのをじっと待ち、しかるのち車体の脆弱な部分を狙って、背後から攻撃を加えてきた。ドイツ空軍「第三降下猟兵（空挺）師団」を率いるリヒャルト・シンプフ中将はこう指摘する。サン＝ロー戦線で、〈シャーマン〉に肉迫し、これを無力化したあと、

部下たちはたちまち自信をつけ、〝パンツァーシレック（戦車恐怖症）〟を一気に克服したと。アメリカの戦車にそっと忍びより、粘着爆弾――同じ効果をねらってアメリカ空挺隊員が用いた〈ガモン〉手榴弾に似た爆弾――を投擲することもあった。相手に気づかれないよう注意しながら、一気に間合いをつめ、そのまま戦車によじ登り、ハッチから手榴弾を落とす猛者《もさ》までいた。〝ボカージュ〟の攻防戦において、〈シャーマン〉の戦車兵たちが、車体の側面をまもる歩兵抜きで移動することを嫌ったのも、宜《むべ》なるかなである。

ドイツ軍はしばしば、長くまっすぐな道のはずれに突撃砲一門もしくは戦車一輛を配置して、その道を通ろうとする〈シャーマン〉に対し、待ち伏せ攻撃を仕かけた。いきなり砲撃された戦車は、小さな畑や牧草地へと逃れざるを得ない。だが、ペリスコープの視界は限られており、そこで戦車長は周囲の状況を把握するため、ハッチから頭をあげざるを得ない。そして、その突きでた頭部を、敵の狙撃兵や、殿《しんがり》をつとめる機関銃手が狙い撃ちにするのである。

それ以外にも危険はあった。生垣に両脇を挟まれ、周囲よりやや窪んだ部分を走る道路には、ドイツ軍の戦車が一輛、隠れている場合が多いのだ。この罠をたくみに回避できるかどうかは、ひとえに行動の迅速さにかかっていた。ドイツ戦車の砲塔は旋回速度が遅いので、連合軍側は少なくとも一発だけ、先に撃てる可能性がある。装塡されているのが徹甲弾ではなく、たまたま白燐砲弾でも、見事命中できれば、目つぶしになるし、あるいは白燐弾特有の熱と光で、ドイツ側がパニックに駆られ、車輛を放棄するケースさえ、時にはあった。

生垣に縁取りされたような、ひとつひとつの畑や牧草地は、戦車にとって最も剣呑な場所といえた。その開けた空間に入るとき、もしくは出るときに、生垣の切れ目をかならず通過しなければならず、そこを狙い撃ちにされる恐れがあるからだ。この問題を回避するため、さまざまな方法が試みら

れた。たとえば、戦車に随伴する歩兵が〈バンガロール〉爆薬筒で生垣を吹きとばそうとした。だが、生垣の土台部分は非常に堅いため、この方法で穴を穿つには時間がかかりすぎ、狙った効果を得られた例はほとんどなかった。工兵が爆薬を使って吹き飛ばすやり方も試みられたが、思った以上に大量の爆薬が必要だった。

究極の解決策を考案したのは、第二機甲師団「第一〇二騎兵偵察大隊」に所属するカーティス・G・キューリン軍曹である。ある時、ある兵士がジョークを飛ばした。戦車の先端に鋼鉄製のフォークを取り付ければ、それで生垣を撤去できるじゃないかと。その場にいた大半のものが腹をかかえて大笑いしたけれど、キューリン軍曹はさっそく短い鋼鉄製の桁《ガーダー》を〈シャーマン〉戦車の先端部分に溶接付けしてみた。この珍奇な発明品の実演がおこなわれ、その威力を確認したブラッドリー将軍は、すぐさま命令を発した。ノルマンディーの海岸の水際に、ドイツ軍が配置していた鋼鉄製の障害物があったろう、あれを適当な長さに切って、各戦車に取り付けるのだ——と。かくして〈ライノー(犀《さい》)〉戦車の誕生である。この特殊戦車を使えば、操縦手の腕がいいと、二分半を切るほどの短時間で、土手とそのうえの生垣をまとめて貫通する切り通しが一発で掘れるのだ。

〝ボカージュ〟戦における、最も重要にして、かつまた最も人気のない〝娯楽〟は、夜間斥候だった。通常、軍曹一名に率いられた斥候隊が、尋問目的で捕虜をつかまえに出かけたり、突然の奇襲に備えて、前線の持ち場固めに励んだりした。サン＝ロー戦線では、逆にドイツ側の降下猟兵が夜間にそっとやってきて、手榴弾を投げこむこともままあった。この夜間斥候をめぐっては、数多くの驚くべき物語が、まことしやかに語られている。従軍歴史官のフォレスト・ポーグ博士は書いている。

「これは私自身が、信じるに足るだけの相当数の人間から聞かされた話なのだが、じつはドイツ軍とアメリカ軍の斥候隊が、相互に紳士協定を結んでいたという話がある。両軍の斥候隊は数日間、この

紳士協定を維持し、互いに慎みをもって、しかるべき時間間隔をあけ、無人地帯にあるワイン貯蔵室にこっそり足を運び合ったそうだ」。ボーグ博士はまた、ある斥候隊長から、じつはうちの隊は「敵のせいで原隊との連絡が三日間とれなかったため、その間、ある農家の、豊満な胸をした、二人のフランス人女性から、歓待を受けるハメになった」という自慢話を聞かされたとも語っている。まあ、たとえ実話であっても、それはまさに例外中の例外的な話であろう。自分が所属する小隊の、安心感をおぼえる仲間から離れるような任務を、あえて好むような兵隊は、特に都市部の出身者には、きわめて珍しかったから。アメリカ軍部隊はまた、最前線の臭いを嗅がせてやろうと、新たに到着した「補充兵」によくこの斥候任務を割りふった。ただ、そうした新兵は動くものがあると、暗闇にむかって常に発砲しかねないところがあった。骨の髄まで怯えきった徴募兵を率いていくのは現場の軍曹たちであり、彼らにとってそうした任務は、災難以外の何物でもなかったろう。

アメリカ軍という官僚組織は、この「補充兵《リプレースメント》」というシステムを、まったく想像力の欠如したやり方で運営していた。まず「補充兵」という言葉の選択からして問題であろう。これでは、死んだ兵隊の穴埋めということが、どうしたって連想されてしまう。のちに「増強《リーアンフォースメント》」という言葉に変更されたけれど、この名称変更には数カ月がかかっている。そして、たとえ名称がどう変わろうと、問題の基本は相変わらず未解決のままであった。新たに到着した新米兵士は、ろくな訓練を受けておらず、自分がこれから直面する事態に心の準備がまったくできていなかった。「うちの若い連中、特に私がいたころにやってきた補充兵は」と「第三五歩兵師団」のある中尉は報告している。「本物の兵士ではなかった。人を殺すには若すぎたし、戦闘の苛酷さに耐えるには軟弱すぎた」と。

「実際のところ、すべての補充兵は」と「第四歩兵師団」のある報告は述べている。「補充兵訓練セ

ンターからいきなり戦場に送られてきた」と。上陸作戦に向けて何年も、十分な訓練を積み、各種の準備を重ねてきた開戦当初の兵士たちと違い、かれら補充兵は現実の部隊に直接触れたりあるいは実際の現場を体験したりといった過程をいっさい経ることなく、まして砲弾が頭上をいきかう状況に置かれたことなど皆無だった。「一般の戦闘員ではなく、衛生兵とか通信兵といった〝特技兵〟として配属されてきたものも、そのかなりの部分は、各専門分野についてまったく訓練を受けていなかった。なにしろ、歩兵として補充された兵隊だって、そのかなりの部分は、基本的な戦闘技能をまったく身につけていないのだから……では、どんな訓練を受けたかというと、郵便物の仕分けと配送、調理、将校の従卒としての雑用一般、トラックの運転等々であり、しかもその訓練期間は六カ月ないし一年にすぎなかった。それがそのまま戦場に送られ、戦闘部隊に配属され、二十四時間後にはもう実戦に投入されていたのだ……これらの男たちは、心理的にも軍事的にも、まったく準備不足で、戦闘任務には不向きであった」。各師団が補充兵に対し実戦訓練を施せたかもしれない時期がただ一度だけあった。だがそれは、どの部隊も兵士を休ませる必要があって生じた空き時間であり、「ユタ・ビーチ」では、上陸後の四十日間のうち、わずか六日足らずの期間にすぎなかった。しかるべき訓練など、どだい無理だった。たとえば、「第四歩兵師団」の例を見ると、同師団は上陸以来、七八七六名が犠牲となり、その穴埋めとして、六六六三名の補充兵を受領している。[*4] 兵士のうち、自殺したものの大多数は、こうした補充兵である。「フランスに向かうため、海峡をわたる直前」とアメリカ赤十字のある女性は記している。「一部の若者は、ベルトやネクタイを外すようにと言われた。彼らは、とても、とても若かった」

　補充兵は通常、夜になって、配属小隊に合流する。そのため、自分がいまどこにいるのか皆目見当がつかない。古参兵の彼らへの接し方は、どこかよそよそしかった。補充兵の到着が、戦友を亡くし

た直後のことがままあり、一面識もないものに、気安く心を開く気分にはなれないことが一因だった。また、結局、こいつらは真っ先に殺される運命なのだろうな、と全員が承知しているため、うかつに係わり合いを持つと、後でつらくなるという側面もあった。補充兵はしばしば最も危険な任務を割り当てられるので、こうした予感は、そのまま現実のものとなる傾向が強かった。どの小隊も、経験を積んだヴェテラン兵士をムダにしたくなかったのである。

戦火の洗礼を受けると、多くの補充兵は、たちまちショック状態に陥った。たこつぼ壕の底で、恐怖に身をすくませている補充兵を精神面でケアすることも、今後は自分の仕事になるのだな、と衛生兵は覚悟を決めた。こうした坊ずどもは、かなり離れた場所に落ちた砲弾で地面が揺れても、自分はいま直撃を受けたと思いがちだった。衛生兵は補充兵に、まずはやさしい言葉で語りかけるところから、始めなければならなかった。ほらほら、穴から首を突きだして、外を見てごらん、ねっ、きみはちっとも危なくないだろうと。

中隊が前進するときは、ガイド役の軍曹がつねに最後尾に控え、パニックに陥った補充兵の手を引いてやった。補充兵はまた、自傷行為に走って、前線から逃げだそうとする可能性がいちばん大きかった。彼らは大抵、自分の左足か左手を撃つので、すぐに分かった。もう少し知恵のあるやつだと、砂嚢やその他の材料を使って、銃弾の進入点付近に、火薬による火傷の痕が残らぬよう一工夫したけれど、撃つ場所が左足や左手だというパターンがあまりに明白なので、ジョージ・パットン将軍などは「その銃創は自分でつけた可能性が高い」と決めつけたという。こうした手段に訴えたものは、陸軍病院の特別病棟に隔離されてしまう。まるで腰抜けが、一種の感染症であるかのように。こうした兵士は退院の直後、六カ月間の営倉送りとなった。

〝ボカージュ〟における真のヒーローは、間違いなく衛生兵だろう。彼らは遮るもののない場所で

も、平気で負傷者の手当にあたるし、負傷者を安全な場所に移動させようと困難な状況下でも努力を怠らなかった。衛生兵の唯一の防具は、赤十字の腕章だけ。通常なら、この腕章は敵からも尊重されるのだが、相手が狙撃兵だと、しばしば無視された。衛生兵は、目先の戦闘に忙しい歩兵の助けをあまり期待しない。なぜなら、戦いにはげむ歩兵たちは、たとえ戦友が撃たれても、そこで立ち止まらず、ただただ動き続けろと命令されていたからだ。「ライフル兵は、すべての応急手当てを衛生兵に任せなければならない」というのが、ブラッドリー司令部からのお達しだった。司令部はその根拠としてある特異な事例を挙げている。「戦場で倒れたたった一人の戦友を救おうとして、補充兵四名が戦死、八名が負傷した中隊も現にあった」そうだ。

「第三〇歩兵師団」所属のある衛生兵は、みずからの経験を記録している。「治療姿勢にすばやく入るには、おもむろに前傾姿勢を取るよりも、膝をがっくりと曲げて、前向きに倒れこむような動作を学ぶ必要があった」。自分がすがたを見せると、負傷者の目に「希望の光」がうかぶ、と彼は書いている。死にかけた兵士は容易に見分けがついた。「目の下や、指の爪に、グレイ・グリーンの死の色が現れるのだ。そうした兵士には、慰めのことばをかけてやること以外、何もできない。いちばん大げさな声をあげている者は、傷がいちばん浅い者なので、本人が携行している圧定布《パップ》とサルファ剤を使って、患部を巻いてやれば、それでOKだ」。ショック状態に陥ったり、重傷を負ってひどく出血している兵士の手当には、なにより集中が必要だった。自分は、止血帯を使う局面に遭遇したことがほとんどなかった、と彼は書いている。「大半の傷は、出血の少ない針でちょっと突いたような傷だったり、あるいは手足の指の切断、もしくは熱くて高速の銃弾、迫撃砲弾の破片によってできたものだった。この最後のケースは、熱のせいで傷口そのものは塞がってしまうのだ」

この衛生兵が治療行為にもっぱら用いたのは、包帯を切るためのハサミ（それで軍服を切ったりも

した）、サルファ剤、パップ、およびモルヒネだった。真水は、余分に携行する必要がないことをすぐに学んだ。ただ、たばこにかんしては、余分ということがなかった。負傷者がいつもいちばんに欲しがるのが、たばこだった。だからライターも必ず持っていた。カシの林で砲弾が炸裂すると、破片で多くの死者が出る。それゆえ、地面に枝が落ちている場所に通りかかると、負傷者はいないか、死体はないかと探しまわった。死体は専門の作業チームが「埋葬記録所」へと運んだ。大抵、死後硬直を起こしており、膨れあがり、時にはウジがたかっていることもあった。持ちあげた瞬間、手足が一本、ぼろりと取れることもあった。悪臭は、特に死体の一次集積点では、耐え難いものがあった。「そこの臭いは、より一段とひどかったが、そこで働くものは、アルコールの影響下にあるためか、もはや気に留めていないように見えた」

かつて一度だけだが、たった一挺のドイツ軍機関銃によって全滅させられた分隊のため、全員の関係書類に「交戦中に死亡」と記載しなければならなかったことがあるという。笑みをうかべて死んでいる老軍曹と遭遇したこともまた、忘れがたい記憶である。どうしてだろう、と自分は考えてみた。死ぬ瞬間に、たまたま笑っていたのか。それとも、死に際《ぎわ》に一瞬、何かを思いついたのだろうか。どれほど身体強健だろうと、大柄で、背の高い兵隊は、やはり一番やられやすかった。「実戦のなかで生き残る兵士は、ふつうは、身体の厚みがなく、小柄で、動きが機敏なものたちだった」。敵への真の憎悪は、戦友を殺されたときに起こる、とこの衛生兵は指摘している。「そしてそれは、しばしば全面的な憎悪である。その後に出会ったすべてのドイツ兵を、例外なく殺してしまうような」。彼は農村出身のGIがみせる心根のやさしさにも気がついていた。彼らは死んだ牛を見かけると、その見開いた目を藁でそっと覆ってやるのだという。

農村で生まれた兵士と、田舎暮らしの経験がまったくない都会育ちの兵士とでは、際立った違いが

あった。実家が農家というある兵士は、雌牛を一頭捕まえてきて、生垣につないでやり、それから彼女のミルクを自分のヘルメットにちゃっかり頂戴した。同じ小隊に所属する、町っ子がやってきて、そのようすを驚いたように見ていた。そのカントリー・ボーイは、乾いた草や木の枝を、自陣の前にまいていたが、シティ・ボーイはこの工夫にも、しきりと感心した。確かにそうしておけば、手榴弾を投擲しようと、夜間にドイツ兵がそっと忍びよってきても、足音が聞こえて、すぐにそれと知れるから。

ノルマンディーで活動する、アメリカ陸軍の医療関係者は、交戦によって精神が崩壊した(「戦闘ストレス反応」を呈する)兵士があまりに多いため、時おりその数に圧倒されそうになった。こうした症例の大規模発生にいかに対処すべきか。実際のところ、当初はだれにも分からなかった。「第二九歩兵師団」に所属するデイヴィッド・ワイントローブ軍医少佐(専門は神経精神学)は、ほとんどジョークみたいだがと断ったうえで、自分が戦場に初めて送られたとき、手元にあった医療器具は「血圧計ひとつ、五個で一セットの音叉、打診用の小ハンマーひとつ、そして検眼鏡」だけだったと語っている。

七月十八日、ワイントローブ軍医少佐が管理するテントは、戦争神経症にやられた兵士たちでいっぱいになった。その後、戦闘が比較的穏やかな六月二十一日から七月十日の期間は、一日平均八人程度と、患者の流れもやや緩んでいた。だがしかし、サン＝ロー攻略にむけた一大攻勢が始まる七月十一日午前以降は、またも「雨足が強まった」という。一日あたりの新規収容者数は、三五ないし八九人という高水準だった。その結果、同少佐は「あっちでもこっちでも、八八ミリ砲です、私は八八ミリ砲を見たんです」という話を聞かされた。戦争神経症患者のうち、じつにその半数近くは、

前線到着後四十八時間以内に発症した補充兵たちで占められていた。

これほど多くの患者を診ることは不可能なので、ワイントローブはその大半を「第一軍神経症センター」へと送った。だが、同センターもたちまち処理能力の限界を超えてしまい、「機能性疾患がきわめて重篤なものを除き、いっさいの患者に門前払いをくわせる措置」に出た。どっと押し寄せる患者の「圧倒的多数は、心身の重度の消耗に、軽度の不安が重なったケース」である、というのがワイントローブの見立てだった。そこで同軍医少佐は、師団長のゲアハート少将に対し、新たな治療システムの確立が不可欠であると説いた。小柄だが、敢闘精神に富み、「第二九歩兵師団」専用の〝鬨《とき》の声〟――「トゥェンティナイン、レッツゴー！」――の考案者でもあるゲアハート少将は、すぐさまこの進言をいれた。おかげで同師団ではその後、より多くの兵隊を前線に復帰させられるようになった。

ワイントローブは一五人の医療助手の手を借りて、全部で一〇張りの大型病棟テントと八張りのピラミッド状テントを運営していた。患者たちが前方にある治療後送所から到着すると、まずは二四時間の休息をとらせ、精神を安定させるための軽めの治療を施した。翌日、全身を清潔にしてやり、新たな軍服を支給する。ようやく三日目に、精神面の検査がおこなわれた。最も症状の重いものは、ここでさらに後方へと送られ、それ以外の患者は、三つのカテゴリーに分類された。すなわち、短期間の休息ののち、ふたたび軍務に復帰可能なもの、新たな訓練プログラムを受けるのが適当なもの、これ以上の戦闘任務には耐えられないものだ。戦闘がもたらすストレスに、どうあっても対処できないものが極少数ながらいることは、ワイントローブも気づいていた。この手の人間は、部隊にとって災難でしかなく、また他の兵士の邪魔でもあった。

当初、ワイントローブは「ホット・スポット・スパ」と呼ばれる休息のための専用施設を設けてい

た。基本的には「アウトドアでのびのびと過ごせる」場所で、映画が毎日上映されるし、みんなで野球をやったりした。しかし、あまりにも魅力的な施設だったため、自分には休息が是非とも必要だと感じる多くのものが、虚偽の戦闘ストレスを言い立てるようになった。ワイントローブは次に、武器の使用法を学ぶプログラムを立ち上げた。標的を撃ったり、行軍をおこなわせたり、患者に軍事面で自信をつけさせることが目的だった。ここの運営は、軽いケガから回復途上にある下士官たちに委任した。このプログラムはまた、その患者が本当に戦闘に不向きなタイプかどうかを見極める一種のリトマス試験紙の役割を果たした。扱った一八二二名（命に別状のない戦闘犠牲者の八分の一に相当）のうち、七七五名はその後、原隊に復帰することができた。そのうち半数余りに当たる三九六名は、復帰後一四週間が経っても、いまだ実戦に参加できていた。つまり、「精神崩壊を二度起こしたものは、兵士としての戦闘能力を失う」というわけだとワイントローブは推計している。

補充兵の脆さは、あまりに明白であり、その対応は喫緊の課題だった。ワイントローブ軍医少佐と、訓練プログラムを担当するG・B・ハンキンズ少佐は、ゲアハート師団長に対し、補充兵にかんする現行システムの変更を進言した。到着した当日の夜、夜陰にまぎれて補充兵を末端の小隊へ送りこむ従来方式をやめて、いったん後方に留めおき、彼らが配属される予定の連隊から予備兵員の補充が要請されるまで、彼らを訓練プログラムに回すことにする。そうすれば、その機会を利用して、頭上をとびかう機関銃弾や砲弾、周囲で炸裂する疑似砲弾に慣れさせることができる。補充兵を、所属部隊になじませるべく一層の努力も必要とされた。小隊に合流する前から、各人の軍服には「第二九師団」のブルーとグレイの記章が縫いつけられた。ワイントローブが考案した画期的アイデアのほとんどは、その年の秋までに、アメリカ陸軍全体で採用されることになった。

こんな話を聞かされたら、ドイツ軍の将校たちは、驚きのあまり首をふったことだろう。ノルマン

ディーでぎりぎりの戦いを強いられているドイツ軍の各師団には、ほんの数日といえど、後方で新兵訓練をおこなうような〝贅沢〟は金輪際ゆるされなかったから。新兵とは到着、即、実戦投入されるものだった。もし仮に、兵役を逃れようと、自分の手や足を撃つような愚か者がいれば、即刻死刑である。ドイツ「第九一空輸歩兵師団」に所属するある上等兵は七月十五日、故郷に宛てた手紙のなかでこう書いている。「クラマーは有能で勇敢なやつでしたが、おろかにも自分の手を撃ってしまいました。そしていま、彼自身が撃たれてしまいました」と。戦場から逃れる唯一の希望は、その傷の程度に鑑みて、晴れて故郷に戻れるような「絶妙な〝ハイマートシュス（帰郷弾）〟」をくらうことだった。英米両軍の精神科医は、ドイツ人捕虜のなかに「ごく少数ではあるものの、明らかに精神を病んでいるものがいる」という事実に衝撃を受けた。自軍内にその種の病人がいることを、軍当局が断じて認めようとしなかったせいなのか、それとも十一年におよぶナチの宣伝工作の結果、ドイツ軍の兵士はより戦闘向きに変わってしまったせいなのか。いずれにしろ、解せない話である、と連合軍の医師たちは、しきりと首をひねっていた。

原注

448頁「たちまち敵方《てきがた》に逃亡」：Generalleutnant Dietrich von Choltitz, LXXXIV Corps, FMS B-418; and Oberst Eugen König, 91th Luftlande-Division FMS B-010.

449頁「経験を積むことで」：NA II 407/427/24203.

449頁「とらえた捕虜が」：T/Sergeant Laurence E. Ousley, 330th Infantry, 83rd Division, NA II 407/427/24242.

449頁「われわれはもはや師団ではなかった」：NA II 407/427/6431.

450頁「大ドイツ帝国のため戦死」：Jean-Claude Per-

rigault and Rolf Meister, *Götz von Berlichingen — Normandie*, Bayeux, 2005, p.267.

451頁「あちらには大したものは残っていない」：Martin Blumenson, *The Duel for France 1944*, New York, 2000, p.23.

451頁「第八四軍団」の一日あたりの損耗：General Dietrich von Choltitz, *De Sebastopol à Paris*, Paris, 1964, p.184.

451頁「三日間、不眠不休で戦ったあと」：Obergefreiter Hans S., 10 July, 9.Kp./Gren.Rgt.1058, 91.(LL.)Inf.Div., 13 273 B, BfZ-SS.

454頁「うってつけの地形を確保する」：NA II 407/427/24232.

454頁 七月七日の「第三〇歩兵師団」の攻撃：NA II 407/427/24232.

455頁 一三輛の〈シャーマン〉戦車が撃破された：Pfc Bertrand J. Close, 3rd Battalion, 32nd Armored Regiment, 3rd Armored Division, WWII VS.

455頁「マイネ・フラウ・ウント・マイネ・キンダー！」：Robert T. Gravelin, 23rd Combat Engineer Battalion, 3rd Armored Division, WW II VS.

457頁「ひどい混乱状態」：NA II 407/427/24232.

457頁「比較的経験のあさい兵隊たち」：120th Infantry Regiment, 30th Infantry Division, NA II 407/427/24037.

458頁「第四師団」の湿地帯との戦い：Major Yarborough, NA II 407/427/6431.

458頁「ドイツ軍は、ただ兵士の敢闘精神によってのみ」：General Barton, 4th Infantry Divison, NA II 407/427/6431.

458頁「まったく評価していなかった」：NA II 407/427/24242.

459頁「諸君はいったいヨーロッパで何をしたいのだ？」：TNA WO 171/337.

459頁「敵の捕虜になることには」：Obergefreiter Hans S., 17 July, 9.Kp./Gren.Rgt.1058, 91.(LL.) Inf.Div., BfZ-SS.

460頁「中佐どの」：22nd Infantry, 4th Infantry Division, NA II 407/427/6431.

460頁「G中隊は」：NA II 407/427/6431.

461頁「装甲教導師団」の対イギリス戦における損耗：Generalleutnant Fritz Bayerlein, FMS A-903.

461頁「反撃をおこなえるような状況にありません」：Generalleutnant Fritz Bayerlein, ETHINT 66.

461頁 「極度の疲労をかかえた装甲教導師団」：Geyr von Schweppenburg, FMS B-466.

463頁 アメリカ軍担当戦区における「装甲教導師団」の損耗：Generalleutnant Fritz Bayerlein, ETHINT 66.

463頁 「装甲教導師団」の攻勢：NA II 407/427/24232; and Generalleutnant Fritz Bayerlein, ETHINT 67.

463頁 〝シュムルティガー・ブッシュクリーグ〟：Peter Lieb, *Konventionerller Krieg oder Weltanschauungskrieg?*, Munich, 2007, p.176.

464頁 「良いドイツ人というのは」：E Company, 16th Infantry Regiment, 1st Infantry Division, Folder Huch, William, DDEL.

465頁 「生き延びたかったら、動きつづけろ」：FUSAG 'Battle Experiences', NA II 407/427/24148.

466頁 三倍も多かった：9th Medical Battalion, NA II 407/427/7545.

466頁 「狙撃兵の脅威」：NA II 407/427/24170.

466頁 「地中のモグラのごとき」：NA II 407/427/24242.

469頁 ドイツ軍のすばやい反転攻勢：Eberbach, BA-MA MSg 1/106.

469頁 リヒャルト・シンプフ中将：Generalleutnant Richard Schimpf, 3rd Paratroop Division, FMS B-541.

471頁 〈ライノー（犀《さい》）〉戦車：Lieutenant John M. Wilder, ADC to General Hickey, 3rd Armored Division, NA II 407/427/24242.

471頁 「これは私自身が」：Forrest C. Pogue, *Pogue's War*, Lexington, Kentucky, p.105.

472頁 「うちの若い連中」：Lieutenant Samuel E. Belk III, 320th Infantry, 35th Division, NA II 407/427/24242.

472頁 「実際のところ、すべての補充兵は」：4th Infantry Division, NA II 407/427/24021.

473頁 「フランスに向かうため」：Paul Fussell, *The Boys' Crusade*, New York, 2003, p.108.

474頁 「自分でつけた可能性が高い」：ibid., p.110.

475頁 「すべての応急手当てを衛生兵に任せなければならない」：FUSAG 'Battle Experiences', NA II 407/427/24148.

475頁 「膝をがっくりと曲げて、前向きに倒れこむような動作」：Robert B. Bradley, 120th Infantry

Regiment, 30th Infantry Division, MdC TE 366.

477頁「血圧計ひとつ」：29th Infantry Division, Combat Exhaustion Survey, June-August, NA II 407/427/24035/84.

480頁「クラマーは有能で勇敢なやつ」と「絶妙な〝バイマートシュス（帰郷弾）〟」：Obergefreiter Hans S. 15.7.44, 9/Kp./Gren.Rgt.1058 91. (I.L.) Inf.Div. 13 273 B, BfZ-SS.

480頁「ごく少数ではあるものの、明らかに」：L. B. Kalinowsky, *American Journal of Psychiatry*, Vol.107, 1950; and TNA WO 177/316.

章末注

＊1　このとき前線取材をした戦争特派員のひとり、UP通信社のボブ・ミラーは書いている。「平均的なアメリカ人、イギリス人、カナダ人兵士と、平均的なドイツ人兵士を比較したとき、大半の場合、これまでのところ、ドイツ人がより優秀な兵士であるという主張を否定することは難しい。ドイツ人はよく訓練され、規律正しく、そして多くの場合、われわれよりもはるかに効率的に与えられた任務をこなしている……こんにち、ヨーロッパで戦う平均的なアメリカ人は、こんなところに来たくはなかった、と不平不満をかかえている。アメリカ人は兵士ではなく、軍服を着た民間人である」

（章末注1に対する原注）

「平均的なアメリカ人……比較したとき」：'in comparing the average American ...', NA II 407/427/24242.

＊2　「装甲教導師団」を率いるバイエルライン中将自身があげる数字によると、戦車を擁する師団直属の装甲連隊は、兵員数二二〇〇名、戦車一八三輌だったが、七月七日にアメリカ側の担当戦区にたどり着いたとき、その数は四〇〇名、六五輌まで激減していたという。また装甲擲弾兵についても、「第九〇一連隊」が二六〇〇名から六〇〇名に、「第九〇二連隊」が二六〇〇名から七〇〇名に、それぞれ兵員を減らしていたという。

＊3　「MG」とは〝マシーネンゲヴェーア〟（機関銃）の頭文字をとった略称。イギリス軍は時にこの〈MG42〉を、第一次世界大戦期のドイツ製重機関銃と同様に、〝シュパンダウ〟と通称していた（シュパンダウとは造兵廠の置かれた、首都ベルリンの街区の名）。一分間に一二〇〇発を発射することができ、

イギリス製の〈ブレン〉軽機関銃や、アメリカ製の〈ブローニング〉自動小銃に比べ、性能ははるかに優れていた。この機関銃はドイツ軍部隊のあいだに大量に配備され、それが与えた火力の厚みは、イギリス・アメリカ両軍の歩兵に、よく対抗しうるものではなかった。

＊4　第二次世界大戦において、海外へ派遣されたアメリカ軍兵士のうち、歩兵はわずか一四パーセントを占めるにすぎないが、彼らの損耗率は七〇パーセントを超えていた。ノルマンディーにおいては、歩兵のじつに八五パーセントが犠牲となった。

第17章　カーンと「ゴルゴタの丘」

「エプソム作戦」とそれにつづく期間、モントゴメリーは、アイゼンハワー最高司令官に伝える情報をできるだけ少なくするという方針を貫いていた。「昨今のアイクはそれほど上機嫌とはいえない」とアイゼンハワーの側近は日記に書いている。いちばんの頭痛のタネは、戦闘が全面展開されるなか、「モンティが出遅れている」点だと。アイゼンハワーは、チャーチル首相に対しても、そのことをずっと指摘しつづけていた。

SHAEF（欧州連合国派遣軍最高司令部）において、アイゼンハワーの脇を固める、イギリス空軍のテッダー大将とカニンガム中将は、いっそあいつの首をすげ替えるかという議論までやっていた。カニンガムの率いる「第二戦術空軍」は、モントゴメリーの「第二一軍集団」に対する近接支援を担当していたが、その責任者たる当人は、北アフリカ遠征の頃から、モントゴメリーを忌み嫌っていた。モントゴメリーは常に、あらゆる手柄を独占しようとする傾向があり、カニンガムはそんな彼を決して赦さなかった。モントゴメリーはこの期に及んでまだ、すべては計画どおりに進んでいるというポーズを崩さなかった。だが、計画どおりに飛行場を設営したくても、モントゴメリーの地上軍が必要な土地の確保に失敗したため、思うに任せず、それがひいてはイギリス空軍の現在の窮状を招

いているのだから、何をかいわんやである。あいつの厚顔無恥には我慢ならない、とカニンガムが感じるのも、宜《むべ》なるかなである。

アメリカ側から見ると、イギリス軍の戦線は、もはや言い訳がきかないほどの状況にあった。そして、アメリカ軍の上級将校はそうした現状に、軽蔑の目差しを向けていた。Dデイ（六月六日）から月末の六月三十日までの間に、イギリス「第二軍」では二万四六九八名が犠牲となっていたが、アメリカ軍はイギリス軍の一・五倍に近い三万四〇三四名を失っていた（ちなみに同時期のドイツ軍の人的損耗は八万〇七八三名に達する）。Dデイ当日の犠牲者数は、当初の予想をはるかに下回るものだったが、以後戦況は急速に悪化した。イギリス軍の歩兵の損耗は、当初の予想を八〇パーセントも上回っており、しかも兵員の穴埋めをしようにも、補充兵の動員余力は細る一方だった。[*1]

モントゴメリーは、第一次世界大戦における経験から、イギリス軍に多大の人的損耗を強いるような戦い方には、本能的な忌避感をいだいていた。攻撃にあたっては、慎重のうえにも慎重を期すのは、むしろ当然ではないかとすら思っていた。ただ、兵員の絶対数が不足しているという根本問題について、彼はアイゼンハワーと突っ込んだ議論をやっていない。アメリカ相手に、パワーで負けるだけでなく、メンツまで失うことを恐れたためである。イギリス側がうっかり弱みを見せると、戦後ヨーロッパの将来像を決めるさい、ローズヴェルトにあれこれ横やりを入れられるおそれがある、とチャーチル自身も懸念していたほどである。結局、モントゴメリーの「第二一軍集団」は、増強用の兵員・装備を他の師団に融通するため、「第五九師団」の解散を余儀なくされる。また同年十一月には、「第五〇歩兵（ノーサンバーランド）師団」も解隊の憂き目を見、チャーチル首相をがっかりさせる。

人的損耗を嫌うあまり、ノルマンディーで優柔不断な態度に終始するモントゴメリーの戦いぶり

は、一貫して批判の的になった。ただ、根本的な問題はたぶん、モントゴメリーという一指揮官のたんなる性格というよりも、もっと組織的なものだったように思われる。北アフリカで勇名をはせた、モントゴメリー麾下の古豪三個師団――「第七機甲師団」、「第五〇歩兵（ノーサンバーランド）師団」、および「第五一歩兵（ハイランド）師団」――がノルマンディーの戦いで、いずれも目立った活躍をしなかったことは、イギリス陸軍のかなりの部分が、すでに戦争疲れに陥っていることを端的に示すものであった。この結果、リスクを嫌う心理はますます広がり、好機を巧みにとらえる覇気は、めったに発揮されなくなった。カーン周辺のドイツ軍戦線を突破せんとして、何度もくり返される失敗は、指揮官たちの積極性をどうしても鈍らせた。イギリス「第二軍」はしだいに、イギリス海軍の艦砲と、連合軍の航空兵力がもたらす、圧倒的な火力にますます頼るようになっていった。高性能爆薬の威力をもって、イギリス兵の命を救おうという発想は、ほとんど麻薬のようなものだった。だが、爆薬は、フランス人の命まで救うわけではない。その厳然たる事実は、モントゴメリーが次の攻勢に入ったとき、最も衝撃的なかたちで顕在化することになる。

カーン攻略にむけた新たな戦いは、七月四日、いわゆる「ウインザー作戦」によって幕を開けた。カーン西方のカルピケ村とそこにあるドイツ軍飛行場を確保すべく、カナダ「第八歩兵旅団」がまず攻撃を仕かけた。カルピケを守るのは、カナダ兵にとって最も憎むべき敵、ドイツ第一二ＳＳ装甲師団「ヒトラー・ユーゲント」の分遣隊だった。この戦いには、復讐の念に燃えるカナダ軍の各歩兵連隊――「ル・レジマン・ド・ラ・ショディエル」、「クイーンズ・オウン・ライフルズ」、「ノース・ショア・ライフルズ」、「ロイヤル・ウィニペグ・ライフルズ」――の一個大隊がそれぞれ参加した。結果的にこの戦いは、ノルマンディー作戦全体のなかでも、最も外聞の悪いものの一つとなった。

村と飛行場を固めるのは、ドイツ「第二六SS装甲擲弾兵連隊」の二〇〇名足らずの兵士たちと、夜陰にまぎれて持ちこまれ、飛行場南端の壊れた格納庫内に隠蔽された〈Ⅳ号戦車〉五輛だった。ただ、ドイツ側で最も強力な部隊は、じつは八八ミリ砲を擁する一個砲兵中隊で、こちらは飛行場の東端に潜んでいた。ドイツ側にはさらに、一個砲兵大隊と「第七迫撃砲旅団」所属の〝ネーベルヴェルファー（煙幕発射機）〟、すなわち多連装ロケット砲中隊が数個控えていた。

カナダ軍の攻撃は〇五〇〇時（午前五時）に始まった。一五マイルの遠方から、英戦艦「ロドニー」と英モニター艦「ロバーツ」が大口径の艦砲によって、彼らを支援した。標的となったカルピケ村は瓦礫の山と化し、およそ一五名のSS装甲擲弾兵が生き埋めとなった。それでも、一部のドイツ兵は埃まみれになりながらも、落ちた梁《はり》や破片の下から、何とか這い出てきた。彼らはすばやく銃器の点検を済ませると、やってきた「ル・レジマン・ド・ラ・ショディエル」に反撃をおこなった。ドイツ兵は数こそ少なかったものの、相手方に多大の犠牲を強いることに成功した。それでも、一四〇〇時（午後二時）には、もはや残骸と化したカルピケ村は、カナダ軍の手に落ちた。捕虜となったドイツ兵はごくごく僅かだった。苛烈な戦いのあとでもあり、ドイツ人捕虜は手荒な扱いを受けた。

カナダ陸軍の砲兵と英海軍の艦艇は、カルピケ飛行場にも砲弾を浴びせまくった。武装親衛隊に所属する砲兵部隊の観測員は、艦砲射撃でできた長さ「二五センチの破片によって、背中から串刺し」にされ、命を落とした。「クイーンズ・オウン」の歩兵たちは、「フォート・ギャリー・ホース」――ウィニペグを駐屯地とする予備機甲連隊で、第二次大戦では「第一〇カナダ機甲連隊」として動員――の〈シャーマン〉戦車に支援されながら、カルピケ飛行場の東端に攻撃をしかけた。だが、巧妙に配置されたドイツ軍の八八ミリ砲により、戦車部隊は撃破されてしまった。なんとか格納庫や兵舎まで到達した歩兵部隊も、死をも恐れぬ若きSS装甲擲弾兵が、掩蔽壕やトンネル内に控えていたた

め、困難な戦いを強いられた。多くの場合、カナダ軍の歩兵は、たくみに隠された防御陣地を素通りし、敵に背後から撃たれる始末だった。

「ロイヤル・ウィニペグ」の歩兵たちは、飛行場の南端にむけ前進した。別の一個機甲大隊と「第七九機甲師団」所属の〈チャーチル・クロコダイル〉火焔放射戦車が、その支援に当たった。こちらも激しい砲撃にさらされた。ドイツの煙幕発射機中隊が駆使する多連装ロケット砲——発射時に金切り声のような音を発することから、連合軍の兵士は〝キーキー・ミニー〟と呼んでいた——と、武装親衛隊の砲兵大隊が、この飛行場を殺戮の大地へと変えた。その結果、「ロイヤル・ウィニペグ」の歩兵たちも、相棒の戦車兵たちも、後退を余儀なくされ、外辺部のそのまた先にある、小さな森へと身を隠した。午後、カナダ軍はふたたび攻撃を試みたものの、そのころには、「ヒトラー・ユーゲント」がさらに多くの装甲車輛を持ちこんでいた。ドイツ側は、カナダ軍の無線交信を聞いており、敵が次なる攻撃にうって出ることを事前に察知していたのである。

連合軍の戦闘爆撃機が、思った効果をあげられぬまま、対地攻撃を終了したその夜、「第一SS装甲軍団」は、「LSSAH師団」所属の「第一SS装甲擲弾兵連隊」を投入し、カルピケ村の奪還を目指した。一方、カルピケ飛行場にいる「ヒトラー・ユーゲント」の残余には、負傷者を連れて撤収せよとの命令がくだっていた。ドイツ側は「第一SS装甲擲弾兵連隊」の活躍を期待したが、同連隊はまず、友軍の砲兵部隊から誤射を受け、次いでカナダ軍の火砲と沖合いの艦艇から、大規模砲撃を浴びるハメになった。カナダ軍の関係者によると、「ル・レジマン・ド・ラ・ショディエル」のフランス系カナダ兵は、夜明け前の暗闇のなかで、〝狂戦士〟と化したという。彼らは「瀕死の重傷を負った」武装親衛隊員を見つけると、その喉をことごとくかき切っていった。将校たちは拳銃を引き抜き、部下を脅しつけ、ようやく兵士たちを落ち着かせたという。「ショディエル」連隊のある将校

は書いている。「この日は双方とも一人の捕虜もとらなかった」と。
勇躍「ウィンザー作戦」に臨んだカナダ軍だったが、奮闘虚しく、カルピケの確保には失敗した。この責任はイギリス「第四三歩兵（ウェセックス）師団」にある、と彼らは考えていた。そもそも「LSSAH師団」の一部が攻めてきたとき、飛行場のすぐ南方にあるヴェルソン村を「第四三師団」が失ったことが、すべての敗北の発端であると彼らは主張した。最終的に、ヴェルソン村の奪還は叶うのだが、それはこの四日後、カーン周辺の村々ではなく、カーン本体を目標とする大規模攻撃がおこなわれた時だった。

イギリス政府、SHAEF、そしてブラッドリー将軍率いるアメリカ「第一軍」司令部の内部で、自分に対する怒りの声が渦巻いていることを、当のモントゴメリーも十分承知していた。もはやこれ以上、カーン攻略を先延ばしすることは不可能に思われた。[*2] カルヴァドス県の県都である、このノルマンディーの中心都市を落とすには、正面攻撃をかける以外、方法はなかった。かくして「チャーンウッド作戦」の発動である。七月六日、陸軍側の犠牲を極力減らすため、モントゴメリーはイギリス空軍に要請し、進軍にあわせて大規模な準備爆撃をやってもらおうと決めた。それは連合軍の航空部隊を統括するリー＝マロリー将軍が、すでに三週間も前に示唆していた案だった。アイゼンハワー最高司令官もすでに十日あまり前の六月二十五日、モントゴメリーに宛てて、次のような手紙を書き送っている。「それが貴官にとって役立つ可能性があるならば、最大限の航空支援を求めることを、どうか躊躇《ためら》わないでほしい。しかるべき機会がある場合はいつも、われわれは持てるすべてをもって、敵を粉砕しなければならないのだから」と。アイゼンハワーはさらに、最高司令部のナンバー・ツー、イギリス空軍のテッダー大将に対して、モントゴメリーに「最大限度の」航空支援を与えて

やってほしいと懇請する手紙まで書いている。

七月七日、リー＝マロリーは今回の作戦計画にかんする検討会議を招集した。場所はイギリス空軍「戦闘機軍団」の司令部があるロンドン郊外のベントリー修道院で、アイゼンハワーはみずから足を運んだ。イギリス「爆撃機軍団」を率いるハリス中将も、今回は異議を唱えなかったため、〈ランカスター〉、〈ハリファックス〉爆撃機、計四六七機によって、カーン北端に遅延信管付きの爆弾を投下する計画がこの夜、了承された。爆撃機によって地上軍を支援するという手法に懐疑的見方をする二人の大物、すなわちSHAEFナンバー・ツーのテッダー大将も、モントゴメリーの仇敵であるカニンガム中将も、この会議には出席しなかった。二人が恐れたのは、モントゴメリーの「第二軍」がこの先、なんらかの攻勢にでるたびに、「爆撃機軍団」に毎度支援を要請してくるような事態だった。ただ今回だけは、アイゼンハワー最高司令官が計画を全面支援しているため、二人はあえて口出ししなかった。

その夜、二〇三〇時（午後八時三十分）、〈ランカスター〉と〈ハリファックス〉からなる爆撃機の一大編隊が飛来すると、イギリス・カナダ両軍の歩兵たちは塹壕から飛びだして、歓呼の声をあげた。戦車兵はもっとよく見ようと、砲塔にのぼった。「雲は空高く舞い、太陽によって赤く染まり、そこを、天空を覆い尽くすように［ランカスターが］横切っていった」とある砲兵将校は日記に書いている。ドイツの高射砲陣地が「信じられないほど激しい一斉射撃」で応じるのが見えた。英加両軍の砲兵部隊は、イギリス空軍を支援するため、ドイツ軍陣地にすぐさま砲弾を叩きこんだ。

「われわれは〈ランカスター〉が爆弾を投下する瞬間が分かった。なぜなら、機体がふわりと、数フィート持ちあがるのだ」とある軍医将校は書いている。「ますます多くの爆弾が、対空砲火のあいだをすり抜けて、落ちていった」と上記の砲兵将校も書いている。「煙が目標上空にもくもくと、ま

るで雲のように立ちのぼる。汚い灰白色の煙だが、その煙はその後、風に吹かれて北東方向に流れていった」。「時おり、ひどく稀ではあるけれど、わが方の飛行機が落ちることもあった。らせんを描くように、北へ飛んだ〈ランカスター〉の一機は、どうやら海に墜落したようだ。パラシュートがいくつか開き、ゆっくりと降りていった」。するとさらに、次なる爆撃機の大編隊がすがたを見せた。「カーン上空に立ちのぼる煙の雲が、東と南東の地平線を覆い隠してしまった。しかしいま、怒りの光が、暗くなりつつあるその方角を、改めて熱く染めはじめた。わが軍の兵士にとって、これ以上勇気づけられる光景はまたとないであろう」

イギリス「近衛機甲師団」のある将校は、このときのカーン空爆について「目を見張るようなスペクタクル」だったと形容している。大半の見物人は、どうやらフランスの民間人がすでに街から疎開していると思い込んでいたようだ。「私は川岸でたばこを吸いながら、六ないし七マイル離れたところにあるカーンに、二三〇〇トンの爆弾が落ちていくさまをじっと見ていた」とオルヌ川東岸にいたカナダ軍パラシュート大隊のある少佐は書いている。「信じられないほど見事な光景だった。思い知ったか、この惨めなクソ・ドイツ野郎めが！」

大半のものが歓声をあげるなか、ごく少数だが、この光景に不吉な予感を覚えるものもいた。「コールドストリーム近衛連隊」のある大尉は書いている。「何ということをするのだ、と歩兵である私は、つい考えてしまう。どうして連中は、あらゆるものが砕けるまで街を叩くのだろう。あれでは逆に、守りやすくなってしまうではないか」と。「サマセット歩兵連隊」に所属するある兵士は書いている。「私はその光景に身震いをおぼえた。破壊された街で爆弾が炸裂すると、黄色い炎の舌が、勢いよく上昇し、煙があがり、倒壊した建物の土ぼこりと組み合わさって、真っ黒な雲を形成し、夜の空を横切るように、みるみる広がっていった」。彼らはおよそ六マイル離れた場所にいたけれど、空爆のあ

いだじゅう、絶えることなく、「足元の地面が、まるでゼリーのように震えていた」という。

六マイル離れたところでも、地面が揺れたのならば、城内の衝撃はいかばかりだったか、これはちょっと想像がつかない。七月七日の空襲について、のちに感想を求められたある初老の男性は、しばし考えたあと、こう答えている。「国際的なサッカー大会で、縫い目のしっかりしたボールの中に、たとえば一匹のネズミが入っていたと想像してみてください……」

ドイツ軍の退去命令にもかかわらず、カーンには一万五〇〇〇人の住民が居残っていた。おそらく爆撃機は街の中心部を狙うだろう。万が一にも、北端のこんな場末など、攻撃してくるはずがない、と高《たか》を括っていたからといって、彼らを責めることはできない。標的になるとすれば、カーンが誇るあの古城だな、と多くのものが考えた。だがその夜、カーンは街全体が標的となった。その時点まで、かろうじてガラスの嵌っていた窓までが、一枚残らず、爆風によって、文字どおり千々に砕けてしまったのである。家をなくし、ノートルダム・ド・ボンスクール女子修道院に避難していた人々は、押し寄せる土ぼこりに視界を奪われ、刺激臭に息も絶えだえになった。「いまにも沈没しそうな難破船のなかで、あらしに揉まれ、上下左右に揺さぶられているような、そんな感じでした」。唯一残されたロウソクの炎も、衝撃波で消えてしまった。そんな中でも、女子修道院長は「真の十字架の聖遺物を手に」穏やかな声で、人々に祝福を与えつづけていた。

周囲で建物が次々と倒壊していく。簡易寝台に横たわる、病めるものたちは、目を大きく見開き、物音や震動にことごとく反応した。修道女たちは、一方の手で彼らに水を与えつつ、もう一方の手でロザリオをまさぐりながら、早口で祈りのことばを唱えた。サン＝ジャン＝ユード教会の司祭館につとめる家政婦が、担架で運ばれていく。彼女はそこで、この世の心残りを大声で告白しはじめた。

「主任司祭《ムシュー・ル・キュレ》さま、どうかお庭をお探しください。司祭さまのため、シャツ一張と、ハンカチ十枚ほどを埋めておきました。そうしないと、司祭さまはすべてのものを他の方々にお与えになってしまいますから」

空襲がひとまず終わると、自警団の若者が女子修道院までやってきて、すぐにここを離れるようにと、人々を促した。一行はひとつだけ開けることができたドアを開け放つと、女子修道院長を先頭に出発した。聖体容器をかかえ、フォセ＝サン＝ジュリアン通りに沿って進んでいく。それは「星々をちりばめた荘厳な空のもと、あたり一面の炎に赤々と照らされながら、いたるところで火花が散り、遅延信管をつけた爆弾がいまだに爆発を続けているという、忘れがたい舞台のなかで、崇高なる気分をあじわう、信徒たちの行進」であったという。ボランティア団体「デファンス・パッシヴ」のメンバーに案内されて、ボン・ソヴール女子修道院に設けられた仮設病院へとむかう道々、一行は爆弾によって倒された大木を一本また一本と、乗り越えなければならなかった。若者のうちの一人が、いま来た道を戻っていった。銀製の大きな「デリヴランドの聖母像」を隠すとともに、修道会を略奪者から守るためだった。

その夜、カーンでは、パストゥール通りの大学がほぼ完全に破壊された。古い地下倉庫に身を隠した人々は、そこなら安全と考えたのだろうが、みな生き埋めとなった。ド・ジョル通りでは三〇人以上が亡くなり、ド・ヴォグー通りのとある防空壕では、五〇人が命を落とした。イギリス軍の将校たちは、民政チームから上がってきた報告を見て、ゾッとした。死者の数が六〇〇〇人に達したと書かれていたからだ。これはカーン市内に残留する民間人の半数近くに相当するとんでもない数字である。当時はこのほか、二〇〇〇人という数字も取りざたされていた。現在、この空爆による犠牲者数は、三五〇人ほどとされている。*3 ただ、カーン市民の四分の三あまりはすでにこの街を脱出してお

り、残った人々の大半も、地下深くに築かれた貯蔵庫に避難していたことを考えると、三五〇人というのは、依然として大変な数字と言わざるを得ない。

カーンは「フランスのスターリングラード」になる——。ドイツ軍の将校はそう公言して憚らなかったため、住民たちは最悪のケースをずっと恐れていた。だがその後、ドイツ軍が撤退の準備をしていることを示すさまざまな兆候が見られるようになった。住民たちはそこで、どうやら大丈夫そうだと考えるようになった。六月二十六日、まずは後方の部隊の撤収が始まった。レジスタンスの捕虜を惨殺した件で、証拠隠滅をはかるため、ゲシュタポがふたたびカーンにすがたを見せた。七月六日には、ドイツ軍工兵が、運河沿いにある港湾施設の破壊に着手したし、同じ日、ドイツの軍政官は街に居残る民間人に疎開するよう命じた。だが、この指示に従うものは、やはりいなかった。カーンの都市部に残留するドイツ兵は「ヒトラー・ユーゲント」師団所属の装甲擲弾兵からなる前哨部隊のみだった。

イギリス空軍によるカーン空爆は、二重の意味で、失態といえよう。カーン北端に展開するドイツ軍陣地の大半を結局叩けなかったうえに、カーンの都市部に大打撃を与えてしまったからだ。空軍は、自国の地上軍を誤爆することを恐れ、投弾線を南にずらし、その結果、肝心のドイツ軍陣地を外してしまったのである。「オマハ・ビーチ」でアメリカの爆撃機がやった失策と、どこか相通じる現象である。今回の空爆は、軍事的にみて有効だったと確信するものは、モントゴメリーをおいて、ほとんどいなかった。この空爆で打撃を受けたと思われる唯一の部隊は「第一二装甲師団」にかわり、レビゼイ付近に展開していたドイツ空軍「第一六野戦師団」と、カーンの北方にある村々に分散配置された「ヒトラー・ユーゲント」所属の戦車二輛、および一個迫撃砲小隊のみだった。なかでも最悪だったのは、ドイツ軍がスターリングラードに対しておこなった爆撃と同様、この都市の大半を瓦礫

の山に変えてしまったことである。おかげで各種の車輛の前進が阻害され、守る側にとって理想的な戦場ができてしまった。*4 エーベルバッハはこの街を「横断の難しい残骸の集積」と形容した。

地上軍による総攻撃の直前ではなく、その前夜に爆弾を投下した理由について、翌日の悪天候を恐れたためという説が聞かれる。だが、七月八日の気象報告を見ると、この説は根拠が薄弱である。だからこそ爆弾に遅延信管をつけたのだというが、そのことを考慮に入れても、守る側のドイツ軍は、結果的に十分な時間的余裕をもって、陣容を立て直してしまったのだから、やはり無理がある。カーンとその周辺に軍をすすめたイギリス・カナダ両軍は、砲兵による強力な支援があったにもかかわらず、予想をはるかに上回る甚大な損失をこうむった。レビゼイの森などは徹底的に叩かれ、まるで第一次世界大戦のころに舞い戻ったような惨状を呈する、それほどの砲撃だったのだが。

「ヒトラー・ユーゲント」師団は、〈パンツァーファウスト（肩撃ち式の携行対戦車砲）〉を手に、地下室や掩蔽壕から飛びだすと、至近距離から〈シャーマン〉戦車や〈チャーチル・クロコダイル〉火焔放射戦車を仕留めていった。ドイツの狙撃兵は木に登り、幹に身体を固定して、英加両軍の歩兵のため「援護射撃をおこなう」戦車部隊の指揮官だけを、集中的に狙い撃ちした。武装親衛隊に所属する装甲擲弾兵は、射撃の腕前がドイツ陸軍の歩兵師団より格段に上だった。「イースト・ライディング・ヨーマンリー（義勇騎兵）連隊」の戦車部隊は、この一日だけで戦車長五名と大隊長一名を狙撃によって失っている。

負傷者を担架で後方にはこぶ兵士たちは、心身ともに消耗しきっていた。「ありとあらゆる種類の犠牲者がいた」とイギリス「第三歩兵師団」に付属する「第二二三野戦病院」のメンバーは当時をふり返る。「足首から先がない脚、膝蓋骨がない膝、腕のない肩。そうそう、頭部を半分吹き飛ばされながら、依然として意識のある曹長が運ばれてきたこともあった。するとと軍医が言った。『モルヒネ

二錠を処方してやれ、そうすれば楽に死ねるから』と。ところが、そうはならなかったのだ。そうそう、胸部に傷を負った兵士もいたな。本当にひどい傷だったよ。その一日だけで、われわれが処置した犠牲者は、イギリス人が四六六名、ドイツ人が四〇名だった」

より前線に近い「第二一〇野戦病院」の仮手当て所では、対処する患者の毛色が違っていた。「恐怖に怯えきり、自分がいまどこにいるのかさえ定かでない若者の一団がいた。本物の戦闘を文字どおり実体験したショックで、彼らは不安げな表情をうかべ、震えながらテントの隅に固まって、叫び声をあげていた」。こんな患者もいた。「武装親衛隊の負傷者が何人か運びこまれてきた。こちらはしぶとくて、しかも悪辣な連中で、その一部は何日も樹上にひそんでいた狙撃兵だった。ある若いナチ兵士は顎をうち砕かれており、ほとんど虫の息だったが、意識を失う直前、首をぐるりと回して、こちらに顔を向けると、籠もったような声で言った。『ハイル・ヒトラー!』」

仮手当て所では、もう助からない兵士は、別のテントへと運ばれ、モルヒネを注射された。医療スタッフは、輸血用の血液不足を心配するようになった。負傷者というものは、どう扱うのがいちばんいいのか、そうした基本的手法について、現場の兵士が無頓着なことも、医療スタッフには気がかりだった。無闇に動かすより、むしろ現場にそのまま置いておき、特別な訓練を積んだ運搬人が担架をかかえて駆けつけるのを待ったほうが遙かに良いのに、肉体がひどく傷ついたものを無理やり動かして、結果、傷をさらに広げるケースもままあったからだ。上記の「第二一〇野戦病院」の医師は書いている。「第一次世界大戦で得られた戦場の教訓は一切合切、忘れ去られた感があった」と。くたくたに疲れた同僚たちと同様、この医師もまた、睡眠不足から、自分が判断ミスをおかすのではないかと、つねに恐れていたという。

いかなる犠牲を払っても、カーンを死守せよという「総統命令」は七月八日まで変わることなく維持された。だが、この日の夜、ドイツ「西方装甲集団」司令官、エーベルバッハ装甲兵大将はようやく、クルト・マイヤーの執拗な説得を入れ、ズタズタになった「ヒトラー・ユーゲント」師団の残余を、カーン南方、オルヌ川の対岸まで引き下げることに同意した。この状況下なら、ＯＫＷ（ドイツ国防軍最高司令部）に対しても十分申し開きがきくはずだ、とエーベルバッハは感じていた。なにしろ、弾薬はほとんど尽き、これ以上の攻勢はもはや不可能だったから。

七月九日も、カーンは依然、煙と土ぼこりの幕にくるまれていた。レジスタンス・メンバー、アンドレ・ハインツは〇五三〇時（午前五時三十分）に仲間に起こされた。そして、「ドイツ軍が撤退していくぞ」と教えられた。見ると、なるほど車列が街を抜けて、撤収していくところだった。だが、イギリス軍の火砲は沈黙していた。そこで、地元のレジスタンス組織を率いるジル司令官は、残った数挺の〈ステン〉短機関銃を部下に配ると、二人一組で北へ向かい、連合軍の道案内役をつとめよと命じた。ハインツはさっそく腕章を巻いた。図柄はロレーヌ十字の付いた三色旗だった。北へむかう途中、ハインツはかつて大学のプールがあった場所の近くに立っているドイツ兵を見かけた。慌てて腕章を外したけれど、そのドイツ兵は死んでいた。強烈な爆風で一瞬にして絶命し、その場で凍りついたような姿勢を保っていたのだ。最初に出会ったイギリス兵が、ハインツの腕章を認め、親指を立てて、よーし了解、と合図した。

街の破壊は徹底をきわめていた。このためイギリス兵もカナダ兵も、しかるべき地図を持っているのに、自分の現在地がまったく分からなかった。大半のルートは瓦礫のせいで通行不能となり、しかも狙撃兵があちこちに身を隠し、こちらを狙っていた。カナダ軍に所属するある装甲車部隊が、サン＝マルタン通りを下っていた。可及的速やかに街を横断し、橋を確保せよという命令を受けていたか

らだ。指揮官がたまたま行き会った通行人に訊いてみた。「オルヌ川はどっちだ」。男は装甲車によじ登り、川のある方角を教えてくれようとした。と、その瞬間、その先にあったドイツ軍陣地の機関銃と対戦車砲が火をふいた。カナダ軍の装甲車が猛スピードでバックしたため、その親切なフランス人は、慌てて飛びおり、近くの住宅の入口付近に身を隠さなければならなかった。

唯一破壊を免れた橋を渡って、オルヌ川の南岸まで後退した「ヒトラー・ユーゲント」の残余は、橋を爆破する準備と防御陣地の構築にすぐさま取りかかった。地元住民に銃口を向け、「レ・プティト・スール・デ・ポーヴル女子修道院」の庭に塹壕を掘らせたり、機関銃の射界を改善するため、リンゴの木を切り倒させたりした。地下貯蔵庫への入口には土嚢を積み、防備を固めた。前方にカナダ軍の先遣隊が見えた瞬間、橋は爆破された。

アッシャー大佐率いるイギリス民政チームは、カーンの北の外れまできたところで、乗ってきた車を捨てざるを得なかった。「ついに」と大佐の部下は書いている。「仲間の将校たちと、カーン入城を果たすことができた。街の北端は破壊がひどく、行けども行けども瓦礫の山だった。あたり一面を沈黙が支配しており、その静かさに耳が痛くなるほどだった。時おり、思い出したように、機関銃の連射音《バースト》が聞こえた」

連合軍の案内役をつとめるためやってきたレジスタンス・メンバー、アンドレ・ハインツに対して、民政チームのある将校が言った。われわれは〝オテル・ダングルテール〟に本部を設けるつもりだと。そこでハインツは、その将校が所望する「イングランドのホテル」へと、彼を案内した。かつてそこは、イギリスの出城、いわば英国で最高の格をほこるガーター勲章にも記された「思い邪《よこしま》なる者に災いあれ」の想いを体現する、そんな建物だった。だがいまや、往時の威容を示すようすがは、散

乱する瓦礫しかなかった。あの建物を壊す必要が本当にあったんですかねという言葉が、のどまで出かかったけれど、ハインツは言わずにおいた。「思い邪なる者に災いあれ」という言葉のもつ苦い皮肉は、そのイギリス人将校にも十分に伝わったはずだ、と思ったからである。イギリス人将校は言った。破壊の程度が比較的軽微な建物が、多少なりと残っている地域があれば、そこに案内してほしいと。そのあとに続けて、彼はハインツに訊いた。そこなら、風呂に入れるかな？　さすがのハインツも、この街の現状を説明してやる気になった。上陸作戦の開始日、六月六日に最初の爆撃を受けて以来、カーンの街はずっと水無しなんですよと。そんなこと、周囲を見渡せば、一目瞭然なのに、この解放者たちは、街がどれほど傷ついているのか、まったく気づいていないように思われた。翌日、今度はカナダ軍のある大尉から、こんな質問を受けた。カーンの街でメシのうまいレストランはどこにあるのかな、携帯口糧にはもう飽きあきでねと。

原隊とはぐれてしまった一部のドイツ兵が、民間人の衣服がないかと、瓦礫の山をあさっていた。軍服から着替えれば、脱出のチャンスがそれだけ高くなるかもしれないから。ドイツ軍兵士、特に非ドイツ系の〝東方兵〟のなかには、略奪行為に走るものも出てきた。レジスタンス組織のジル司令官と二人の部下は、武装親衛隊に所属する二人の若い兵士が、慌てて身を隠そうとするところを捕らえ、バイユー通りにいたカナダ軍部隊に突きだした。レジスタンスの面々は、そこでようやく誇らしい気分を味わった。彼らは街の全域で、気苦労ばかり多い後始末に奔走していた。なにしろ親衛隊のやつらは手榴弾を使ったブービートラップを街のあちこちに残していったのだ。それはまさに悪意の置き土産だった

住民たちが三々五々、すがたを現した。四年におよぶドイツ軍の占領がついに終わったことがいまだ信じられず、武装親衛隊が反撃に出て、カーンがふたたび占領されるのではないか、そんな恐怖心

がいまも消えていない様子だった。連合軍の兵士は本当に温かくて、全く楽しい人たちだ、という意見に賛同するものも一部にはいたけれど、これまで耐えてきた現実があまりに大きかったため、感覚がすっかりマヒし、いまだ無反応な住民たちのほうが断然多かった。「女たちの大半は、身も世もなく泣いていた」とあるイギリス人工兵は書いている。彼女たちは「悲しみに打ちひしがれ、苦悶の表情を浮かべて」いたと。住民たちはぐずぐずと、壊れた家から容易に離れようとしなかった。おそらく各人が、宝物と思っていた場所を、最後にひとめ、見ておこうとしているのだろう。子供の本が一冊、庭にぽつんと置かれていた。風でページがひらひらと捲《めく》れていく。家に入ると、ドアの蝶番がきしむような音を立て、テーブルは最初の震動で倒れたまま、いまもその場所に横たわっていた。

アッシャー大佐率いる民政チームは、すぐさま作業に取りかかり、ブルドーザーで道路の障害物を除去し、とりあえず緊急給水所を設置しようと努めた。ただ、日常生活を支える水道、電気、ガスといった基本的サービスが回復したのは、九月以降のことである。それでも、食料品を満載した軍用トラックの集団が、すでにカーン入城に合わせて、いつでも駆けつけられるよう待機状態にあった。地雷の除去は、なんとも骨の折れる、遅々として進まぬ作業だったし、倒壊した建物の瓦礫のしたから遺体を回収する作業だって、同様だった。腐乱死体からたちのぼる悪臭は何ともひどかった。実際、カーンの住民の多くは、たとえどれほど空腹だろうと、長期熟成したカマンベール・チーズにしばらく手が出なかったほどである。その臭いを嗅ぐと、恐ろしい記憶がよみがえってくるためだった。

七月十日、サンテティエンヌ教会の正面で、三色旗を掲揚する記念式典が、ピエール・ドール氏立ち会いのもとに挙行された。同氏は、ド・ゴール将軍の臨時政府によって任命されたカルヴァドス県の新任〝プレフェ（知事）〟だった。多くのフランス人が出席し、みな頬を伝い落ちるなみだを拭おうともしなかった。三日後、イギリス「第二軍」が凱旋パレードと思しき式典をサン゠マルタン広場

でおこなった。スコットランド連隊の音楽隊が演奏をおこない、このときもまた、三色旗が掲揚された。その場に居合わせたフランス人の群衆は明らかに、戸惑いの表情をうかべていた。バグパイプで演奏される「ラ・マルセイエーズ」なんて、生まれてこのかた、聴いたことがなかったから。

「チャーンウッド作戦」はこれまでのところ、ごくわずかな成功しか収めておらず、確保できたのはカーンの北部だけだった。イギリス「第二軍」は継続的な兵力増強を可能にする占領地の拡大に、いまだ十分成功しておらず、その結果、カナダ「第一軍」になるはずの部隊は、その大半がいまだイギリス本土に居残り、待機を強いられていた。まったくもって、ブラッドリーのアメリカ「第一軍」司令部は何をやっているのか、そもそもアイゼンハワーのSHAEFは何をやっているのか、という怒りの声が、ワシントンの政界や全米の新聞、雑誌、ラジオで渦巻いていた。アメリカ本国では、モントゴメリーとより緊密な関係を築けていないアイゼンハワーの側にむしろ問題がある――と見るものが断然多かったのである。

七月十日、モントゴメリー将軍は、司令部として愛用しているトレーラーハウスに、麾下の二個軍を率いる両司令官――イギリス「第二軍」のデンプシー中将とアメリカ「第一軍」のブラッドリー中将――を招いて、とある会議をもよおした。協議すべき問題は多々あった。イギリス軍はカーン周辺で足止めをくい、アメリカ「第一軍」は湿地とその西方の〝ボカージュ〟で、身動きが取れなくなっていた。モントゴメリーはブラッドリーに対し、アメリカ軍の戦線は横に広がりすぎているのではないかと示唆した。いま必要なのは持てる兵力を一カ所に集中させ、強烈なパンチをくり出すことではないのかと。私のこのときの一言《ひとこと》がのちに、かの「コブラ作戦」に結実したのであるとモントゴメリーは主張している。デンプシー中将もその朝、ひとつの決意を固めた。うちもそろそろ本格攻勢を

かけて、ファレーズへの突破口をひらく必要があるなと。それこそまさに、ドイツ側が最も恐れた展開だった。だからこそドイツ軍は、持てる戦車部隊を、モントゴメリーの思惑どおり、イギリス軍の担当する戦線に張りつかせているのである。イギリス側のこの構想は、のちに「グッドウッド作戦」へと発展する。

ただ、イギリス軍がこの時点でおこなったのは、先の「エプソム作戦」で放棄した、オドン川とオルヌ川の中間にある要地、「一一二高地」を奪還すべく、新たな攻勢を試みることだけだったのだが。「一一二高地」をめぐる攻防戦はやがて、血で血を洗うような様相を呈していく。第九SS装甲師団「ホーエンシュタウフェン」所属のドイツ兵はほどなく、この場所を〝カルヴァリエンベルク（ゴルゴタの丘）〟と呼ぶようになる。イエス・キリストが磔刑《たっけい》に遭った丘の名を冠することで、この地は新たな象徴性を帯びたかのようであった。

七月十日〇五〇〇時（午前五時）、「ジュピター作戦」が発動され、イギリス「第四三歩兵（ウェセックス）師団」は、オドン川渓谷から「一一二高地」にむけ攻撃を開始した。師団長のG・I・トーマス少将は「小柄で、気性が荒く、決断力に優れ、狂暴なまでの突貫精神を持ち、ユーモアの欠片もない」人物だった。師団長に就任したばかりのトーマスは、幕僚たちをとことん揺さぶってやろうと決めていた。おかげで、新師団長を嫌う空気は、部隊の隅々まで行きわたった感がある。将校たちは師団長をプロイセン貴族に見立てて、陰で「フォン・トーマ」と呼んでいたくらいである。一個旅団が「一一二高地」本体に攻めのぼるあいだ、左翼に展開したその他の部隊はエテルヴィル村へと前進した。

「一一二高地」をめざすイギリス「第一二九旅団」は、ケシの花が点々と咲く、遮蔽物のまったく

ない畑をふたたび横切ることになった。ドイツ軍の多連装ロケット砲が火をふく。〝キーキー・ミニー〟のたてる甲高い声を聞かされることが、どのような経験であるか、「サマセット軽歩兵連隊」第四大隊に所属するパートリッジ軍曹は描写している。「一一名の部下が身を隠そうと畑に飛びこんだ。ふたたび立ち上がったものは、わずか一名だった」と。畑では、負傷したドイツ兵に遭遇することもあった。イギリス兵にできることは、彼らが手にした〈モーゼル〉から遊底《ボルト》を抜きとり、遠方に放り投げることぐらいだった。

部下の大半を失ったパートリッジ軍曹は、敵の機関銃に間断なく叩かれ、畑のなかで釘付けになっていた。すると小隊長がパートリッジに言った。煙幕手榴弾を見舞ってやれ、そうすれば、煙にまぎれて、さらに前進できるからと。じつにバカげた考えだと思ったけれど、パートリッジは命令に従った。彼が手榴弾を投げると、小隊長は、煙がわっと広がるのも待たずに、勢いよく身体を起こし、そのまま撃たれてしまった。「パッ、パットッジ、ぐん……」。小隊長は喘ぐようにそこまで言うと、事切れた。軍曹は生き残った四名の部下を集めた。一行は畑の中を這いながら、安全な距離まで後退し、地面を掘って窪みをつくり、カップ一杯の紅茶を点てると、みんなでそれを回し飲みした。

「第一二九旅団」が「一一二高地」にむけ苦戦しているころ、左翼の「第一三〇旅団」はエテルヴィル村を確保し、さらにマルト村へと歩を進めた。「ハンプシャー歩兵連隊」第七大隊と「ドーセット歩兵連隊」第五大隊は、「第四四ロイヤル・タンク連隊」の戦車兵の支援を受けつつ前進したが、この先、大変な事態が自分たちを待ち構えているとは、予想だにしなかった。ドイツの〈ティーガー〉戦車は、西部戦線で目にするすべての陸上兵器のなかでも、最大かつ最強の戦闘マシーンである。その〈ティーガー〉を擁する「第五〇二SS重戦車大隊」がこの時、彼らと同じ地点を目指して、前進しつつあったのだ。前方の見通しが悪いため、あるSS中隊に所属する〈ティーガー〉

は、目の前の生垣を力ずくで突破したところ、いきなり四輌の〈シャーマン〉戦車と鉢合わせした。〈ティーガー〉の誇る八八ミリ砲により、たちまち三輌が、燃えあがる残骸と化した。四輌目は、全速後進で遁走した。「ドーセット」の歩兵たちは、他の大隊がすでに撤退したことに気づかず、そのまま目標の村を目指した。そしてほどなく、家から家へと、一軒一軒を奪いあう戦いに巻きこまれていった。高い授業料を払って、イギリスの歩兵たちは学んでいった。建物を確保するには、いきなり上の階を攻撃しなければならないと。農家に勢いよく突進し、そのまま裏庭に出ようものなら、二階にいるドイツ兵に手榴弾を投げられたり、窓から銃撃されて、あっさり殺《や》られてしまうのだ。

その一・五マイル西方では、イギリス「第一二九旅団」が「一一二高地」の頂上にいたる小径まで、あと一歩のところまで来ていた。だが、ドイツ軍の砲火のあまりの激しさに、ボロボロになった「サマセット軽歩兵連隊」第四大隊は、またも道なかばで引き返さざるを得なかった。一七〇〇時（午後五時）、「デューク・オブ・コーンウォール軽歩兵連隊」第五大隊が派遣され、「サマセット」の面々のあいだを通り抜けると、頂上をめざし更なる攻撃に挑んだ。彼らは、丘の傾斜がきつくなりはじめる辺りまで、なんとか進んだところで、クリの林に行き当たった。とそのとき、逆斜面のドイツ軍陣地から機関銃攻撃を受け、さらに戦車による蹂躙まで加わり、同大隊はズタズタにされた。「コーンウォール」の面々の一部は、命からがら逃げかえってきた。負傷した一人の将校が、そのまま敗走しそうになる部下を押しとどめようと試みた。だが、その将校は「顎を撃たれて、顔面の一部がだらりとたれ下がっており、当人は拳銃をふり回しつつ、なんとか叫ぼうとしたけれど、ゾッとするような声が漏れるだけだった」。一方、「サマセット」の大隊長、ならびに旅団長は、遮蔽物のまったくない場所で、小さな〝シューティング・スティック（狩猟時などに使う、腰掛け付きの折りたたみ杖）〟に軽く尻をのせ、部下の目の前で互いに戦況を語りあうというパフォーマンスを演じ、信頼感を何と

かつなぎ止めようと努めていた。

迫撃砲の攻撃、狙撃兵の銃撃にさらされながらも、「サマセット」の歩兵たちは、剝きだしの斜面に、まるで地面を削りとるように、細長い塹壕を掘っていった。そして、そこに籠もると、敵の攻撃に必死に耐えた。ロケット砲が絶えず撃ちこまれるため、歩兵たちを支援するはずの戦車部隊は、依然その動きを封じられたままだった。とその時、強烈な便意に、もはや我慢ならぬと思いさだめたのか、機甲部隊のとある将校が、果敢な行動に打ってでた。〈シャーマン〉戦車からいきなり飛びだし、車体の後方にあるシャベルを一本、鷲づかみにすると、彼は近くにある破壊された戦車の残骸まで全速力で駆けていき、そこでズボンを一気に下ろしたのである。この間、イギリスの砲兵部隊は、高地の頂上をずっと叩きつづけていた。「砲弾で抉《えぐ》られることのなかった地面などただの一メートルもなかった」と「ホーエンシュタウフェン」の装甲兵は書いている。ようやく日が落ちた。それぞれの中隊補給軍曹は、前方の陣地にいる歩兵たちに、容器に入った温かい食事とたばこを手配した。このときだけは、頭数を上回るほど、潤沢な補給がなされた。「犠牲者の分は配らない」のが決まりなので、通常ならあり得ないことなのだが。このとき、兵隊からあがった不満はただひとつ、紅茶が油くさいということだけだった。

七月十一日の夜明けになっても、視界はいっこうに改善されなかった。一帯に立ちこめる濃い霧を、「ホーエンシュタウフェン」の面々は〝アイネ・ミルヒズペ（ミルクのスープ）〟と形容した。ドイツ側はこの霧を利用して、奇襲をかけようとした。だがしかし、「第一九SS装甲擲弾兵連隊」と「第二〇SS装甲擲弾兵連隊」がまさに攻撃に移ろうとした時、頭上にエンジン音が聞こえた。イギリスの砲兵部隊が送ってきた弾着観測機だ。このまま漫然と時を過ごせば、最悪の事態に一気になだれ込むおそれがある――装甲擲弾兵を支援する〈ティーガー〉の戦車兵たちは不安に駆られた。そし

てたちまち悟った。敵中こそ、最も安全な場所であると。かくして、轟音とともに塹壕を一気に乗り越えると、ドイツ軍の戦車たちは、イギリス軍陣地にむけて、どっと殺到したのである。イギリス側の対戦車砲部隊は、まったく効かない火砲をもって、それでも敵の勢いに対抗すべく、必死で奮闘努力した。「おいおい、やるじゃねえか、アングロ・サクソンめ！」と〈ティーガー〉乗員から、皮肉まじりの称賛のことばが漏れた。

たちこめる霧のなかから、モンスターのような巨大戦車が、次々と飛びだしてくる。「われわれは、すべての〈ティーガー〉乗員が夢見るような場面を目の当《ま》たりにしていた」と戦車兵の一人は書いている。一〇〇ヤードも離れていないところに、イギリス軍の前方補給所があり、そこには弾薬を満載したトラックや、戦車をふくむ車輛が集合していたのだ。「戦車長が叫ぶのが聞こえた。『徹甲弾用意！　撃て！』」。前方にいた〈シャーマン〉二輛が砲塔を向けたけれど、〈ティーガー〉はこれを至近距離で粉砕し、二輛ともたちまち爆発炎上した。

「西方装甲集団」司令官エーベルバッハ装甲兵大将はこの日、「第二SS装甲軍団」に厳命していた。いかなる状況下にあろうと、「一一二高地」を奪われてはならない。この丘は、文字どおり〝シュリュッセルシュテルング（重要拠点）〟だからと。その後、兵員と物資の両面でなんとか補充を確保しようと、必死の電話が矢継ぎ早にかかってきた。SS装甲擲弾兵たちは、〈ティーガー〉たちの支援を受けつつ、この日一日、要衝の丘を見事に守りとおした。

ふたたび日が暮れた。「サマセット」のD中隊は「敵陣に潜入せよ」との命令を受けとった。「その命令が届いたときの、私の絶望を想像できるだろうか」とパートリッジ軍曹は書いている。前日に小隊長の中尉が戦死したことで、いまやパートリッジが同小隊を率いていた。イギリス兵はみな武器を点検し、新たに弾薬が支給された。〇一〇〇時（午前一時）に、彼らは塹壕を出ると、そっと前進を

始めた。だが、ＳＳ装甲擲弾兵が丘の頂上を囲むよう張りめぐらした鉄条網までたどり着いた瞬間、敵の容赦ない攻撃が開始された。小隊の面々は一斉に地面に伏せた。「曳光弾というものは」とパートリッジ軍曹は書いている。「ほとんどダラっとした感じでアーチを描いて、昼間あらかじめ選んでおいた目標地点に飛んでくるのだが、いまや敵の弾道は『揺るぎない一線』となっていた」

一人の分隊長が強行突破を試みたが、鉄条網を破る試みは、一瞬にして止《や》んだ。ドイツ軍の銃弾が一発、その分隊長の弾薬パウチに入った、白燐手榴弾に命中したのだ。「必死に身をよじったため」と現場でその様子を目撃していた伍長は書いている。「分隊長は鉄条網にからめとられ、だらんとぶら下がり、そのまま絶叫を続ける生きた人間ビーコンとなった」と。「『頼むから、俺を撃ってくれ！』という苦しげな男の声」はパートリッジ軍曹にも聞こえた。「武人《もののふ》の情けを知る、しかし間違いなく度を失った、一人の将校からの、狙いすました一発が」と上記の伍長は書いている。「その若者を燃えさかる地獄から解放した。当人が死んだあとでさえ、恐怖はまだまだ続いた。命をなくしたその肉体を、白燐手榴弾の炎がいまも慈悲ぶかく焼いていたからだ」。その場面を目撃したものは全員、心に決めた。この格子網の弾薬パウチには、今後二度と、白燐手榴弾だけは入れないようにしようと。

撤退命令が届いたけれど、恐怖はいまだ終わらなかった。「一一二高地」の斜面を下るさい、一部のものは暗闇のなかで道に迷い、他の中隊の陣地に行ってしまった。だが、そんな事情、相手の中隊が知るよしもない。上記の伍長は記している。Ｄ中隊第一八小隊の三六名のうち、残ったものはわずか九名だったと。生存者の一人はその後、自らに引導をわたした。これ以上の苦しみに、彼はもう耐えきれなかったのだ。

「一一二高地」をめぐる悪夢は続いた。イギリス軍はその翌日、丘の奪還にひとまず成功したのだが、武装親衛隊は〈ティーガー〉を駆使して、ふたたび丘を奪い返したのである。前の週に降った

雨のせいで、気温はいまやセ氏三〇度まで上昇していた。あらゆる爆発のせいで、粉塵が雲のように舞いあがっていた。イギリス軍の砲兵が、榴弾を空中炸裂させて、クリの木の小さな森を叩きまくった。ジャマな枝や幹を排除すれば、ドイツ兵の頭上に砲弾を雨あられと降らせることができるというわけだ。短時間のうちに、森は砕けた幹や、折れた枝の塊と化した。「まるで月面のような光景」だったと武装親衛隊のある隊員は言っている。七月十五日、イギリス軍砲兵の容赦ない砲撃を受けて、SS装甲擲弾兵は撤退を余儀なくされた。だが、〈ティーガー〉戦車だけは依然、その場に留まっていた。

そのころ、ドイツ「第二SS装甲軍団」の軍団砲兵は、稜線の北斜面に展開するイギリス軍の各陣地を標的に、何の前触れもなく一斉砲撃を加えるという、ドイツ式戦術で応じていた。武装親衛隊の砲兵部隊は、はるか後方に陣取っているため、前線の装甲擲弾兵のように、兵員や物資の不足に悩まされることはなかった。「ホーエンシュタウフェン」付属の「第九SS砲兵連隊」のある中隊は、若いフランス人女性――兵士たちは「マドモワゼル・ジャネット」と呼んでいた――をマスコット替わりにするほどの余裕だった。彼女は毎日、野戦砲がずらりとならぶ砲兵陣地まで、食料品を届けにやってきた。

もっと東方に陣取るドイツ軍砲兵部隊は、〝解放〟されたフランス地区の首都ともいうべきカーンにむけて、砲撃を加えていた。七月十四日には、臨時病院に指定されたマレルブ高校と、サンテティエンヌ教会の宿泊所が被弾した。住民は数日前、疎開をうながすイギリス軍の提案を拒否したが、いまやトラックに殺到していた。ベネディクト会に所属するある老修道女は、二十世紀初めに尼僧になって以来、女子修道院の外に一歩も出たことがなかった。生まれて初めて目にするトラックのすがたに驚き、かつまた自分がこれからそれに乗るのだと聞かされて、彼女は身体を震わせた。一方、ド

イツ戦線の背後に取り残され、フルリー村脇のじめじめした洞窟に避難した民間人は、ひどい状態のままずっと放置された。武装親衛隊がその洞窟から出ていくことを許さなかったためである。彼らに救援の手が差し伸べられたのは、七月ももっと後になってのことである。

カーンでは、自由フランスの関係当局とイギリス軍の民政部門が、コレラが発生するかもしれないと懸念を深めていた。ここまで都市を破壊したあと、給水施設を再度復活させる作業は、最も悲観的だった人間の想像をも上回るほど、困難をきわめた。腹をすかせた野犬も、市民の脅威となっていた。このため、新任のドール知事は、野犬は見つけしだい射殺するようにという命令を発している。

期待する進展がいっこうに見られないことから、イギリス「第二軍」はついに、無能で熱意に欠ける指揮官の処分に着手した。「第一一機甲師団」を率いる〈ピップ〉・ロバーツ少将は「エプソム作戦」のあと、旅団長一名とその他指揮官二名の更迭を決めた。

モントゴメリー将軍は七月十五日、陸軍参謀総長のサー・アラン・ブルック元帥に書簡を送った。用件は、北アフリカの戦い以来、モントゴメリーが大事にしてきた虎の子歩兵師団の今後にかんするものだった。「このような報告は残念ではありますが、第五一師団が現在、戦闘任務によく耐え〝得ない〟というのが、クロッカー、デンプシー、および私自身の熟慮の結果であります。同師団は、決意をもって戦っておらず、これまでに与えられたすべての作戦任務を果たせずに終わっています」。モントゴメリーは「第五一師団」の師団長を、その弱さゆえに解任した。それだけでなく、同師団そのものも、再訓練のためイギリス本土に送り返すことを検討した。彼らの働きぶりを問題視する声は「第二軍」全体に蔓延しており、「第五一師団」を「あげつらうな」と指示する通達が、将校向けに出されたほどである。幸いなことに、新たに着任した師団長、T・G・レニー少将はきわめて短期間の

うちに、「第五一師団」を生まれ変わらせることに成功し、その士気を見事に回復させてみせた。

戦いのなかで斃《たお》れる指揮官もまた多かった。「第五〇歩兵（ノーサンバーランド）師団」は准将二名、各級指揮官一二名を失っていた。なかでも中隊級の指揮官の戦死率が高かった。「第四機甲旅団」司令部は、前任の旅団長が負傷したことにより、弱冠二十九歳のマイケル・カーヴァー准将があとを引き継ぐことになった。とりわけ目立ったのは、将校の戦死率の高さだった。地図を掲げるさいに用いるマップボードは、日光があたると反射するため、ドイツの狙撃兵はそれを目当てに、幹部の集まる場所を簡単に特定できたのだ。指揮官の損失は、負のスパイラルを生んでいった。最も優秀な下士官の大半が、持ち上がりで小隊を指揮するようになると、実戦現場の兵士のあいだに、しばしば戦闘意欲の低下が見られるようになった。このため、将校たちも兵の督戦に努めなければならず、これまで以上にリスクを冒したり、部下がパニックに陥らないよう、過剰なほど気丈にふるまわなければならなかった。

「デューク・オブ・ウェリントン連隊」第六大隊のケースはおそらく、そうした悪循環の最たるものであろう。わずか二週間余りのあいだに、同大隊は二三名の将校、三五〇名の下士官兵を失った。新たに大隊長となった将校は、六月末にひとつの報告書を作成している。大隊の四分の三は、うちつづく砲撃によって「神経過敏」となり、自傷行為が散見され、戦争神経症の例も数多く見られると。「部隊の要《かなめ》となる人間が数多く犠牲になるにつれ、状況は日ましに悪化し……下士官の指導力がおしなべて低下したため、新任の将校は結果的に、何かを試したり、なし遂げるためには、過度に自分を曝《さら》す状況下に置かれてしまう」。この報告に衝撃を受けたモントゴメリーは、正直にも程があるこの新任大隊長をクビにし、さらに大隊そのものも解散させてしまった。

ノルマンディーの戦いは、従来もしやと思われていた懸念を、実地に証明することになった。海

岸堡や橋頭堡における消耗戦で、身動きが取れなくなった経験をもった部隊は、類似する条件下におかれた場合、他の部隊に比べはるかに高い確率で、心理的崩壊を発症するのだった。いっそ部隊が敗走した時のほうが、精神面におよぼす悪影響は軽微にとどまった。七月十三日、「第二一軽野戦病院」は「第八軍団」を率いるリチャード・オコナー中将にこう報告している。「一九四四年七月十日一八〇〇時（午後六時）から五四時間のあいだに、前方戦区から二八〇名にのぼる神経症患者が本部隊に後送されてきたが、そのうちの約七〇パーセントは、それぞれの原隊が当初、後送の必要なしと見なしたものたちだった」と。この七〇パーセントは、なるほど、歩行が可能なそれ以外の負傷者と、ほぼ同程度の肉体的損耗しか受けていなかった。「その一方で、彼らのかかえる不安なるものは、実戦において、通常認められるレベルを越えるものではない」というのが、それぞれの原隊が後送に異議を唱えた理由だった。

このすぐあと、「第一五歩兵（スコティッシュ）師団」を率いるG・H・A・マクミラン少将も、オコナー軍団長にこんな報告をあげている。「現在、師団級の神経症センターを組織中である」が、同師団で観察される神経症の症例一五一件のうち、じつに四一件はたったひとつの大隊によるものであり、これは「この方面で、何か望ましからざる事態が生起している可能性を示唆するものである」と。この問題にかんし、「第一五師団」司令部は、医療関係の将校たちに指示を出し、次のように警告している。「その症例がたしかに病気であるとの要件を完全に満たさない場合、そのものを前線から引き下げるに当たっては、非常に注意深くあらねばならない」と。マクミラン師団長は、現場の医療スタッフが「作業量の多さに耐えかね」て、「たんに厄介払いの目的で」兵士を後送しているのではないかと疑ったのだ。神経症センターに後送されてきた下士官は全員、自動的に一等兵に降格された。各指揮官はまた、戦意を失った兵士が武器を放棄し、それゆえ大量の装備が失われることにも

腹を立てていた。休暇なしで戦い続けることに嫌気がさして、逃亡・失踪する兵士もまた増加していた。ノルマンディーの戦いにおいて、「第五〇師団」は一五〇名を下らぬ数の兵士を、逃亡罪で処罰しているが、一五〇名というのはイギリス「第二軍」に所属するその他師団の合計分と、ほぼ同数である。

上記の報告にある、戦争神経症の影響が最もひどかった部隊というのは、マルト村の確保と「一一二高地」の戦闘に参加した「第四三歩兵（ウェセックス）師団」のことである。その一方で、戦車兵が精神に変調をきたす症例は、はるかに少なかった。「軍団付きの精神科医で、第二一軽野戦病院を統括する軍医も確認しているように、機甲師団の兵士にかんするかぎり、神経症の偽装問題は無視できるレベルにある。仮病を言い立てるのは、もっぱら歩兵部隊に所属する兵士である。件数が最も多いのは第四三師団で、七月十日前後の三ないし四日間に、およそ三六〇件の報告例が同師団から上がっている。とりわけ深刻なのはドーセット第四大隊とハンプシャー第七大隊である」。オコナー軍団長は「この最も深刻な軍紀違反」をめぐって、「第四三師団」のトーマス師団長に書簡を送り、「この件にかんし、仮病であることが判明したものは、すべて逃亡罪で裁判［野戦高等軍法会議］にかけることを周知徹底せよ」と命じている。

ただ、すべての兵科のなかで、歩兵がいちばん多く神経症に見舞われることは、確かな事実のように見える。ドイツ軍の迫撃砲とロケット砲は、こちらがまったく予期せぬ瞬間を狙って、一斉かつ集中的に攻撃を仕かけてくる。砲弾や弾片が、間一髪で身体をかすめると、多くの兵士は間違いなく大変なショックを受ける。たとえば、「第一二九歩兵旅団」司令部では、曹長ひとりをふくむ三名が、ロケット砲の攻撃により戦争神経症にやられている。「そのうちの二名は、攻撃のあいだ、塹壕にじっと籠もっていることができず、『ここから出してくれ！』と絶叫しながら、周囲を走りまわった」

という。兵隊たちを無力感に叩き落とし、自分がいま、どこにいるのかさえ分からなくさせるもう一つの要因は、情報の不足である。ある兵士によれば、彼らの心理状態は次のようなものだった。自分たちのことなんか「誰も気にかけておらず、ただ漫然と、非人間的な、完全無視の扱いを受けているのだ。自分たちが、いまどこにいるのか、全然わからない。敵がどこにいるのか、自分たちはいったい何をなし遂げるべきなのか、いったい何を期待されているのか、そんなことさえ、分からなくなっていた」と。

一方、戦車乗員は、戦争神経症にかかる比率がはるかに低かった。装甲をほどこした車輌につねに守られていることも理由のひとつだが、戦車兵特有の濃厚な人間関係も影響しているのだろう。イギリスの歩兵部隊も、アメリカ軍同様、欠員補充のための新兵を恒常的にかかえているため、どの部隊もつねに脆弱な内部構造を持っていた。しかも、イギリス軍の新兵補充システムは、アメリカ式と比べても、想像力の欠如において、一段まさるレベルにあった。「一一二高地」で手ひどい打撃を受けた「サマセット」の欠員補充ため、新たに送られてきた一人の少尉が「サマセット」で目にしたこんな場面を記録している。口ひげを生やしたある少佐が、バイユー付近にある〝増強〟キャンプで、次のような訓辞におこなっていた。少佐は言った。「諸君、きみらの平均余命は、この大隊に加わったその日から、正味《しょうみ》三週間である」と。

原注

485頁「昨今のアイクは」：Harry C. Butcher, *Three Years with Eisenhower*, Lodon, 1946, p.512.

488頁「二五センチの破片」：Erich Wohlgemut, quoted Hubert Meyer, *The 12th SS*, Vol.1, Mechanicsburg, Pa., 2005, p.463.

489頁「第1SS装甲擲弾兵連隊」：Kriegstagebuch Panzer Group West/Fifth Panzer Army, BA-MA

MSg2/4831.
489～490頁　「瀕死の重傷を負った」、「一人の捕虜もとらなかった」：Alexander McKee, *Caen: Anvil of Victory*, London, 1965, pp.199 and 197.
490頁　カナダ軍とイギリス「第四三師団」：NA II 407/427/24200.
490頁　「どうか躊躇《ためら》わないでほしい」：25 June PDDE, p.1949.
490頁　「最大限度の」航空支援：25 June, ibid., p.1952.
491頁　「雲は空高く舞い」：Lieuenant T. T. Ritson, RHA, diary.
491頁　「爆弾を投下する瞬間が分かった」：William Helm, 'The Normandy Field Diary of a Junior Medical Officer in 210 Rield Ambulance', 177th Brigade, 59th Infantry Division.
492頁　「目を見張るようなスペクタクル」：W. Kingsley, IWM p424.
492頁　「川岸でたばこを吸いながら」：Major Peter Griffin, 1st Canadian Parachute Battalion, letter 8 July, NAC/ANC R5067-0-0-E.
492頁　「何ということをするのだ」：Captain Michael Bendix, Coldstream Guards, SWWEC 2000-356.
492頁　「その光景に、私は身震いをおぼえた」：Robert Thornburrow, 4th Somerset Light Infantry, 43rd Wessex Division, MdC TE 120.
493頁　「ボールの中に、たとえば一匹のネズミが」：MdC TE 149.
493頁　「感じでした」：MdC TE 145.
494頁　「主任司祭さま《ムシュー・ル・キュレ》」：MdC TE 149.
494頁　「星々をちりばめた荘厳な空のもと」：MdC TE 145.
494頁　死者六〇〇〇人：Robert Thornburrow, 4th Somerset Light Infantry, 43rd Wessex Division, MdC TE 120.
494頁　カーン空爆：'Observations on Bomber Command Attack on Caen, 7 July 1944', TNA AIR 37/1255, quoted in D'Este, p.315.
496頁　「残骸の集積」：Eberbach,BA-MA MSg 1/106.
496頁　「ありとあらゆる種類の犠牲者」：Rev. Jim Wisewell, 223 Field Ambulance, SWWEC T1141.
497頁　「恐怖に怯えきり」：William Helm, 'The Normandy Field Diary of a Junior Medical Of-

ficer in 210 Filed Ambulance', 177th Brigade, 59th Infantry Division.

498頁 「ドイツ軍が撤退していくぞ」：Andre Heintz diary, MdC TE 32(1-4).

499頁 「オルヌ川はどっちだ」：Max Maurin, MdC TE 77(2).

499頁 「レ・プティト・スール・デ・ポーヴル女子修道院」：Mme Laberthe, MdC TE 74.

499頁 「ついに」：Major L. J. Massey, civil affairs team, MdC TE 167.

500頁 カナダ軍の大尉とレストラン：Mme Lucie Corbasson, MdC TE 49.

501頁 「女たちの大半は」：Sapper Douglas Waite, Royal Engineers, MdC TE 182.

501頁 七月十日の式典：Place Saint-Martin, Henriette Guibé, MdC TE 237.

503頁 〝カルヴァリエンベルク（ゴルゴタの丘）〟：9th SS Panzer-Division *Hohenstaufen*, BA-MA MSg 2/4832.

503頁 「小柄で、気性が荒く、決断力に優れ」：Michael Carver, *Out of Step*, London, 1989, p.193.

504頁 パートリッジ軍曹：4th Somerset Light Infantry, SWWEC 2006.419.

504頁 マルト村：Schwere Panzer-Abteilung 502, BA-MA MSg 2/4832.

505頁 「顎を撃たれて」：Corporal Jones, quoted in McKee, p.230.

506頁 地面を削りとるように造った細長い塹壕：Corporal J. Proctor, 'Section Commander', DWS.

506頁 「ただの1メートルもなかった」：9th SS Panzer-Division *Hohenstaufen*, BA-MA MSg 2/4832.

506頁 〝アイネ・ミルヒズペ〟：9th SS Panzer-Division *Hohenstaufen*, BA-MA MSg 2/4832.

507頁 「やるじゃねえか」：9th SS Panzer-Division *Hohenstaufen*, BA-MA MSg 2/4832.

507頁 「すべての〈ティーガー〉乗員が夢見る」：9th SS Panzer-Division *Hohenstaufen*, BA-MA MSg 2/4832.

507頁 〝シュリュッセルシュテルング（重要拠点）〟：Hubert Meyer, BA-MA MSg 2/4832.

507頁 「敵陣に潜入せよ」：Sergeant W. Patridge, SWWEC 2006.419.

508頁 「必死に身をよじったため」：Corporal D. Proctor, 'Section Commander', DWS.

508頁「苦しげな男の声」：Sergeant Patridge, SWWEC 2006.419.

508頁「狙いすました一発」：Corporal D. Proctor, 'Section Commander', DWS.

509頁「まるで月面のような光景」：9th SS Panzer-Division *Hohenstaufen*, BA-MA MSg 2/4832.

509頁「マドモワゼル・ジャネット」：Ludwig Horlebein, 9th SS Panzer-Division, BA-MA MSg 2/4832.

510頁 フルリー村の洞窟の民間人：MdC TE 149.

510頁 コレラと野犬：Major L. J. Massey, MdC TE 167.

510頁「このような報告は残念」：TNA CAB 106/1092, quoted in D'Este, p.274.

510頁「あげつらうな」：diary of Major Julius Neave, 13th/18th Hussars, SWWEC T2150.

511頁「デューク・オブ・ウェリントン連隊」第六大隊：6th Duke of Wellington's Regiment, 49th Division, TNA WO 205/5G, quoted in D'Este, p.282.

512頁「五四時間のあいだに」：21st Light Field Ambulance, 13 July, LHCMA O'Connor 5/3/18.

512頁「第一五歩兵（スコティッシュ）師団」：22 July, LHCMA O'Connor 5/4/14.

513頁「第五〇師団」の逃亡兵：Stephen A. Hart, *Montgomery and 'Colossal Cracks'*, Westport, Conn., 2000, p.31.

513頁「軍団付きの精神科医」：21 July, LHCMA O'Connor 5/3/18.

513頁「この最も深刻な軍紀違反」：21 July, LHCMA O'Connor 5/3/18.

513頁「そのうちの一名は」：129th Infantry Brigade Headquarters, Robert Thornburrow, 4th Somerset Light Infantry, 43rd Wessex Division, MdC TE120.

514頁「誰も気にかけておらず」：Vernon Scannell, *Argument of Kings*, London, 1987, p.152.

514頁「きみらの平均余命は」：Sydney Jary, *18th Platoon*, Bristol, 1998.

章末注

＊1　ただ、アメリカの軍事史家カルロ・デステは、イギリス陸軍は本土防衛のため、あるいは不測の事態に備えて、一〇万人以上という極端に大きな兵力

を依然温存しており、それをノルマンディーにふり向けることは決して不可能ではなかったはずだと指摘している。

（章末注＊1に対する原注）

カルロ・デステ：Carlo D'Este, *Decision in Normandy*, New York, 1983, pp.268-9.

＊2　じつはチャーチル首相は、カーン占領の直前、モントゴメリーの解任を検討していたという根拠に乏しい噂があるけれど、結果的にそれが、イギリス国民の世論動向や諸外国に与える衝撃の大きさを考えるなら、およそありえない話といえよう。

＊3　カーン大学「数量歴史学研究センター」は、カーンにおける死亡者数について、計一一五〇人と結論づけている。内訳は、Dデイの六月六日から七日にかけての砲爆撃による死者が八〇〇人、七月七日の爆撃と、七月八日の砲撃および戦闘による死者が三五〇人である。ただ、負傷者の数については、推計に使えるような数字がない。六月六日から七月末にかけて、「ボン・ソヴール」の仮設病院で治療を受けた負傷者が計一七三四人にのぼったこと、うち二三三人が結局息を引きとったこと、分かっているのはそれだけである。ソ連の戦争特派員、クラミノフ中佐は、カーンの破壊によって殺害・埋葬されたフランス人は二万二〇〇〇人以上に達し、しかもドイツ軍はこの街に一兵も残っていなかったと主張している。この異様に水増しされた数字は、戦後、フランス共産党が反英宣伝をおこなうさい、しきりと引用された。

（章末注＊3に対する原注）

死者三五〇人：CRHQ.

クラミノフ中佐：MdC TE 246.

＊4　イギリス空軍の指揮下で〈ハリファックス〉爆撃機を運用する二個飛行中隊──「第三四六ギュイエンヌ」と「第三四七チュニジー」──は、フランス人で構成された部隊だった。彼らは爆撃の翌日、ハリス、デンプシー、モントゴメリーというイギリス陸空軍の将軍たちから感謝とお祝いのメッセージを受けとった。そのとき、かれらフランス兵の心に去来したろう想いには、察して余りあるものがある。

（章末注＊4に対する原注）

フランス人の飛行中隊：logbook of Roger Piroutet, MdC TE 262.

（下巻につづく）

訳者略歴

平賀秀明（ひらが・ひであき）

一九五六年生まれ。早稲田大学卒業。中国通信社、共同通信社勤務を経て翻訳家に。訳書にM・C・アロステギ『暗闇の戦士たち』、D・スタントン『巡洋艦インディアナポリス号の惨劇』（以上、朝日文庫）、B・ヘイグ『キング・メーカー』『反米同盟』『極秘制裁』、J・フィンダー『解雇通告』（以上、新潮文庫）、J・T・キャンベル『北朝鮮軍の賭け』（二見文庫）、E・トーマス『レイテ沖海戦　1944』、L・ライト『倒壊する巨塔』（以上、白水社）など多数。

ノルマンディー上陸作戦1944　上

二〇一一年七月二五日　印刷
二〇一一年八月一〇日　発行

著者　アントニー・ビーヴァー
訳者　© 平賀秀明
装丁者　日下充典
発行者　及川直志
印刷所　株式会社 三陽社
発行所　株式会社 白水社

東京都千代田区神田小川町三の二四
電話　営業部〇三（三二九一）七八一一
　　　編集部〇三（三二九一）七八二一
振替　〇〇一九〇-五-三三二二八
　　　郵便番号　一〇一-〇〇五二
http://www.hakusuisha.co.jp
乱丁・落丁本は、送料小社負担にてお取り替えいたします。

誠製本株式会社

ISBN978-4-560-08154-9

Printed in Japan

■アントニー・ビーヴァー　川上　洸訳
ベルリン陥落　1945

第二次大戦の最終局面、空前絶後の総力戦となったベルリン攻防。綿密な調査と臨場感あふれる描写で世界的大ベストセラーを記録した、戦史ノンフィクション決定版！　解説＝石田勇治

■A・ビーヴァー序文　H・M・エンツェンスベルガー後記　山本浩司訳
ベルリン終戦日記
――ある女性の記録

陥落前後、不詳の女性が周囲の惨状を赤裸々につづった稀有な記録。生と死、空襲と飢餓、略奪と陵辱、身を護るため赤軍の「愛人」となった女性に安穏は訪れるのか？　胸を打つ一級資料！

■エレーナ・ルジェフスカヤ　松本幸重訳
ヒトラーの最期
――ソ連軍女性通訳の回想

ドイツ語通訳として従軍した独ソ戦最前線での体験、兵士と市民の様子、ベルリン陥落までの苦闘の日々を描く。ヒトラーの遺体と歯形X線写真探索にも関わり、意外な真相が明かされる。

■ニコラス・ファレル　柴野　均訳
ムッソリーニ（上・下）

「ファシストの宗教にイタリア人が与えた合意は、信頼と理性から発したものだった」――。ムッソリーニとイタリアの群衆が向かった、新しい人間による新しい社会の栄光と悲惨。

■エヴァン・トーマス　平賀秀明訳
レイテ沖海戦　1944
――日米四人の指揮官と艦隊決戦

栗田健男、宇垣纏、ウィリアム・ハルゼー、アーネスト・エヴァンズ……雌雄を決する瞬間に見せた、勇気と決断とは？　「空前絶後の海戦」の推移を軸に、四人の生い立ちから最期までを描く。